eXamen.press

Frank Gurski · Irene Rothe · Jörg Rothe · Egon Wanke

Exakte Algorithmen für schwere Graphenprobleme

Priv.-Doz. Dr. Frank Gurski
Heinrich-Heine-Universität Düsseldorf
Institut für Informatik
Universitätsstr. 1
40225 Düsseldorf
Deutschland
gurski-springer@acs.uni-duesseldorf.de

Prof. Dr. Jörg Rothe
Heinrich-Heine-Universität Düsseldorf
Institut für Informatik
Universitätsstr. 1
40225 Düsseldorf
Deutschland
rothe@cs.uni-duesseldorf.de

Prof. Dr. Irene Rothe
Hochschule Bonn-Rhein-Sieg
Fachbereich für Maschinenbau
Elektrotechnik und Technikjournalismus
53754 Sankt Augustin
Deutschland
irene.rothe@hochschule-bonn-rhein-sieg.de

Prof. Dr. Egon Wanke
Heinrich-Heine-Universität Düsseldorf
Institut für Informatik
Universitätsstr. 1
40225 Düsseldorf
Deutschland
wanke@acs.uni-duesseldorf.de

ISSN 1614-5216
ISBN 978-3-642-04499-1   e-ISBN 978-3-642-04500-4
DOI 10.1007/978-3-642-04500-4
Springer Heidelberg Dordrecht London New York

Die Deutsche Nationalbibliothek verzeichnet diese Publikation in der Deutschen Nationalbibliografie;
detaillierte bibliografische Daten sind im Internet über http://dnb.d-nb.de abrufbar.

Einbandentwurf: KuenkelLopka GmbH

Gedruckt auf säurefreiem Papier

Springer ist Teil der Fachverlagsgruppe Springer Science+Business Media (www.springer.com)

Für Fritz Grunewald und Helmut Stoyan
in memoriam

Vorwort

Dies ist ein Buch über schwere Probleme auf Graphen, für die es vermutlich keine effizienten Algorithmen gibt. Es werden Methoden vorgestellt, mit denen sich exakte Algorithmen zur Lösung solcher Probleme entwerfen lassen. Im ersten Teil des Buches werden die erforderlichen Grundlagen der Algorithmik, Graphentheorie, Logik und Komplexitätstheorie behandelt. Der zweite Teil befasst sich mit Fest-Parameter-Algorithmen, die die den schweren Problemen innewohnende Berechnungshärte in geeigneten Parametern einfangen und sie dort unschädlich machen, sowie mit exakten Exponentialzeit-Algorithmen für schwere Graphenprobleme, die effizienter als die naiven Exponentialzeit-Algorithmen für diese Probleme sind. Im dritten Teil des Buches werden Algorithmen vorgestellt, mit denen die im Allgemeinen schweren Graphenprobleme effizient gelöst werden können, sofern sie auf geeignete Graphklassen eingeschränkt werden. Dabei wird einerseits eine geeignete Baumstruktur von Graphen ausgenutzt, andererseits werden Fest-Parameter-Algorithmen angewandt, die effiziente Lösungen erlauben, sofern gewisse Graphparameter klein sind.

Dieses Lehrbuch, das eine breite Übersicht über dieses Gebiet gibt, richtet sich in erster Linie an Studierende im Masterstudium Informatik und in den höheren Semestern des Bachelorstudiums Informatik. Zahlreiche erklärende Abbildungen, Beispiele und Übungsaufgaben erleichtern den Zugang zum Stoff, und das Sach- und Autorenverzeichnis mit seinen 878 Einträgen sowie die Randnotizen ermöglichen das schnelle Auffinden von Schlüsselbegriffen. Dieses Buch ist aber auch für all jene geeignet, die sich tiefer mit den aktuellen Forschungsfragen in diesem neuen Teilgebiet der Algorithmik beschäftigen wollen.

Wir wünschen viel Freude beim Lesen!

Danksagungen

Lena Piras und Patrick Gwydion Poullie danken wir herzlich für das Lesen von Teilen dieses Buches und ihre hilfreichen Korrekturvorschläge. Den Mitarbeiterinnen und Mitarbeitern des Springer-Verlags sind wir für ihre stets professionelle und freundliche Unterstützung sehr verbunden.

Während der Arbeit an diesem Buch wurde der dritte Autor durch die Deutsche Forschungsgemeinschaft im Rahmen der DFG-Projekte RO 1202/11-1 und RO 1202/12-1 sowie im EUROCORES-Programm LogICCC der European Science Foundation gefördert.

Düsseldorf, Juli 2010

Frank Gurski
Irene Rothe
Jörg Rothe
Egon Wanke

Inhaltsverzeichnis

1

Einleitung

Graphen sind hervorragend zur anschaulichen Darstellung von Beziehungen geeignet. Sehen wir uns ein Beispiel aus dem Alltag an: Ein Lehrer möchte mit seiner Klasse für ein paar Tage in eine Jugendherberge fahren. Nun überlegt er, wie viele Zimmer er reservieren muss, damit die Tage der Klassenfahrt für ihn so stressfrei wie möglich werden.

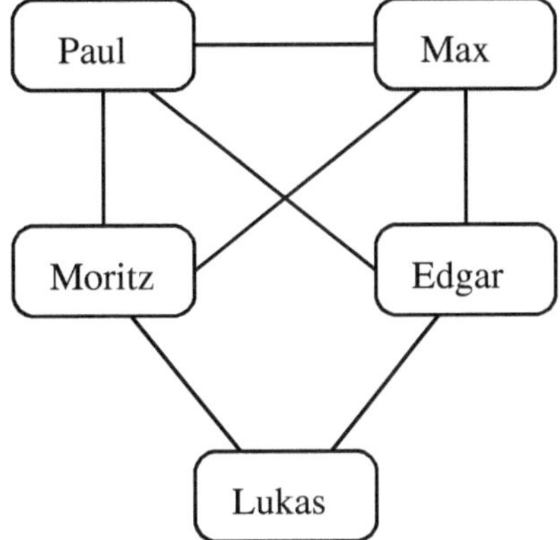

Abb. 1.1. Ein Graph, der zeigt, welche Schülerpaare nicht dasselbe Zimmer belegen sollten.

Klar ist, dass Mädchen und Jungen in verschiedenen Zimmern untergebracht werden müssen. Aber auch innerhalb der Gruppe der Schülerinnen und der Gruppe der Schüler gibt es Kombinationen von Kindern, die – aus unterschiedlichen Gründen – nicht unbedingt im selben Zimmer übernachten sollten. Zum Beispiel prügelt sich Paul ständig mit Max und Moritz, Max und Moritz hecken zusammen gern böse Streiche aus, Edgar ist genau wie Paul in Lisa verliebt (weshalb sich die beiden Jungen nicht ausstehen können), Max ist charakterschwach und lässt sich von Edgar sehr einfach zu übertriebenem Alkoholkonsum verführen, und Steffens Besserwisserei nervt besonders Edgar und Moritz. Die Konfliktbeziehungen zwischen

F. Gurski et al., *Exakte Algorithmen für schwere Graphenprobleme*, eXamen.press,
DOI 10.1007/978-3-642-04500-4_1, © Springer-Verlag Berlin Heidelberg 2010

diesen fünf[1] Schülern sind in Abb. 1.1 graphisch dargestellt: Zwei Schüler sind genau dann miteinander verbunden, wenn sie nach Meinung des Lehrers besser nicht gemeinsam ein Zimmer beziehen sollten.

Wie viele Herbergszimmer sollte der Lehrer nun reservieren, um alle konfliktträchtigen Kombinationen zu vermeiden? (Dabei nehmen wir an, dass alle Zimmer eine hinreichend große Zahl von Betten haben; in unserem kleinen Beispiel genügen Doppelzimmer.)

Abbildung 1.2 zeigt eine mögliche Zimmeraufteilung, die dem Lehrer das Leben einfacher macht: Paul geht in Zimmer 1, Max in Zimmer 2 und so weiter. Diese Zimmeraufteilung entspricht einer Färbung des Graphen, denn in dieser Jugendherberge haben alle Zimmer unterschiedliche Farben: Zimmer 1 ist rot, Zimmer 2 ist blau und Zimmer 3 ist grün. Das Problem des Lehrers ist also nichts anderes als ein Graphfärbbarkeitsproblem: Können alle Jungen, die im Graphen in Abb. 1.1 miteinander verbunden sind, auf möglichst wenige (verschiedenfarbige) Zimmer verteilt werden? Denn natürlich möchte der Lehrer mit möglichst wenigen Farben bzw. Zimmern auskommen, um möglichst sparsam mit dem für die Klassenfahrt gesammelten Geld umzugehen.

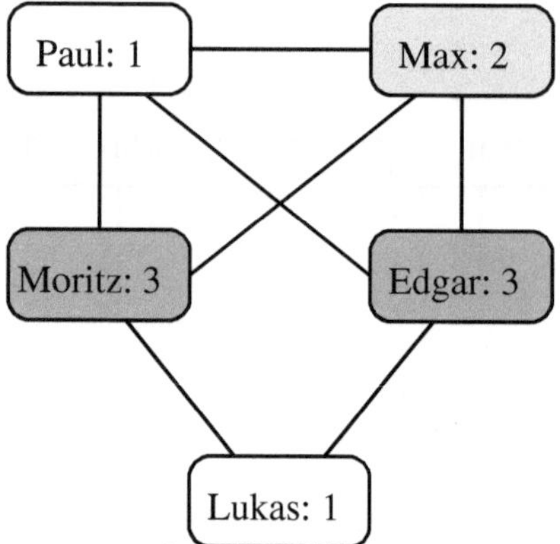

Abb. 1.2. Eine mögliche Zimmeraufteilung, die Konflikte vermeidet.

Der Graph in Abb. 1.2 zeigt, dass er sein Problem für diese fünf Schüler mit drei Farben bzw. Zimmern lösen kann – zwei wären jedoch zu wenig. Ist die Anzahl k der Zimmer (bzw. Farben) vorgegeben, die der Lehrer höchstens reserviert (bzw. verwenden) kann, so erhält man statt des gerade beschriebenen Minimierungsproblems das zugehörige Entscheidungsproblem: Können alle Jungen, die im Graphen in Abb. 1.1 miteinander verbunden sind, auf höchstens k (verschiedenfarbige) Zimmer verteilt werden? Wenn die Antwort auf diese Frage „ja" ist, so nennt man den

---

[1] Der Einfachheit halber beschränken wir uns auf diese fünf und zeigen nicht den gesamten Graphen mit allen 32 Schülerinnen und Schülern der Klasse 8c des Goethe-Gymnasiums.

entsprechenden Graphen k-färbbar. Auf dieses Beispiel werden wir später im Buch (vor allem in Kapitel 7) noch zurückgreifen.

Das Problem, ob ein gegebener Graph k-färbbar (z. B. dreifärbbar) ist, ist eines der vielen Graphenprobleme, die in diesem Buch untersucht werden. Kleine Instanzen solcher Probleme (wie unser überschaubares Beispiel des Färbbarkeitsproblems für Graphen oben) lassen sich gerade noch so „im Kopf" lösen. Schon für etwas größere Probleminstanzen erweist sich eine Lösung als recht schwierig. Für noch größere Instanzen (etwa für die gesamte 32-köpfige Klasse des Lehrers in diesem Beispiel, und erst recht für Graphen mit mehreren hundert Knoten) benötigt man Computer, doch selbst dann übersteigt der Zeitaufwand zur Lösung schnell die Grenzen des Machbaren, wie wir später sehen werden. Die besten Algorithmen, die für solche Probleme bekannt sind, benötigen Exponentialzeit und sind daher asymptotisch ineffizient, d. h., sie haben eine Laufzeit, die mit wachsender Eingabegröße „explodiert" und sehr rasch astronomische Größen erreicht.

Dennoch möchte man solche wichtigen Probleme lösen. Dieses Buch befasst sich mit schweren Problemen auf Graphen, für die es vermutlich keine effizienten Algorithmen gibt, und stellt verschiedene Methoden vor, wie man mit der algorithmischen Härte solcher Probleme umgehen kann.

Dieses Buch ist in drei Teile gegliedert. Im ersten Teil werden die Grundlagen behandelt. Insbesondere werden die elementaren Begriffe und Bezeichnungen für die Aufwandsabschätzung von Algorithmen eingeführt und die benötigten Fundamente der Graphentheorie, Logik und Komplexitätstheorie gelegt. Neben der klassischen Komplexitätstheorie gehen wir insbesondere auch auf die parametrisierte Komplexität von Problemen ein.

Im zweiten Teil werden (uneingeschränkte) schwere Graphenprobleme algorithmisch untersucht. Zunächst werden Fest-Parameter-Algorithmen behandelt, die im Sinne der parametrisierten Komplexität effizient sind. Solche Algorithmen fangen die einem schweren Problem innewohnende Berechnungshärte, die mit wachsender Eingabegröße zu einem explosiven Anwachsen des Zeitaufwands bei der Lösung führt, in einem oder mehreren geeigneten Parametern ein und machen sie dort unschädlich: Für eine feste Wahl des Parameters wird das exponentielle Verhalten zu einem konstanten Faktor in der Laufzeitanalyse degradiert, und wenn der feste Parameter in „typischen" Eingaben nicht zu groß ist, ist ein solcher Fest-Parameter-Algorithmus sogar effizient.

Auch wenn diese Methoden nicht anwendbar sind, können die vorhandenen exakten Exponentialzeit-Algorithmen für solche schweren Probleme oft verbessert werden. Deshalb behandelt der zweite Teil auch Exponentialzeit-Algorithmen, die zwar nicht als effizient betrachtet werden können, aber dennoch deutlich besser als der „naive" Algorithmus für die entsprechenden schweren Graphenprobleme sind. Unter dem naiven Algorithmus versteht man dabei einfach das sture, systematische Ausprobieren aller Lösungsmöglichkeiten. In der Praxis können auch Exponentialzeit-Algorithmen für moderate Eingabegrößen nützlich sein – nämlich dann, wenn es gelingt, die exponentielle Zeitschranke entsprechend zu verbessern. Findet man etwa einen Algorithmus, der nicht wie der naive Algorithmus für dieses Problem in der Zeit 2^n, sondern dank einer raffinierten Idee in der Zeit $\sqrt{2}^n \approx 1.414^n$

läuft, so kann man mit demselben Zeitaufwand doppelt so große Eingaben bearbeiten. Ob man ein Graphenproblem statt für Graphen mit 30 sogar für solche mit 60 Knoten in einem gerade noch so vertretbaren Aufwand bewältigen kann, spielt in der Praxis oft eine entscheidende Rolle.

Im dritten Teil schließlich werden Algorithmen vorgestellt, die im Allgemeinen nur schwer lösbare Graphenprobleme auf geeignet eingeschränkten Graphen effizient lösen können. Einerseits kann man effiziente Algorithmen entwerfen, die sich eine geeignete Baumstruktur der Graphen zunutze machen. Andererseits erlauben Fest-Parameter-Algorithmen eine effiziente Lösung, wenn gewisse Graphparameter klein sind. Dies betrifft spezielle Graphklassen wie zum Beispiel Bäume, Co-Graphen sowie baumweite- und cliquenweitebeschränkte Graphen.

Durch die leicht verständliche Darstellung, viele erklärende Abbildungen, Beispiele und Übungsaufgaben sowie die durchdachte Auswahl von Resultaten und Techniken ist dieses Buch besonders gut für den Einsatz in der Lehre geeignet, vor allem im Masterstudium Informatik und in den höheren Semestern des Bachelorstudiums Informatik. Gleichzeitig führt es den Leser unmittelbar an die Fronten der aktuellen Forschung in diesem neuen Teilgebiet der Algorithmik heran.

Teil I

Grundlagen

Aufwandsabschätzung von Algorithmen

Kauft man sich ein technisches Gerät (z. B. einen Anrufbeantworter), so schlägt man zunächst die beiliegende Bedienungsanleitung auf und hält sich dann – so gut man kann – an die Anweisungen, die darin zur Inbetriebnahme des Geräts beschrieben sind. Ist die Anleitung gut, so muss man sie nur einmal durchlesen und alle Schritte nur einmal ausführen. Danach funktioniert das Gerät: Der Anrufbeantworter steht anrufaufnahmebereit da.[2] Eine gute Anleitung ist ein Algorithmus.

2.1 Algorithmen

Ein *Algorithmus*[3] ist also ein schrittweises Verfahren zum Lösen eines Problems, das „mechanisch" ausgeführt werden kann, zum Beispiel auch durch einen Computer. Die einzelnen Schritte sind verständlich und nachvollziehbar. In der Informatik werden Probleme, die mittels Computer zu lösen sind, durch die Art der erlaubten Eingaben und die Art der geforderten Ausgaben spezifiziert. Der Entwurf von Algorithmen ist oft eher eine Kunst als eine Wissenschaft.[4]

Algorithmen für Computer werden in Programmiersprachen formuliert, und die so erstellten Programme werden mit einem Übersetzungsprogramm (englisch: *compiler*) in für Computer verständliche Elementaroperationen (Maschinenbefehle) umgewandelt. Ein abstraktes, formales Algorithmenmodell, das wegen seiner Einfach-

Algorithmus

---

[2] Ist Ihnen das schon einmal passiert?

[3] Das Wort *Algorithmus* ist eine latinisierte Abwandlung des Namens von Muhammed al-Chwarizmi (etwa 783-850), dessen arabisches Lehrbuch über das Rechnen mit „indischen Ziffern" (um 825) in der mittelalterlichen lateinischen Übersetzung mit den Worten Dixit Algorizmi („Algorizmi hat gesagt") begann und das (indisch-)arabische Zahlensystem in der westlichen Welt einführte. Beispielsweise legte dieses Werk die Grundlage für das Buch von Adam Ries über die „Rechenung auff der linihen und federn in zal / maß und gewicht" (1522).

[4] Die beeindruckendsten Werke über die Kunst der Programmierung sind die Bücher der Serie „The Art of Computer Programming (TAOCP)" von Donald Knuth, siehe [Knu97, Knu98a, Knu98b].

F. Gurski et al., *Exakte Algorithmen für schwere Graphenprobleme*, eXamen.press, DOI 10.1007/978-3-642-04500-4_2, © Springer-Verlag Berlin Heidelberg 2010

Turingmaschine

heit besonders in der Berechenbarkeits- und Komplexitätstheorie üblich ist, ist das der *Turingmaschine*, siehe z. B. [Rot08]. Hier verzichten wir jedoch auf diesen Formalismus und beschreiben Algorithmen stattdessen informal und gut verständlich.

Eine Anleitung befolgt man, um am Ende ein funktionierendes Gerät vor sich zu haben. Einen Algorithmus führt man aus, um ein Ergebnis zu erhalten, d. h., der Algorithmus hält (*terminiert*) und gibt eine Lösung für die jeweilige Probleminstanz aus, sofern eine existiert. Gibt es keine Lösung der gegebenen Probleminstanz, so hält ein Algorithmus für das betrachtete Problem ebenfalls, verwirft die Eingabe jedoch, d. h., die Ausgabe liefert die Information, dass diese Eingabe keine Lösung hat.

Ha128problem

Allerdings gibt es nicht für alle mathematisch beschreibbaren Probleme Algorithmen, die sie lösen. Denn selbstverständlich müssen Algorithmen nicht immer – nicht bei jeder Eingabe – halten. Das Problem, für einen gegebenen Algorithmus A und eine gegebene Eingabe x zu entscheiden, ob A bei x hält, ist als das *Halteproblem* bekannt, welches die interessante Eigenschaft hat, dass es beweisbar nicht algorithmisch lösbar ist. Gegenstand dieses Buches sind jedoch ausnahmslos solche Probleme, die sich algorithmisch lösen lassen.

deterministischer
Algorithmus

Definition 2.1 (Algorithmus).   *Ein (deterministischer) Algorithmus ist ein endlich beschreibbares, schrittweises Verfahren zur Lösung eines Problems. Die Schritte müssen eindeutig (ohne Wahlmöglichkeiten) beschrieben und ausführbar sein. Ein Algorithmus endet (oder terminiert), wenn er nach endlich vielen Schritten hält und ein Ergebnis liefert.*

Neben deterministischen Algorithmen gibt es noch weitere Typen von Algorithmen, zum Beispiel

nichtdeterministischer
Algorithmus
randomisierter
Algorithmus

- *nichtdeterministische Algorithmen* (bei denen es in jedem Rechenschritt Wahlmöglichkeiten geben kann; siehe Abschnitt 5.1.3),
- *randomisierte Algorithmen* (die von Zufallsentscheidungen Gebrauch und daher Fehler machen können, dafür aber oft effizienter sind; siehe z. B. die Abschnitte 7.1.3, 7.1.4 und 7.4.2)
- usw.

Wir werden uns jedoch vorwiegend mit deterministischen Algorithmen beschäftigen.

Beispiel 2.2 (Algorithmus für Zweifärbbarkeit). Das Problem der k-Färbbarkeit für Graphen wurde bereits in der Einleitung erwähnt und wird in Kapitel 3 formal beschrieben (siehe Definition 3.17 und Abschnitt 3.4.2). Es ist jedoch nicht nötig, die formale Definition zu kennen, um den folgenden Algorithmus zu verstehen, der für einen gegebenen Graphen testet, ob er zweifärbbar ist. Unter „Graph" kann man sich vorläufig einfach eine Struktur wie in Abb. 1.1 vorstellen: eine endliche Menge so genannter Knoten (die in dieser Abbildung mit den Namen von Schülern beschriftet sind), von denen manche durch eine so genannte Kante miteinander verbunden sein können (solche Knoten heißen Nachbarn), andere möglicherweise nicht.

Die Frage, die unser Algorithmus beantworten soll, ist: Können die Knoten des Eingabegraphen mit höchstens zwei Farben so gefärbt werden, dass keine zwei benachbarten Knoten dieselbe Farbe erhalten?

Für einen gegebenen Graphen geht der Algorithmus nun folgendermaßen vor:

1. Zu Beginn seien alle Knoten des Graphen ungefärbt.
2. Wähle einen beliebigen Knoten und färbe ihn rot und alle seine Nachbarn blau.
3. Färbe für alle bereits roten Knoten jeden seiner noch ungefärbten Nachbarn blau.
4. Färbe für alle bereits blauen Knoten jeden seiner noch ungefärbten Nachbarn rot.
5. Wiederhole den 3. und den 4. Schritt, bis sämtliche Knoten des Graphen entweder rot oder blau sind.
6. Gibt es nun zwei rote Nachbarknoten oder zwei blaue Nachbarknoten, so ist der Graph nicht zweifärbbar; anderenfalls ist er es.

Dieser einfache Algorithmus wird später noch gebraucht werden.

2.2 Komplexitätsfunktionen

Ein wichtiges Maß für die Güte von Algorithmen ist die zur Ausführung benötigte Rechenzeit. Diese wird in der Anzahl der elementaren Schritte gemessen, die auszuführen sind, um das Problem mit dem betrachteten Algorithmus zu lösen. Elementare Schritte sind zum Beispiel Zuweisungen, arithmetische Operationen, Vergleiche oder Ein- und Ausgabeoperationen.

Neben der Rechenzeit ist auch der benötigte Speicherplatz von Bedeutung. Für die Abschätzung des Platzbedarfs wird die Anzahl der benötigten elementaren Speichereinheiten herangezogen. Elementare Speichereinheiten sind zum Beispiel Speicherplätze für Buchstaben, Zahlen oder für Knoten und Kanten in Graphen.

Die Rechenzeit und der Platzbedarf von Algorithmen werden immer in Abhängigkeit von der Größe der Eingabe gemessen. Die Größe der Eingabe muss daher vor der Aufwandsabschätzung genau spezifiziert sein. Diese Spezifikation ist nicht immer trivial und sollte sich der Fragestellung anpassen. Sind zum Beispiel n Zahlen $a_1, \ldots, a_n$ zu sortieren, so wird in der Regel n als die Größe der Eingabe verwendet. Der Platz für das Speichern einer nichtnegativen ganzen Zahl a benötigt jedoch genau genommen mindestens $\lceil \log_2(a) \rceil$ Bits, ist also logarithmisch in dem Zahlenwert a. Der Vergleich von zwei zu sortierenden Zahlen wird für gewöhnlich als eine elementare Operation angesehen. Auch hier ist genau betrachtet der Zeitaufwand des Vergleichs abhängig von der Größe der Zahlen. Diese Aspekte sollten bei der Bewertung der Güte von Algorithmen (in diesem Fall von Sortieralgorithmen) jedoch keine entscheidende Rolle spielen. Deshalb wird beim Sortieren im Allgemeinen die Anzahl der durchgeführten Vergleiche in Abhängigkeit von der Anzahl der zu sortierenden Zahlen gemessen.

Die verschiedenen Möglichkeiten der Darstellung von Graphen, die offenbar einen Einfluss auf die Laufzeitanalyse von Graphalgorithmen hat, werden ausführlich in Abschnitt 3.1 erörtert. Die Eingabegröße bei Graphenproblemen und -algorithmen ist üblicherweise die Anzahl der Knoten und der Kanten, manchmal als Summe und manchmal separat betrachtet, und manchmal gibt man die Laufzeit eines Graphalgorithmus auch nur als Funktion der Anzahl der Knoten des Graphen an.

$\mathbb{N}$
$\mathbb{N}^+$
$\mathbb{R}$
$\mathbb{R}_{\geq 0}$
$\mathbb{R}_{> 0}$

Mit dem Symbol $\mathbb{N}$ bezeichnen wir die Menge der nichtnegativen ganzen (also der natürlichen) Zahlen, d. h., $\mathbb{N} = \{0,1,2,\ldots\}$. Weiter sei $\mathbb{N}^+ = \mathbb{N} - \{0\} = \{1,2,3,\ldots\}$ die Menge der positiven natürlichen Zahlen. Mit $\mathbb{R}$ bezeichnen wir die Menge der reellen Zahlen, mit $\mathbb{R}_{\geq 0}$ die der nichtnegativen reellen Zahlen und mit $\mathbb{R}_{>0} = \mathbb{R}_{\geq 0} - \{0\}$ die der positiven reellen Zahlen.

Zum Messen der Güte von Algorithmen betrachten wir Funktionen der Art

$$f : \mathbb{N} \to \mathbb{N}.$$

Diese Funktionen bilden also natürliche Zahlen auf natürliche Zahlen ab, wie zum Beispiel $f(n) = n^2$ oder $g(n) = n^3 - 2n + 4$. Den Buchstaben n benutzen wir als Standardargument für die Größe einer Eingabe. So ergibt sich etwa für den Algorithmus aus Beispiel 2.2 in Abhängigkeit von der Anzahl n der Knoten des Graphen eine Laufzeit von $c \cdot n^2$ für eine geeignete Konstante c, wie man sich leicht überlegen kann:

Übung 2.3. Analysieren Sie den Algorithmus in Beispiel 2.2 und zeigen Sie, dass er für eine geeignete Konstante c in der Zeit $c \cdot n^2$ läuft, wobei n die Anzahl der Knoten des gegebenen Graphen ist. (Diese Abschätzung der Laufzeit wird in Übung 2.9 noch verbessert.)

Diese Abhängigkeit der Laufzeit eines Algorithmus von der Größe der Eingabe (in einer geeigneten Codierung[5]) beschreibt die Funktion[6] $f : \mathbb{N} \to \mathbb{N}$ mit

$$f(n) = c \cdot n^2.$$

Wir sagen dann: „Der Algorithmus läuft in quadratischer Zeit" und ignorieren die Konstante c (siehe Definition 2.8 in Abschnitt 2.3). Gemeint ist damit die Laufzeit des Algorithmus *im schlimmsten Fall* (englisch: *worst case*), das heißt, dies ist eine obere Schranke für die Laufzeit, die für alle denkbaren Eingabegraphen Gültigkeit hat.

Die Beschränkung auf nichtnegative ganze Zahlen liegt darin begründet, dass bei der Analyse (Abzählen der Programmschritte oder Speicherplätze) ausschließlich ganzzahlige nichtnegative Einheiten gezählt werden. Ein Programm kann nun

---

Codierung
$\{0,1\}^*$

[5] Wir nehmen stets an, dass eine Eingabe x in vernünftiger, natürlicher Weise über einem Alphabet wie $\{0,1\}$ codiert ist und $n = |x|$ die Länge des Eingabewortes $x \in \{0,1\}^*$ in dieser Codierung bezeichnet; $\{0,1\}^*$ sei dabei die Menge der Wörter über dem Alphabet $\{0,1\}$. Da man jedoch die durch die verwendete Codierung verursachte Laufzeitänderung in der Regel vernachlässigen kann, nimmt man der Einfachheit halber oft an, dass n der „typische" Parameter der Eingabe ist. Ist die Eingabe zum Beispiel ein Graph, so ist n die Anzahl seiner Knoten; ist sie eine boolesche Formel, so ist n die Anzahl der darin vorkommenden Variablen oder Literale; usw.

[6] Vereinfacht schreiben wir für eine solche Funktion f auch $f(n)$ oder $c \cdot n^2$, obwohl diese Bezeichnung eigentlich den Funktionswert von f für das Argument n darstellt. In unserer Schreibweise sind zum Beispiel $n^2 + 2 \cdot n + 5$ und $3 \cdot 2^n$ zwei Funktionen. Im ersten Beispiel ist es die quadratische Funktion f mit $f(n) = n^2 + 2 \cdot n + 5$ und im zweiten Beispiel die exponentielle Funktion g mit $g(n) = 3 \cdot 2^n$.

mal nicht eine Schleife 3.7 Mal durchlaufen, 7.2 Vergleiche durchführen oder 66.19 Speicherplätze benutzen.

Definition 2.4 (Maximum, Minimum, Supremum und Infimum). *Sei X eine nicht leere Menge von reellen Zahlen.*

1. *Eine Zahl a ist eine* obere Schranke *für X, falls $x \leq a$ für alle $x \in X$ gilt.*
2. *Eine Zahl a ist eine* untere Schranke *für X, falls $x \geq a$ für alle $x \in X$ gilt.*
3. *Eine obere Schranke a für X ist eine* kleinste *obere Schranke für X, auch* Supremum *genannt und mit* $\sup(X)$ *bezeichnet, falls $a \leq b$ für jede obere Schranke b für X gilt.*   Supremum
4. *Eine untere Schranke a für X ist eine* größte *untere Schranke für X, auch* Infimum *genannt und mit* $\inf(X)$ *bezeichnet, falls $a \geq b$ für jede untere Schranke b für X gilt.*   Infimum
5. *Das* Maximum *der Menge X, bezeichnet mit* $\max(X)$, *ist eine Zahl a aus der Menge X, die eine obere Schranke für X ist.*   Maximum
6. *Das* Minimum *der Menge X, bezeichnet mit* $\min(X)$, *ist eine Zahl a aus der Menge X, die eine untere Schranke für X ist.*   Minimum

Nicht jede Menge muss ein Supremum, Infimum, Maximum oder Minimum besitzen.

Beispiel 2.5. Die Menge

$$A = \{n^2 - 100n \mid n \in \mathbb{R}\}$$

besitzt offensichtlich kein Maximum und kein Supremum, da es für jede Zahl x eine Zahl n gibt mit $n^2 - 100n > x$. Das Minimum und Infimum der Menge A ist -2500.
Die Menge

$$B = \{1 - \frac{1}{n} \mid n \in \mathbb{R}, n > 0\}$$

besitzt kein Maximum, kein Minumum und kein Infimum. Das Supremum der Menge B ist jedoch 1.

Definition 2.6 (Zeitkomplexitäten). *Seien W_n die Menge aller Eingaben der Größe*   Zeitkomplexität
$n \in \mathbb{N}$ und $A_T(w)$ die Anzahl der elementaren Schritte von Algorithmus A für eine Eingabe w. Wir definieren:

1. *die* Worst-case-Zeitkomplexität *(die Zeitkomplexität im schlechtesten Fall) von*   Worst-case-Zeitkomplexität
Algorithmus A für Eingaben der Größe n als

$$T_A^{WC}(n) \;=\; \sup\{A_T(w) \mid w \in W_n\};$$

2. *die* Best-case-Zeitkomplexität *(die Zeitkomplexität im besten Fall) von Algo-*   Best-case-Zeitkomplexität
rithmus A für Eingaben der Größe n als

$$T_A^{BC}(n) \;=\; \inf\{A_T(w) \mid w \in W_n\}.$$

$T_A^{\mathrm{WC}}(n)$ ist die beste obere Schranke und $T_A^{\mathrm{BC}}(n)$ ist die beste untere Schranke für die Anzahl der Schritte, die Algorithmus A ausführt, um Eingaben der Größe n zu bearbeiten.

Komplexitätsfunktionen lassen sich in gleicher Weise für das Komplexitätsmaß Speicherplatz (kurz Platz; manchmal auch als *Raum* bezeichnet) definieren.

Platzkomplexität **Definition 2.7 (Platzkomplexitäten).** *Seien W_n die* Menge aller Eingaben der Größe $n \in \mathbb{N}$ *und* $A_S(w)$ *die* Anzahl der elementaren Speicherplätze von Algorithmus A für eine Eingabe w. *Wir definieren:*

Worst-case-Platzkomplexität

1. die Worst-case-Platzkomplexität von Algorithmus A für Eingaben der Größe n *als*

$$S_A^{WC}(n) \;=\; \sup\{A_S(w) \mid w \in W_n\};$$

Best-case-Platzkomplexität

2. die Best-case-Platzkomplexität von Algorithmus A für Eingaben der Größe n *als*

$$S_A^{BC}(n) \;=\; \inf\{A_S(w) \mid w \in W_n\}.$$

2.3 Asymptotische Wachstumsfunktionen

Komplexitätsfunktionen sind meist nur sehr schwer exakt zu bestimmen. Die Berechnung der genauen Schrittanzahl ist aber oft nicht notwendig, da eigentlich nur das asymptotische Laufzeitverhalten von Interesse ist, d. h., nur die Größenordnung des Wachstums einer Komplexitätsfunktion spielt eine Rolle. Bei dieser Messmethode werden endlich viele Ausnahmen und konstante Faktoren (und damit natürlich auch konstante additive Terme) in den Komplexitätsfunktionen nicht berücksichtigt, sondern es wird lediglich das Grenzverhalten der Funktion für hinreichend große Eingaben betrachtet.

Definition 2.8 ($\mathcal{O}$-Notation). *Seien $f : \mathbb{N} \to \mathbb{N}$ und $g : \mathbb{N} \to \mathbb{N}$ zwei Funktionen. Wir sagen, f wächst asymptotisch höchstens so stark wie g, falls es eine reelle Zahl $c > 0$ und eine Zahl $x_0 \in \mathbb{N}$ gibt, sodass für alle $x \in \mathbb{N}$ mit $x \geq x_0$ gilt:*

$$f(x) \leq c \cdot g(x).$$

Die Menge der Funktionen f, die asymptotisch höchstens so stark wachsen wie g,
$\mathcal{O}(g)$ *bezeichnen wir mit $\mathcal{O}(g)$.*

Zum Beispiel wächst die Funktion $2 \cdot n + 10315$ höchstens so stark wie die Funktion $n^2 + 2 \cdot n - 15$, also gilt $2 \cdot n + 10315 \in \mathcal{O}(n^2 + 2 \cdot n - 15)$. Umgekehrt ist dies jedoch nicht der Fall, $n^2 + 2 \cdot n - 15 \notin \mathcal{O}(2 \cdot n + 10315)$.

Obwohl der Begriff „wächst asymptotisch höchstens so stark wie" in Definition 2.8 ausschließlich für Funktionen auf $\mathbb{N}$ definiert ist, benutzen wir die Schreibweise[7] $f \in \mathcal{O}(g)$ und $f \notin \mathcal{O}(g)$ auch für Funktionen f, die nicht ausschließlich auf nichtnegative ganze Zahlen abbilden, wie zum Beispiel die Funktionen $\sqrt{n}$ oder $\log_2(n)$.

---

[7] In der nordamerikanischen Literatur wird oft die Schreibweise $f = \mathcal{O}(g)$ für $f \in \mathcal{O}(g)$ verwendet.

In diesen Fällen sind immer die entsprechenden nichtnegativen, ganzzahligen Versionen gemeint, wie zum Beispiel $\lceil\sqrt{n}\rceil$ bzw. $\lceil\log_2(n)\rceil$, wobei $\lceil x\rceil$ die kleinste ganze Zahl bezeichnet, die nicht kleiner als x ist. Im Allgemeinen beziehen wir uns dann also auf die Funktion $\hat{f}:\mathbb{N}\to\mathbb{N}$ mit

$$\hat{f}(n) = \max\{\lceil f(\max\{\lceil n\rceil,0\})\rceil,0\}.$$

$\lceil x\rceil$

In der Klasse $\mathcal{O}(n)$ befinden sich zum Beispiel die Funktionen

$$17\cdot n+18,\quad \frac{n}{2},\quad 4\sqrt{n},\quad \log_2(n)^2,\quad 2\cdot\log_2(n)\quad\text{und}\quad 48,$$

wobei 48 die Funktion $f:\mathbb{N}\to\mathbb{N}$ mit $f(b)=48$ ist. Nicht in der Klasse $\mathcal{O}(n)$ sind zum Beispiel die Funktionen

$$n\cdot\log_2(n),\quad n\cdot\sqrt{n},\quad n^2,\quad n^2\cdot\log_2(n),\quad n^3\quad\text{und}\quad 2^n.$$

Oft besteht die Eingabe aus verschiedenen Komponenten, die einen unterschiedlich starken Einfluss auf die Laufzeit haben können. Angenommen, wir suchen ein Muster M mit m Zeichen in einem Text T mit t Zeichen. Ein naiver Algorithmus würde zuerst die m Zeichen des Musters mit den ersten m Zeichen im Text vergleichen. Falls ein Zeichen im Muster nicht mit dem entsprechenden Zeichen im Text übereinstimmt, würde der Algorithmus die m Zeichen im Muster mit den m Zeichen im Text auf den Positionen $2,\dots,m+1$ vergleichen, und so weiter. Das Muster wird also über den Text gelegt und schrittweise nach hinten verschoben. Die Anzahl der Vergleiche ist dabei insgesamt maximal $(t-(m-1))\cdot m$, da das Muster auf den letzten $m-1$ Positionen im Text nicht mehr angelegt werden muss. Bei einer Eingabegröße von $n=t+m$ hat der naive Algorithmus eine Worst-case-Laufzeit aus $\mathcal{O}(n^2)$. Diese obere Schranke wird zum Beispiel für $t=3m-1$ erreicht. Die genaue Laufzeit kann jedoch wesentlich präziser mit der Funktion $f:\mathbb{N}^2\to\mathbb{N}$ beschrieben werden, die durch $f(n,m)=\max\{(n-(m-1))\cdot m,0\}$ definiert ist.

Die Definition der Menge $\mathcal{O}(g)$ kann einfach angepasst werden, um mehrstellige Funktionen mit der $\mathcal{O}$-Notation abschätzen zu können. In unserem Beispiel wäre für eine zweistellige Funktion g die Klasse $\mathcal{O}(g)$ so definiert:

$\mathcal{O}(g(n,m))$

$$\mathcal{O}(g) = \left\{f:\mathbb{N}^2\to\mathbb{N}\;\middle|\;\begin{array}{l}(\exists c\in\mathbb{R}_{>0})\,(\exists x_0\in\mathbb{N})\,(\forall x,y\in\mathbb{N})\\ [x,y\geq x_0\Longrightarrow f(x,y)\leq c\cdot g(x,y)]\end{array}\right\}.$$

Die Worst-case-Laufzeit des naiven Algorithmus für das Suchen eines Musters mit m Zeichen in einem Text mit n Zeichen ist dann aus $\mathcal{O}(n\cdot m)$. Ebenso hängen die Laufzeiten von Graphalgorithmen oft von der Anzahl n der Knoten und der Anzahl m der Kanten ab.

Übung 2.9. (a) In Übung 2.3 war zu zeigen, dass der Algorithmus für das Zweifärbbarkeitsproblem in Beispiel 2.2 eine in der Knotenzahl des gegebenen Graphen quadratische Laufzeit hat. Zeigen Sie nun, dass dieses Problem bezüglich der Anzahl n der Knoten und der Anzahl m der Kanten des gegebenen Graphen sogar in Linearzeit lösbar ist, also in der Zeit $\mathcal{O}(n+m)$.
Hinweis: Modifizieren Sie dabei den Algorithmus aus Beispiel 2.2 so, dass jeder Nachbar eines jeden gefärbten Knotens nur einmal betrachtet werden muss.

(b) Vergleichen Sie die Komplexitätsschranke $\mathcal{O}(n^2)$ aus Übung 2.3 mit der Komplexitätsschranke $\mathcal{O}(n+m)$ aus Teil (a). Ist die Linearzeit $\mathcal{O}(n+m)$ für alle Graphen eine echte Verbesserung gegenüber der quadratischen Zeit $\mathcal{O}(n^2)$?

Bei Exponentialzeit-Algorithmen ist es üblich, nicht nur konstante Faktoren wie bei der $\mathcal{O}$-Notation, sondern sogar polynomielle Faktoren zu vernachlässigen, da diese asymptotisch gegenüber einer exponentiellen Schranke kaum ins Gewicht fallen. Für die entsprechende Funktionenklasse ist die Bezeichnung $\tilde{\mathcal{O}}(g)$ gebräuchlich, wobei g eine gegebene exponentielle Funktion ist. Beispielsweise gilt $\tilde{\mathcal{O}}(n^2 \cdot 2^n) = \tilde{\mathcal{O}}(2^n)$.

Übung 2.10. Geben Sie eine formale Definition der Klasse $\tilde{\mathcal{O}}(g)$ an, wobei $g : \mathbb{N} \to \mathbb{N}$ eine gegebene exponentielle Funktion ist.

Die Menge $\Omega(g)$ der Funktionen, die asymptotisch mindestens bzw. genau so stark wachsen wie eine Funktion $g : \mathbb{N} \to \mathbb{N}$, ist definiert durch

$$\Omega(g) \;=\; \{f : \mathbb{N} \to \mathbb{N} \mid g \in \mathcal{O}(f)\},$$

und die Menge $\Theta(g)$ der Funktionen, die asymptotisch genau so stark wachsen wie eine Funktion $g : \mathbb{N} \to \mathbb{N}$, ist definiert durch

$$\Theta(g) \;=\; \mathcal{O}(g) \cap \Omega(g).$$

Übung 2.11. Stellen Sie für die folgenden Paare von Funktionen jeweils fest, ob $f \in O(g)$, $f \in \Omega(g)$ oder $f \in \Theta(g)$ gilt. Analog zur Definition von $\lceil x \rceil$ bezeichnet dabei $\lfloor x \rfloor$ die größte ganze Zahl, die x nicht überschreitet.

(a) $f(n) = \lfloor \sqrt{n} \rfloor$ und $g(n) = 100 \cdot n$.
(b) $f(n) = \lfloor \log_{10}(n) \rfloor$ und $g(n) = \lfloor \log(n) \rfloor$.
(c) $f(n) = \lfloor \sqrt[4]{n} \rfloor$ und $g(n) = \lfloor \sqrt{n} \rfloor$.
(d) $f(n) = n^3$ und $g(n) = \lfloor n \cdot \log(n) \rfloor$.
(e) $f(n) = 155 \cdot n^2 + 24 \cdot n + 13$ und $g(n) = n^2$.
(f) $f(n) = \lfloor n \cdot \log(n) \rfloor + \lfloor \sqrt{n} \rfloor$ und $g(n) = \lfloor n \cdot \log(\log(\log(n))) \rfloor$.

Wie leicht zu zeigen ist, gelten die folgenden Eigenschaften.

Behauptung 2.12.   *1. Sind $f_1 \in \mathcal{O}(g_1)$ und $f_2 \in \mathcal{O}(g_2)$, so sind $f_1 + f_2 \in \mathcal{O}(g_1 + g_2)$ und $f_1 \cdot f_2 \in \mathcal{O}(g_1 \cdot g_2)$, wobei $f_1 + f_2$ die Funktion $f' : \mathbb{N} \to \mathbb{N}$ mit $f'(n) = f_1(n) + f_2(n)$ und $f_1 \cdot f_2$ die Funktion $f'' : \mathbb{N} \to \mathbb{N}$ mit $f''(n) = f_1(n) \cdot f_2(n)$ ist.*
2. Sind $f \in \mathcal{O}(g)$ und $g \in \mathcal{O}(h)$, so ist $f \in \mathcal{O}(h)$.
3. Sind $f \in \Omega(g)$ und $g \in \Omega(h)$, so ist $f \in \Omega(h)$.
4. Ist $f \in \Theta(g)$, so ist $g \in \Theta(f)$.
5. Sind $f_1 \in \mathcal{O}(g)$ und $f_2 \in \mathcal{O}(g)$, so ist $f_1 + f_2 \in \mathcal{O}(g)$.
6. Ist $f \in \mathcal{O}(g)$, so ist $f + g \in \Theta(g)$.

Übung 2.13. Beweisen Sie Behauptung 2.12.

Neben den Klassen $\mathscr{O}(g)$ und $\Omega(g)$ sind auch die Klassen $o(g)$ und $\omega(g)$ ge- $o(g), \omega(g)$
bräuchlich. Die Klasse $o(g)$ ist für eine gegebene Funktion $g : \mathbb{N} \to \mathbb{N}$ wie folgt
definiert:

$$o(g) = \left\{ f : \mathbb{N} \to \mathbb{N} \;\middle|\; \begin{array}{l} (\forall c \in \mathbb{R}_{>0}) \, (\exists x_0 \in \mathbb{N}) \, (\forall x \in \mathbb{N}) \\ [x \geq x_0 \implies f(x) < c \cdot g(x)] \end{array} \right\}$$

und enthält intuitiv genau die Funktionen, die asymptotisch weniger stark als g wachsen: Egal, wie klein die reelle positive Konstante c ist (und das wird durch den Allquantor davor ausgedrückt), wächst g im Vergleich zu f so stark, dass $c \cdot g(x)$ für
hinreichend großes x größer als $f(x)$ ist. Ähnlich ist $\omega(g)$ die Klasse der Funktionen,
die asymptotisch stärker wachsen als g, d. h., eine Funktion $f : \mathbb{N} \to \mathbb{N}$ ist genau dann
in $\omega(g)$, wenn $g \in o(f)$.

Übung 2.14. (a) Geben Sie ein Gegenbeispiel an, das zeigt, dass die Gleichheit

$$o(g) = \mathscr{O}(g) - \Theta(g) \tag{2.1}$$

im Allgemeinen nicht gilt, d. h., definieren Sie Funktionen $f : \mathbb{N} \to \mathbb{N}$ und $g :
\mathbb{N} \to \mathbb{N}$ mit $f \in \mathscr{O}(g) - \Theta(g)$, aber $f \notin o(g)$.
Hinweis: Definieren Sie f für gerade n anders als für ungerade n.
(b) Für eine gegebene Funktion $g : \mathbb{N} \to \mathbb{N}$ enthält die Klasse $\Omega_\infty(g)$ genau die Funktionen $f : \mathbb{N} \to \mathbb{N}$, für die es eine reelle Zahl $c > 0$ gibt, sodass für unendlich viele
$x \in \mathbb{N}$ gilt:

$$f(x) > c \cdot g(x).$$

Zeigen Sie:

$$o(g) = \mathscr{O}(g) - \Omega_\infty(g). \tag{2.2}$$

2.4 Einige wichtige Klassen von Funktionen

In den vorherigen Abschnitten wurden Komplexitätsfunktionen eingeführt und das
asymptotische Wachstumsverhalten von Funktionen beschrieben. Nun stellen wir
noch einige Klassen von Funktionen vor, die bei der Abschätzung der Laufzeiten
von Algorithmen eine besonders wichtige Rolle spielen. Nicht alle Funktionen, die
man sich ausdenken könnte, sind bei der Analyse von Algorithmen relevant. Die
folgenden Aufwandsklassen kommen jedoch häufiger vor. Sie sind hier aufsteigend
bezüglich ihrer Inklusionen aufgeführt:

Klasse	Aufwand
$\mathscr{O}(1)$	konstant
$\mathscr{O}(\log_2(n))$	logarithmisch
$\mathscr{O}(n)$	linear
$\mathscr{O}(n \cdot \log_2(n))$	
$\mathscr{O}(n^2)$	quadratisch
$\mathscr{O}(n^3)$	kubisch
$\mathscr{O}(2^n)$	exponentiell

Im Folgenden gehen wir auf einige dieser Klassen noch etwas genauer ein.

2.4.1 Konstante Funktionen

Konstante Funktionen $f : \mathbb{N} \to \mathbb{N}$ liefern immer (also unabhängig von der Eingabegröße) den gleichen Funktionswert, d. h., $f(n) = f(n')$ gilt für alle $n, n' \in \mathbb{N}$. Wir verwenden den Begriff der „konstanten Funktion" jedoch für alle Funktionen $f : \mathbb{N} \to \mathbb{N}$, bei denen sämtliche Funktionswerte $f(n)$ durch eine Konstante c beschränkt sind. Die Klasse der konstanten Funktionen wird in der Regel mit $\Theta(1)$ bezeichnet, obwohl natürlich $\Theta(49)$ und $\Theta(1)$ die gleiche Klasse definieren. Da wir ausschließlich Funktionen der Art $f : \mathbb{N} \to \mathbb{N}$ betrachten, gilt sogar $\Theta(1) = \mathcal{O}(1)$.

Algorithmen mit einer Zeitschranke aus $\mathcal{O}(1)$, die also nicht von der Größe der Eingabe abhängt, lösen in der Regel keine interessanten Probleme.

2.4.2 Logarithmische Funktionen

Logarithmen sind sehr schwach wachsende Funktionen. Die Anzahl der Ziffern der Dezimaldarstellung einer Zahl $m \in \mathbb{N}^+$ ist $\lfloor \log_{10}(m) \rfloor + 1$, also z. B. 5 für $m = 12345$ und 7 für $m = 3425160$.

Für eine positive reelle Zahl $b \neq 1$ (die die *Basis* genannt wird) und eine positive reelle Zahl n ist $\log_b(n)$ definiert als die reelle Zahl x mit $b^x = n$. Logarithmen mit verschiedenen Basen lassen sich leicht ineinander umrechnen. Für alle positiven reellen Zahlen a und b mit $a \neq 1$ und $b \neq 1$ gilt

$$\log_a(n) = \frac{\log_b(n)}{\log_b(a)}.$$

Für feste Basen a und b ist $\log_b(a)$ ein Faktor, der unabhängig von n ist. Deshalb ist

$$\Theta(\log_a(n)) = \Theta(\log_b(n)).$$

Weiterhin gilt $\log_b(n^k) = k \cdot \log_b(n)$ und somit

$$\Theta(\log_b(n^k)) = \Theta(\log_b(n)).$$

Logarithmen wachsen weniger stark als Polynome. Genauer gesagt gilt $\log_b(n) \in \mathcal{O}(n^k)$ und sogar $\log_b(n) \in o(n^k)$ für jedes $k > 0$.

Da für das asymptotische Wachstum die Basis des Logarithmus also keine Rolle spielt, schreiben wir bei allen Laufzeitbetrachtungen vereinfacht gern $\log(n)$ für $\log_2(n)$.

Weitere grundlegende Rechenregeln für Basen $b > 1$ und positive reelle Zahlen x und y sind:

$$\begin{aligned}
\log_b(x \cdot y) &= \log_b(x) + \log_b(y) \quad \text{und} \\
\log_b(\tfrac{x}{y}) &= \log_b(x) - \log_b(y).
\end{aligned}$$

Logarithmische Komplexitätsfunktionen sind hauptsächlich für den Speicherplatzbedarf bei der Lösung von Problemen von Belang. Logarithmische Zeit ist so knapp bemessen, dass in ihr nicht einmal die ganze Eingabe gelesen werden kann (außer man verwendet geeignete „parallele" Berechnungsmodelle[8]). Logarithmen spielen aber als Faktoren bei der Abschätzung des Zeitaufwands von Problemen durchaus eine wichtige Rolle. Beispielsweise arbeiten die besten Sortierverfahren (wie *Quicksort, Mergesort* usw.) in der Zeit $\mathcal{O}(n \cdot \log(n))$, und unter bestimmten Voraussetzungen kann man zeigen, dass man nicht schneller sortieren kann: Sortieren hat die Komplexität $\Theta(n \cdot \log(n))$.

Ein klassisches Graphenproblem, das nichtdeterministisch mit logarithmischem Platzbedarf gelöst werden kann, ist das Grapherreichbarkeitsproblem: Gegeben ein gerichteter Graph G mit zwei ausgezeichneten Knoten, s und t, gibt es einen Weg von s zu t in G? Auch wenn diese graphentheoretischen Begriffe erst in Kapitel 3 formal definiert werden, ist das Problem sicherlich verständlich. Informal kann ein Algorithmus, der es mit logarithmischem Platzbedarf löst, so beschrieben werden: Bei Eingabe von (G, s, t) wird „nichtdeterministisch" (siehe Kapitel 5) ein gerichteter Weg geraten, der von s ausgeht. Dabei genügt es, sich immer nur den aktuellen Knoten zu merken, dessen Nachfolger geraten wird, und da man die Knotenindizes binär speichern kann, ist es klar, dass man mit logarithmischem Platz auskommt. Dieser nichtdeterministische Rateprozess geschieht in einer systematischen Art und Weise (zum Beispiel mittels Breitensuche, siehe Abschnitt 3.3). Viele der geratenen Wege werden nicht zum Ziel führen. Aber wenn es überhaupt einen erfolgreichen Weg von s zu t gibt, so wird er auch gefunden.

2.4.3 Polynome

Polynome $p : \mathbb{N} \to \mathbb{N}$ mit ganzzahligen Koeffizienten c_i, $0 \le i \le d$, sind Funktionen der Gestalt

$$p(n) = c_d \cdot n^d + c_{d-1} \cdot n^{d-1} + \cdots + c_1 \cdot n + c_0. \tag{2.3}$$

(Als Laufzeiten sind natürlich keine negativen Werte von $p(n)$ sinnvoll.) Den größten Einfluss in einer polynomiellen Laufzeit der Form (2.3) hat der Term $c_d \cdot n^d$ und damit der Grad d des Polynoms. Da wir bei der Analyse von Algorithmen an der asymptotischen Laufzeit interessiert sind und gemäß Abschnitt 2.3 konstante Faktoren vernachlässigen (d. h., für das Polynom p in (2.3) gilt $p \in \mathcal{O}(n^d)$), spielt eigentlich nur der Grad d eine Rolle.

Polynomialzeit-Algorithmen fasst man als „effizient" auf, wohingegen Exponentialzeit-Algorithmen als „ineffizient" gelten (siehe [Rot08, Dogma 3.7]), denn Polynome wachsen weniger stark als exponentielle Funktionen: Es gilt zum Beispiel $n^k \in \mathcal{O}(2^n)$ und sogar $n^k \in o(2^n)$ für jedes $k > 0$. Natürlich ist Effizienz ein dehnbarer Begriff, denn einen Polynomialzeit-Algorithmus, dessen Laufzeit ein Polynom vom Grad 153 ist, kann man unmöglich als effizient bezeichnen. Unter den natürlichen Problemen, die sich in Polynomialzeit lösen lassen, wird man jedoch so gut wie nie polynomielle Laufzeiten dieser Größenordnung finden; die meisten Polynomialzeit-Algorithmen für natürliche Probleme haben kubische, quadratische oder sogar lineare Laufzeiten, die man tatsächlich effizient nennen kann. Ein Beispiel für einen

---

[8] Zum Beispiel eine alternierende Turingmaschine mit Indexband, siehe [Rot08, Kapitel 5].

Algorithmus, der in quadratischer Zeit[9] läuft, ist der Algorithmus von Dijkstra, mit dem kürzeste Wege in gerichteten Graphen gefunden werden können. Ein anderes Beispiel für ein in quadratischer Zeit lösbares Problem haben wir in Beispiel 2.2 kennen gelernt: das Zweifärbbarkeitsproblem (siehe Übung 2.3, in der eine quadratische Laufzeit bezüglich der Knotenzahl im Eingabegraphen zu zeigen ist, und die auf Linearzeit bezüglich der Knoten- und Kantenzahl im gegebenen Graphen verbesserte Analyse in Übung 2.9).

2.4.4 Exponentielle Funktionen

Für reelle Zahlen x, a und b gilt:

$$x^a \cdot x^b = x^{a+b};$$

$$\frac{x^a}{x^b} = x^{a-b};$$

$$(x^a)^b = x^{a \cdot b}, \text{ und im Allgemeinen ist dies} \neq x^{(a^b)}.$$

Für reelle Zahlen $a > 1$ und $b > 1$ gilt:

$$\mathscr{O}(a^n) \subsetneq \mathscr{O}(a^{b \cdot n}), \tag{2.4}$$

das heißt, es gilt $\mathscr{O}(a^n) \subseteq \mathscr{O}(a^{b \cdot n})$, aber nicht $\mathscr{O}(a^n) = \mathscr{O}(a^{b \cdot n})$. Dies folgt aus

$$a^{b \cdot n} = a^{(b-1) \cdot n + n} = a^{(b-1) \cdot n} \cdot a^n.$$

Der Faktor $a^{(b-1) \cdot n}$ überschreitet für hinreichend großes n jede beliebige Konstante c, nämlich für $n > \frac{\log_a(c)}{b-1}$.

Weiterhin gilt für reelle Zahlen a mit $1 \leq a < b$:

$$\mathscr{O}(a^n) \subsetneq \mathscr{O}(b^n). \tag{2.5}$$

Da $b = a^{\log_a(b)}$ (und somit $b^n = a^{\log_a(b) \cdot n}$) gilt und da $\log_a(b) > 1$ aus $1 \leq a < b$ folgt, ergibt sich die Ungleichheit (2.5) aus der Ungleichheit (2.4).

In der Einleitung wurde das Problem der k-Färbbarkeit für Graphen an einem Beispiel vorgestellt. Für dieses Problem ist für $k \geq 3$ kein Algorithmus bekannt, der besser als in Exponentialzeit arbeitet. Die meisten der in diesem Buch vorgestellten Probleme haben im Allgemeinen (d. h., sofern nicht geeignete Einschränkungen betrachtet werden) ebenfalls exponentielle Zeitkomplexität.

2.5 Literaturhinweise

Die $\mathscr{O}$-, Ω- und Θ-Notationen wurden von Landau [Lan09] und Bachmann [Bac94] eingeführt.

---

[9] Genauer gesagt hat der Algorithmus von Dijkstra die Komplexität $\Theta(n^2)$, wobei n die Zahl der Knoten des Eingabegraphen ist. Verwendet man bei der Implementierung geeignete Datenstrukturen, so erhält man eine Komplexität von $\Theta(m + n \cdot \log(n))$, wobei m die Zahl der Kanten des Eingabegraphen ist. Für „dünne" Graphen (also Graphen mit wenigen Kanten) ist diese Laufzeit besser als $\Theta(n^2)$.

Graphen

In der Einleitung wurde ein spezielles Graphenproblem anhand eines Alltagsbei-
spiels vorgestellt, das Färbbarkeitsproblem, mit dessen Lösung ein Lehrer versucht,
seine Schüler so auf die Zimmer einer Jugendherberge zu verteilen, dass ihm Ärger
während der Klassenfahrt möglichst erspart bleibt (siehe Abb. 1.1 und Abb. 1.2).
In diesem Kapitel werden weitere Graphenprobleme eingeführt, die wir in diesem
Buch untersuchen wollen. Zunächst benötigen wir einige grundlegende Begriffe und
Definitionen der Graphentheorie.

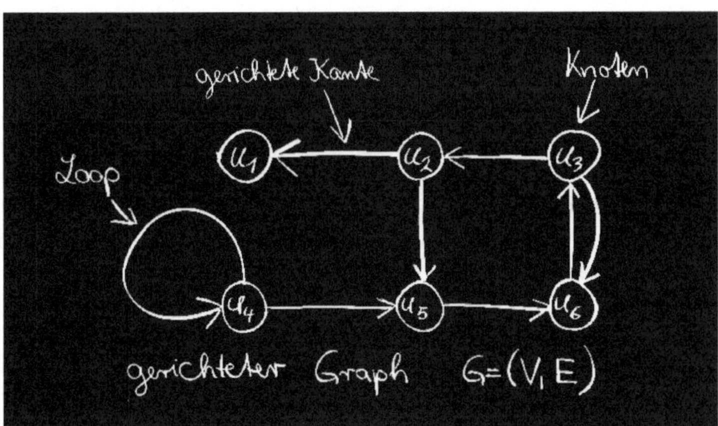

Abb. 3.1. Beispiel für einen gezeichneten Graphen

3.1 Grundbegriffe

Eine der wichtigsten Datenstrukturen in der Informatik ist der Graph. Mit Hilfe von
Graphen lassen sich oft sehr einfach die strukturellen Gegebenheiten algorithmischer

F. Gurski et al., *Exakte Algorithmen für schwere Graphenprobleme*, eXamen.press,
DOI 10.1007/978-3-642-04500-4_3, © Springer-Verlag Berlin Heidelberg 2010

Graph, Knoten Kante

Probleme beschreiben. Ein *Graph G* ist ein Paar (V, E), wobei V eine Menge von *Knoten* (englisch: *vertices*) und E eine Menge von *Kanten* (englisch: *edges*) ist. Wir betrachten in diesem Buch ausschließlich Graphen mit endlichen Knoten- und endlichen Kantenmengen. Es gibt in der Literatur unterschiedliche Graphenmodelle, die sich hauptsächlich in der Definition der Kantenmenge unterscheiden. Die beiden folgenden Varianten werden jedoch am häufigsten für algorithmische Analysen verwendet.

gerichteter Graph

1. In einem *gerichteten Graphen* (englisch: *digraph*, als Abkürzung von *directed graph*) $G = (V, E)$ ist die Kantenmenge eine Teilmenge der Menge aller Knotenpaare:

$$E \subseteq V \times V.$$

gerichtete Kante
Startknoten
Zielknoten
ungerichteter Graph

Jede *gerichtete Kante* (u, v) ist ein geordnetes Paar von Knoten, wobei u der *Startknoten* und v der *Zielknoten* der Kante (u, v) ist.

2. In einem *ungerichteten Graphen* $G = (V, E)$ ist die Kantenmenge eine Teilmenge der Menge aller zwei-elementigen Knotenmengen:

$$E \subseteq \{\{u, v\} \mid u, v \in V, u \neq v\}.$$

ungerichtete Kante
Endknoten

Jede *ungerichtete Kante* $\{u, v\}$ ist eine Menge von zwei Knoten u und v, die die *Endknoten* der Kante $\{u, v\}$ sind.

Grundsätzlich kann ein ungerichteter Graph auch als ein gerichteter Graph dargestellt werden, indem für jede ungerichtete Kante $\{u, v\}$ zwei gerichtete Kanten (u, v) und (v, u) verwendet werden. In der Regel ist es jedoch bequemer und anschaulicher, für ungerichtete Graphen auch das ungerichtete Graphenmodell zu verwenden.

Graphen lassen sich sehr einfach zeichnerisch veranschaulichen. Dabei werden die Knoten als Punkte oder Kreise und die Kanten als verbindende Pfeile oder Linien gezeichnet. Graphalgorithmen lesen die Knotenmenge und Kantenmenge jedoch normalerweise sequenziell als Folgen von Knoten und Kanten ein.

Kardinalität einer Menge
Größe eines Graphen

Die *Kardinalität einer Menge S* (also die Anzahl ihrer Elemente) bezeichnen wir mit $|S|$. Die *Größe eines Graphen G* ist

$$\text{size}(G) \; = \; |V| + |E|.$$

Die „Gleichheit" von Graphen wird wie bei allen komplexen Strukturen über einen Isomorphismus definiert, da in der Regel eine *strukturelle Gleichheit* und keine mengentheoretische Gleichheit gemeint ist. Zwei gerichtete bzw. zwei ungerichtete

Graphisomorphie

Graphen $G = (V, E)$ und $G' = (V', E')$ sind *isomorph*, falls eine bijektive Abbildung $f : V \rightarrow V'$ existiert mit

$$(\forall u, v \in V) \; [(u, v) \in E \quad \Leftrightarrow \quad (f(u), f(v)) \in E'] \tag{3.1}$$

bzw.

$$(\forall u, v \in V) \; [\{u, v\} \in E \quad \Leftrightarrow \quad \{f(u), f(v)\} \in E']. \tag{3.2}$$

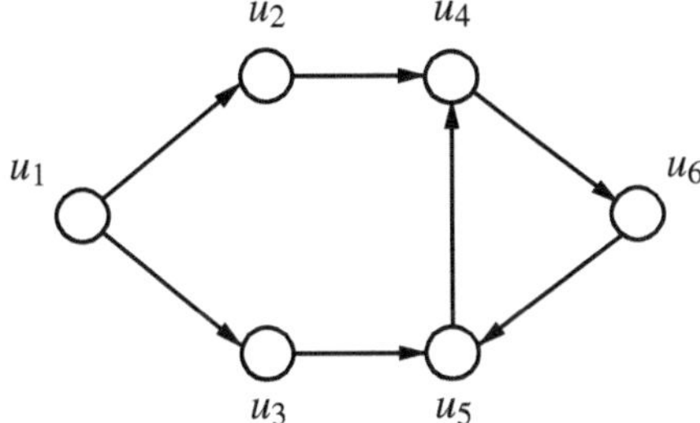

Abb. 3.2. Ein gerichteter Graph $G = (V, E)$ mit den sechs Knoten $u_1, \ldots, u_6$ und den sieben gerichteten Kanten (u_1, u_2), (u_1, u_3), (u_2, u_4), (u_3, u_5), (u_4, u_6), (u_6, u_5) und (u_5, u_4)

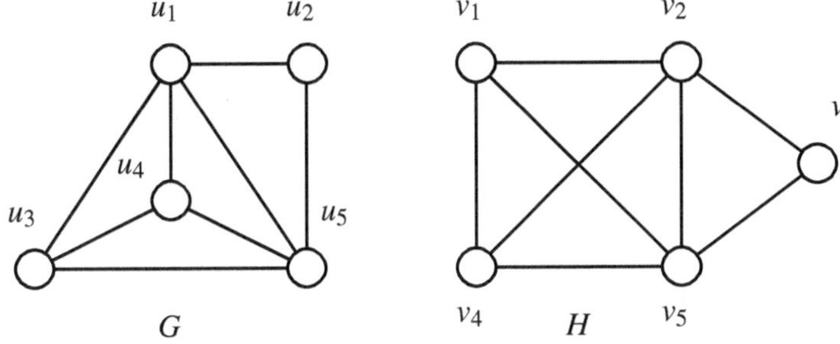

Abb. 3.3. Zwei unterschiedlich dargestellte isomorphe Graphen

Beispiel 3.1 (Graphisomorphie). Abbildung 3.3 zeigt zwei isomorphe Graphen $G = (V, E)$ und $G' = (V', E')$. Die Isomorphie wird zum Beispiel durch die bijektive Abbildung $f : V \to V'$ mit $f(u_1) = v_2$, $f(u_2) = v_3$, $f(u_3) = v_1$, $f(u_4) = v_4$ und $f(u_5) = v_5$ belegt, da

$$(\forall u, v \in V)\ [\{u, v\} \in E \quad \Leftrightarrow \quad \{f(u), f(v)\} \in E'].$$

Ein Graph $G' = (V', E')$ heißt *Teilgraph* eines Graphen $G = (V, E)$, falls $V' \subseteq V$ und $E' \subseteq E$. Ist $G' = (V', E')$ ein Teilgraph von G und gilt zusätzlich, dass E' alle Kanten aus E enthält, deren Endknoten in V' sind (d. h., $E' = \{\{u, v\} \in E \mid u, v \in V'\}$), so heißt G' *induzierter Teilgraph* von G. Jeder induzierte Teilgraph ist somit auch ein gewöhnlicher Teilgraph, jedoch gilt dies im Allgemeinen nicht umgekehrt. Die Kantenmenge in einem induzierten Teilgraphen G' von G ist eindeutig durch die Knotenmenge V' bestimmt. Wir schreiben deshalb auch $G[V']$ für den durch $V' \subseteq V$ in G induzierten Teilgraphen.

Beispiel 3.2 (Teilgraph). Abbildung 3.4 zeigt einen Graphen G mit sieben Knoten und zehn Kanten. Der Graph J enthält sechs Knoten und sechs Kanten und ist kein induzierter Teilgraph von G. Der Graph H mit seinen fünf Knoten und sechs Kanten ist dagegen ein induzierter Teilgraph von G und damit natürlich (wie J auch) ein „ganz normaler" Teilgraph von G.

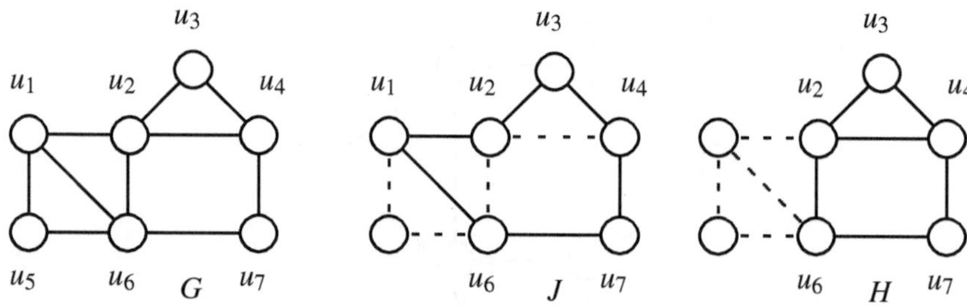

Abb. 3.4. Ein Graph, ein Teilgraph und ein induzierter Teilgraph

Die folgende Definition fasst einige der elementaren Begriffe über Graphen zusammen, die sowohl für gerichtete als auch für ungerichtete Graphen relevant sind. Die entsprechenden Definitionen unterscheiden sich gelegentlich in nur unbedeutenden formalen Details. Die formale Abänderung der jeweiligen Definition für ungerichtete Graphen geben wir in Klammern an, falls nötig.

Definition 3.3. *Sei $G = (V, E)$ ein gerichteter (bzw. ein ungerichteter) Graph.*

adjazent

1. *Zwei Knoten u, v sind in G miteinander* verbunden *oder* adjazent *oder* benachbart, *wenn es eine gerichtete Kante $e = (u, v)$ oder $e = (v, u)$ gibt (bzw. wenn es*

inzident
Nachbarschaft

eine ungerichtete Kante $e = \{u, v\}$ gibt); dann nennt man u und v mit e inzident. *Zwei Kanten mit einem gemeinsamen Knoten heißen* inzident. *Die* Nachbarschaft $N(v)$ *eines Knotens v ist die Menge aller mit v adjazenten Knoten.*

Eingangsgrad
Ausgangsgrad

2. *Der* Eingangsgrad $indeg_G(u)$ *eines Knotens u in G ist die Anzahl der gerichteten Kanten mit u als Zielknoten. Der* Ausgangsgrad $outdeg_G(u)$ *von u in G ist die Anzahl der gerichteten Kanten mit u als Startknoten.*

Knotengrad

3. *Der* Knotengrad $deg_G(u)$ *eines Knotens u in G ist die Anzahl der mit u inzidenten Kanten. (Für ungerichtete Graphen ist nur der Knotengrad von Belang, d. h., man unterscheidet nicht zwischen Eingangs- und Ausgangsgrad.)*

maximaler
Knotengrad

Der maximale Knotengrad *eines Graphen G ist definiert als*

$$\Delta(G) = \max_{v \in V} deg_G(v).$$

minimaler
Knotengrad

Analog ist der minimale Knotengrad *von G definiert als*

$$\delta(G) = \min_{v \in V} deg_G(v).$$

Schleife

4. *Eine* Schleife *(englisch:* loop*) ist eine gerichtete Kante (u, u) von einem Knoten zu sich selbst.*

Weg P_k

5. *Ein* gerichteter *(bzw.* ungerichteter*)* Weg *(englisch:* path*) in G ist eine alternierende Folge $P_k = (u_1, e_1, u_2, \ldots, u_{k-1}, e_{k-1}, u_k)$ von Knoten $u_1, \ldots, u_k \in V$ und Kanten $e_1, \ldots, e_{k-1} \in E$ mit $e_i = (u_i, u_{i+1})$ (bzw. $e_i = \{u_i, u_{i+1}\}$) für alle i,*

Länge eines Wegs

$1 \leq i \leq k-1$. Die Länge eines Wegs *ist in der Regel die Anzahl seiner Kanten,[10] und der Weg P_k mit k Knoten hat dementsprechend die Länge $k-1$.*

---

[10] Gelegentlich wird aber auch die Anzahl der Knoten als Weglänge verwendet.

Ein Weg P_k wird oft vereinfacht als Knotenfolge

$$P_k = (u_1, \ldots, u_k)$$

mit der Eigenschaft $(u_i, u_{i+1}) \in E$ (bzw. $\{u_i, u_{i+1}\} \in E$) für $i \in \{1, \ldots, k-1\}$ definiert. Es ist aber auch möglich, einen Weg P als Teilgraphen $G_P = (V_P, E_P)$ von G zu definieren. In einem gerichteten Weg $P_k = (u_1, \ldots, u_k)$ wird der erste Knoten, u_1, als Startknoten *und der letzte Knoten, u_k, als* Zielknoten *bezeichnet. In einem ungerichteten Weg P_k heißen die beiden Knoten u_1 und u_k* Endknoten *des Wegs.*

Die Distanz *zwischen zwei Knoten u und v im Graphen G, bezeichnet mit $\mathrm{dist}_G(u,v)$, ist die minimale Anzahl der Kanten in einem Weg von u nach v (bzw. zwischen u und v).*

Startknoten
Zielknoten
Endknoten
Distanz

Beispiel 3.4 (Weg und Schleife). *Abbildung 3.5 zeigt zwei Wege der Länge vier: einen gerichteten Weg P und einen ungerichteten Weg P'. Der dritte Graph in Abb. 3.5, S, besteht aus genau einem Knoten, u, und einer Schleife.*

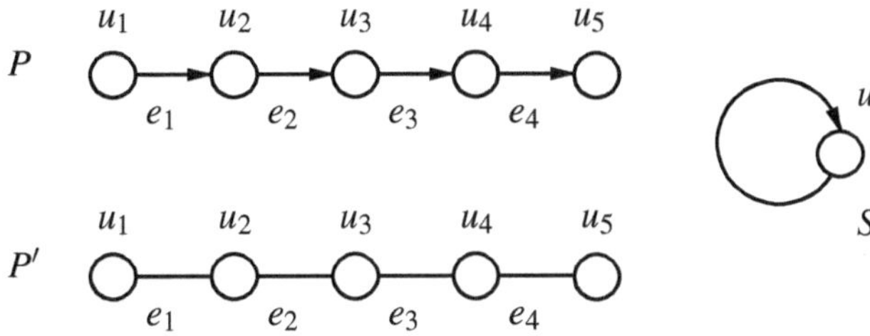

Abb. 3.5. Zwei Wege, P und P', und eine Schleife S

6. *Ein Weg $C_k = (u_1, \ldots, u_k)$ in G ist ein* Kreis *in G, falls zusätzlich $(u_k, u_1) \in E$ (bzw. $\{u_k, u_1\} \in E$) gilt. Alternativ können Kreise C auch als Folgen*   Kreis C_k

$$C = (u_1, e_1, u_2, \ldots, u_{k-1}, e_{k-1}, u_k, e_k)$$

von alternierenden Knoten bzw. Kanten oder auch als Teilgraphen

$$G_C = (\{u_1, \ldots, u_k\}, \{e_1, \ldots, e_k\})$$

von G definiert werden.

7. *Ein Weg bzw. Kreis P ist* einfach, *falls alle Knoten in P paarweise verschieden sind.*   einfacher Weg
einfacher Kreis

8. *Zwei Wege, $P = (u_0, \ldots, u_k)$ und $P' = (v_0, \ldots, v_{k'})$, sind* knotendisjunkt, *falls $u_i \neq v_j$ für alle i und j mit $0 < i < k$ und $0 < j < k'$ gilt. Die Endknoten der Wege werden bei dieser Ungleichheit in der Regel nicht mit einbezogen.*   knotendisjunkte Wege

Die folgenden Begriffe beziehen sich ausschließlich auf gerichtete Graphen.

Definition 3.5 (schwacher und starker Zusammenhang). *Sei* $G = (V,E)$ *ein gerichteter Graph.*

1. *G ist* schwach zusammenhängend, *falls*

$$(\forall U \subseteq V)\ (\exists u \in U)\ (\exists v \in V - U)\ [(u,v) \in E \lor (v,u) \in E].$$

2. *G ist* bilateral, *falls es in G zwischen je zwei Knoten $u,v \in V$ einen Weg von u nach v oder einen Weg von v nach u gibt.*

3. *G ist* stark zusammenhängend, *falls es in G zwischen je zwei Knoten $u,v \in V$ einen Weg von u nach v gibt.*

Die folgenden Begriffe beziehen sich ausschließlich auf ungerichtete Graphen.

Definition 3.6 (k-facher Zusammenhang). *Sei $G = (V,E)$ ein ungerichteter Graph.*

1. *G ist* zusammenhängend, *falls es in G zwischen je zwei Knoten $u,v \in V$ einen Weg gibt.*

2. *G ist k-fach* zusammenhängend, $k \geq 2$, *falls es in G zwischen je zwei Knoten $u,v \in V$, $u \neq v$, k einfache, paarweise knotendisjunkte Wege gibt.*

Satz 3.7 (Menger [Men27]). *Ein Graph mit mehr als $k \geq 0$ Knoten ist genau dann k-fach zusammenhängend, wenn er nicht durch Herausnahme von höchstens $k - 1$ Knoten und ihren inzidenten Kanten unzusammenhängend werden kann.* **ohne Beweis**

Für den Entwurf effizienter Graphalgorithmen ist es wichtig, den zu untersuchenden Graphen geeignet intern zu speichern. Am einfachsten kann ein gerichteter Graph $G = (V,E)$ mit n Knoten in einem zweidimensionalen Array A als *Adjazenzmatrix* gespeichert werden, also als die $(n \times n)$-Matrix mit den folgenden n^2 Einträgen:

$$A[u][v]\ =\ \begin{cases} 0, & \text{falls } (u,v) \notin E, \\ 1, & \text{falls } (u,v) \in E. \end{cases}$$

Die Speicherung eines Graphen mit n Knoten als Adjazenzmatrix benötigt $\Theta(n^2)$ Platz, unabhängig davon, ob der Graph sehr viele oder nur sehr wenige Kanten hat. Algorithmen, die als interne Datenstruktur eine Adjazenzmatrix verwenden, benötigen deshalb wegen der Initialisierung der Adjazenzmatrix immer mindestens $\Omega(n^2)$ Rechenschritte. Die Verwendung einer Adjazenzmatrix ist somit nur dann sinnvoll, wenn die Laufzeit der besten Algorithmen im besten Fall (also bezüglich der Best-case-Zeitkomplexität) $\Omega(n^2)$ nicht unterschreitet. Selbst wenn der Graph bereits in Form einer Adjazenzmatrix als Eingabe gegeben ist und die Adjazenzmatrix nicht erst aufgebaut werden muss, kann die Laufzeit der Algorithmen für viele Graphenprobleme $\Omega(n^2)$ nicht unterschreiten. Dies zeigt der folgende Satz von Rivest und Vuillemin [RV76], den wir hier jedoch nicht beweisen möchten.

Satz 3.8 (Rivest und Vuillemin [RV76]). *Sei $\mathscr{E}$ eine Grapheigenschaft, für die gilt:*

1. *$\mathscr{E}$ ist nicht trivial, d. h., es gibt mindestens einen Graphen, der die Eigenschaft $\mathscr{E}$ hat, und es gibt mindestens einen Graphen, der die Eigenschaft $\mathscr{E}$ nicht hat.*

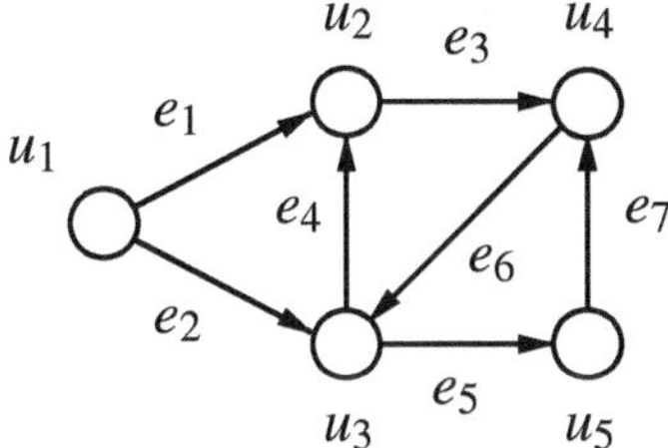

Abb. 3.6. Beispielgraph $G = (V, E)$ mit $V = \{u_1, \ldots, u_5\}$ und $E = \{e_1, \ldots, e_7\}$, wobei $e_1 = (u_1, u_2)$, $e_2 = (u_1, u_3)$, $e_3 = (u_2, u_4)$, $e_4 = (u_3, u_2)$, $e_5 = (u_3, u_5)$, $e_6 = (u_4, u_3)$ und $e_7 = (u_5, u_4)$

2. *$\mathscr{E}$ ist monoton, d. h., wenn ein Graph G die Eigenschaft $\mathscr{E}$ hat, dann haben auch alle Teilgraphen von G die Eigenschaft $\mathscr{E}$.*   monotone Grapheigenschaft

3. *$\mathscr{E}$ ist unabhängig von der Anordnung der Knoten der Graphen mit Eigenschaft $\mathscr{E}$, d. h., für alle Graphen G und alle zu G isomorphen Graphen G' gilt $\mathscr{E}(G) = \mathscr{E}(G')$.*

Dann benötigt jeder Algorithmus, der die Eigenschaft $\mathscr{E}$ auf der Basis einer Adjazenzmatrix entscheidet, mindestens $\Omega(n^2)$ Rechenschritte.   **ohne Beweis**

Satz 3.8 gilt zum Beispiel für die Eigenschaft, ob ein Graph kreisfrei ist. Daraus folgt, dass jeder Algorithmus, der auf der Basis einer Adjazenzmatrix entscheidet, ob ein gegebener Graph $G = (V, E)$ einen Kreis enthält, mindestens $\Omega(n^2)$ Rechenschritte benötigt. Adjazenzmatrizen sind besonders dann ungeeignet, wenn alle mit einem Knoten $u \in V$ inzidenten Kanten inspiziert werden müssen. Um die inzidenten Kanten zu finden, müssen alle n Einträge einer Zeile und einer Spalte untersucht werden, auch wenn ein Knoten u nur eine einzige inzidente Kante besitzt.

Eine geeignetere Datenstruktur für die effiziente Analyse von Graphen sind *Adjazenzlisten*. Hier werden an jedem Knoten u in einer linear verketteten Liste (siehe   Adjazenzliste zum Beispiel Cormen et al. [CLRS09]) die mit u inzidenten Kanten gespeichert. Die in u einlaufenden Kanten können im Fall gerichteter Graphen getrennt von den aus u auslaufenden Kanten gespeichert werden.

Beispiel 3.9 (Adjazenzmatrix und Adjazenzliste). Die Adjazenzmatrix für den Graphen G aus Abb. 3.6 ist definiert durch

$$A = \begin{pmatrix} 0 & 1 & 1 & 0 & 0 \\ 0 & 0 & 0 & 1 & 0 \\ 0 & 1 & 0 & 0 & 1 \\ 0 & 0 & 1 & 0 & 0 \\ 0 & 0 & 0 & 1 & 0 \end{pmatrix}.$$

In der Listendarstellung werden die Knoten und Kanten als Objekte verwaltet. An jedem Knoten u werden in doppelt verketteten Listen die von u auslaufenden und die in u einlaufenden Kanten gespeichert. Die Knoten des Graphen werden ebenfalls in einer doppelt verketteten Knotenliste gespeichert. Für den Beispielgraphen aus Abb. 3.6 ergibt sich:

Knotenliste: $u_1 \leftrightarrow u_2 \leftrightarrow u_3 \leftrightarrow u_4 \leftrightarrow u_5$

Kantenlisten: $u_1.out : e_1 \leftrightarrow e_2$ $u_2.out : e_3$ $u_3.out : e_4 \leftrightarrow e_5$

$u_1.in :$ $u_2.in : e_1 \leftrightarrow e_3$ $u_3.in : e_2 \leftrightarrow e_6$

$u_4.out : e_6$ $u_5.out : e_7$

$u_4.in : e_3 \leftrightarrow e_7$ $u_5.in : e_5$

Für einige Anwendungen ist es notwendig, mehrere gleich gerichtete Kanten zwischen denselben zwei Knoten zuzulassen. Daher werden gerichtete Graphen gelegentlich auch wie folgt definiert. Ein *gerichteter Graph* ist ein System $G = (V, E, \text{source}, \text{target})$ mit den folgenden Eigenschaften:

1. V ist eine endliche Menge von *Knoten*,
2. E ist eine endliche Menge von *Kanten*,
3. source : $E \rightarrow V$ ist eine Abbildung, die jeder Kante einen *Startknoten* zuordnet, und
4. target : $E \rightarrow V$ ist eine Abbildung, die jeder Kante einen *Zielknoten* zuordnet.

multiple Kante

In diesem Graphenmodel sind *multiple Kanten* möglich. Es kann also mehrere Kanten mit gleichem Start- und Zielknoten geben. Multiple Kanten können unterschiedliche Markierungen oder Gewichte mit Hilfe zusätzlicher Funktionen $f : E \rightarrow \mathbb{R}$ erhalten.

Im ungerichteten Fall werden die beiden Abbildungen source und target durch eine Abbildung

$$\text{vertices} : E \rightarrow \{\{u,v\} \mid u,v \in V, u \neq v\}$$

ersetzt.

Ebenfalls gebräuchlich sind Abbildungen der Art

$$\text{vertices} : E \rightarrow \{V' \mid V' \subseteq V, V' \neq \emptyset\}.$$

Hyperkante
Hypergraph
einfacher Graph

Kanten, die mit mehr als zwei Knoten inzident sind, werden *Hyperkanten* genannt. Graphen mit Hyperkanten heißen *Hypergraphen*.

Wir betrachten in diesem Buch jedoch vorwiegend *einfache* Graphen, also Graphen ohne multiple Kanten und ohne Schleifen, und auch keine Hypergraphen.

3.2 Spezielle Graphen und Grapheigenschaften

Bäume gehören zu den wichtigsten Datenstrukturen in der Informatik.

Definition 3.10 (Wald, Baum und Wurzelbaum).

Wald
Baum, Blatt
innerer Knoten

1. Ein ungerichteter Graph ohne Kreise ist ein Wald. *Ein zusammenhängender Wald ist ein* Baum. *In einem Wald werden die Knoten vom Grad* 1 Blätter *genannt; die übrigen Knoten heißen* innere Knoten.

2. *Ein gerichteter Graph ohne Kreise, in dem jeder Knoten höchstens eine einlaufende Kante besitzt, ist ein* gerichteter Wald. *In einem gerichteten Wald werden die Knoten vom Ausgangsgrad 0 ebenfalls* Blätter *genannt. Knoten vom Eingangsgrad 0 werden* Wurzeln *genannt. Ein gerichteter Wald mit genau einer Wurzel ist ein* gerichteter Baum *oder auch* Wurzelbaum. *Ist* (u,v) *eine Kante in einem gerichteten Wald, so ist* u *der* Vorgänger *von* v *und* v *ein* Nachfolger *bzw. ein* Kind *von* u.

gerichteter Wald
Blatt, Wurzel
gerichteter Baum
Wurzelbaum
Vorgänger
Nachfolger, Kind

Beispiel 3.11 (Baum). Abbildung 3.7 zeigt einen Baum mit 17 Knoten.

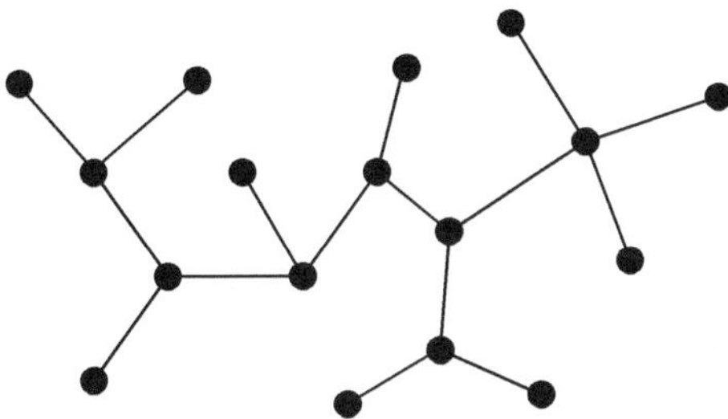

Abb. 3.7. Ein Baum

Die meisten Algorithmen für baumstrukturierte Graphen verwenden so genannte Bottom-up-Strategien. Diese bearbeiten einen baumstrukturierten Graphen, indem die Knoten in der zugehörigen Baumstruktur in Bottom-up-Reihenfolge inspiziert werden.

Definition 3.12 (Bottom-up-Reihenfolge). *Sei* $G = (V,E)$ *ein gerichteter Baum. Eine* Bottom-up-Reihenfolge *ist eine Anordnung der Knoten von G, in der für jede Kante* (u,v) *in E der Knoten v vor dem Knoten u kommt.*

Bottom-up-Reihenfolge

Beispiel 3.13 (Bottom-up-Reihenfolge). Die Nummerierung der Knoten von 1 bis 30 des Wurzelbaums in Abb. 3.8 ist eine Bottom-up-Reihenfolge.

Wir betrachten im Folgenden Knotenmengen eines Graphen, die bestimmte Eigenschaften haben. Diese Knotenmengen sind insbesondere für die Definition der Probleme nötig, die wir später algorithmisch lösen wollen. Informal lassen sich diese Mengen von Knoten folgendermaßen beschreiben. In einer *Clique* ist der Zusammenhalt der entsprechenden Knoten bezüglich der durch Kanten ausgedrückten Beziehung am größten: Jeder Knoten einer Clique ist mit jedem anderen Knoten der Clique verbunden. Im Gegensatz dazu ist dieser Zusammenhalt in einer *unabhängigen Menge* am kleinsten bzw. nicht vorhanden: Kein Knoten einer unabhängigen Menge U ist mit irgendeinem anderen Knoten aus U verbunden. Eine *Knotenüberdeckung* eines Graphen ist eine Knotenmenge, die von jeder Kante des Graphen mindestens einen Endpunkt enthält. Ein Graph wird von einer Teilmenge seiner Knoten *dominiert*, wenn jeder Knoten des Graphen entweder zu dieser Teilmenge gehört oder

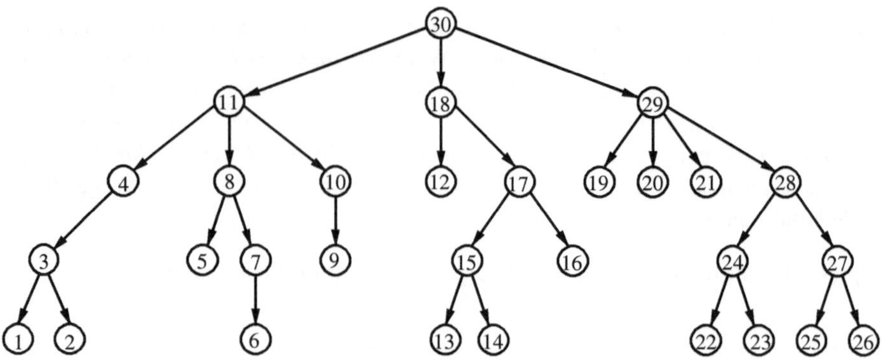

Abb. 3.8. Ein gerichteter Baum mit Bottom-up-Reihenfolge der Knoten

einen Nachbarn in ihr hat. Diese graphentheoretischen Begriffe werden nun formal definiert.

Definition 3.14 (Clique, unabhängige Menge, Knotenüberdeckung und dominierende Menge). *Seien $G = (V, E)$ ein ungerichteter Graph und $U \subseteq V$ eine Teilmenge der Knotenmenge von G.*

1. *U ist eine* Clique *in G, falls $\{u, v\} \in E$ für alle $u, v \in U$ mit $u \neq v$ gilt.*
2. *G ist* vollständig, *wenn V eine Clique in G ist. Der vollständige Graph mit $n \geq 0$ Knoten wird mit K_n bezeichnet.*
3. *U ist eine* unabhängige Menge *(englisch: independent set) in G, falls $\{u, v\} \notin E$ für alle $u, v \in V$ mit $u \neq v$ gilt.*
4. *U ist eine* Knotenüberdeckung *(englisch: vertex cover) in G, falls $\{u, v\} \cap U \neq \emptyset$ für alle Kanten $\{u, v\} \in E$ gilt.*
5. *U ist eine* dominierende Menge *(englisch: dominating set) in G, falls es für jeden Knoten $u \in V - U$ einen Knoten $v \in U$ mit $\{u, v\} \in E$ gibt.*

Die Größe *einer unabhängigen Menge (bzw. einer Clique, einer Knotenüberdeckung oder einer dominierenden Menge) $U \subseteq V$ ist die Anzahl der Knoten in U.*

Beispiel 3.15 (Clique, unabhängige Menge, Knotenüberdeckung und dominierende Menge). In Abb. 3.9 ist ein Graph mit einer (jeweils durch graue Knoten repräsentierten) Clique der Größe 3 und einer unabhängigen Menge der Größe 3 gezeigt, beide in demselben Graphen dargestellt, und es gibt keine größere Clique bzw. unabhängige Menge in diesem Graphen. Bei den entsprechenden Problemen (siehe Abschnitt 3.4) ist man an Cliquen bzw. an unabhängigen Mengen eines gegebenen Graphen interessiert, die *mindestens* eine vorgegebene Größe haben, oder sogar an *größten* Cliquen bzw. an *größten* unabhängigen Mengen.

Bei anderen Problemen fragt man dagegen nach *maximalen* Cliquen bzw. nach *maximalen* unabhängigen Mengen in Graphen. Eine unabhängige Menge zum Beispiel heißt *maximal*, falls sie die Eigenschaft der Unabhängigkeit durch Hinzunahme eines beliebigen Knotens verlieren würde, d. h., falls sie keine echte Teilmenge einer anderen unabhängigen Menge des Graphen ist.

Weiterhin zeigt Abb. 3.9 eine (wieder jeweils durch graue Knoten repräsentierte) Knotenüberdeckung der Größe 3 und eine dominierende Menge der Größe 2, beide in demselben Graphen dargestellt, und es gibt in diesem Graphen keine kleinere Knotenüberdeckung bzw. dominierende Menge. Hier geht es bei den entsprechenden Problemen (siehe Abschnitt 3.4) um Knotenüberdeckungen bzw. dominierende Mengen eines gegebenen Graphen, die *höchstens* eine vorgegebene Größe besitzen, oder sogar um *kleinste* bzw. *minimale* Knotenüberdeckungen und *kleinste* bzw. *minimale* dominierende Mengen in diesem Graphen.

kleinste Knotenüberdeckung
minimale Knotenüberdeckung
kleinste dominierende Menge
minimale dominierende Menge

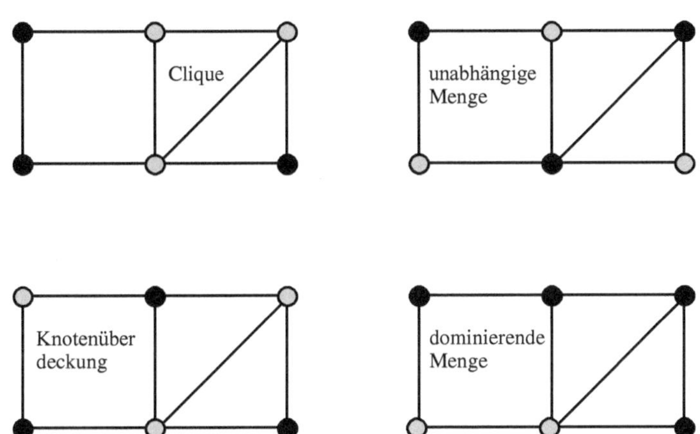

Abb. 3.9. Clique, Knotenüberdeckung, unabhängige Menge und dominierende Menge

Beispiel 3.16 (vollständiger Graph). In Abb. 3.10 sind ein vollständiger Graph mit vier Knoten und ein vollständiger Graph mit sechs Knoten dargestellt.

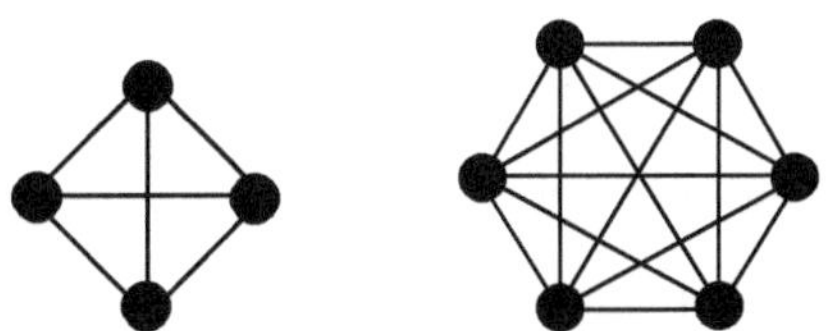

Abb. 3.10. Zwei vollständige Graphen, K_4 und K_6

Der Begriff der k-Färbbarkeit für Graphen wurde bereits in der Einleitung an einem Beispiel vorgestellt (siehe Abb. 1.1 und Abb. 1.2) und im zweiten Kapitel wurde in Beispiel 2.2 ein Algorithmus präsentiert, der testet, ob ein gegebener Graph zweifärbbar ist (siehe auch die Übungen 2.3 und 2.9). Nun definieren wir diesen Begriff formal.

Definition 3.17 (k-Färbbarkeit). *Sei $k \in \mathbb{N}^+$. Eine k-Färbung eines ungerichteten Graphen $G = (V, E)$ ist eine Abbildung $\psi : V \to \{1, \ldots, k\}$, wobei $1, \ldots, k$ die Farben repräsentieren. Eine k-Färbung ψ von G heißt legal, falls $\psi(u) \neq \psi(v)$ für jede Kante $\{u, v\}$ in E gilt. G heißt k-färbbar, falls es eine legale k-Färbung von G gibt. Die Mengen $\{v \in V \mid \psi(v) = i\}$, $1 \leq i \leq k$, heißen die Farbklassen von G.*

k-färbbar
Farbklasse

Alternativ zu Definition 3.17 kann man den Begriff der k-Färbbarkeit wie folgt charakterisieren: Ein Graph $G = (V, E)$ ist genau dann k-färbbar, wenn V in k unabhängige Mengen $U_1, \ldots, U_k$ partitioniert werden kann, also genau dann, wenn gilt:

1. $\bigcup_{i=1}^{k} U_i = V$,
2. $(\forall i, j \in \{1, \ldots, k\})$ $[i \neq j \implies U_i \cap U_j = \emptyset]$ und
3. für jedes $i \in \{1, \ldots, k\}$ ist U_i eine unabhängige Menge in G. Jedes U_i entspricht einer Farbklasse gemäß Definition 3.17.

Beispiel 3.18 (dreifärbbarer Graph). Abbildung 3.11 zeigt einen dreifärbbaren Graphen, der (statt mit 1, 2 und 3) mit den Farben weiß, schwarz und grau legal gefärbt ist. Eine legale Färbung dieses Graphen mit weniger Farben ist nicht möglich. Bei Graphfärbbarkeitsproblemen möchte man stets mit möglichst wenigen Farben auskommen.

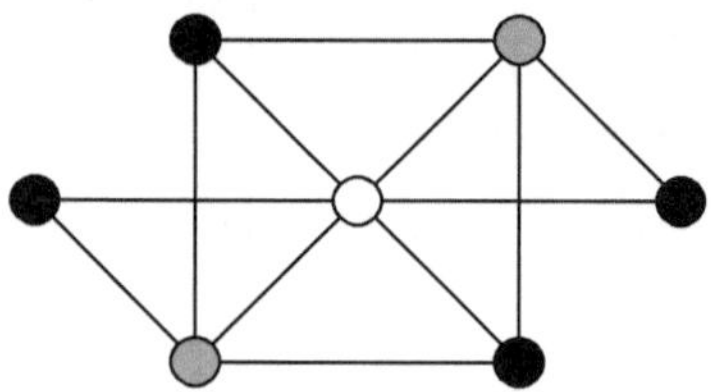

Abb. 3.11. Ein dreifärbbarer Graph

Übung 3.19. Zeigen Sie, dass unter allen minimalen legalen Färbungen φ eines gegebenen Graphen G (das heißt, φ benutzt genau $\chi(G)$ Farben) wenigstens eine sein muss, die eine *maximale* unabhängige Menge als Farbklasse enthält.

Komplementgraph

Definition 3.20 (Komplementgraph). *Der* Komplementgraph *zu einem ungerichteten Graphen $G = (V, E)$ ist definiert durch*

$$\overline{G} = (V, \{\{u, v\} \mid u, v \in V, u \neq v, \{u, v\} \notin E\})$$

und enthält somit genau die Kanten, die in G nicht enthalten sind.

Beispiel 3.21 (Komplementgraph). Abbildung 3.12 zeigt einen Graphen G und den zugehörigen Komplementgraphen $\overline{G}$.

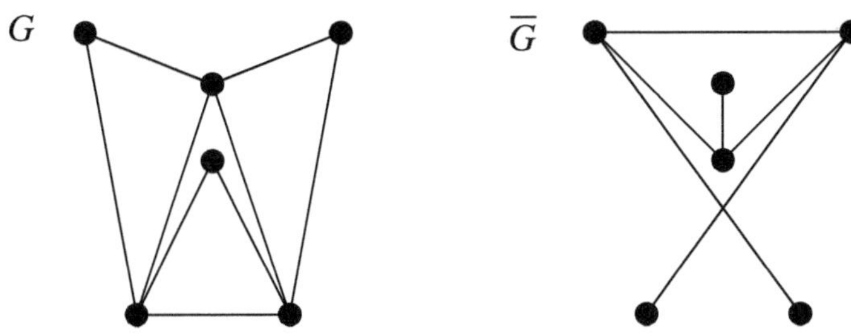

Abb. 3.12. Ein Graph G und der zugehörige Komplementgraph $\overline{G}$

Definition 3.22 (k-partiter und vollständig k-partiter Graph). *Ein Graph wird als k-partit bezeichnet, falls sich seine Knotenmenge in k Teilmengen einteilen lässt, sodass für jede Kante aus G die beiden Endknoten in verschiedenen Teilmengen liegen. Besonders häufig wird der Fall $k = 2$ betrachtet. 2-partite bzw. 3-partite Graphen werden auch* bipartite *bzw.* tripartite Graphen *genannt.*

    Sind in einem k-partiten Graphen je zwei Knoten aus verschiedenen der k Teilknotenmengen adjazent, so heißt der Graph auch vollständig k-partit. *Falls die k Knotenmengen in einem vollständig k-partiten Graphen die Mächtigkeiten $n_1, \ldots, n_k$ besitzen, so kürzt man den Graphen auch mit $K_{n_1,\ldots,n_k}$ ab. Vollständig bipartite Graphen $K_{1,n}$ werden auch als* Sterne *bezeichnet.*

k-partiter Graph

bipartiter Graph
tripartiter Graph
vollständig k-partiter Graph

Stern

Beispiel 3.23 (vollständig k-partiter Graph). Abbildung 3.13 zeigt die vollständig bipartiten Graphen $K_{1,6}$, $K_{2,3}$ und $K_{4,4}$ und den vollständig tripartiten Graphen $K_{1,2,2}$.

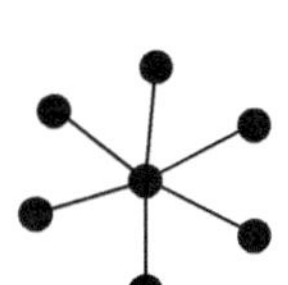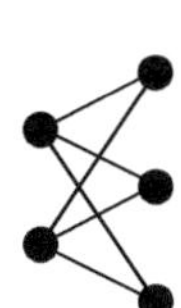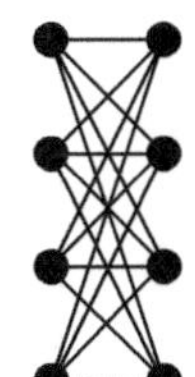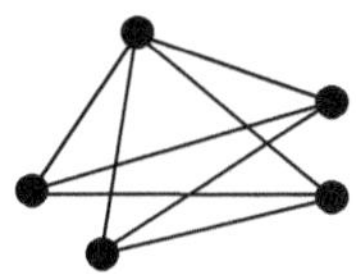

Abb. 3.13. Drei vollständig bipartite Graphen und ein vollständig tripartiter Graph

    Ein Graph ist genau dann zweifärbbar, wenn er bipartit ist. Im Grunde testet der Zweifärbbarkeitsalgorithmus in Beispiel 2.2 also, ob der gegebene Graph bipartit ist.

Übung 3.24. Zeigen Sie, dass ein ungerichteter Graph genau dann bipartit ist, wenn er keinen Kreis ungerader Länge enthält.

    Der Begriff des Kreises in einem Graphen wurde in Definition 3.3 definiert. Ein Kreis der Länge m wird üblicherweise mit

$$C_m = (\{v_1, \ldots, v_m\}, \{\{v_1, v_2\}, \{v_2, v_3\}, \ldots, \{v_{m-1}, v_m\}, \{v_m, v_1\}\})$$

bezeichnet.

Beispiel 3.25 (Kreis). Abbildung 3.14 zeigt drei Kreise.

 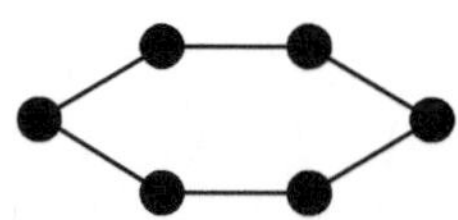

Abb. 3.14. Die Kreise C_3, C_4 und C_6

Man sagt, ein Graph enthält einen Kreis, falls er einen Kreis C_m für ein $m \geq 3$ als Teilgraphen enthält. Enthält ein Graph $G = (V, E)$ einen Kreis (bzw. Weg) mit $|V|$ Knoten, so heißt dieser auch *Hamilton-Kreis* (bzw. *Hamilton-Weg*) in G.

Hamilton-Kreis
Hamilton-Weg

Wie oben erwähnt, ist die Eigenschaft der Zweifärbbarkeit für einen Graphen äquivalent zur Frage, ob er bipartit ist. Ebenfalls äquivalent dazu ist die Eigenschaft des Graphen, keine Kreise ungerader Länge zu enthalten, siehe Übung 3.24.

Gittergraph   **Definition 3.26 (Gittergraph).** *Für $n, m \geq 0$ ist der* Gittergraph $G_{n,m}$ *definiert durch*

$$G_{n,m} = (\{1, \ldots, n\} \times \{1, \ldots, m\}, \{\{(i, j), (i', j')\} \mid |i - i'| + |j - j'| = 1\}),$$

Absolutbetrag einer Zahl   *wobei $|x|$ den Absolutbetrag einer Zahl $x \in \mathbb{Z}$ bezeichnet.*

Beispiel 3.27 (Gittergraph). Abbildung 3.15 zeigt zwei Gittergraphen.

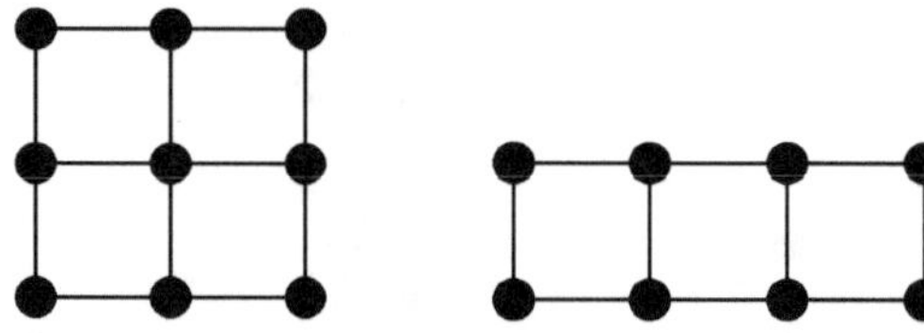

Abb. 3.15. Zwei Gittergraphen, $G_{3,3}$ und $G_{2,4}$

Graphparameter   Ein *Graphparameter* ist eine Funktion, die jedem Graphen eine natürliche Zahl zuordnet. Beispiele für Graphparameter sind die oben definierten Funktionen Δ und δ, die den maximalen bzw. minimalen Knotengrad von Graphen angeben.

Eine Menge von Graphen, die alle eine gemeinsame Eigenschaft besitzen, be-
Graphklasse   zeichnet man als *Graphklasse*. Es gibt verschiedene Möglichkeiten, Graphklassen zu definieren. Häufig werden Graphklassen betrachtet, die sich durch den Ausschluss spezieller Graphen als induzierte Teilgraphen beschreiben lassen (siehe dazu auch Definition 6.26 in Abschnitt 6.3). Oben haben wir bereits die Graphklasse der Wälder kennen gelernt, zu der alle Graphen gehören, die keine Kreise enthalten. Ebenfalls durch Ausschluss bestimmter induzierter Teilgraphen lässt sich die Klasse der *Co-*
Co-Graph   *Graphen* definieren, in die alle Graphen fallen, die keinen P_4 – also keinen Weg

mit vier Knoten – als induzierten Teilgraphen enthalten. Eine alternative Definition von Co-Graphen über den Abschluss unter bestimmten Operationen auf Graphen wird in Abschnitt 9.2.1 angegeben, siehe Definition 9.14. Eine Graphklasse $\mathscr{G}$ heißt *abgeschlossen bezüglich einer Operation f auf Graphen* (wie z. B. der Teilgraphenbildung, Komplementbildung usw.), falls für alle Graphen $G \in \mathscr{G}$ auch der Graph $f(G)$ in $\mathscr{G}$ liegt. Wir werden noch häufig Graphklassen betrachten, zu denen alle Graphen G mit $\beta(G) \leq k$ gehören, wobei β ein Graphparameter und k eine Konstante ist. So erhält man etwa für den oben definierten Graphparameter Δ (den maximalen Knotengrad von Graphen) und $k = 3$ die so genannten *kubischen Graphen*.

Abschluss einer Graphklasse

kubischer Graph

3.3 Einige Algorithmen für Graphen

In diesem Abschnitt werden einige elementare Strategien und Entwurfstechniken für Algorithmen auf Graphen beschrieben, die später benötigt werden. Graphen spielen dabei nicht nur als Teil der Eingabe der zu lösenden Probleme eine Rolle, sondern auch zum Beispiel hinsichtlich der Struktur des Lösungsraums, in dem wir nach einer Lösung des betrachteten Problems suchen. Somit sind diese Strategien und Algorithmen nicht nur für Graphenprobleme an sich nützlich, sondern auch für andere Probleme (z. B. das Erfüllbarkeitsproblem der Aussagenlogik, siehe Kapitel 4). Ebenso kann man mit Graphen die Ablaufstruktur eines Algorithmus beschreiben, etwa mittels Flussdiagrammen (die in diesem Buch allerdings nicht betrachtet werden) oder als Rekursionsbäume, die die Verschachtelung der rekursiven Aufrufe eines rekursiven Algorithmus darstellen. Abschnitt 3.5 behandelt grundlegende Algorithmenentwurfstechniken, die bei der Lösung von Graphenproblemen Anwendung finden. Weder die Liste der hier vorgestellten Durchlaufstrategien noch die der Algorithmenentwurfstechniken ist als eine vollständige Abhandlung zu verstehen.

3.3.1 Topologische Anordnungen

Eine topologische Knotenordnung für einen gerichteten Graphen $G = (V, E)$ ist eine Nummerierung der Knoten von G, sodass alle Kanten von Knoten mit kleineren Nummern zu Knoten mit größeren Nummern gerichtet sind. Formal ist eine *topologische Knotenordnung* für G eine bijektive Abbildung $h : V \rightarrow \{1, \ldots, |V|\}$, sodass $h(u) < h(v)$ für alle Kanten (u, v) in E gilt.

topologische Knotenordnung

Satz 3.28. *Ein gerichteter Graph besitzt genau dann eine topologische Knotenordnung, wenn er kreisfrei ist.*

Beweis.   Aus der Existenz einer topologischen Knotenordnung folgt unmittelbar, dass G kreisfrei ist. Dass es für jeden kreisfreien Graphen tatsächlich eine topologische Knotenordnung gibt, folgt aus der folgenden induktiven Überlegung über die Anzahl n der Knoten von G.

Induktionsanfang: Für kreisfreie Graphen mit genau einem Knoten u ist $h(u) = 1$ eine topologische Knotenordnung.

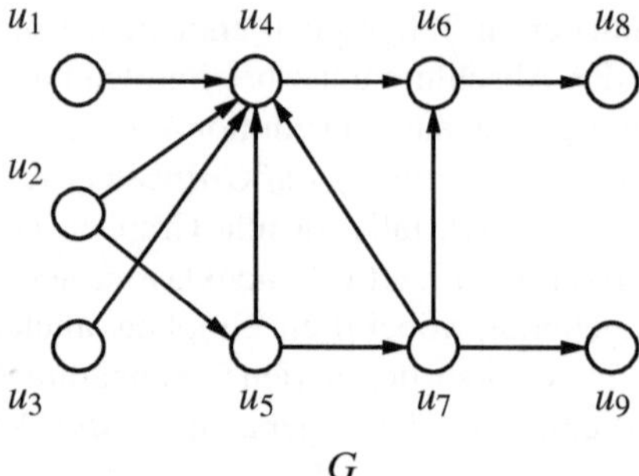

Abb. 3.16. Eine topologische Knotenordnung für G ist $u_1, u_2, u_5, u_3, u_7, u_4, u_6, u_9, u_8$.

Induktionsschritt: Seien nun $n > 1$ und u ein Knoten mit $\text{outdeg}(u) = 0$. Ein solcher Knoten existiert immer, wenn G kreisfrei ist. Er kann wie folgt gefunden werden. Starte bei einem beliebigen Knoten u und verfolge die auslaufenden Kanten bis zu einem Knoten, der keine auslaufenden Kanten hat.

Sei $G' = G[V - \{u\}]$ der Graph G ohne den Knoten u. Jede topologische Knotenordnung h für G' mit $n - 1$ Knoten, erweitert durch $h(u) = n$, ist eine topologische Knotenordnung für G. $\qquad\square$

In dem induktiven Beweis von Satz 3.28 ist bereits eine algorithmische Idee für die effiziente Konstruktion einer topologischen Knotenordnung enthalten. Diese Idee kann einfach mit Hilfe einer Datenstruktur D umgesetzt werden, in der Kanten gespeichert werden. Und zwar werden nur Kanten (u, v) in D gespeichert, deren Startknoten u bereits eine Nummer erhalten hat, deren Zielknoten v jedoch noch nicht. Wie diese Datenstruktur im Detail realisiert ist, spielt keine Rolle. Es muss lediglich möglich sein, eine Kante effizient mit einer Methode $\text{insert}(D, (u, v))$ einzufügen und eine beliebige Kante effizient mit einer Methode $\text{extract}(D)$ zu entfernen. Zu Beginn werden alle Knoten ohne einlaufende Kanten nummeriert und ihre auslaufenden Kanten in D eingefügt. Solange die Datenstruktur D nicht leer ist, wird eine beliebige Kante (u, v) aus D entnommen. Haben bereits alle Vorgänger von v eine Nummer erhalten, so bekommt v die nächste noch nicht vergebene Knotennummer und seine auslaufenden Kanten werden zu D hinzugefügt. Um einfach zu überprüfen, ob alle Vorgänger von v bereits eine Nummer erhalten haben, speichern wir an jedem Knoten u eine Variable $I[u]$, die initial dem Eingangsgrad von u entspricht und nach jeder Ausgabe eines Vorgängers um 1 erniedrigt wird. Wird die Variable $I[v]$ irgendwann 0, so wurde die letzte einlaufende Kante von u betrachtet und der Knoten v kann seine Nummer erhalten.

```
1:  i := 1;
2:  for all u ∈ V {
3:      I[u] := indeg(u);
4:      if (I[u] = 0) then {
5:          h(u) := i;
```

```
 6:        i := i + 1;
 7:      for all (u, v) ∈ E {
 8:          insert(D, (u, v)); } } }
 9:  while (D ≠ ∅) {
10:      (u, v) := extract(D);
11:      I[v] := I[v] − 1;
12:      if (I[v] = 0) then {
13:        h(v) := i;
14:        i := i + 1;
15:        for all (v, w) ∈ E {
16:            insert(D, (v, w)); } } }
```

Der Algorithmus fügt jede Kante höchstens ein Mal in die Datenstruktur D ein. Jede Kante wird höchstens ein Mal inspiziert. Die Anzahl der Schritte in dem obigen Algorithmus ist somit proportional zur Anzahl der Knoten und Kanten von G, also aus $\mathcal{O}(|V| + |E|)$. Enthält der Graph Kreise, so werden die Kanten, die sich auf Kreisen befinden, nie in die Datenstruktur D eingefügt. Es muss also zum Schluss noch überprüft werden, ob tatsächlich alle Knoten nummeriert wurden. Das ist genau dann der Fall, wenn der Graph keinen Kreis enthält. Der obige Algorithmus entscheidet also ebenfalls in linearer Zeit, ob ein gerichteter Graph einen Kreis enthält.

Übung 3.29. Eine *topologische Kantenordnung* für einen gerichteten Graphen $G = (V, E)$ ist eine bijektive Abbildung $h : E \to \{1, \ldots, |E|\}$, sodass $h((u, v)) < h((v, w))$ für je zwei Kanten (u, v) und (v, w) in E gilt.

topologische Kantenordnung

(a) Zeigen Sie, dass eine topologische Kantenordnung genau dann existiert, wenn der gerichtete Graph G kreisfrei ist.
(b) Modifizieren Sie den Algorithmus für die Konstruktion einer topologischen Knotenordnung so, dass er in linearer Zeit eine topologische Kantenordnung konstruiert.

3.3.2 Durchlaufordnungen für Graphen

Angenommen, ein oder mehrere Knoten eines gegebenen Graphen enthalten Schätze, die wir finden wollen. Stellt der Graph einen Lösungsraum für ein Problem dar, so ist mit „Schatz" einfach eine Lösung der gegebenen Probleminstanz gemeint. Im Folgenden beschreiben wir verschiedene einfache Strategien, mit denen der Graph auf der Suche nach einem Schatz durchlaufen werden kann.

Diese Strategien sind „blind" in dem Sinn, dass sie keine zusätzliche Information über das betrachtete Problem zur Beschleunigung der Suche verwenden, wie es beispielsweise Heuristiken oft tun. Stattdessen gehen sie „stur" immer gleich vor, egal, welche Struktur der Graph besitzt und welches Problem zu lösen ist. Das Ziel der Suche ist es, in einem gerichteten Graphen $G = (V, E)$ alle von einem Startknoten s erreichbaren Knoten zu finden.

Für jeden Knoten u verwenden wir eine Variable $b[u]$, die am Anfang 0 ist. Das bedeutet, dass diese Knoten bei der Suche bis jetzt noch nicht gefunden wurden. Für den Startknoten s setzen wir $b[s]$ auf 1 und nehmen alle aus s auslaufenden Kanten mit insert$(D, (s, v))$ in eine Datenstruktur D auf. Solange die Datenstruktur D nicht leer ist, wird eine beliebige Kante (u, v) mit extract(D) aus D entnommen. Wurde der Zielknoten v der Kante (u, v) noch nicht besucht, ist also $b[v] = 0$, so werden alle aus v auslaufenden Kanten ebenfalls zu D hinzugefügt, und es wird $b[v]$ auf 1 gesetzt. Wenn die Datenstruktur D keine weiteren Kanten mehr enthält, ist in dem Graphen G ein Knoten u genau dann vom Startknoten s erreichbar, wenn die Variable $b[u]$ auf 1 gesetzt ist.

```
 1:  for all u ∈ V {
 2:      b[u] := 0; }
 3:  b[s] := 1;
 4:  for all (s,v) ∈ E {
 5:      insert(D, (s,v)); }
 6:  while (D ≠ ∅) {
 7:      (u,v) := extract(D);
 8:      if (b[v] = 0) then {
 9:          for all (v,w) ∈ E {
10:              insert(D, (v,w)); }
11:          b[w] := 1; } }
```

In der Datenstruktur D speichern wir diejenigen Kanten, über die möglicherweise bisher noch unbesuchte Knoten erreicht werden können. Jede Kante wird höchstens ein Mal in D eingefügt. Jeder Knoten wird höchstens ein Mal inspiziert. Die Laufzeit ist daher proportional zur Anzahl der Knoten plus der Anzahl der vom Startknoten s erreichbaren Kanten, also aus $\mathcal{O}(|V| + |E|)$, falls das Einfügen in D und das Entfernen aus D in konstanter Zeit möglich ist.

Durchlaufordnung Der Typ der Datenstruktur D bestimmt die *Durchlaufordnung*. Ist D ein *Stack* (first in, last out) (deutsch: *Kellerspeicher*), dann werden die Knoten in einer *Tiefen-* **Tiefensuche** *suche* durchlaufen. Ist D eine *Queue* (first in, first out) (deutsch: *Liste*), dann werden **Breitensuche** die Knoten in einer *Breitensuche* durchlaufen.

Werden bei der Tiefen- bzw. bei der Breitensuche die Knoten in der Reihenfolge **DFS-Nummer** nummeriert, in der sie besucht werden, so erhält man eine *DFS-Nummerierung* (eng-**BFS-Nummer** lisch: *depth-first-search*) bzw. *BFS-Nummerierung* (englisch: *breadth-first-search*). Neben den Anfangsnummerierungen ist insbesondere bei der Tiefensuche auch die **DFS-End-Nummer** *DFS-End-Nummerierung* oft sehr nützlich. Sie nummeriert die Knoten in der Reihenfolge, in der ihre auslaufenden Kanten vollständig abgearbeitet wurden.

Da die Tiefensuche einen Stack als Datenstruktur verwendet, kann sie relativ einfach rekursiv implementiert werden. Der Stack wird dabei durch das Betriebssystem realisiert, das bei jedem rekursiven Aufruf alle Variablenwerte sichert.

```
 1:  for all u ∈ V {
 2:      b[u] := 0; }
```

```
3:    c₁ := 1;
4:    c₂ := 1;
5:    Tiefensuche(s);
```

```
Tiefensuche(u)
1:    b[u] := 1;
2:    dfs[u] := c₁;
3:    c₁ := c₁ + 1;
4:    for all (u, v) ∈ E {
5:        if (b[v] = 0) then {
6:            Tiefensuche(v); } }
7:    dfs-end[u] := c₂;
8:    c₂ := c₂ + 1;
```

Abbildung 3.17 zeigt eine Reihenfolge, in der die Knoten eines Graphen bei der Tiefensuche durchlaufen werden. Diese Reihenfolge ist nicht immer eindeutig.

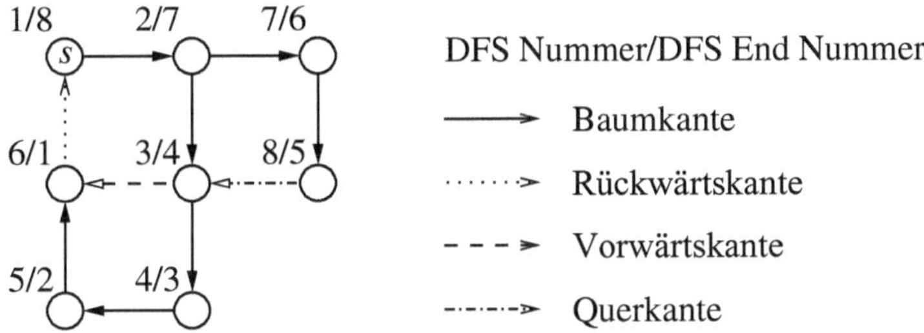

Abb. 3.17. Eine Tiefensuche, gestartet bei Knoten s. Die Knoten sind mit der DFS-Nummer und der DFS-End-Nummer beschriftet.

Die Kanten in einem gerichteten Graphen können entsprechend ihrer Rolle, die sie bei der Tiefensuche spielen, wie folgt aufgeteilt werden:

1. Kanten, denen die Tiefensuche folgt, sind *Baumkanten*. Die Baumkanten bilden den *Tiefensuche-Wald*.   Baumkanten / Tiefensuche-Wald
2. Kanten (u, v) mit $\text{DFS}[v] > \text{DFS}[u]$, die keine Baumkanten sind, sind *Vorwärtskanten*. Die Vorwärtskanten kürzen Wege im Tiefensuche-Baum ab.   Vorwärtskanten
3. Kanten (u, v) mit $\text{DFS}[v] < \text{DFS}[u]$ und $\text{DFE}[v] < \text{DFE}[u]$ sind *Querkanten*.   Querkanten
4. Kanten (u, v) mit $\text{DFS}[v] < \text{DFS}[u]$ und $\text{DFE}[v] > \text{DFE}[u]$ sind *Rückwärtskanten*. Rückwärtskanten bilden zusammen mit den Wegen im Tiefensuche-Baum Kreise.   Rückwärtskanten

Im Gegensatz zur Tiefensuche betrachtet die Breitensuche alle auslaufenden Kanten eines Knotens unmittelbar hintereinander. Die Knoten werden somit stufenweise in Abhängigkeit von der Entfernung zum Startknoten als besucht markiert. Ein

Knoten, der über k Kanten vom Startknoten erreichbar ist, aber nicht über $k-1$ Kanten, wird erst dann gefunden, wenn alle Knoten besucht wurden, die über weniger als k Kanten vom Startknoten s erreichbar sind.

Abbildung 3.18 zeigt eine Reihenfolge, in der die Knoten des schon in Abb. 3.17 betrachteten Graphen bei einer Breitensuche durchlaufen werden. Auch hier ist die Reihenfolge nicht eindeutig. Wie man sieht, durchläuft man dabei den Graphen bezüglich eines Startknotens s Stufe für Stufe, bis alle vom Startknoten erreichbaren Knoten besucht wurden.

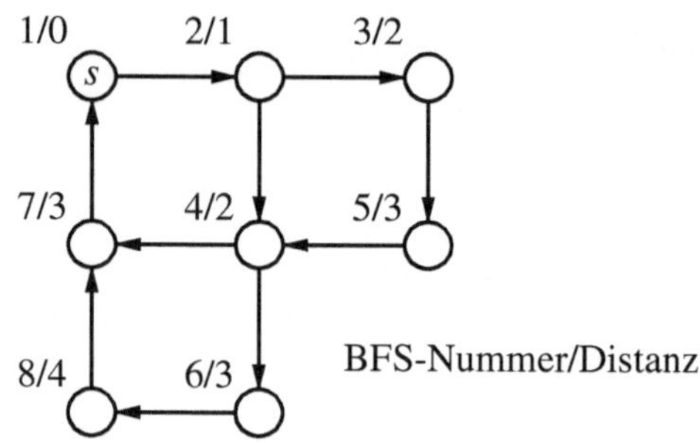

Abb. 3.18. Eine Breitensuche, gestartet bei Knoten s. Die Knoten sind mit der BFS-Nummer und der Distanz zum Startknoten s beschriftet. Die Distanz zum Knoten s ist die kleinste Anzahl von Kanten, über die ein Knoten von s erreichbar ist.

Die Tiefensuche wie auch die Breitensuche hat eine Worst-case-Laufzeit aus $\mathcal{O}(|V|+|E|)$. Beide Durchlaufstrategien können natürlich auch für ungerichtete Graphen implementiert werden. Für viele Anwendungen ist es einfacher, in der Datenstruktur D Knoten anstatt Kanten zu verwalten. In diesen Fällen ist der benötigte zusätzliche Speicherplatzbedarf oft nur $\mathcal{O}(|V|)$ und nicht $\mathcal{O}(|E|)$. Dies trifft übrigens auch für die oben angegebene rekursive Tiefensuche zu.

Übung 3.30.

1. Entwerfen Sie einen rekursiven Algorithmus für die Tiefensuche, sodass die verwendete Datenstruktur D Knoten anstatt Kanten speichert. Die Worst-case-Laufzeit der Lösung soll linear bleiben.
2. Entwerfen Sie einen iterativen Algorithmus für die Breitensuche, sodass die verwendete Datenstruktur D Knoten anstatt Kanten speichert. Die Worst-case-Laufzeit der Lösung soll linear bleiben.
3. Erweitern Sie die beiden obigen Algorithmen für ungerichtete Graphen. Hier ist zu beachten, dass eine Kante von jedem der beiden Endknoten betrachtet werden kann.

Übung 3.31. In einem gerichteten Graphen G sei e eine *potenzielle Vorwärtskante*, wenn es einen Knoten s gibt, sodass Kante e bei einer Tiefensuche gestartet bei s eine Vorwärtskante ist. Analog seien die Begriffe *potenzielle Rückwärtskante* und *potenzielle Querkante* definiert. Gesucht ist

1. ein Graph G_1, in dem es eine Kante gibt, die eine potenzielle Vorwärtskante, eine potenzielle Rückwärtskante, aber keine potenzielle Querkante ist,

2. ein Graph G_2, in dem es eine Kante gibt, die eine potenzielle Vorwärtskante, eine potenzielle Querkante, aber keine potenzielle Rückwärtskante ist,

3. ein Graph G_3, in dem es eine Kante gibt, die eine potenzielle Rückwärtskante, eine potenzielle Querkante, aber keine potenzielle Vorwärtskante ist, und

4. ein Graph G_4, in dem es eine Kante gibt, die eine potenzielle Vorwärtskante, eine potenzielle Rückwärtskante und eine potenzielle Querkante ist.

Übung 3.32. Entwerfen Sie einen Algorithmus, der mit Hilfe einer Tiefensuche (nicht mit einer Breitensuche) in einem gerichteten Graphen die Distanz von einem Startknoten s zu allen übrigen Knoten berechnet.

3.3.3 Zusammenhangsprobleme

Eine *Komponente* in einem Graphen ist ein maximaler induzierter Teilgraph, der eine gegebene Zusammenhangseigenschaft erfüllt. Zum Beispiel ist eine Zusammenhangskomponente ein maximaler induzierter Teilgraph von G, der zusammenhängend ist, und eine starke Zusammenhangskomponente ist ein maximaler induzierter Teilgraph von G, der stark zusammenhängend ist.

Komponente

Die Eigenschaft, ob ein ungerichteter Graph zusammenhängend oder ein gerichteter Graph schwach zusammenhängend ist, kann einfach mit einer Tiefen- oder Breitensuche in linearer Zeit überprüft werden. Die Tiefensuche kann aber auch für den Test auf starken Zusammenhang benutzt werden. Da die starken Zusammenhangskomponenten knotendisjunkt sind, können sie einfach durch ihre Knotenmengen spezifiziert werden. Die folgende Tiefensuche berechnet die Knotenmengen der starken Zusammenhangskomponenten. Dazu werden die besuchten Knoten auf einem Stack abgelegt. Über Rückwärtskanten wird die kleinste DFS-Nummer der Knoten gesucht, die von einem gegebenen Knoten u erreichbar sind. Dieser Wert wird in der Variablen min-dfs$[u]$ gespeichert. Sind alle Kanten an einem Knoten u abgearbeitet und ist danach min-dfs$[u] = \mathrm{DFS}[u]$, so werden alle Knoten auf dem Stack bis einschließlich u ausgegeben. Diese Knoten induzieren eine starke Zusammenhangskomponente von G.

```
1:    for all u ∈ V {
2:        b[u] := 0; }
3:    c := 1;
4:    initialisiere einen Stack S;
5:    for all u ∈ V {
6:        if (b[u] = 0) then {
7:            Starker-Zusammenhang(u); } }
```

Starker-Zusammenhang(u)
```
1:  b[u] := 1;
```

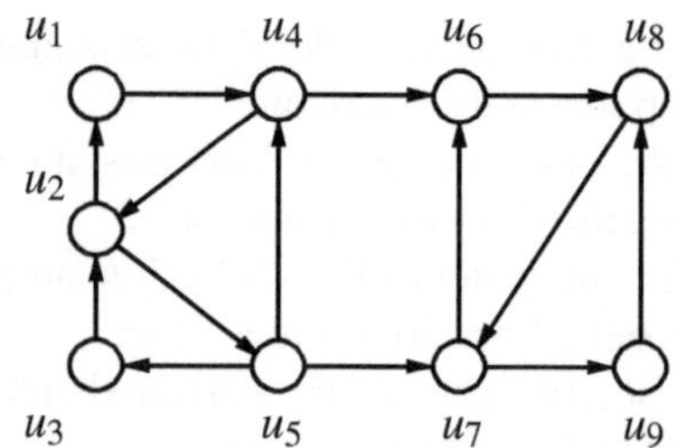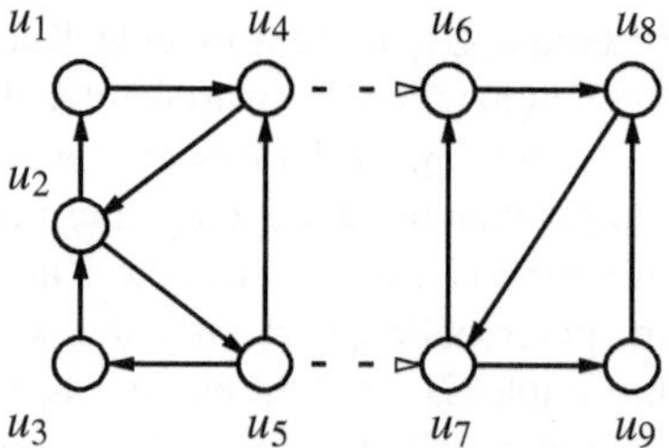

Abb. 3.19. Ein Graph mit zwei starken Zusammenhangskomponenten, induziert durch die Knotenmengen $\{u_1,\dots,u_5\}$ und $\{u_6,\dots,u_9\}$

```
 2:  dfs[u] := c;
 3:  c := c + 1;
 4:  min-dfs[u] = dfs[u];
 5:  lege Knoten u auf Stack S;
 6:  for all (u,v) ∈ E {
 7:     if (b[v] = 0) then {
 8:        Starker-Zusammenhang(v);
 9:        min-dfs[u] := min{min-dfs[u], min-dfs[v]}; }
10:     else {
11:        if (v auf Stack S) then {
12:           min-dfs[u] := min{min-dfs[u], dfs[v]}; } } }
13:  if (min-dfs[u] = DFS[u]) then {
14:     nimm alle Knoten bis einschließlich u von Stack S; }
```

In Zeile 11 wird überprüft, ob sich der Zielknoten v auf dem Stack befindet. Dies ist bei Rückwärtskanten immer der Fall, aber bei Vorwärts- und Querkanten genau dann, wenn sie zu einer noch nicht ausgegebenen starken Zusammenhangskomponente führen. Der obige Algorithmus zur Berechnung der starken Zusammenhangskomponenten hat offensichtlich eine Worst-case-Laufzeit in $\mathscr{O}(|V| + |E|)$.

Die starken Zusammenhangskomponenten eines gerichteten Graphen $G = (V,E)$ können aber auch mit zwei entgegengesetzten Tiefensuche-Durchläufen in linearer Zeit bestimmt werden. Dazu werden zuerst mit einer „normalen" Tiefensuche für alle Knoten DFS-End-Nummern bestimmt. Dann werden alle Kanten umgedreht, d. h., die neue Kantenmenge im *invertierten Graphen* ist $E' = \{(v,u) \mid (u,v) \in E\}$. Sei s_1 der Knoten mit größter DFS-End-Nummer. Dann wird eine Tiefensuche auf (V,E') mit Startknoten s_1 durchgeführt. Die von s_1 erreichbaren Knoten sind genau die Knoten der starken Zusammenhangskomponente von s_1. Die nächste Tiefensuche startet am nächsten Knoten mit größter DFS-End-Nummer, der durch die vorherigen Durchläufe noch nicht besucht wurde. Die von s_2 erreichbaren Knoten sind genau die Knoten der starken Zusammenhangskomponente von s_2 usw.

Warum berechnet dieser Algorithmus die starken Zusammenhangskomponenten? Sei max-dfe(u) die größte DFS-End-Nummer der Knoten in der starken Zusammenhangskomponente eines Knotens u. Wenn es einen Weg von einem Knoten

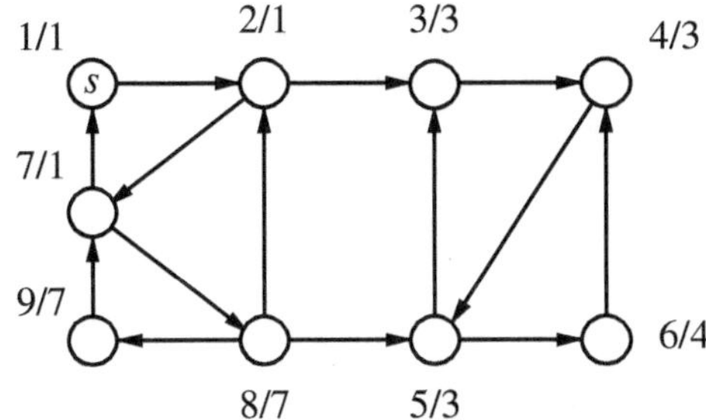

Abb. 3.20. Eine Tiefensuche, gestartet bei s, in der zwei starke Zusammenhangskomponenten bestimmt werden. Die Knoten sind mit der DFS-Nummer und der minimalen DFS-Nummer beschriftet, die nach dem vollständigen Durchlauf an den Knoten zurückbleiben.

u zu einem Knoten v gibt und v nicht in der gleichen starken Zusammenhangskomponente wie u ist, dann ist max-dfe$(u) >$ max-dfe(v). Dies folgt aus der Definition der DFS-End-Nummerierung. Sei s_1 nun der Knoten mit größter DFS-End-Nummer, dann kann es natürlich keinen Knoten u mit max-dfe$(u) >$ max-dfe(s_1) geben. Also müssen alle Knoten, die einen Weg zum Knoten s_1 haben, in der starken Zusammenhangskomponente von s_1 sein. Andererseits sind die Knoten, die keinen Weg zu s_1 haben, selbstverständlich auch nicht in der starken Zusammenhangskomponente von s_1. Somit ist ein Knoten genau dann in der starken Zusammenhangskomponente von s_1, wenn er in G einen Weg zu s_1 hat. Die Knoten, die in G einen Weg zu s_1 haben, können einfach mit einer Tiefensuche von s_1 im invertierten Graphen $G = (V, E')$ bestimmt werden.

Übung 3.33. Zeigen Sie, dass der obige Algorithmus nicht korrekt die starken Zusammenhangskomponenten berechnet, wenn die **if**-Abfrage in Zeile 11 durch den Test auf eine „Rückwärtskante" ersetzt wird:

11:       **if** $((u,v)$ Rückwärtskante$)$ **then** {

Die Tiefensuche eignet sich auch für die Berechnung der zweifachen Zusammenhangskomponenten in einem ungerichteten Graphen $G = (V, E)$. Ein Knoten u ist ein *Trennungspunkt* bzw. *Artikulationspunkt* in G, wenn der Graph G ohne u mehr zusammenhängende Komponenten besitzt als G. Eine ungerichtete Kante $\{u, v\}$ ist eine *Brücke*, wenn beide Endknoten u und v Trennungspunkte in G sind. Jede Kante ist entweder in genau einer zweifachen Zusammenhangskomponente von G oder eine Brücke. Da die zweifachen Zusammenhangskomponenten keine disjunkten Knotenmengen besitzen, spezifizieren wir sie durch ihre Kantenmengen. Wir ordnen jeder Kante eine zweifache Zusammenhangskomponente oder die Eigenschaft „Brücke" zu.

Die zweifachen Zusammenhangskomponenten können mit Hilfe der folgenden Beobachtung ermittelt werden. Seien $G = (V, E)$ ein zusammenhängender ungerichteter Graph und $E' = (V', E')$ eine zweifache Zusammenhangskomponente von

G. Eine Tiefensuche auf G partitioniert die Kanten in Baumkanten, Kanten, denen die Tiefensuche folgt, und Nicht-Baumkanten. Die Einteilung in Vorwärtskanten, Rückwärtskanten und Querkanten sind für ungerichtete Graphen nicht definiert. Die Baumkanten aus E' bilden einen zusammenhängenden Teilbaum T' des „ungerichteten" Tiefensuche-Baums. Die Knoten aus V' sind die Knoten des Teilbaums T'. Sei $u'_{\text{min-dfs}} \in V'$ der Knoten aus V' mit der kleinsten DFS-Nummer. Es gibt genau eine Baumkante in E', die $u'_{\text{min-dfs}}$ mit einem weiteren Knoten aus V' verbindet. Besteht E' lediglich aus dieser einen Kante, so ist dies eine Brücke. Ansonsten gibt es mindestens eine weitere Kante in E', die keine Baumkante ist, aber einen Knoten aus V' mit $u'_{\text{min-dfs}}$ verbindet. Über diese Kante kann die kleinste DFS-Nummer der Knoten aus V' ermittelt werden.

Die folgende Suche bestimmt die Kantenmengen der zweifachen Zusammenhangskomponenten:

```
1:   for all u ∈ V {
2:      b[u] := 0; }
3:   c := 1;
4:   initialisiere einen Stack S;
5:   for all u ∈ V {
6:      if (b[u] = 0) then {
7:         Zweifacher-Zusammenhang(u); } }
```

```
Zweifacher-Zusammenhang(u)
 1:  b[u] := 1;
 2:  dfs[u] := c;
 3:  c := c + 1;
 4:  min-dfs[u] = dfs[u];
 5:  for all {u, v} ∈ E {
 6:     if (b[v] = 0) then {
 7:        lege Kante {u, v}) auf Stack S;
 8:        Zweifacher-Zusammenhang(v);
 9:        if (min-dfs[v] ≥ dfs[u]) then {
10:           nimm alle Kanten bis einschließlich {u, v} von Stack S; }
11:        else {
12:           min-dfs[u] := min(min-dfs[u], min-dfs[v]); } }
13:     else if ({u, v} wurde noch nie auf Stack S gelegt) then {
14:        lege Kante {u, v} auf Stack S;
15:        min-dfs[u] := min(min-dfs[u], dfs[v]); } }
```

In Zeile 11 wird min-dfs$[v]$ mit dfs$[u]$ verglichen. Sind die beiden Werte gleich, so werden alle Kanten der zweifachen Zusammenhangskomponente bis zur Kante $\{u, v\}$ vom Stack genommen und als eine zweifache Zusammenhangskomponente ausgegeben. Ist min-dfs$[v]$ größer als dfs$[u]$), dann wird lediglich eine Brücke ausgegeben. Der Algorithmus hat ebenfalls eine Worst-case-Laufzeit in $\mathcal{O}(|V| + |E|)$.

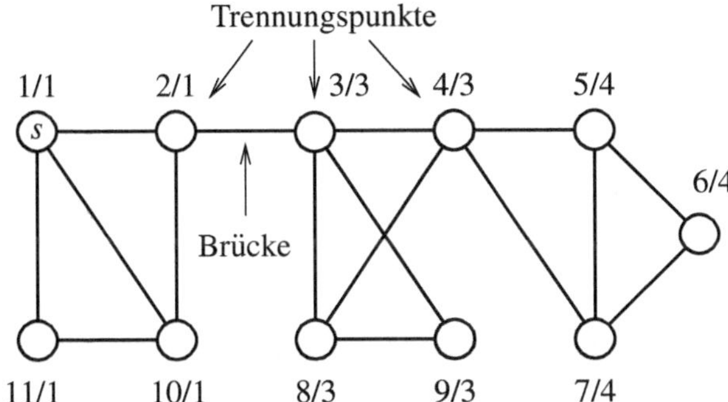

Abb. 3.21. Eine Tiefensuche, gestartet bei s, in der drei zweifache Zusammenhangskomponenten, drei Trennungspunkte und eine Brücke bestimmt werden. Die Knoten sind mit der DFS-Nummer und der kleinsten erreichbaren DFS-Nummer beschriftet.

Übung 3.34. Zeigen Sie, dass der obige Algorithmus nicht korrekt die zweifachen Zusammenhangskomponenten berechnet, wenn in Zeile 11 lediglich überprüft wird, ob die Kante $\{u,v\}$ auf dem Stack liegt:

13:     else **if** ($\{u,v\}$ liegt nicht auf Stack S) **then** {

3.3.4 Transitiver Abschluss

Der *transitive Abschluss eines gerichteten Graphen* $G = (V,E)$ ist die Kantenmenge   transitiver Abschluss

$$E^* \subseteq V^2$$

mit

$$(u,v) \in E^* \quad \Leftrightarrow \quad \text{es gibt in } G \text{ einen gerichteten Weg von } u \text{ nach } v.$$

Der transitive Abschluss kann einfach mit Hilfe der folgenden Überlegung berechnet werden. Sei $V = \{u_1, \ldots, u_n\}$ die Knotenmenge von $G = (V,E)$. Jeder einfache Weg von einem Knoten u_i zu einem Knoten u_j mit mehr als zwei Knoten kann in zwei einfache Wege von u_i nach u_k und u_k nach u_j zerlegt werden, wobei u_k der Knoten mit dem größten Index k auf dem Weg zwischen u_i und u_j ist. Dabei ist u_k immer einer der inneren Knoten des Wegs, niemals einer der Knoten u_i oder u_j.

Der folgende Algorithmus berechnet den transitiven Abschluss eines Graphen $G = (V,E)$. Dieser Algorithmus baut eine $(n \times n)$-Matrix A auf, die initial die Adjazenzmatrix für den Graphen G ist. Nach der Ausführung des Algorithmus ist $A[i][j]$ genau dann 1, wenn es in G einen Weg vom Knoten u_i zum Knoten u_j gibt.

```
1:    for (i := 1, i ≤ n; i++) {
2:       A[i][i] := 1; }
3:    for (k := 1; k ≤ n; k++) {
4:       for (i := 1; i ≤ n; i++) {
```

```
5:          for (j := 1; j ≤ n; j++) {
6:              if ((A[i][k] = 1) und (A[k][j] = 1)) then {
7:                  A[i][j] := 1; } } } }
```

Die Korrektheit der obigen Lösung kann mit der folgenden Invariante leicht gezeigt werden. Sie gilt nach jeder Ausführung der beiden inneren **for**-Schleifen.

$A[i][j]$ ist genau dann 1, wenn es einen Weg von u_i nach u_j gibt, in dem alle inneren Knoten einen Index kleiner oder gleich k haben.

Diese Invariante gilt offensichtlich auch für $k = 0$ vor dem Ausführen der **for**-Schleife mit der Variablen k in Zeile 3, da A initial die Adjazenzmatrix von G ist und in den Anweisungen 1 und 2 alle Schleifen in A aufgenommen wurden.

Die Laufzeit des obigen Algorithmus ist für Graphen G mit n Knoten in $\Theta(n^3)$ und unabhängig von der Anzahl der Kanten in G. Sie kann in einigen Fällen etwas verbessert werden, indem der erste Teil der Abfrage „**if** $(A[i][k] = 1$ und $A[k][j] = 1)$" vor die letzte **for**-Schleife gezogen wird. Dies ist möglich, da der Ausdruck $(A[i][k] = 1)$ den Index j nicht enthält. Dann hat der Algorithmus die folgende Gestalt:

```
1:    for (i := 1, i ≤ n; i++) {
2:      A[i][i] := 1; }
3:    for (k := 1; k ≤ n; k++) {
4:      for (i := 1; i ≤ n; i++) {
6:        if (A[i][k] = 1) then {
5:          for (j := 1; j ≤ n; j++) {
6:            if (A[k][j] = 1) then {
7:              A[i][j] := 1; } } } } }
```

Nun wird die innere **for**-Schleife mit dem Index j nicht mehr für jedes (k,i)-Paar aufgerufen, sondern nur dann, wenn $A[i][k] = 1$ ist. Dies kann aber nicht häufiger vorkommen, als es Kanten im transitiven Abschluss von G gibt. Wenn m^* die Anzahl der Kanten im transitiven Abschluss von G ist, dann hat der obige Algorithmus eine Laufzeit aus $\mathcal{O}(n^2 + m^* \cdot n)$.

Für einen stark zusammenhängenden Graphen G enthält der transitive Abschluss alle in G möglichen Kanten. Dies sind zusammen mit den Schleifen genau $|V|^2$ Kanten. Es macht also nur dann einen Sinn, den transitiven Abschluss mit dem obigen Algorithmus zu berechnen, wenn der Graph nicht stark zusammenhängend ist.

Definition 3.35 (verdichteter Graph). *Für einen gerichteten Graphen $G = (V,E)$ mit k starken Zusammenhangskomponenten $G_1 = (V_1, E_1), \ldots, G_k = (V_k, E_k)$ ist der gerichtete Graph $G' = (V', E')$ mit $V' = \{u_1, \ldots, u_k\}$ und*

$$E' = \{(u_i, u_j) \mid (\exists v \in V_i)\,(\exists w \in V_j)\,[(v, w) \in E]\}$$

verdichteter Graph   *der* verdichtete Graph von G.

Der transitive Abschluss für einen gerichteten Graphen $G = (V_G, E_G)$ kann nun einfach mit Hilfe des transitiven Abschlusses des verdichteten Graphen G' bestimmt werden. Seien v ein Knoten in G und $\text{sz}(w)$ die Nummer der starken Zusammenhangskomponente, in der sich v befindet. Dann hat der transitive Abschluss von G genau dann eine Kante (v, w), wenn es im transitiven Abschluss des verdichteten Graphen eine Kante $(u_{\text{sz}(v)}, u_{\text{sz}(w)})$ gibt. Hier sei erwähnt, dass der transitive Abschluss für jeden Knoten u immer die Kante (u, u) enthält. Daraus folgt, dass der transitive Abschluss eines Graphen in der Zeit $\mathcal{O}(m^* + (n')^2 + m'^* \cdot n')$ berechnet werden kann, wobei m^* die Anzahl der Kanten im transitiven Abschluss von G, n' die Anzahl der starken Zusammenhangskomponenten von G und m'^* die Anzahl der Kanten im transitiven Abschluss des verdichteten Graphen sind.

3.3.5 Matching-Probleme

Das Bilden einer möglichst großen Auswahl von erlaubten paarweisen Zuordnungen wird in der Informatik als das *Matching-Problem* bezeichnet. Angenommen, eine Gruppe von Personen unternimmt eine mehrtägige Reise und muss zur Übernachtung in Doppelzimmer untergebracht werden. Die Bereitschaft von zwei Personnen, in einem gemeinsamen Zimmer zu übernachten, entspricht hier einer möglichen paarweisen Zuordnung. Für gewöhnlich ist jedoch nicht jede Person bereit, mit jeder anderen Person ein Zimmer zu teilen. Das Matching-Problem ist in diesem Beispiel die Frage nach der Anzahl der notwendigen Zimmer, um alle Personen zu beherbergen. Dabei kann es selbst in der besten Lösung vorkommen, dass nicht jedes Zimmer tatsächlich mit zwei Personen belegt ist.

Matching-Problem

Definition 3.36 (Matching). *Sei $G = (V, E)$ ein ungerichteter Graph. Ein* Matching *ist eine Teilmenge $M \subseteq E$, sodass keine zwei Kanten aus M einen gemeinsamen Knoten haben. Ist jeder Knoten aus V in mindestens einer Kante aus M (und somit in genau einer Kante aus M), dann ist M ein* perfektes Matching. *Die Größe des Matchings M ist die Anzahl der Kanten in M.*

Die Kanten in einem Matching M werden gebundene Kanten *genannt. Die übrigen Kanten, also die Kanten aus der Menge $E - M$, werden* freie Kanten *genannt. Die Endknoten der gebundenen Kanten sind* gebundene Knoten, *alle übrigen Knoten sind* freie Knoten.

Matching

perfektes Matching

gebundene Kante
freie Kante
gebundener Knoten
freier Knoten

Das Matching-Problem ist wie folgt als Graphenproblem definiert.

MAXIMUM MATCHING

MAXIMUM MATCHING

Gegeben: Ein ungerichteter Graph $G = (V, E)$.
Ausgabe: Eine größte Kantenmenge $M \subseteq E$, die keine zwei inzidente Kanten enthält.

Da es ein perfektes Matching nicht immer geben wird, interessieren wir uns für die größtmögliche Zuordnung. Dabei unterscheiden wir zwischen einem größten Matching und einem maximalen Matching (ein nicht vergrößerbares Matching). Ein Matching $M \subseteq E$ ist maximal, wenn es nicht durch Hinzunahme einer weiteren Kante

größtes Matching
maximales Matching

vergrößert werden kann. Ein maximales Matching muss kein größtes Matching sein. Es kann sehr einfach in linearer Zeit konstruiert werden, indem Schritt für Schritt eine Kante $\{u,v\}$ genau dann in M aufgenommen wird, wenn keiner der beiden Endknoten u, v zu einer bereits aufgenommenen Kante gehört.

Beispiel 3.37 (maximales und größtes Matching). In Abb. 3.22 ist zwei Mal ein ungerichteter Graph $G = (V, E)$ mit zehn Knoten abgebildet. Auf der linken Seite ist ein maximales Matching und auf der rechten Seite ist ein größtes Matching für G eingezeichnet. Das maximale Matching mit vier Kanten kann nicht durch Hinzunahme einer weiteren Kante vergrößert werden. Ein größtes Matching hat jedoch fünf Kanten. Dies ist sogar ein perfektes Matching, da jeder Knoten des Graphen G mit einer Matching-Kante inzident ist.

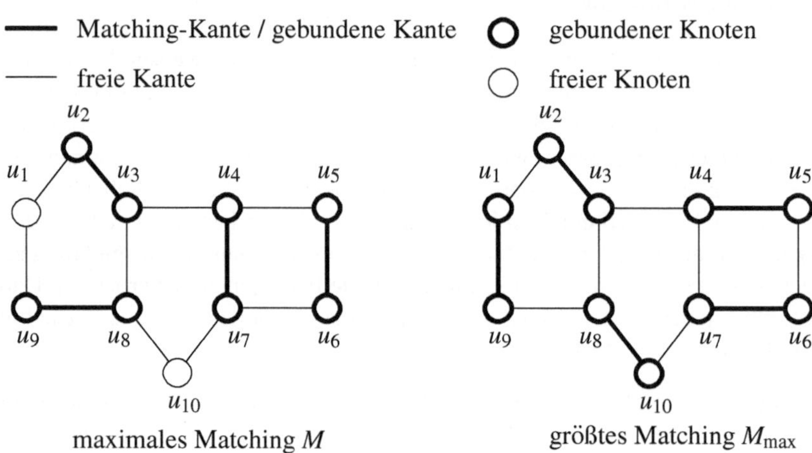

maximales Matching M größtes Matching $M_{\max}$

Abb. 3.22. Ein maximales Matching und ein größtes Matching

Um ein möglichst großes Matching zu finden, betrachten wir Wege, die bei einem freien Knoten starten, abwechselnd freie und gebundene Kanten verwenden und bei einem freien Knoten enden.

Definition 3.38 (alternierender Weg). *Es seien $G = (V, E)$ ein ungerichteter Graph und $M \subseteq E$ ein Matching. Ein einfacher Weg*

$$P = (u_1, e_1, u_2, e_2, \ldots, e_{2k-1}, u_{2k}), \quad k \geq 1,$$

alternierender Weg   *mit einer ungeraden Anzahl von Kanten ist ein* alternierender Weg *bezüglich M in G, wenn*

1. $e_2, e_4, e_6, \ldots, e_{2k-2}$ gebundene Kanten,
2. $e_1, e_3, e_5, \ldots, e_{2k-1}$ freie Kanten und
3. u_1 und u_{2k} freie Knoten sind.

In einem alternierenden Weg sind alle inneren Knoten gebundene Knoten, da jede zweite Kante eine gebundene Kante ist. Besitzt ein Graph $G = (V, E)$ einen alternierenden Weg

$$P = (u_1, e_1, u_2, e_2, \ldots, e_{2k-1}, u_{2k}), \quad k \geq 1,$$

bezüglich M, dann gibt es ein weiteres Matching, das größer ist als M. Dies zeigt die folgende Beobachtung:

> Werden die Kanten $e_2, e_4, \ldots, e_{2k-2}$ aus M entfernt und dafür die Kanten $e_1, e_3, \ldots, e_{2k-1}$ hinzugefügt, dann ist die resultierende Kantenmenge ein Matching, das genau eine Kante mehr enthält als M.

Ist das Matching M ein größtes Matching, dann kann es offensichtlich keinen alternierenden Weg bezüglich M geben, da es ja ansonsten ein größeres Matching gäbe. Dass es immer einen alternierenden Weg bezüglich M gibt, wenn M kein größtes Matching ist, zeigt das folgende Lemma.

Lemma 3.39. *Ist M ein Matching für einen ungerichteten Graphen $G = (V, E)$ und ist M kein größtes Matching für G, dann gibt es einen alternierenden Weg bezüglich M in G.*

Beweis.   Sei M ein beliebiges Matching für G und $M_{\max}$ ein größtes Matching für G. Sei $k = |M_{\max}| - |M|$ der Größenunterschied der beiden Zuordnungen. Betrachte nun die Menge aller Kanten aus $M_{\max}$, die nicht in M sind, zusammen mit der Menge aller Kanten aus M, die nicht in $M_{\max}$ sind. Diese Menge

$$M_{\mathrm{sym}} = (M_{\max} - M) \cup (M - M_{\max})$$

ist die *symmetrische Differenz* der beiden Mengen $M_{\max}$ und M.   symmetrische Differenz

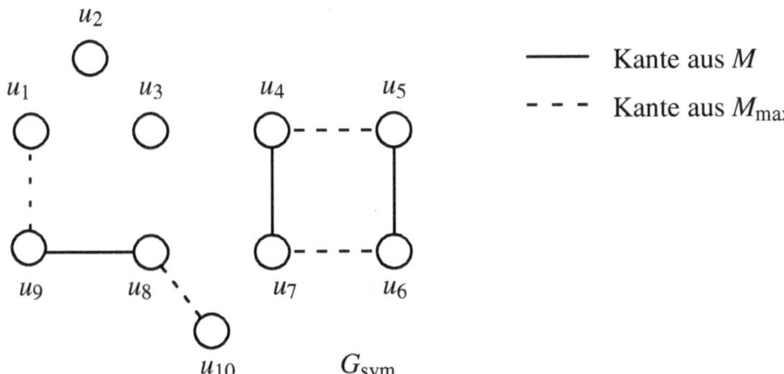

Abb. 3.23. Der Graph $G_{\mathrm{sym}} = (V, M_{\mathrm{sym}})$, gebildet aus dem Matching M und dem größten Matching $M_{\max}$ aus Abb. 3.22

Jeder Knoten des Graphen G ist mit höchstens zwei Kanten aus M_{sym} inzident, da er mit höchstens einer Kante aus M_{max} und mit höchstens einer Kante aus M inzident ist. Der Graph $G_{\mathrm{sym}} = (V, M_{\mathrm{sym}})$ mit Knotenmenge V und Kantenmenge M_{sym} besteht also aus knotendisjunkten Wegen bzw. Kreisen, siehe Abb. 3.23. Jeder Weg und jeder Kreis verwendet abwechselnd Kanten aus M_{max} und M. Jeder Kreis, falls einer existiert, hat somit genau so viele Kanten aus M_{max} wie aus M. Da M_{max} jedoch k Kanten mehr enthält als M, muss es mindestens k Wege in G_{sym} geben, die eine Kante mehr aus M_{max} als aus M enthalten. Diese Wege in G_{sym} sind offensichtlich alternierende Wege bezüglich M in G, da alle Kanten aus M_{max}, die sich in M_{sym} befinden, nicht in M sind. $\qquad\square$

Ein größtes Matching kann also durch wiederholtes Finden alternierender Wege aus einem beliebigen Matching konstruiert werden. Einen alternierenden Weg zu finden ist jedoch nicht ganz so einfach. Betrachte zum Beispiel den Graphen G aus Abb. 3.24 mit dem eingezeichneten Matching $\{\{u_2, u_3\}, \{u_4, u_9\}, \{u_5, u_6\}, \{u_8, u_{10}\}\}$. Eine Tiefensuche, die an dem freien Knoten u_1 beginnt und abwechselnd freie und gebundene Kanten verwendet, könnte sich über u_2, u_3, u_4, u_9 und u_{10} bis zum Knoten u_8 fortsetzen. Da der Knoten u_3 bereits besucht ist, bricht die Suche hier ab. Der Knoten u_5 wird nicht besucht, weil abwechselnd gebundene und freie Kanten verwendet werden müssen. Die Tiefensuche hat also keinen alternierenden Weg gefunden. Hätte die Suche bei dem Knoten u_3 jedoch zuerst den Nachfolger u_8 gewählt anstatt u_4, dann hätte sie den alternierenden Weg $(u_1, u_2, u_3, u_8, u_{10}, u_9, u_4, u_5, u_6, u_7)$ gefunden.

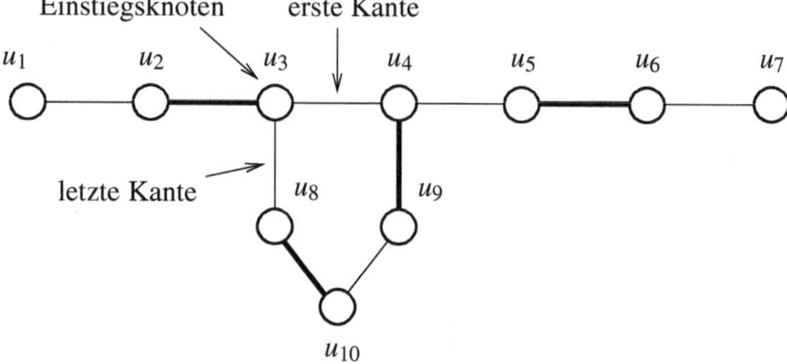

Abb. 3.24. Eine Suche nach einem alternierenden Weg

Dieses Problem tritt ausschließlich dann auf, wenn die Tiefensuche einen Kreis ungerader Länge durchläuft und dabei zu einem bereits besuchten Knoten zurückkommt. Die erste und letzte Kante in dem Kreis ist hier immer eine freie Kante. Der gemeinsame Knoten dieser beiden freien Kanten ist der Einstiegsknoten. Einen Blüte solchen gefundenen Kreis nennen wir ein *Blüte*. Das Problem mit den Blüten kann beseitigt werden, indem die Knoten der Blüte B zu einem Knoten u_B zusammengefasst werden, sobald ein solcher Kreis als Blüte identifiziert wurde. Alle Kanten, die mit einem Knoten aus der Blüte inzident waren, sind anschließend mit dem Knoten u_B inzident. Wird mit dem Zusammenfassen von Blüten ein alternierender Weg gefunden, dann besitzt der ursprüngliche Graph G offensichtlich ebenfalls einen alternierenden Weg. Dieser kann einfach durch das Expandieren der Blüten beginnend am Einstiegsknoten konstruiert werden.

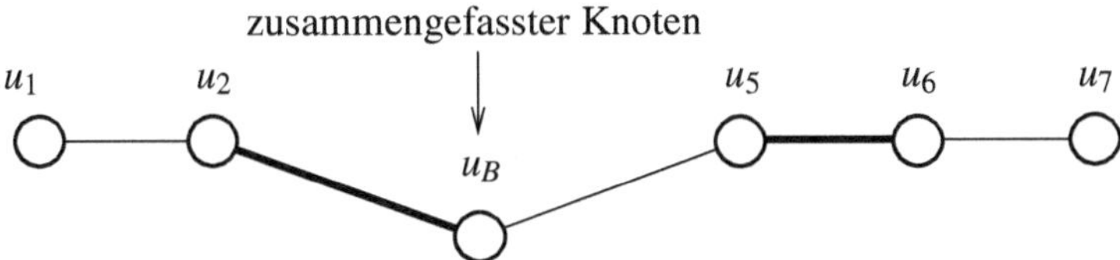

Abb. 3.25. Eine zusammengefasste Blüte

Dass dadurch immer alternierende Wege gefunden werden, wenn sie existieren, ist nicht so offensichtlich. Um dies zu erkennen, betrachten wir den folgenden Algorithmus, der an den freien Knoten eine Suche startet und gefundene Blüten zusammenfasst. Um einen alternierenden Weg schließlich auszugeben, speichern wir an jedem besuchten Knoten u den Vorgänger $p[u]$, über den der Knoten erstmalig in der Suche erreicht wurde. Der freie Knoten, bei dem die Suche gestartet wurde, bezeichnen wir mit $r[u]$. Der nächste gemeinsame Vorgänger von zwei Knoten u und v sei $p[u,v]$, falls es einen solchen Vorgänger gibt. Ansonsten sei $p[u,v] = -1$. Um den nachfolgenden Algorithmus übersichtlich zu gestalten, verzichten wir auf die explizite Berechnung der Werte $p[u,v]$ und $r[u]$.

In einem Zustand $z[u]$ speichern wir, ob der Knoten u über eine gerade Anzahl von Kanten ($z[u] = 0$) oder über eine ungerade Anzahl von Kanten ($z[u] = 1$) von einem freien Knoten erreicht wurde. Der Wert ($z[u] = -1$) kennzeichnet die noch nicht besuchten Knoten. Ist $\{u,v\}$ eine gebundene Kante, also eine Kante aus dem Matching M, dann seien $m[u] = v$ und $m[v] = u$. Die Suche verwendet eine Datenstruktur D zur Verwaltung der noch zu betrachtenden Kanten, siehe Abschnitt 3.3.2.

```
 1: for all u ∈ V {
 2:    if (u ist frei bezüglich M) {
 3:       z[u] := 0;   p[u] := u;
 4:       for all (u, v) ∈ E {
 5:          insert(D, (u, v)); } }
 6:    else {
 7:       z[v] := −1; } }
 8: while (D ≠ ∅) {
 9:    (u, v) := extract(D);
10:    if (z[u] = 0) and (z[v] = −1) {
11:       z[v] := 1;   p[v] := u;
12:       z[m[v]] := 0;   p[m[v]] := v;
13:       for all (m[v], w) ∈ E {
```

```
14:            insert(D, (m[v], w)); } }
15:    if (z[u] = 0) and (z(v) = 0) {
16:       if ((w := p[u, v])! = −1){
17:          fasse die Knoten u, p[u], . . . , w, . . . , p[v], v zu w_B zusammen; }
18:       else {
19:          r[u], . . . , p[u], u, v, p[u] . . . , r[v] ist ein alternierender Weg;
20:          halt; } } }
```

In Zeile 11 wird ein Weg von einem Startknoten zum Knoten u über eine freie Kante $\{u, v\}$ und eine gebundene Kante $\{v, m[v]\}$ nach $m[v]$ verlängert. Der Knoten v ist ein gebundener Knoten, da alle freien Knoten in Zeile 3 den Zustand 0 erhalten haben. Da die Zustände der Endknoten einer gebundenen Kante immer gleichzeitig vergeben werden, muss der andere Knoten $m[v]$ ebenfalls noch unbesucht sein. In Zeile 15 wurde eine freie Kante gefunden, die zwei Wege verbindet. Haben die beiden Wege einen gemeinsamen Vorgänger $p[u, v]$, so bilden die Knoten auf den beiden Wegen von $p[u, v]$ nach u und von $p[u, v]$ nach v eine Blüte. Haben die beiden Wege keinen gemeinsamen Vorgänger, dann bilden sie zusammen mit der verbindenden Kante $\{u, v\}$ einen alternierenden Weg. Dieser Weg muss eventuell noch nachbearbeitet werden, indem zusammengefasste Blüten wieder expandiert werden.

Edmonds Algorithmus Der obige Algorithmus ist unter dem Namen *Edmonds Algorithmus* bekannt, siehe [Edm65]. Es gibt Implementierungen für diesen Algorithmus, die einen zunehmenden Weg in linearer Zeit finden können, siehe hierzu auch [GT83]. Da ein Matching höchstens $|V|/2$ Kanten enthalten kann, ist es daher möglich, ein größtes Matching in der Zeit $\mathcal{O}(|V| \cdot |E|)$ zu konstruieren. Die schnellsten Algorithmen für die Berechnung größter Zuordnungen haben sogar eine Laufzeit von $\mathcal{O}(\sqrt{|V|} \cdot |E|)$, siehe zum Beispiel [MV80].

Übung 3.40. Entwerfen Sie einen Algorithmus, der in linearer Zeit einen alternierenden Weg bezüglich eines Matchings M findet, wenn der Graph keine Kreise ungerader Länge enthält.

3.4 Ausgewählte Probleme auf Graphen

In den folgenden Abschnitten werden einige klassische Entscheidungsprobleme für ungerichtete Graphen definiert.

3.4.1 Unabhängige Mengen, Cliquen und Knotenüberdeckungen

UNABHÄNGIGE MENGE

UNABHÄNGIGE MENGE	
Gegeben:	Ein ungerichteter Graph $G = (V, E)$ und eine natürliche Zahl $k \leq |V|$.
Frage:	Gibt es in G eine unabhängige Menge $V' \subseteq V$ der Größe $|V'| \geq k$?

Das Problem UNABHÄNGIGE MENGE wird im Englischen als INDEPENDENT SET bezeichnet. Die Größe einer größten unabhängigen Menge in einem Graphen G ist die *Stabilitäts-* oder *Unabhängigkeitszahl von G*. Sie wird mit $\alpha(G)$ bezeichnet.

INDEPENDENT SET

Stabilitäts- bzw. Unabhängigkeitszahl $\alpha(G)$

CLIQUE

Gegeben: Ein ungerichteter Graph $G = (V, E)$ und eine natürliche Zahl $k \leq |V|$.

Frage: Gibt es in G eine Clique $V' \subseteq V$ der Größe $|V'| \geq k$?

Die Größe einer größten Clique in einem Graphen G ist die *Cliquenzahl von G*. Sie wird mit $\omega(G)$ bezeichnet.

CLIQUE

Cliquenzahl $\omega(G)$

Offensichtlich ist eine unabhängige Menge in einem Graphen $G = (V, E)$ eine Clique im Komplementgraphen $\overline{G}$ und umgekehrt. Somit gilt:

$$\omega(G) = \alpha(\overline{G}). \tag{3.3}$$

KNOTENÜBERDECKUNG

KNOTENÜBERDECKUNG

Gegeben: Ein ungerichteter Graph $G = (V, E)$ und eine natürliche Zahl $k \leq |V|$.

Frage: Gibt es in G eine Knotenüberdeckung $V' \subseteq V$ der Größe $|V'| \leq k$?

Gebräuchlich ist auch der englische Name VERTEX COVER für das Problem KNOTENÜBERDECKUNG. Die Größe einer kleinsten Knotenüberdeckung in einem Graphen G ist die *Knotenüberdeckungszahl von G*. Sie wird mit $\tau(G)$ bezeichnet.

VERTEX COVER

Knotenüberdeckungszahl $\tau(G)$

Es gilt die folgende Beziehung zwischen unabhängigen Mengen, Cliquen und Knotenüberdeckungen in ungerichteten Graphen.

Lemma 3.41. *Für jeden Graphen $G = (V, E)$ und alle Teilmengen $U \subseteq V$ sind die folgenden drei Aussagen äquivalent:*

1. *U ist eine unabhängige Menge von G.*
2. *U ist eine Clique im Komplementgraphen $\overline{G}$.*
3. *V − U ist eine Knotenüberdeckung von G.*

Übung 3.42. Beweisen Sie Lemma 3.41.

Die nicht ganz triviale Äquivalenz der ersten und der dritten Aussage in Lemma 3.41 wurde schon 1959 von Gallai [Gal59] gezeigt und impliziert für einen Graphen $G = (V, E)$ die folgende Beziehung zwischen $\tau(G)$ und $\alpha(G)$:

$$\tau(G) + \alpha(G) = |V|. \tag{3.4}$$

Mit der algorithmischen Komplexität der Probleme UNABHÄNGIGE MENGE, CLIQUE und KNOTENÜBERDECKUNG befassen wir uns in Kapitel 5.

3.4.2 Partition in unabhängige Mengen und Cliquen

Partition

Eine *Partition* einer Menge M ist eine Aufteilung der Elemente aus M in nicht leere, disjunkte Mengen, deren Vereinigung die Menge M ergibt.

Beispiel 3.43 (Partition). Eine Partition der Menge

$$M = \{m_1, m_2, m_3, m_4, m_5, m_6\}$$

ist zum Beispiel gegeben durch

$$\{m_1, m_2\}, \ \{m_4\}, \ \{m_3, m_5\}, \ \{m_6\}.$$

Keine Partitionen von M sind hingegen die Aufteilungen

$$\{m_1, m_2, m_3\}, \ \{m_4\}, \ \{m_3, m_5\}, \ \{m_6\} \tag{3.5}$$

und

$$\{m_1, m_2, m_4\}, \ \{m_3\}, \ \{m_6\}. \tag{3.6}$$

In der ersten Aufteilung (3.5) ist das Element m_3 in mehr als einer Menge, in der zweiten Aufteilung (3.6) fehlt das Element m_5.

Bei Partitionsproblemen für Graphen sucht man nach einer Aufteilung der Knoten oder Kanten in Teilmengen, die eine bestimmte Bedingung erfüllen, beispielsweise die Bedingung, dass alle Teilmengen unabhängig sind.

PARTITION IN
UNABHÄNGIGE
MENGEN

PARTITION IN UNABHÄNGIGE MENGEN	
Gegeben:	Ein ungerichteter Graph $G = (V, E)$ und eine natürliche Zahl $k \leq |V|$.
Frage:	Gibt es eine Partition von V in k unabhängige Mengen?

Der Begriff der k-Färbbarkeit wurde im Anschluss an Definition 3.17 durch eine Partitionierung der Knotenmenge eines Graphen in k unabhängige Mengen charakterisiert. Dementsprechend bezeichnet man die minimale Anzahl von unabhängigen Mengen, die zur Überdeckung eines Graphen G notwendig sind, als die *Färbungszahl von G*, kurz $\chi(G)$. Synonym nennt man die Färbungszahl eines Graphen auch seine *chromatische Zahl*. Das Problem PARTITION IN UNABHÄNGIGE MENGEN ist daher auch unter dem Namen FÄRBBARKEIT bekannt. Ist der Parameter k nicht Teil der Probleminstanz, so nennt man das entsprechende Problem k-FÄRBBARKEIT.

Färbungszahl $\chi(G)$
chromatische Zahl

k-FÄRBBARKEIT

Beispiel 3.44 (Partition in unabhängige Mengen). In Abb. 3.26 ist ein Graph gezeigt, dessen Knotenmenge in drei unabhängige Mengen aufgeteilt ist. Dieser Graph ist somit dreifärbbar. Eine Partition des Graphen in zwei unabhängige Mengen ist offenbar nicht möglich. Daher ist seine Färbungszahl drei.

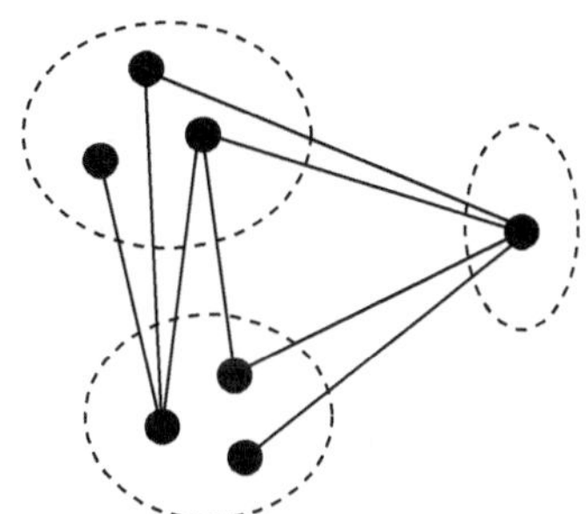

Abb. 3.26. Partition in drei unabhängige Mengen

Da die Färbungszahl eines vollständigen Graphen K_n genau n beträgt, bildet $\omega(G)$ stets eine untere Schranke für den Wert von $\chi(G)$. Für jeden Graphen G gilt also:

$$\omega(G) \leq \chi(G). \tag{3.7}$$

Hier stellt sich die natürliche Frage, für welche Graphen die Gleichheit gilt. Dazu verweisen wir auf Satz 3.53. Graphen mit Färbungszahl höchstens eins oder zwei lassen sich einfach wie folgt charakterisieren.

Lemma 3.45.   *1. Ein Graph G hat genau dann die Färbungszahl eins, wenn G keine Kante besitzt.*
 2. Ein Graph G hat genau dann die Färbungszahl ≤ 2, wenn G bipartit ist.

Analog zum eben definierten Problem betrachtet man auch das folgende:

PARTITION IN CLIQUEN

PARTITION IN CLIQUEN

Gegeben: Ein ungerichteter Graph $G = (V, E)$ und eine natürliche Zahl $s \leq |V|$.
Frage: Gibt es eine Partition von V in s Cliquen?

Die *Cliquenüberdeckungszahl eines Graphen G* ist die minimale Anzahl von Cliquen, die zur Überdeckung von G notwendig sind. Sie wird mit $\theta(G)$ bezeichnet.

Cliquenüberdeckungs-zahl $\theta(G)$

Beispiel 3.46 (Partition in Cliquen). In Abb. 3.27 ist ein Graph G gezeigt, dessen Knotenmenge in drei Cliquen aufgeteilt ist. Eine Partition des Graphen in zwei Cliquen ist offenbar nicht möglich. Daher ist $\theta(G) = 3$.

Da in einer Überdeckung eines Graphen G mit Cliquen jede Clique nur höchstens einen Knoten aus einer unabhängigen Menge in G enthalten kann, bildet $\alpha(G)$ stets eine untere Schranke für $\theta(G)$. Für jeden Graphen G gilt also:

$$\alpha(G) \leq \theta(G). \tag{3.8}$$

Offensichtlich ist jede Partition der Knotenmenge eines ungerichteten Graphen G in unabhängige Mengen eine Partition der Knotenmenge des Komplementgraphen $\overline{G}$ in Cliquen, siehe Lemma 3.41. Damit gilt für jeden Graphen G die Beziehung:

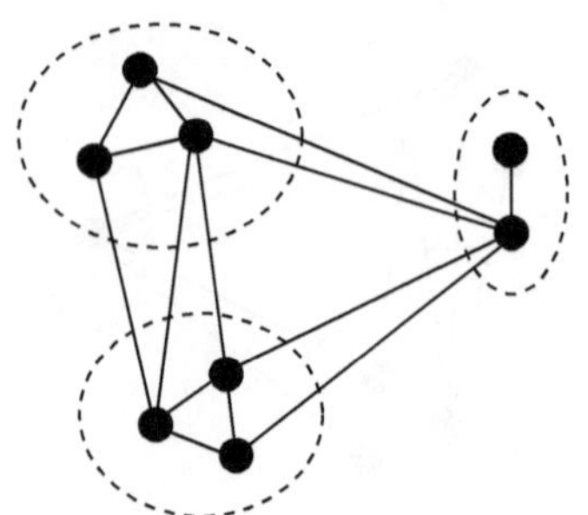

Abb. 3.27. Partition in drei Cliquen

$$\chi(G) = \theta(\overline{G}). \qquad (3.9)$$

Als Nächstes betrachten wir Partitionierungen von Kantenmengen. Sei $G = (V,E)$ ein ungerichteter Graph. Eine Kantenmenge $E' \subseteq E$ heißt *unabhängige Kantenmenge von G*, falls gilt:

unabhängige Kantenmenge

$$(\forall e_1, e_2 \in U) \; [e_1 \neq e_2 \;\Rightarrow\; e_1 \cap e_2 = \emptyset].$$

PARTITION IN UNABHÄNGIGE KANTENMENGEN

PARTITION IN UNABHÄNGIGE KANTENMENGEN
Gegeben: Ein ungerichteter Graph $G = (V,E)$ und eine natürliche Zahl $k \leq |V|$.
Frage: Gibt es eine Partition von E in k unabhängige Kantenmengen?

Die kleinste Anzahl von disjunkten unabhängigen Kantenmengen eines Graphen G nennt man die *Kantenfärbungszahl* von G oder auch den *chromatischen Index* von G, kurz $\chi'(G)$. Das Problem PARTITION IN UNABHÄNGIGE KANTENMENGEN ist auch unter dem Namen KANTENFÄRBBARKEIT bekannt. Die Kantenfärbungszahl eines ungerichteten Graphen G kann wie folgt mit Hilfe des maximalen Knotengrads $\Delta(G)$ abgeschätzt werden.

Kantenfärbungszahl
$\chi'(G)$
chromatischer Index
KANTENFÄRBBARKEIT

Satz 3.47 (Vizing [Viz64] und Gupta [Gup66]). *Für jeden Graphen G gilt:*

$$\Delta(G) \leq \chi'(G) \leq \Delta(G) + 1.$$

ohne Beweis

Da man für einen gegebenen Graphen G den maximalen Knotengrad sehr leicht bestimmen kann, ist die effiziente Berechnung der Kantenfärbungszahl offensichtlich bis auf einen additiven Fehler von eins leicht möglich. Das Finden des exakten Wertes für $\chi'(G)$ ist jedoch selbst für kubische Graphen sehr schwer.

Kantengraph

Der *Kantengraph* (englisch: *line graph*) eines ungerichteten Graphen G, kurz mit $L(G)$ bezeichnet, hat einen Knoten für jede Kante in G. Zwei Knoten sind genau dann adjazent in $L(G)$, wenn die entsprechenden Kanten in G inzident sind, siehe auch [Whi32].

Beispiel 3.48 (Kantengraph). Abbildung 3.28 zeigt einen Graphen G mit sechs Kanten e_i, $1 \leq i \leq 6$. Der zugehörige Kantengraph $L(G)$ hat sechs Knoten v_i, $1 \leq i \leq 6$.

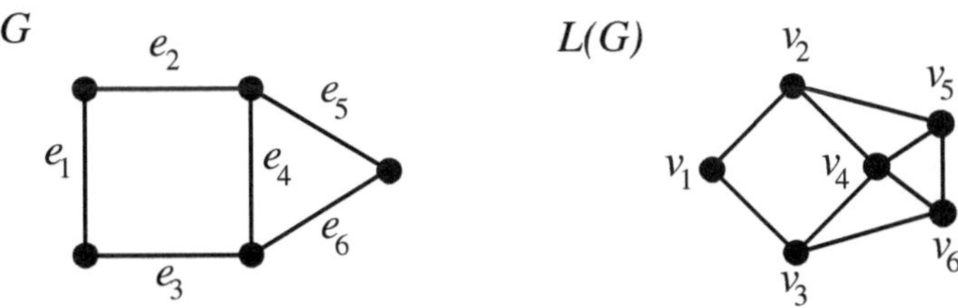

Abb. 3.28. Ein Graph G und der zugehörige Kantengraph $L(G)$

Der Kantengraph beschreibt die folgende einfache Beziehung zwischen den Parametern χ' und χ.

Satz 3.49. *Für jeden Graphen G gilt:*

$$\chi'(G) = \chi(L(G)).$$

ohne Beweis

Die vier Graphparameter α, ω, χ und θ spielen eine wichtige Rolle bei der Untersuchung *perfekter* Graphen.

Definition 3.50. *Ein Graph G ist* perfekt, *falls für jeden induzierten Teilgraphen H   perfekt von G die Bedingung*

$$\omega(H) = \chi(H)$$

erfüllt ist.

Beispiel 3.51 (perfekter Graph).

1. Für Graphen $G = (V, E)$ ohne Kanten ist

$$\omega(W) = \chi(W) = 1.$$

2. Für Graphen $G = (V, E)$ mit Kanten zwischen je zwei verschiedenen Knoten ist

$$\omega(G) = \chi(G) = |V|.$$

3. Für Wälder und bipartite Graphen G mit mindestens einer Kante ist

$$\omega(G) = \chi(G) = 2.$$

Da total unzusammenhängende Graphen, Cliquen, Wälder und bipartite Graphen abgeschlossen bezüglich der Bildung induzierter Teilgraphen sind, sind sie perfekt.

Übung 3.52. Zeigen Sie, dass nicht jeder 3-färbbare Graph perfekt ist.

Die wichtigsten Charakterisierungen für perfekte Graphen fassen wir in dem folgenden Satz zusammen. Die Äquivalenz der ersten und letzten Aussage war lange Zeit unter der Bezeichung „Strong Perfect Graph Conjecture" bekannt. Sie wurde jedoch vor wenigen Jahren bewiesen.

Satz 3.53 (Chudnovsky, Robertson, Seymour und Thomas [CRST06]). *Für jeden ungerichteten Graphen G sind die folgenden Eigenschaften äquivalent:*

  1. G ist perfekt.
  2. Für jeden induzierten Teilgraphen H von G gilt: $\alpha(H) = \theta(H)$.
  3. Für kein $n \geq 2$ enthält G den ungerichteten Kreis C_{2n+1} mit $2n + 1$ Knoten oder dessen Komplementgraphen $\overline{C_{2n+1}}$ als induzierten Teilgraphen.

ohne Beweis

Weitere Beispiele für perfekte Graphen sind Co-Graphen, distanzerhaltende Graphen und chordale Graphen, die wir später in den Kapiteln 6, 9 und 11 näher kennen lernen werden.

3.4.3 Dominierende Mengen und domatische Zahl

In Definition 3.14 wurde der Begriff der dominierenden Menge eingeführt. Sehen wir uns zur Erinnerung ein Beispiel an.

Beispiel 3.54 (dominierende Menge). Abbildung 3.29 zeigt den Sitzplan der Klasse 8c. Jeder Knoten entspricht einem Schüler, wobei die sehr guten Schüler durch volle Kreise dargestellt sind. Zwei Knoten sind genau dann durch eine Kante verbunden, wenn die entsprechenden Schüler so dicht beieinander sitzen, dass sie voneinander abschreiben können.

Dass die Klassenarbeit von letzter Woche so ausgesprochen gut ausgefallen war (jeder einzelne Schüler hatte diesmal eine glatte Eins geschrieben!), machte den Mathematiklehrer der 8c sehr glücklich und stolz, dann aber misstrauisch. Er sah sich den Sitzplan etwas genauer an, und tatsächlich: Die acht wirklich sehr guten Schüler hatten sich so platziert, dass sie eine dominierende Menge der Klasse bildeten.

DOMINIERENDE
MENGE

DOMINIERENDE MENGE	
Gegeben:	Ein ungerichteter Graph $G = (V, E)$ und eine natürliche Zahl $k \leq |V|$.
Frage:	Gibt es in G eine dominierende Menge der Größe höchstens k?

Im Sinne von Beispiel 3.54 fragt dieses Problem also für einen gegebenen Graphen und eine Zahl k, ob sich nicht mehr als k sehr gute Schüler so auf die Knoten des Graphen verteilen können, dass jeder nicht so gute Schüler einen sehr guten Nachbarn hat, von dem er abschreiben kann. Für den Graphen G in Abb. 3.29 ist zum Beispiel $(G, 8)$ eine „Ja"-Instanz des Problems DOMINIERENDE MENGE.

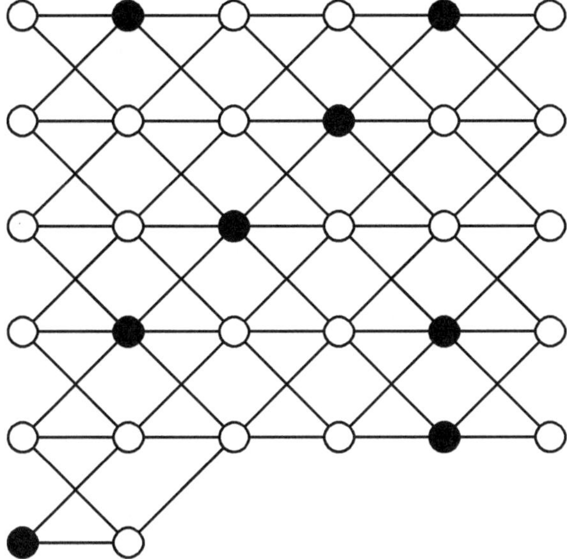

Abb. 3.29. Sitzplan der Klasse 8c: eine dominierende Menge für Beispiel 3.54

Definition 3.55. *Die Größe einer kleinsten dominierenden Menge eines Graphen G heißt* Dominierungszahl *von G, kurz mit $\gamma(G)$ bezeichnet. Die* domatische Zahl *von G, kurz $d(G)$, ist die Größe einer größten domatischen Partition von G, d. h. die größte Zahl k, sodass G in k dominierende Mengen partitioniert werden kann.*

Dominierungszahl $\gamma(G)$
domatische Zahl $d(G)$

Dominierende Mengen spielen nicht nur in Klassenräumen (wie in Beispiel 3.54), sondern auch in vielen praktischen Anwendungsbereichen eine wichtige Rolle, so etwa im Zusammenhang mit Computer- oder Kommunikationsnetzwerken. Eine dominierende Menge in einem Kommunikationsnetzwerk, die wir eine *Sendergruppe* nennen wollen, ist eine Teilmenge der Knoten, die jeden anderen Knoten in einem Schritt erreicht (so ähnlich, wie die nicht so guten Schüler in Beispiel 3.54 „Sendungen" von den sehr guten Schülern erhalten konnten, sofern sie in deren unmittelbarer Nachbarschaft saßen).

Nun kann es sein, dass eine Sendergruppe ganz oder teilweise ausfällt, sodass nicht mehr alle Knoten des Netzwerks Sendungen empfangen können. Es wäre dann sinnvoll, eine alternative Sendergruppe im Netzwerk zu installieren, die zweckmäßigerweise zu der anderen disjunkt sein sollte. Fällt auch diese aus, möchte man sie vielleicht durch eine dritte, zu den beiden ersten disjunkte Sendergruppe ersetzen können, jedenfalls wenn es wichtig ist, dass wirklich alle Knoten des Netzwerks erreicht werden. Die domatische Zahl gibt die maximale Anzahl disjunkter Sendergruppen an, die das gegebene Netzwerk in alternative dominierende Mengen partitionieren.

<table>
<tr><td colspan="2" align="center">DOMATISCHE ZAHL</td></tr>
<tr><td>Gegeben:</td><td>Ein ungerichteter Graph $G = (V, E)$ und eine natürliche Zahl $k \leq |V|$.</td></tr>
<tr><td>Frage:</td><td>Ist die domatische Zahl von G mindestens k?</td></tr>
</table>

Beispiel 3.56 (domatische Zahl). Abbildung 3.30 zeigt einen Graphen G mit domatischer Zahl $d(G) = 3$. Eine der drei dominierenden Mengen enthält nur den grauen, eine andere nur den schwarzen Knoten, und die dritte dominierende Menge besteht aus den (übrigen drei) weißen Knoten. Offenbar ist es nicht möglich, G in mehr als drei disjunkte dominierende Mengen zu zerlegen.

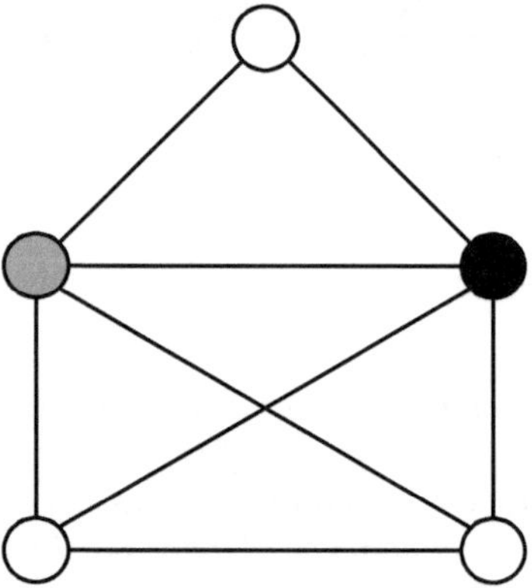

Abb. 3.30. Ein Graph mit domatischer Zahl drei für Beispiel 3.56

Die Entscheidungsprobleme DOMINIERENDE MENGE und DOMATISCHE ZAHL sind ebenfalls schwere Probleme, siehe Kapitel 5.

Übung 3.57. Angenommen, es ist ein verregneter Sonntagnachmittag, alle Ihre Freunde sind verreist, es ist langweilig und gibt nichts zu tun. Dann haben Sie vielleicht Lust, für den Graphen in Abb. 3.29 die Dominierungszahl und die domatische Zahl zu bestimmen.

3.4.4 Das Problem des Handelsreisenden

Das Problem des Handelsreisenden ist eines der klassischen kombinatorischen Optimierungsprobleme. Wir verwenden auch die englische Bezeichnung TRAVELING SALESPERSON PROBLEM (oder kurz TSP) für dieses Problem, da diese auch im Deutschen gebräuchlich ist. Die Aufgabe besteht darin, eine Reihenfolge für den Besuch mehrerer Orte so zu bestimmen, dass die gesamte Reisestrecke nach der Rückkehr zum Ausgangsort möglichst kurz ist. Die Länge einer Rundreise, die also jeden

der gegebenen Orte genau einmal besucht und dann zum Ausgangsort zurückkehrt,
messen wir in der Summe der vorkommenden Entfernungen (die wir auch Kanten-
kosten oder -gewichte nennen). Als Entscheidungsproblem lässt sich das Problem
des Handelsreisenden wie folgt formulieren:

TRAVELING
SALESPERSON
PROBLEM (TSP)

TRAVELING SALESPERSON PROBLEM (TSP)
Gegeben: Ein vollständiger Graph $K_n = (V, E)$, eine Kostenfunktion $c : E \to \mathbb{N}$ und eine Zahl $k \in \mathbb{N}$.
Frage: Gibt es in K_n eine Rundreise der Länge höchstens k?

Beispiel 3.58 (TSP). Stellen wir uns vor, ein Händler muss fünf Städte in Deutschland bereisen. Da er so schnell wie möglich damit fertig sein will, interessiert er sich
für einen kürzesten Weg zwischen den Städten. Abbildung 3.31 zeigt den Graphen,
auf dem der Händler seine Rundreise unternimmt. Die Zahlen an den Kanten des
Graphen geben jeweils Vielfache von 100 km an und stellen die Kostenfunktion dar.

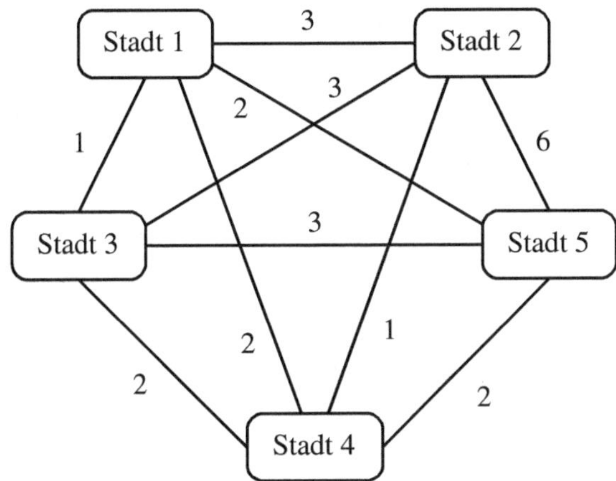

Abb. 3.31. Ein Graph für die Rundreise eines Händlers

Die entsprechende Kosten- oder Entfernungsmatrix sieht so aus:

$$D = \begin{pmatrix} 0 & 3 & 1 & 2 & 2 \\ 3 & 0 & 3 & 1 & 6 \\ 1 & 3 & 0 & 2 & 3 \\ 2 & 1 & 2 & 0 & 2 \\ 2 & 6 & 3 & 2 & 0 \end{pmatrix}.$$

Ein Eintrag $d(i, j)$ in dieser Matrix gibt die Entfernung zwischen den Städten i und
j an. In unserem Beispiel handelt es sich um eine symmetrische Entfernungsmatrix

(d. h., $d(i,j) = d(j,i)$ für alle i und j, $1 \leq i, j \leq 5$). Im Allgemeinen müssen Matrizen zur Darstellung der Kostenfunktion natürlich nicht symmetrisch sein. Misst man etwa den Benzinverbrauch zwischen zwei Städten und liegt die Stadt i im Tal und die Stadt j auf dem Berg, so wird der Spritverbrauch von i nach j höher sein als in der umgekehrten Richtung; $d(i,j) > d(j,i)$ ist dann eine realistische Annahme. In diesem Fall müsste man TSP auf gerichteten Graphen definieren. Wir werden auf das Beispiel des TSP in Abb. 3.31 später noch zurückkommen (siehe Abschnitt 8.1).

3.5 Ausgewählte Algorithmenentwurfstechniken

3.5.1 Backtracking

Lisa ist gerade sieben Jahre alt geworden und feiert ihren Kindergeburtstag. Sie hat verbundene Augen und einen Kochlöffel in der Hand, mit dem sie den Boden vor sich erkundet, während sie durchs Wohnzimmer kriecht. Eine Schar aufgeregter Kinder feuert sie beim „Topfschlagen" an („Wärmer, wärmer!"), während Lisa dem Topf, unter dem die Süßigkeiten liegen, immer näher kommt. Sie verpasst ihn jedoch knapp und hört plötzlich: „Kalt, immer kälter!" Sie hält inne und krabbelt zurück, bis es wieder „wärmer" wird, verfehlt den Topf jetzt auf der anderen Seite, wird wieder von den anderen Kindern zur Umkehr bewegt und schlägt schließlich laut auf den Topf. Lisa hat so nicht nur viele leckere Süßigkeiten gefunden, sondern auch das Prinzip des *Backtracking* entdeckt.

Backtracking

Backtracking, das man auf deutsch die „Rücksetzmethode" nennen könnte (wenn sich nicht der englische Begriff auch bei uns durchgesetzt hätte), ist ein algorithmisches Verfahren, das Probleme nach dem Prinzip „Versuch und Irrtum" zu lösen versucht. Nehmen wir an, dass wir ein Problem lösen wollen, dessen Lösungsraum eine Baumstruktur hat. Die Wurzel enthält die „leere Lösung", jedes Kind eines inneren Knotens im Baum erweitert die (potenzielle) Teillösung seines Vorgängerknotens, und die Blätter enthalten Kandidaten für vollständige Lösungen (d. h., einige Blätter stellen Lösungen der gegebenen Probleminstanz dar, andere nicht). Ausgehend von der Wurzel durchläuft man den Baum mittels Tiefensuche, erweitert also eine anfangs leere Lösung Schritt für Schritt zu einer immer größeren (potenziellen) Teillösung in der Hoffnung, schließlich zu einem Lösungsblatt zu gelangen. Im Unterschied zur Tiefensuche durchläuft man jedoch nicht den gesamten Baum, sondern versucht, „hoffnungslose" Teilbäume abzuschneiden, um Zeit zu sparen. Das heißt, wenn man einen Knoten erreicht, dessen potenzielle Teillösung unmöglich zu einer Lösung der Probleminstanz erweitert werden kann,[11] dann kann man sich das Durchsuchen des gesamten darunter befindlichen Teilbaums ersparen. Man setzt also einen Schritt zurück und versucht, den Vorgänger dieser hoffnungslosen potenziellen Teillösung zu einer vollständigen Lösung auszubauen. Wie die Tiefensuche lässt sich dieses Verfahren am besten rekursiv realisieren. In diesem Buch werden uns einige Beispiele für Anwendungen von Backtracking begegnen (siehe Kapitel 7).

---

[11] Das ist der Punkt, an dem man „Kalt, immer kälter!" hört.

3.5.2 Teile und herrsche

Hier haben wir es wieder mit einer rekursiven Herangehensweise zu tun. Eine Probleminstanz, die nur wegen ihrer Größe sehr schwierig ist, wird in kleinere Probleminstanzen derselben Art aufgeteilt. Sind diese kleineren Instanzen immer noch schwer zu lösen, so unterteilt man sie (rekursiv) wieder, bis schließlich die entstehenden kleinen Probleminstanzen einfach zu lösen sind. Entweder erhält man so im letzten Rekursionsschritt unmittelbar eine Lösung der großen Ausgangsinstanz des Problems oder aber man setzt die Lösungen der kleineren Probleminstanzen zu einer Lösung der Ausgangsinstanz zusammen (wieder Schritt für Schritt, indem man von einer Rekursionsstufe zur nächsthöheren auftaucht). Ein typisches Anwendungsbeispiel für die Teile-und-herrsche-Strategie ist der Sortieralgorithmus *Quicksort*, ein anderes findet man zum Beispiel im Beweis von Satz 5.48. Man beachte, dass die Laufzeit solcher Algorithmen stark von der Teilung der Probleme selbst abhängt.

Teile-und-herrsche-Strategie

3.5.3 Dynamische Programmierung

Dynamische Programmierung ist eine Technik, mit der man beispielsweise schwere Optimierungsprobleme lösen kann. Sie wurde in den 1940er Jahren von Richard Bellman, der ihr auch diesen Namen gab, für Probleme der Regelungstheorie eingesetzt; das Prinzip selbst war aber schon vorher (unter anderem Namen) in der Physik gebräuchlich.

Das gegebene Problem wird wieder in Teilprobleme aufgeteilt, die man entweder direkt löst oder wiederum in mehrere Teilprobleme zerlegt. Die Lösungen der kleinsten Teilprobleme setzt man dann zusammen zu Lösungen der nächstgrößeren Teilprobleme und so weiter, bis man schließlich eine (optimale) Lösung des Ausgangsproblems erhält. Der Witz des Verfahrens besteht darin, dass alle bereits gefundenen Lösungen aufgehoben (also gespeichert) und für die Lösungen der größeren Teilprobleme verwendet werden, sodass man sie nicht jedes Mal neu berechnen muss. Auf diese Art kann man beträchtlich Zeit sparen.

Das Kernstück eines Algorithmus, der auf dem Prinzip der dynamischen Programmierung beruht, ist immer eine (rekursive) Formel, die angibt, wie man die Lösungen der kleinen Teilprobleme zu einer Lösung eines nächstgrößeren Teilproblems zusammensetzen kann.

Ein Beispiel, das uns auch später noch beschäftigen wird, ist der Algorithmus von Lawler [Law76], der mittels dynamischer Programmierung die chromatische Zahl eines Graphen berechnet. Die Idee ist simpel: Unter allen minimalen legalen Färbungen φ des gegebenen Graphen $G = (V, E)$ (das heißt, φ benutzt genau $\chi(G)$ Farben) muss wenigstens eine sein, die eine *maximale* unabhängige Menge als Farbklasse enthält (siehe Übung 3.59). Betrachte eine nicht leere Teilmenge $U \subseteq V$. Hat man nun die chromatische Zahl aller induzierten Teilgraphen $G[U']$ für jede echte Teilmenge $U' \subset U$ bereits bestimmt, so lässt sich die chromatische Zahl des induzierten Teilgraphen $G[U]$ mit der Formel

$$\chi(G[U]) = 1 + \min\{\chi(G[U - W])\} \qquad (3.10)$$

berechnen, wobei das Minimum über alle maximalen unabhängigen Mengen $W \subseteq U$ zu nehmen ist. Der Algorithmus von Lawler wird ausführlich in Abschnitt 7.2 behandelt.

Übung 3.59. Zeigen Sie, dass unter allen minimalen legalen Färbungen φ eines gegebenen Graphen G (das heißt, φ benutzt genau $\chi(G)$ Farben) wenigstens eine sein muss, die eine *maximale* unabhängige Menge als Farbklasse enthält.

3.6 Entscheidungs-, Optimierungs- und Suchprobleme

Die Antwort auf eine algorithmische Fragestellung ist nicht immer „ja" oder „nein". Manchmal soll auch etwas explizit ausgerechnet oder konstruiert werden. Wir betrachten noch einmal das TSP. Wenn die Frage nach der Existenz einer Rundreise mit Kosten von höchstens k mit „ja" beantwortet wird, möchte man in den meisten Fällen als Nächstes eine solche Rundreise finden. Es wäre ebenfalls interessant zu wissen, welche Kosten eine kürzeste Rundreise besitzt. Wird der Wert einer optimalen Lösung gesucht, so sprechen wir von Optimierungsproblemen. Sollen explizit eine oder mehrere Lösungen angegeben werden, so sprechen wir von Such- oder Konstruktionsproblemen. Wir werden für Optimierungsprobleme die gleichen Problembezeichner verwenden, diese jedoch mit dem Zusatz „MIN" bzw. „MAX" ergänzen.

Die *Optimierungsvariante von* TSP ist somit die Aufgabe, die Länge einer möglichst kurzen Rundreise für den Besuch aller Orte zu bestimmen. Als Graphenproblem kann man dies wie folgt formulieren:

MIN TSP

Gegeben: Ein vollständiger Graph $K_n = (V, E)$ und eine
Kostenfunktion $c : E \rightarrow \mathbb{N}^+$.

Ausgabe: Die bezüglich c minimalen Kosten eines
Hamilton-Kreises in K_n.

Das *Suchproblem* besteht für TSP in der Aufgabe, eine Rundreise mit minimalen Kosten zu finden (oder, als eine weitere Variante des Suchproblems, eine Rundreise zu finden, die einen vorgegebenen Kostenwert nicht überschreitet, sofern es eine solche gibt). Die erste dieser beiden Varianten des Suchproblems für TSP kann also folgendermaßen formuliert werden:

SEARCH TSP

Gegeben: Ein vollständiger Graph $K_n = (V, E)$ und eine
Kostenfunktion $c : E \rightarrow \mathbb{N}^+$.

Ausgabe: Ein Hamilton-Kreis in K_n mit minimalen Kosten
bezüglich c.

Es stellt sich die Frage, welche dieser Problemvarianten – TSP, MIN TSP oder SEARCH TSP – allgemeiner als die anderen ist. Die folgenden Überlegungen zeigen, wie man aus einer Lösung einer jeden dieser Varianten Lösungen für die jeweils anderen beiden Varianten erhalten kann – man sagt dann, dass sich das eine Probleme auf das andere reduzieren lässt.[12]

Ist etwa eine optimale Lösung gegeben, so kann in der Regel relativ einfach der Wert der optimalen Lösung ermittelt werden; beim Problem des Handelsreisenden zum Beispiel muss man lediglich die Kosten entlang der gegebenen optimalen Route aufaddieren. Also lässt sich MIN TSP leicht auf SEARCH TSP reduzieren, d. h., wenn man das Suchproblem effizient lösen könnte, so könnte man auch das entsprechende Optimierungsproblem effizient lösen.

Ist der Wert einer optimalen Lösung gegeben, so lässt sich unmittelbar entscheiden, ob dieser Wert eine vorgegebene Schranke über- oder unterschreitet. Also lässt sich TSP direkt auf MIN TSP reduzieren.

Die umgekehrten Betrachtungen sind in der Regel schon etwas komplizierter, aber trotzdem häufig möglich.

Angenommen, es steht ein Algorithmus A_{Dec} zur Verfügung, der entscheiden kann, ob es eine optimale Rundreise mit Kosten von höchstens k gibt. Da eine Rundreise jede Kante höchstens ein Mal verwendet, sind die Kosten jeder Rundreise höchstens so groß wie die Summe C aller Kantenbewertungen. Der Algorithmus A_{Dec} für das Entscheidungsproblem TSP würde für den Kostenwert C immer „ja" antworten. Der Wert einer optimalen Rundreise kann nun wie folgt durch die wiederholte Anwendung von A_{Dec} ermittelt werden. Wenn es eine Rundreise mit Kosten von höchstens $C/2$ gibt, wird die nächste Frage mit $C/4$ gestellt. Gibt es keine Rundreise mit Kosten von höchstens $C/2$, so wird nach der Existenz einer Rundreise mit Kosten von höchstens $(C/2) + (C/4) = (3/4) \cdot C$ gefragt. Die nächsten Veränderungen sind $\pm C/8$, $\pm C/16$, $\pm C/32$ usw. Der Wert einer optimalen Rundreise kann also mit einer binären Aufteilungsstrategie in $\mathcal{O}(\log(C))$ Iterationen ermittelt werden, und mit diesem Aufwand lässt sich MIN TSP auf TSP reduzieren.

Angenommen, es steht ein Algorithmus A_{Opt} zur Verfügung, der den Wert einer optimalen Rundreise berechnen kann. Um nun eine optimale Rundreise zu finden, wird der Wert einer beliebigen Kante e um einen (beliebigen) positiven Wert k vergrößert. Ändert sich dadurch der Wert der optimalen Lösungen nicht, was mit dem Algorithmus A_{Opt} überprüft werden kann, so gibt es offensichtlich mindestens eine optimale Lösung, die diese Kante e nicht benötigt. Verändert sich der Wert der Lösung jedoch um k, so gehört diese Kante zu jeder optimalen Lösung. Die Erhöhung um k wird in diesem Fall wieder rückgängig gemacht. Sind alle Kanten analysiert worden, bilden die Kanten ohne Werterhöhung um k eine optimale Rundreise. Mit dieser Strategie ist es also möglich, eine optimale Rundreise für n Städte in $\mathcal{O}(n^2)$ Iterationen tatsächlich zu konstruieren, und mit diesem Aufwand lässt sich SEARCH TSP auf MIN TSP reduzieren.

---

[12] In Kapitel 5 wird der Begriff der *Turing-Reduzierbarkeit* eingeführt, mit dem man solche Transformationen zwischen Problemen formal beschreiben kann (siehe Übung 5.29 – die dort angegebene Definition bezieht sich zwar nur auf Entscheidungsprobleme, kann aber leicht so abgeändert werden, dass sie auch auf Such- oder Optimierungsprobleme anwendbar ist). Mit Hilfe von Reduzierbarkeiten kann man zwei gegebene Probleme hinsichtlich ihrer Komplexität vergleichen.

Konstruktionsproblem
Zählproblem

Es gibt noch weitere Problemvarianten, zum Beispiel *Konstruktionsprobleme*, bei denen alle Lösungen einer gegebenen Probleminstanz konstruiert werden, oder *Zählprobleme*, bei denen die Anzahl der Lösungen einer gegebenen Probleminstanz berechnet werden.

3.7 Literaturhinweise

Einführungen zu Graphen findet man in den Büchern von Diestel [Die06] und Jungnickel [Jun08]. Gerichtete Graphen werden von Bang-Jensen und Gutin [BJG09] ausführlich beschrieben. Ein Buch über viele spezielle Graphklassen ist das von Brandstädt, Le und Spinrad [BLS99]. Die Ungleichung von Gallai stammt aus dem Jahr 1959, siehe [Gal59]. Die Abschätzung des chromatischen Index über den maximalen Knotengrad findet man zum Beispiel in [Viz64] oder [Gup66]. Kantengraphen wurden bereits 1932 von Whitney [Whi32] eingeführt. Das Prinzip der dynamischen Programmierung geht (zumindest in der Mathematik und Informatik) auf Bellman [Bel57] zurück. Lawler [Law76] erkannte, wie man dieses Prinzip auf das Problem der Bestimmung der chromatischen Zahl eines gegebenen Graphen anwenden kann.

4

Logik

„Wenn das Quadrat einer ganzen Zahl immer gerade ist, dann ist 7 ohne Rest[13] durch 3 teilbar." Diese zahlentheoretische Aussage ist zweifellos wahr, auch wenn sie keinen großen Sinn ergibt. Es handelt sich hierbei um die logische Implikation

$$(\forall x \in \mathbb{Z}) \; \left[x^2 \bmod 2 = 0\right] \;\Rightarrow\; 7 \bmod 3 = 0.$$

Aus der (universell quantifizierten) Aussage „$(\forall x \in \mathbb{Z}) \; \left[x^2 \bmod 2 = 0\right]$" folgt die Aussage „$7 \bmod 3 = 0$". Natürlich ist die zweite Aussage falsch, denn 7 geteilt durch 3 lässt den Rest 1. Aber die erste Aussage ist ebenfalls falsch, da zum Beispiel $3^2 = 9$ keine gerade Zahl ist. Somit ist die obige Implikation eine wahre Aussage, unabhängig davon, wie unsinnig die Aussage auch zu sein scheint.

4.1 Boolesche Ausdrücke

Eine *boolesche*[14] *Variable* ist eine Variable, der ein *Wahrheitswert wahr* oder *falsch*, *true* oder *false* bzw. 1 oder 0 zugeordnet werden kann. Wir werden in diesem Kapitel für Wahrheitswerte überwiegend die Bezeichnungen **true** und **false** verwenden; diese bezeichnet man auch als *boolesche Konstanten*. Boolesche Konstanten und Variablen können mit *booleschen Verknüpfungen* wie zum Beispiel dem logischen *Und* ($\wedge$), dem logischen *Oder* ($\vee$) und der *Negation* ($\neg$) zu booleschen Ausdrücken kombiniert werden. Ein boolescher Ausdruck ist also entweder eine boolesche Konstante oder Variable oder ein Ausdruck, der durch die Anwendung von booleschen Verknüpfungen auf einen oder mehrere boolesche Ausdrücke entsteht.

booleesche Variable
Wahrheitswert **true**
Wahrheitswert **false**
boolesche Konstante
boolesche Verknüpfung

---

[13] Für zwei ganze Zahlen $x, y \in \mathbb{Z}$, mit $y > 0$, sei $x \bmod y$ der positive ganzzahlige Rest zwischen 0 und $y - 1$ bei der Division von x durch y. Zum Beispiel ist $21 = 5 \cdot 4 + 1$ und somit $21 \bmod 4 = 1$, aber $-21 = -6 \cdot 4 + 3$ und somit $-21 \bmod 4 = 3$.

[14] George Boole (* 2. November 1815 in Lincoln, England; † 8. Dezember 1864 in Ballintemple, in der Grafschaft Cork, Irland) war ein englischer Mathematiker (Autodidakt), Logiker und Philosoph.

F. Gurski et al., *Exakte Algorithmen für schwere Graphenprobleme*, eXamen.press, DOI 10.1007/978-3-642-04500-4_4, © Springer-Verlag Berlin Heidelberg 2010

boolescher Ausdruck **Definition 4.1 (boolescher Ausdruck).** *Ein* boolescher Ausdruck *ist entweder*

1. eine boolesche Konstante, **true** *oder* **false**,
2. eine boolesche Variable, wie zum Beispiel x oder y,
3. ein Ausdruck der Form $(\neg\varphi)$,
4. ein Ausdruck der Form $(\varphi_1 \vee \varphi_2)$ *oder*
5. ein Ausdruck der Form $(\varphi_1 \wedge \varphi_2)$,

Negation $\neg$ *wobei* φ, φ_1 *und* φ_2 *boolesche Ausdrücke sind. Die Verknüpfungen* $\neg$, $\wedge$ *und* $\vee$ *wer-*
Konjunktion $\wedge$ *den auch* Negation, Konjunktion *und* Disjunktion *genannt.*
Disjunktion $\vee$
Semantik   Die Bedeutung (*Semantik*) eines booleschen Ausdrucks ist sehr einfach zu be-schreiben. Ein Ausdruck ist entweder *wahr* oder *falsch*, je nachdem, welche Werte die beteiligten booleschen Variablen annehmen.

Definition 4.2 (Erfüllbarkeit boolescher Ausdrücke). *Sei* φ *ein boolescher Aus-druck. Die Menge* $X(\varphi)$ *der an* φ *beteiligten Variablen ist*

$$X(\varphi) = \begin{cases} \emptyset, & \textit{falls } \varphi = \mathbf{true} \textit{ oder } \varphi = \mathbf{false}, \\ \{x\}, & \textit{falls } \varphi = x, \\ X(\varphi'), & \textit{falls } \varphi = (\neg\varphi'), \\ X(\varphi_1) \cup X(\varphi_2), & \textit{falls } \varphi = (\varphi_1 \vee \varphi_2) \textit{ oder } \varphi = (\varphi_1 \wedge \varphi_2). \end{cases}$$

Belegung   *Für eine Menge* X *von Variablen ist eine* Belegung *der Variablen in* X *eine Abbildung*

$$T : X \to \{\mathbf{true}, \mathbf{false}\},$$

die jeder Variablen $x \in X$ *einen Wahrheitswert* $T(x) \in \{\mathbf{true}, \mathbf{false}\}$ *zuordnet.*
    Eine Belegung T *erfüllt einen booleschen Ausdruck* φ *mit der Variablenmenge*
$\vDash$ $X(\varphi)$, *geschrieben* $T \vDash \varphi$, *falls*

1. $\varphi = \mathbf{true}$,
2. $\varphi = x$ *und* $T(x) = \mathbf{true}$,
$\nvDash$ *3.* $\varphi = (\neg\varphi')$ *und* T *erfüllt nicht den Ausdruck* φ', *geschrieben* $T \nvDash \varphi'$,
4. $\varphi = (\varphi_1 \vee \varphi_2)$ *und es gilt* $T \vDash \varphi_1$ *oder* $T \vDash \varphi_2$, *oder*
5. $\varphi = (\varphi_1 \wedge \varphi_2)$ *und es gilt sowohl* $T \vDash \varphi_1$ *als auch* $T \vDash \varphi_2$.

Beispiel 4.3 (boolescher Ausdruck). Betrachte den booleschen Ausdruck

$$\varphi = (x_1 \wedge ((\neg x_2) \vee x_3))$$

mit der Variablenmenge $X(\varphi) = \{x_1, x_2, x_3\}$. Sei

$$T : X(\varphi) \to \{\mathbf{true}, \mathbf{false}\}$$

eine Belegung der Variablen von φ mit $T(x_1) = \mathbf{true}$, $T(x_2) = \mathbf{false}$ und $T(x_3) = \mathbf{false}$.
    Die Belegung T erfüllt den Ausdruck φ, weil sie die beiden Ausdrücke x_1 und $((\neg x_2) \vee x_3)$ der Konjunktion φ erfüllt. Der erste Ausdruck x_1 dieser Konjunktion

wird von T erfüllt, weil $T(x_1) = $ **true** gilt. Der zweite Ausdruck $((\neg x_2) \vee x_3)$ dieser Konjunktion wird von T erfüllt, weil der erste Ausdruck $\neg x_2$ der Disjunktion $((\neg x_2) \vee x_3)$ in φ von T erfüllt wird, denn T erfüllt wegen $T(x_2) = $ **false** nicht den Ausdruck x_2. Es ist nicht notwendig, dass die Belegung T auch den zweiten Ausdruck x_3 dieser Disjunktion erfüllt.

Im Folgenden lassen wir zur besseren Lesbarkeit überflüssige Klammerungen weg, wenn sich dadurch keine Mehrdeutigkeiten ergeben. Dabei geben wir der Negation $\neg$ eine höhere Priorität als den Verknüpfungen $\wedge$ und $\vee$. So kann beispielsweise der boolesche Ausdruck $((\neg x) \wedge (\neg y))$ einfacher als $\neg x \wedge \neg y$ geschrieben werden.

Boolesche Ausdrücke können durch die Verwendung weiterer boolescher Operationen oft vereinfacht werden. Die *Implikation* $\varphi_1 \Rightarrow \varphi_2$ entspricht zum Beispiel dem Ausdruck

$$\neg \varphi_1 \vee \varphi_2$$

und die *Äquivalenz* $\varphi_1 \Leftrightarrow \varphi_2$ dem Ausdruck

$$(\varphi_1 \wedge \varphi_2) \vee (\neg \varphi_1 \wedge \neg \varphi_2).$$

Zwei boolesche Ausdrücke φ_1 und φ_2 sind *äquivalent*, geschrieben $\varphi_1 \equiv \varphi_2$, wenn für jede Belegung $T : X \rightarrow \{$**true**, **false**$\}$ mit $X = X(\varphi_1) \cup X(\varphi_2)$ die Belegung T genau dann φ_1 erfüllt, wenn sie φ_2 erfüllt. Oder, anders ausgedrückt, wenn jede dieser Belegungen

$$T : X(\varphi_1 \Leftrightarrow \varphi_2) \rightarrow \{\textbf{true}, \textbf{false}\}$$

den booleschen Ausdruck $\varphi_1 \Leftrightarrow \varphi_2$ erfüllt.

Tabelle 4.1. Häufig verwendete Äquivalenzen von booleschen Ausdrücken

$\varphi_1 \vee \varphi_2 \equiv \varphi_2 \vee \varphi_1$ $\varphi_1 \wedge \varphi_2 \equiv \varphi_2 \wedge \varphi_1$	Kommutativgesetze
$\neg\neg\varphi \equiv \varphi$	Doppelnegation
$(\varphi_1 \vee \varphi_2) \vee \varphi_3 \equiv \varphi_1 \vee (\varphi_2 \vee \varphi_3)$ $(\varphi_1 \wedge \varphi_2) \wedge \varphi_3 \equiv \varphi_1 \wedge (\varphi_2 \wedge \varphi_3)$	Assoziativgesetze
$(\varphi_1 \wedge \varphi_2) \vee \varphi_3 \equiv (\varphi_1 \vee \varphi_3) \wedge (\varphi_2 \vee \varphi_3)$ $(\varphi_1 \vee \varphi_2) \wedge \varphi_3 \equiv (\varphi_1 \wedge \varphi_3) \vee (\varphi_2 \wedge \varphi_3)$	Distributivgesetze
$\neg(\varphi_1 \vee \varphi_2) \equiv \neg \varphi_1 \wedge \neg \varphi_2$ $\neg(\varphi_1 \wedge \varphi_2) \equiv \neg \varphi_1 \vee \neg \varphi_2$	De Morgan'sche Regeln
$\varphi \vee \varphi \equiv \varphi$ $\varphi \wedge \varphi \equiv \varphi$	Idempotenzen boolescher Ausdrücke
$\varphi_1 \vee (\varphi_1 \wedge \varphi_2) \equiv \varphi_1$ $\varphi_1 \wedge (\varphi_1 \vee \varphi_2) \equiv \varphi_1$	Absorbtionsgesetze

Tabelle 4.1 enthält einige Äquivalenzen, die häufig bei der Umformung boolescher Ausdrücke verwendet werden. Die Richtigkeit dieser Äquivalenzen kann einfach mit Hilfe von *Wahrheitstabellen* überprüft werden. In einer Wahrheitstabelle für

φ wird für jede Belegung $T : X(\varphi) \to \{\mathbf{true}, \mathbf{false}\}$ angegeben, ob sie φ erfüllt oder nicht.

Beispiel 4.4 (Nachweis eines Distributivgesetzes). Zum Nachweis des Distributivgesetzes

$$(\varphi_1 \vee \varphi_2) \wedge \varphi_3 \equiv (\varphi_1 \wedge \varphi_3) \vee (\varphi_2 \wedge \varphi_3) \tag{4.1}$$

aus Tabelle 4.1 genügt es, die Wahrheitstabellen für beide Seiten der Äquivalenz (4.1) aufzustellen und miteinander zu vergleichen. Tabelle 4.2 zeigt, dass sämtliche Wahrheitswerte für beide Seiten identisch, die entsprechenden booleschen Ausdrücke also äquivalent sind.

Tabelle 4.2. Nachweis eines Distributivgesetzes in Beispiel 4.4

φ_1	φ_2	φ_3	$(\varphi_1 \vee \varphi_2) \wedge \varphi_3$	$(\varphi_1 \wedge \varphi_3) \vee (\varphi_2 \wedge \varphi_3)$
false	false	false	false	false
false	false	true	false	false
false	true	false	false	false
false	true	true	true	true
true	false	false	false	false
true	false	true	true	true
true	true	false	false	false
true	true	true	true	true

Übung 4.5. Zeigen Sie die übrigen Äquivalenzen aus Tabelle 4.1 mittels Wahrheitstabellen nach dem Muster von Beispiel 4.4.

Das Assoziativgesetz erlaubt es uns, Klammerungen über Verknüpfungen gleicher Art ebenfalls einfach wegzulassen. Zum Beispiel können wir den Ausdruck $(\varphi_1 \vee \neg\varphi_2) \vee (\varphi_3 \vee \varphi_4)$ vereinfacht auch als $\varphi_1 \vee \neg\varphi_2 \vee \varphi_3 \vee \varphi_4$ schreiben, da alle denkbaren Klammerungen der vier booleschen Ausdrücke $\varphi_1, \neg\varphi_2, \varphi_3, \varphi_4$ mit der gleichen booleschen Verknüpfung zu äquivalenten Ausdrücken führen. Im Weiteren werden wir gelegentlich die Schreibweise

$\displaystyle\bigvee_{i=1}^{n} \varphi_i$

$$\bigvee_{i=1}^{n} \varphi_i \quad \text{für} \quad \varphi_1 \vee \varphi_2 \vee \cdots \vee \varphi_n \tag{4.2}$$

$\displaystyle\bigwedge_{i=1}^{n} \varphi_i$ und

$$\bigwedge_{i=1}^{n} \varphi_i \quad \text{für} \quad \varphi_1 \wedge \varphi_2 \wedge \cdots \wedge \varphi_n \tag{4.3}$$

verwenden.

Literal   Eine Variable x bzw. negierte Variable $\neg x$ nennen wir auch ein *Literal*. Nicht ne-
positives Literal   gierte Variablen nennen wir *positive Literale*. Eine Konjunktion $\varphi_1 \wedge \varphi_2 \wedge \cdots \wedge \varphi_n$

von Literalen $\varphi_1, \varphi_2, \ldots, \varphi_n$ heißt *Implikant*, eine Disjunktion $\varphi_1 \vee \varphi_2 \vee \cdots \vee \varphi_n$ von Literalen $\varphi_1, \varphi_2, \ldots, \varphi_n$ heißt *Klausel*. Eine Klausel mit höchstens einem positiven Literal heißt *Horn-Klausel*.[15] Ein boolescher Ausdruck φ ist in *konjunktiver Normalform* (kurz *KNF*), wenn er eine Konjunktion von Klauseln ist, wenn also φ die Form

$$\varphi = \bigwedge_{i=1}^{n} C_i$$

hat und jedes C_i eine Klausel ist. Ein boolescher Ausdruck φ ist in *disjunktiver Normalform* (kurz *DNF*), wenn er eine Disjunktion von Implikanten ist, d. h., wenn φ die Form

$$\varphi = \bigvee_{i=1}^{n} D_i$$

hat und jedes D_i ein Implikant ist.

Satz 4.6. *Zu jedem booleschen Ausdruck gibt es einen äquivalenten booleschen Ausdruck in konjunktiver Normalform und einen äquivalenten booleschen Ausdruck in disjunktiver Normalform.*

Beweis.   Dieser Satz lässt sich mit einer einfachen Induktion über den Aufbau der booleschen Ausdrücke zeigen.

Induktionsanfang: Ist φ eine boolesche Konstante oder Variable, so ist φ offensichtlich sowohl in konjunktiver als auch in disjunktiver Normalform.

Induktionsschritt:

1. Sei $\varphi = \neg\varphi'$.
   Der Ausdruck φ kann wie folgt in einen äquivalenten booleschen Ausdruck in konjunktiver (bzw. disjunktiver) Normalform transformiert werden. Transformiere zuerst φ' mit Hilfe der Induktionsvoraussetzung in einen äquivalenten Ausdruck in disjunktiver (bzw. konjunktiver) Normalform und wende anschließend die De Morgan'schen Regeln an, bis φ in konjunktiver (bzw. disjunktiver) Normalform ist.
2. Sei $\varphi = \varphi_1 \vee \varphi_2$.
   Der Ausdruck φ ist bereits in disjunktiver Normalform, wenn mit Hilfe der Induktionsvoraussetzung φ_1 und φ_2 in disjunktive Normalform transformiert wurden.
   Der Ausdruck φ kann wie folgt in einen äquivalenten Ausdruck in konjunktiver Normalform transformiert werden. Transformiere zuerst φ_1 und φ_2 mit Hilfe der Induktionsvoraussetzung in äquivalente Ausdrücke in konjunktiver Normalform und wende anschließend das Distributivgesetz an, bis φ in konjunktiver Normalform ist.
3. $\varphi = \varphi_1 \wedge \varphi_2$. Analog zu Fall 2.

---

[15] Alfred Horn (* 17. Februar 1918; † 16. April 2001) war ein amerikanischer Mathematiker.

Damit ist der Beweis abgeschlossen. ❏

Bei dem *Ausmultiplizieren* in Fall 2 und 3 mit Hilfe der Distributivgesetze können $n \cdot m$ Klauseln bzw. Implikanten für φ entstehen, wenn die disjunktiven bzw. konjunktiven Normalformen von φ_1 und φ_2 genau n bzw. m Terme enthalten. Die Größe eines Ausdrucks φ kann also bei der vollständigen Umwandlung in entweder eine konjunktive oder eine disjunktive Normalform exponentiell anwachsen. Dies gilt übrigens auch dann, wenn anschließend doppelte Literale in den Klauseln und Implikanten sowie doppelte Klauseln bzw. doppelte Implikanten aufgrund der Idempotenz boolescher Ausdrücke weggelassen werden.

Beispiel 4.7 (konjunktive und disjunktive Normalform). Ein äquivalenter Ausdruck in disjunktiver Normalform für einen booleschen Ausdruck φ kann direkt aus der vollständigen Wertetabelle für φ abgelesen werden. Die Implikanten lassen sich aus der Belegung $T : X \rightarrow \{\mathbf{true}, \mathbf{false}\}$ mit $T \vDash \varphi$ ableiten. Sei zum Beispiel $\varphi = ((\neg x_1 \wedge x_2) \vee \neg x_3) \wedge x_4$. Dann ist

$$\varphi_d \;=\; (\neg x_1 \wedge \neg x_2 \wedge \neg x_3 \wedge x_4) \vee (\neg x_1 \wedge x_2 \wedge \neg x_3 \wedge x_4) \vee (\neg x_1 \wedge x_2 \wedge x_3 \wedge x_4) \vee$$
$$(x_1 \wedge \neg x_2 \wedge \neg x_3 \wedge x_4) \quad \vee (x_1 \wedge x_2 \wedge \neg x_3 \wedge x_4) \qquad ,$$

ein äquivalenter Ausdruck in disjunktiver Normalform, wie leicht aus Tabelle 4.3 abgelesen werden kann.

Tabelle 4.3. Eine Wahrheitstabelle für Beispiel 4.7

$T(x_1)$	$T(x_2)$	$T(x_3)$	$T(x_4)$	$\vDash$	DNF φ_d	KNF φ_k
f	f	f	f	$T \nvDash \varphi$		$(x_1 \vee x_2 \vee x_3 \vee x_4)$
f	f	f	t	$T \vDash \varphi$	$(\neg x_1 \wedge \neg x_2 \wedge \neg x_3 \wedge x_4)$	
f	f	t	f	$T \nvDash \varphi$		$\wedge\, (x_1 \vee x_2 \vee \neg x_3 \vee x_4)$
f	f	t	t	$T \nvDash \varphi$		$\wedge\, (x_1 \vee x_2 \vee \neg x_3 \vee \neg x_4)$
f	t	f	f	$T \nvDash \varphi$		$\wedge\, (x_1 \vee \neg x_2 \vee x_3 \vee x_4)$
f	t	f	t	$T \vDash \varphi$	$\vee\, (\neg x_1 \wedge x_2 \wedge \neg x_3 \wedge x_4)$	
f	t	t	f	$T \nvDash \varphi$		$\wedge\, (x_1 \vee \neg x_2 \vee \neg x_3 \vee x_4)$
f	t	t	t	$T \vDash \varphi$	$\vee\, (\neg x_1 \wedge x_2 \wedge x_3 \wedge x_4)$	
t	f	f	f	$T \nvDash \varphi$		$\wedge\, (\neg x_1 \vee x_2 \vee x_3 \vee x_4)$
t	f	f	t	$T \vDash \varphi$	$\vee\, (x_1 \wedge \neg x_2 \wedge \neg x_3 \wedge x_4)$	
t	f	t	f	$T \nvDash \varphi$		$\wedge\, (\neg x_1 \vee x_2 \vee \neg x_3 \vee x_4)$
t	f	t	t	$T \nvDash \varphi$		$\wedge\, (\neg x_1 \vee x_2 \vee \neg x_3 \vee \neg x_4)$
t	t	f	f	$T \nvDash \varphi$		$\wedge\, (\neg x_1 \vee \neg x_2 \vee x_3 \vee x_4)$
t	t	f	t	$T \vDash \varphi$	$\vee\, (x_1 \wedge x_2 \wedge \neg x_3 \wedge x_4)$	
t	t	t	f	$T \nvDash \varphi$		$\wedge\, (\neg x_1 \vee \neg x_2 \vee \neg x_3 \vee x_4)$
t	t	t	t	$T \nvDash \varphi$		$\wedge\, (\neg x_1 \vee \neg x_2 \vee \neg x_3 \vee \neg x_4)$

In den Spalten mit den Überschriften $T(x_1), \ldots, T(x_4)$ sind zeilenweise die Belegungen der Variablen angegeben. Ein **t** bzw. **f** in Spalte $T(x_i)$ bedeutet $T(x_i) = \mathbf{true}$

bzw. $T(x_i) =$ **false**. Die Spalte mit der Überschrift $\models$ kennzeichnet, ob die Belegung der Zeile den Ausdruck erfüllt oder nicht. Ein äquivalenter Ausdruck für φ in konjunktiver Normalform kann einfach durch Anwendung der De Morgan'schen Regeln auf $\neg\varphi'$ erzeugt werden, wenn $\varphi' = \neg\varphi$ in disjunktiver Normalform vorliegt. Für das obige Beispiel wäre dies der Ausdruck

$$
\begin{aligned}
\varphi_k = {} & (x_1 \vee x_2 \vee x_3 \vee x_4) && \wedge\ (x_1 \vee x_2 \vee \neg x_3 \vee x_4) && \wedge\ (x_1 \vee x_2 \vee \neg x_3 \vee \neg x_4)\ \wedge \\
& (x_1 \vee \neg x_2 \vee x_3 \vee x_4) && \wedge\ (x_1 \vee \neg x_2 \vee \neg x_3 \vee x_4) && \wedge\ (\neg x_1 \vee x_2 \vee x_3 \vee x_4)\ \wedge \\
& (\neg x_1 \vee x_2 \vee \neg x_3 \vee x_4) && \wedge\ (\neg x_1 \vee x_2 \vee \neg x_3 \vee \neg x_4) && \wedge\ (\neg x_1 \vee \neg x_2 \vee x_3 \vee x_4)\ \wedge \\
& (\neg x_1 \vee \neg x_2 \vee \neg x_3 \vee x_4) && \wedge\ (\neg x_1 \vee \neg x_2 \vee \neg x_3 \vee \neg x_4).
\end{aligned}
$$

Die *Größe $size(\varphi)$ eines booleschen Ausdrucks φ* ist die Anzahl aller Vorkommen von Literalen. Der Ausdruck φ aus Beispiel 4.7 hat somit eine Größe von 4, die disjunktive Normalform eine Größe von 20 und die konjunktive Normalform die Größe von 44. Es ist sehr wichtig, die Größe eines booleschen Ausdrucks φ genau zu definieren, da wir die Laufzeit von Algorithmen mit Eingabe φ immer in der Größe $size(\varphi)$ der Eingabe φ messen müssen.

$size(\varphi)$

Übung 4.8. Das „exklusive Oder" ist die boolesche Verknüpfung $\oplus$ definiert durch $x_1 \oplus x_2 = (\neg x_1 \wedge x_2) \vee (x_1 \wedge \neg x_2)$. Bestimmen Sie einen möglichst kleinen booleschen Ausdruck φ in konjunktiver Normalform äquivalent zu $x_1 \oplus x_2 \oplus x_3 \oplus x_4 \oplus x_5$.

4.2 SAT, 3-SAT, 2-SAT und Horn-SAT

Das Erfüllbarkeitsproblem für boolesche Ausdrücke in konjunktiver Normalform, auch SATISFIABILITY bzw. SAT genannt, ist eines der klassischen Beispiele für ein Entscheidungsproblem, von dem man bis heute nicht weiß, ob es effizient lösbar ist. Das heißt, es gibt bis heute keinen Algorithmus mit einer Laufzeit polynomiell in $size(\varphi)$, der für einen gegebenen booleschen Ausdruck φ in konjunktiver Normalform entscheiden kann, ob es eine Belegung T der Variablen gibt, die φ erfüllt.

Erfüllbarkeitsproblem

SATISFIABILITY
SAT

SATISFIABILITY (SAT)
Gegeben: Ein boolescher Ausdruck φ in konjunktiver Normalform.
Frage: Gibt es eine Belegung T der Variablen in $X(\varphi)$, die φ erfüllt?

Einige interessante Varianten von SAT sind 3-SAT, 2-SAT und HORN-SAT.

3-SATISFIABILITY
3-SAT

3-SATISFIABILITY (3-SAT)
Gegeben: Ein boolescher Ausdruck φ in konjunktiver Normalform, in dem jede Klausel genau drei Literale enthält.
Frage: Gibt es eine Belegung T der Variablen in $X(\varphi)$, die φ erfüllt?

2-SATISFIABILITY (2-SAT)
Gegeben: Ein boolescher Ausdruck φ in konjunktiver Normalform, in dem jede Klausel höchstens zwei Literale enthält.
Frage: Gibt es eine Belegung T der Variablen in $X(\varphi)$, die φ erfüllt?

HORN-SATISFIABILITY (HORN-SAT)
Gegeben: Ein boolescher Ausdruck φ in konjunktiver Normalform, in dem jede Klausel höchstens ein positives Literal enthält.
Frage: Gibt es eine Belegung T der Variablen in $X(\varphi)$, die φ erfüllt?

Für 3-SAT sind bisher ebenfalls keine Polynomialzeit-Algorithmen bekannt. Es ist offenbar genauso schwer zu entscheiden wie SAT, wie wir in Behauptung 5.22 in Abschnitt 5.1.3 sehen werden.

Übung 4.9. Zeigen Sie, dass sich jeder boolesche Ausdruck in einen äquivalenten booleschen Ausdruck in disjunktiver Normalform transformieren lässt, in dem jeder Implikant höchstens drei Literale enthält.

Die beiden Varianten HORN-SAT und 2-SAT sind im Gegensatz zu SAT und 3-SAT jedoch effizient entscheidbar, wie die beiden folgenden Sätze zeigen.

Satz 4.10. *Sei φ ein boolescher Ausdruck in konjunktiver Normalform, in dem entweder jede Klausel höchstens ein positives Literal enthält oder jede Klausel höchstens ein negiertes Literal enthält. Eine erfüllende Belegung T der Variablen in $X(\varphi)$ für φ kann in linearer Zeit konstruiert werden, falls eine solche Belegung existiert.*

Beweis.   Der Algorithmus, der eine erfüllende Belegung in linearer Zeit findet, arbeitet wie folgt. Sei φ ein boolescher Ausdruck in konjunktiver Normalform, in der jede Klausel höchstens ein positives Literal enthält. Setze zu Beginn alle Variablen auf **false**. Wenn jede Klausel in φ mindestens ein negiertes Literal enthält, ist T bereits eine erfüllende Belegung für φ, und wir sind fertig. Sei also C_j eine Klausel mit ausschließlich positiven Literalen. Da die Klausel laut Voraussetzung höchstens ein positives Literal enthält, besteht C_j also aus genau einem positiven Literal x_i. Die Variable x_i muss also in jeder erfüllenden Belegung wahr sein. Wir setzen die Variable x_i deshalb erzwungenermaßen auf **true** und entfernen alle Klauseln aus φ, die das positive Literal x_i enthalten. Diese Klauseln sind ebenfalls erfüllt und bleiben es auch, da wir im weiteren Verlauf keine Variable zurück auf **false** setzen werden. Zusätzlich entfernen wir die negierten Literale $\neg x_i$ aus den übrigen Klauseln, da diese negierten Literale $\neg x_i$ nicht wahr sind und im weiteren Verlauf auch nicht wahr werden. Entstehen dabei weitere Klauseln mit ausschließlich einem positiven Literal, so wird auch aus diesen Klauseln die entsprechende Variable erzwungenermaßen auf **true** gesetzt usw. Entsteht dabei irgendwann eine leere Klausel, also eine Klausel ohne Literale, so gibt es keine erfüllende Belegung T der Variablen in $X(\varphi)$ für φ, da das Setzen der Variablen auf **true** in allen Schritten zwingend war. Eine solche leere Klausel kann nur dann entstehen, wenn sie zu Beginn ausschließlich negierte Literale enthielt, die dann alle Schritt für Schritt entfernt wurden.

Das Belegen der Variablen kann in linearer Zeit erfolgen, indem an den Variablen x_i Verweise zu den Klauseln C_j gespeichert werden, die das Literal x_i oder $\neg x_i$ enthalten. Die Anzahl aller Verweise ist nicht größer als die Größe von φ. Jeder Verweis wird bei der Konstruktion der erfüllenden Belegung nur ein Mal verfolgt.

Der zweite Fall, in dem jede Klausel höchstens ein negiertes Literal enthält, kann analog behandelt werden. Dabei wird mit einer **true**-Belegung für alle Variablen begonnen, in der dann die Variablen schrittweise auf **false** gesetzt werden.   ❑

Satz 4.11. *Sei φ ein boolescher Ausdruck in konjunktiver Normalform, in dem jede Klausel höchstens zwei Literale enthält. Eine erfüllende Belegung T der Variablen in $X(\varphi)$ für φ kann in linearer Zeit konstruiert werden, falls eine solche Belegung existiert.*

Beweis.   Zu Beginn werden überflüssige Klauseln und Variablen aus φ entfernt. Klauseln der Form $(x_i \vee \neg x_i)$ werden ersatzlos gestrichen, da diese Klauseln immer wahr sind. Besteht eine Klausel aus genau einem positiven Literal x_i, so wird die Variable x_i auf **true** gesetzt. Anschließend werden alle Klauseln mit einem Literal x_i aus φ sowie alle Literale $\neg x_i$ aus den übrigen Klauseln entfernt. Analog wird mit den Klauseln verfahren, die aus genau einem negierten Literal $\neg x_i$ bestehen. Dazu wird die Variable x_i auf **false** gesetzt, und es werden alle Klauseln mit einem Literal $\neg x_i$ aus φ sowie alle Literale x_i aus den übrigen Klauseln entfernt. Dadurch entstehen möglicherweise weitere Klauseln mit genau einem Literal, die in gleicher Weise eliminiert werden. Entsteht dabei eine leere Klausel, d. h., wird das letzte Literal aus einer Klausel entfernt, so gibt es offensichtlich keine erfüllende Belegung, die φ erfüllt.

Nun ist φ ein boolescher Ausdruck in konjunktiver Normalform, sodass jede Klausel von φ genau zwei Literale für verschiedene Variablen enthält. Jede solche Klausel, $(\ell_i \vee \ell_j)$, ist einerseits äquivalent zu der Implikation $(\neg\ell_i \Rightarrow \ell_j)$ und andererseits äquivalent zu der Implikation $(\neg\ell_j \Rightarrow \ell_i)$. Zum Beispiel ist $(x_i \vee \neg x_j)$ äquivalent zu $(\neg x_i \Rightarrow \neg x_j)$ und zu $(x_j \Rightarrow x_i)$. Der boolesche Ausdruck φ kann daher auch als eine Konjunktion von Implikationen dargestellt werden.

Zur Konstruktion einer erfüllenden Belegung wird ein gerichteter Graph $G_\varphi = (V, E)$ definiert. Die Knotenmenge V von G_φ besteht aus der Menge aller Literale. Die Kantenmenge enthält genau dann die beiden Kanten $(\neg\ell_i, \ell_j)$ und $(\neg\ell_j, \ell_i)$, wenn φ die Klausel $(\ell_i \vee \ell_j)$ enthält. Zum Beispiel enthält E für eine Klausel $(x_i \vee \neg x_j)$ demnach die beiden Kanten $(\neg x_i, \neg x_j)$ und (x_j, x_i).

Ist in einer erfüllenden Belegung ein Literal ℓ_i **true**, dann müssen auch alle Literale, die in G_φ von ℓ_i über Kanten erreichbar sind, **true** sein. Dies folgt aus der Tran-

starke Zusammenhangs-
komponente

sitivität der Implikationen. Für die Konstruktion einer erfüllenden Belegung werden deshalb die Literale auf den Wegen in φ möglichst spät **true** gesetzt. Dazu werden zunächst die starken Zusammenhangskomponenten $S_1, \ldots, S_k \subseteq V$ von G_φ berechnet. Jedes S_i ist eine maximale Menge von Knoten mit der Eigenschaft, dass es für alle u und v in S_i in G_φ einen Weg von u nach v gibt.

Die Knotenmengen $S_1, S_2, \ldots, S_k$ bilden eine Partition von V, d. h., jedes Literal ist in genau einer Menge S_i. Die Literale einer starken Zusammenhangskomponente sind alle paarweise äquivalent. In jeder erfüllenden Belegung sind sie entweder alle **true** oder alle **false**. Enthält eine der starken Zusammenhangskomponenten beide Literale x_i und $\neg x_i$ einer Variablen x_i, dann existiert keine erfüllende Belegung T für φ.

Nun wird der *verdichtete Graph* $G'_\varphi = (V', E')$ mit der Knotenmenge $V' = \{S_1, S_2, \ldots, S_k\}$ aufgebaut (siehe Definition 3.35). G'_φ enthält genau dann eine gerichtete Kante (S_i, S_j), wenn es in G_φ eine Kante (u_i, u_j) mit $u_i \in S_i$ und $u_j \in S_j$ gibt. Der verdichtete Graph enthält keine Kreise und wird wie folgt für die Konstruktion einer erfüllenden Belegung verwendet.

Wir bearbeiten die Knoten aus G'_φ nun in topologischer Reihenfolge. Wähle einen beliebigen Knoten S_i mit

1. S_i hat keine einlaufenden Kanten in G'_φ und
2. S_i enthält ausschließlich Literale, deren Variablen bisher noch nicht gesetzt wurden.

Setze die Variablen der Literale aus S_i so, dass alle Literale in S_i den Wert **false** erhalten. Entferne anschließend den Knoten S_i und seine auslaufenden Kanten aus G'_φ und wiederhole die obige Anweisung, bis kein weiterer Knoten in G_φ die beiden Eigenschaften erfüllt. Alle bisher nicht zugewiesenen Variablen werden zum Schluss so gesetzt, dass die Literale in den übrigen starken Zusammenhangskomponenten den Wert **true** erhalten. Diese abschließende Belegung der verbleibenden Variablen ist zwingend und führt genau dann zu einer erfüllenden Belegung für φ, wenn G_φ keine Kreise über beide Literale x_i und $\neg x_i$ einer Variablen x_i besitzt.

Die einzelnen Phasen in der obigen Vorgehensweise können mit elementaren Standardtechniken so implementiert werden, dass die Konstruktion einer erfüllenden Belegung in linearer Zeit erfolgt.   ❑

Beispiel 4.12 (Lösungsidee für 2-SAT). Für den booleschen Ausdruck

$$\varphi = (x_1 \vee x_2) \wedge (x_2 \vee \neg x_4) \wedge (\neg x_2 \vee \neg x_3) \wedge (x_3 \vee x_4)$$

besteht der Graph $G_\varphi = (V, E)$ aus acht Knoten und acht Kanten.

$$V = \{x_1, \neg x_1, x_2, \neg x_2, x_3, \neg x_3, x_4, \neg x_4\};$$
$$E = \left\{ \begin{array}{l} (\neg x_1, x_2), (\neg x_2, x_1), (\neg x_2, \neg x_4), (x_4, x_2), \\ (x_2, \neg x_3), (x_3, \neg x_2), (\neg x_3, x_4), (\neg x_4, x_3) \end{array} \right\}.$$

Es gibt in G_φ zwei Kreise, $(x_2, \neg x_3, x_4)$ und $(\neg x_2, x_3, \neg x_4)$, und vier starke Zusammenhangskomponenten, $S_1 = \{x_1\}$, $S_2 = \{x_2, \neg x_3, x_4\}$, $S_3 = \{\neg x_1\}$ und $S_4 =$

$\{\neg x_2, x_3, \neg x_4\}$. Der verdichtete Graph G'_φ besitzt somit vier Knoten, S_1, S_2, S_3 und S_4, und zwei Kanten, (S_3, S_2) und (S_4, S_1). Zu Beginn kann S_3 oder S_4 gewählt werden, weil beide Knoten keine einlaufenden Kanten besitzen. Wir entscheiden uns für S_3 und setzen $T(x_1) = \mathbf{true}$. Dadurch erhalten alle Literale in S_3 (hier nur das eine Literal $\neg x_1$) den Wert $\mathbf{false}$. Gleichzeitig wird dadurch das Literal x_1 in S_1 auf $\mathbf{true}$ gesetzt. Wird S_3 aus dem verdichteten Graphen entfernt, kann S_2 oder S_4 gewählt werden. Beide Komponenten haben nun keine Vorgänger und enthalten noch keine gesetzten Literale. Wir entscheiden uns für S_4 und setzen $T(x_2) = \mathbf{true}$, $T(x_3) = \mathbf{false}$ und $T(x_4) = \mathbf{true}$. Dadurch erhalten alle Literale in S_4, also $\neg x_2$, x_3 und $\neg x_4$, den Wert $\mathbf{false}$. Gleichzeitig erhalten dabei alle Literale in S_2 den Wert $\mathbf{true}$. Wird S_4 aus dem verdichteten Graphen entfernt, bleiben die Komponenten S_1 und S_2 zurück. Nun werden alle noch nicht gesetzten Variablen so gesetzt, dass die Literale der übrig gebliebenen Komponenten S_1 und S_2 $\mathbf{true}$ sind, was in unserem Beispiel bereits der Fall ist.

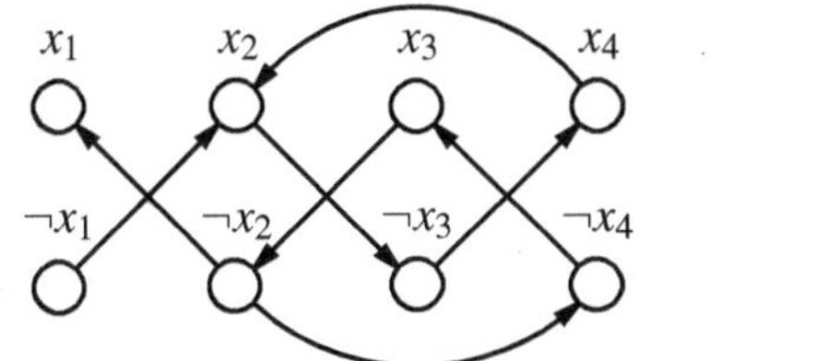
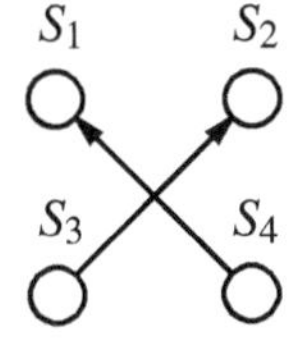

Abb. 4.1. Graph G_φ mit vier starken Zusammenhangskomponenten (links) und der verdichtete Graph G'_φ (rechts)

4.3 Boolesche Funktionen und Schaltkreise

Wertet man einen booleschen Ausdruck bezüglich einer Belegung seiner Variablen mit Wahrheitswerten aus, so erhält man einen Wahrheitswert. Boolesche Ausdrücke stellen also Funktionen dar, so genannte boolesche Funktionen, die einem Tupel von Wahrheitswerten einen Wahrheitswert zuordnen.

Definition 4.13 (boolesche Funktion). *Eine n-stellige boolesche Funktion ist eine Abbildung*

$$f : \{\mathbf{true}, \mathbf{false}\}^n \to \{\mathbf{true}, \mathbf{false}\}.$$

Einstellige (bzw. zweistellige) boolesche Funktionen nennt man auch unäre *(bzw.* binäre*) boolesche Funktionen.*

Jeder boolesche Ausdruck φ kann als eine $|X(\varphi)|$-stellige boolesche Funktion

$$f_\varphi : \{\mathbf{true}, \mathbf{false}\}^{|X(\varphi)|} \to \{\mathbf{true}, \mathbf{false}\}$$

mit

n-stellige boolesche Funktion

unäre boolesche Funktion
binäre boolesche Funktion

$$f_\varphi(\alpha_1,\ldots,\alpha_n) = \begin{cases} \textbf{true}, & \text{falls } T \vDash \varphi \text{ mit } T(x_i) = \alpha_i \text{ für } 1 \leq i \leq n, \\ \textbf{false}, & \text{falls } T \nvDash \varphi \text{ mit } T(x_i) = \alpha_i \text{ für } 1 \leq i \leq n \end{cases}$$

angesehen werden. Die Operation $\neg$ ist eine der insgesamt vier unären booleschen Funktionen. Die anderen drei unären booleschen Funktionen sind die beiden konstanten Funktionen $f(x) = \textbf{true}$ und $f(x) = \textbf{false}$ sowie die Identität $f(x) = x$. Die booleschen Operationen $\wedge$, $\vee$, $\Rightarrow$ und $\Leftrightarrow$ sind vier der insgesamt 16 binären booleschen Funktionen.

Umgekehrt gibt es für jede n-stellige boolesche Funktion f auch einen booleschen Ausdruck φ_f mit $|X(\varphi)| = n$, sodass für jede Belegung $T : X(\varphi) \to \{\textbf{true}, \textbf{false}\}$ genau dann $f(T(x_1),\ldots,T(x_n)) = \textbf{true}$ gilt, wenn $T \vDash \varphi$ gilt.

Boolesche Funktionen können nicht nur durch boolesche Ausdrücke, sondern auch durch boolesche Schaltkreise dargestellt werden.

boolescher Schaltkreis

true-Gatter
false-Gatter
x_i-Gatter
$\wedge$-Gatter
$\vee$-Gatter
$\neg$-Gatter
Eingabegatter
Ausgabegatter

Definition 4.14 (boolescher Schaltkreis). *Ein* boolescher Schaltkreis *ist ein gerichteter kreisfreier Graph* $G = (V, E)$, *dessen Knoten mit einem konstanten Wert (*true *oder* false*), einer der Eingabevariablen* $x_1, x_2, \ldots, x_n$ *oder einer der booleschen Operationen* $\wedge$*,* $\vee$ *und* $\neg$ *markiert sind. Die Knoten werden je nach Markierung* true*-,* false*-,* x_i*-,* $\wedge$*-,* $\vee$*- oder* $\neg$*-Gatter genannt. Jedes* x_i*-Gatter heißt auch* Eingabegatter*.*

true*-,* false*- und Eingabegatter haben keine,* $\neg$*-Gatter haben genau eine und* $\wedge$*- und* $\vee$*-Gatter haben je zwei einlaufende Kanten. Jedes Gatter kann eine beliebige Anzahl von auslaufenden Kanten haben. Gatter ohne auslaufende Kanten werden* Ausgabegatter *genannt.*

Jede Belegung T *der Variablen* $x_1, x_2, \ldots, x_n$ *definiert für jedes Gatter* g *einen Wahrheitswert* $f(g) \in \{\textbf{true}, \textbf{false}\}$*, der wie folgt induktiv definiert ist:*

- $f(g)$ *ist* **true***,* **false** *bzw.* $T(x_i)$*, falls* g *ein* **true***-Gatter,* **false***-Gatter bzw.* x_i*-Gatter ist.*
- *Ist* g *ein* $\neg$*-Gatter und ist* g' *der Vorgänger von* g*, dann ist* $f(g) = \textbf{true}$*, falls* $f(g') = \textbf{false}$ *ist, und es ist* $f(g) = \textbf{false}$*, falls* $f(g') = \textbf{true}$ *ist.*
- *Ist* g *ein* $\wedge$*-Gatter (bzw. ein* $\vee$*-Gatter) und sind* g_1 *und* g_2 *die beiden Vorgänger von* g*, dann ist* $f(g) = \textbf{true}$*, falls* $f(g') = \textbf{true}$ *und* $f(g') = \textbf{true}$ *(bzw. falls* $f(g') = \textbf{true}$ *oder* $f(g') = \textbf{true}$*) ist. Ansonsten ist* $f(g) = \textbf{false}$*.*

Boolesche Schaltkreise können mehrere Ausgabegatter haben; sie können also mehrere boolesche Funktionen gleichzeitig berechnen.

Natürlich kann man auch Schaltkreise mit anderen Gattertypen definieren, beispielsweise Schaltkreise, in denen zusätzlich $\Leftrightarrow$-Gatter erlaubt sind. Da sich diese jedoch durch $\wedge$-, $\vee$- und $\neg$-Gatter ausdrücken lassen, kann man darauf auch verzichten. Ebenso könnte man in Definition 4.14 beispielsweise auf $\vee$-Gatter verzichten, ohne dass die resultierenden Schaltkreise an Ausdrucksstärke verlieren würden, da

Größe eines
Schaltkreises

sich $\vee$-Gatter durch $\wedge$- und $\neg$-Gatter simulieren lassen. Auf die *Größe eines Schaltkreises* (also die Anzahl seiner Gatter) wirkt es sich natürlich aus, welche Arten von Gattern zur Verfügung stehen. Je nachdem, welche boolesche Funktion zu berechnen ist, kann die Größe eines booleschen Schaltkreises stark mit den erlaubten Gattertypen variieren. Die in Definition 4.14 verwendeten Gattertypen sind bei der Definition von Schaltkreisen am gebräuchlichsten.

Übung 4.15. (a) Zeigen Sie, wie sich ein $\Leftrightarrow$-Gatter durch $\wedge$-, $\vee$- und $\neg$-Gatter simulieren lässt.

(b) Zeigen Sie, wie sich ein $\vee$-Gatter durch $\wedge$- und $\neg$-Gatter simulieren lässt.

(c) Die boolesche Funktion $\oplus$ (das „exklusive Oder") wurde in Übung 4.8 definiert. Durch welche Mengen von Gattertypen kann man $\oplus$-Gatter ausdrücken? Stellen Sie eine Vermutung an, durch welche Mengen von Gattertypen man $\oplus$-Gatter *nicht* ausdrücken kann, und versuchen Sie, Ihre Vermutung zu beweisen.

Beispiel 4.16 (boolescher Schaltkreis).   Abbildung 4.2 zeigt einen booleschen Schaltkreis mit drei Eingabegattern, x_1, x_2 und x_2, und zwei Ausgabegattern. Für jede Belegung T der drei Variablen x_1, x_2 und x_3, die den booleschen Ausdruck

$$(\neg x_1 \wedge x_2) \vee (x_1 \wedge \neg x_2) \tag{4.4}$$

erfüllt, ist der Wahrheitswert des oberen Ausgabegatters **true**. Für jede Belegung T der drei Variablen x_1, x_2 und x_3, die den booleschen Ausdruck

$$(x_1 \wedge \neg x_2) \vee (x_3 \wedge (\textbf{false} \vee \textbf{true})) \tag{4.5}$$

erfüllt, ist der Wahrheitswert des unteren Ausgabegatters **true**. Für alle anderen Belegungen sind die Wahrheitswerte beider Ausgabegatter **false**. Der boolesche Ausdruck in (4.5) ist übrigens äquivalent zu $(x_1 \wedge \neg x_2) \vee x_3$.

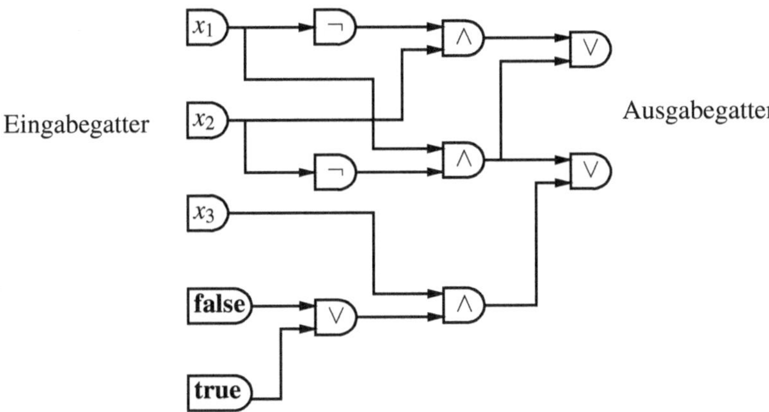

Abb. 4.2. Ein boolescher Schaltkreis mit drei Eingabegattern und zwei Ausgabegattern

Boolesche Funktionen lassen sich mit Hilfe von booleschen Schaltkreisen oft kompakter als mit Hilfe von booleschen Ausdrücken repräsentieren. Dies liegt daran, dass gleiche Teilausdrücke in booleschen Schaltkreisen nicht dupliziert werden müssen, da die Gatter beliebig viele auslaufende Kanten haben dürfen. Dennoch besitzen nicht alle booleschen Funktionen auch eine kompakte Darstellung durch einen booleschen Schaltkreis. Der folgende Satz sagt, dass nicht jede n-stellige boolesche

Funktion mit einem booleschen Schaltkreis der Größe höchstens $2^n/2n$ berechnet werden kann. Diese Aussage folgt aus der Tatsache, dass es mehr n-stellige boolesche Funktionen als boolesche Schaltkreise gibt, die mit $2^n/2n$ Gattern realisiert werden können. Insbesondere folgt aus Satz 4.17, dass für hinreichend großes n nicht jede n-stellige boolesche Funktion mit einem booleschen Schaltkreis berechnet werden kann, der höchstens $p(n)$ Gatter enthält, wobei p ein beliebiges Polynom ist, denn asymptotisch wächst $2^n/2n$ schneller als jedes Polynom.

Satz 4.17. *Für jedes $n \geq 1$ gibt es eine n-stellige boolesche Funktion, die nicht durch einen booleschen Schaltkreis mit höchstens $2^n/2n$ Gattern berechnet werden kann.*

Beweis.   Für den Fall $n = 1$ gilt die Aussage des Satzes offenbar, denn $2^1/2 \cdot 1 = 1$ und mit nur einem Gatter kann man beispielsweise nicht die unäre boolesche Funktion $\neg$ realisieren; dafür bräuchte man ja ein Eingabe- und ein $\neg$-Gatter.

Sei im Folgenden also $n > 1$. Jede boolesche Funktion ist eindeutig durch die Menge der Belegungen der n Variablen bestimmt, die als Ergebnis den Wahrheitswert **true** haben. Bei n Variablen gibt es 2^n Belegungen und 2^{2^n} Auswahlmöglichkeiten der 2^n Belegungen. Somit gibt es genau 2^{2^n} verschiedene boolesche Funktionen mit n Variablen.

Die Frage, wie viele boolesche Schaltkreise mit höchstens $m = 2^n/2n$ Gattern es gibt, ist da schon etwas schwieriger. Gäbe es für ein $n \geq 1$ weniger als 2^{2^n} boolesche Schaltkreise mit höchstens m Gattern, dann wäre mindestens eine der 2^{2^n} booleschen Funktionen nicht durch einen Schaltkreis mit höchstens m Gattern realisierbar.

Wir können die Anzahl der booleschen Schaltkreise mit höchstens m Gattern relativ einfach grob abschätzen, indem wir für jeden Schaltkreis die Gatter nummerieren, typisieren (also für jedes Gatter festlegen, welchen Typ es hat) und ihre jeweils höchstens zwei Vorgänger festlegen. Da wir bei n Variablen $x_1, x_2, \ldots, x_n$ und den fünf Symbolen **true**, **false**, $\neg$, $\wedge$ und $\vee$ insgesamt $n + 5$ verschiedene Gattertypen haben und jedes Gatter höchstens zwei von m Vorgängern hat, gibt es höchstens $(n + 5) \cdot m^2$ verschiedene Arten von Gattern, auch wenn einige Gatter keine zwei Vorgänger haben. Um einen Schaltkreis mit höchstens m Gattern festzulegen, wird jedem seiner Gatter eine solche Art zugewiesen. Insgesamt gibt es also höchstens

$$\left((n + 5) \cdot m^2 \right)^m$$

boolesche Schaltkreise. Natürlich ist nicht alles, was hier gezählt wurde, auch tatsächlich ein (syntaktisch korrekter) boolescher Schaltkreis; beispielweise wurde auch der „Schaltkreis" mit m $\neg$-Gattern, aber ohne ein einziges Eingabegatter gezählt. Aber selbst diese grobe Überschätzung der Anzahl der booleschen Schaltkreise mit m Gattern ist noch nicht ausreichend, jede der 2^{2^n} booleschen Funktionen durch einen solchen Schaltkreis zu berechnen, da für $m = 2^n/2n$ gilt:

$$\left((n + 5) \cdot \frac{2^n}{2n} \cdot \frac{2^n}{2n} \right)^{\frac{2^n}{2n}} < 2^{2^n}. \tag{4.6}$$

Die Ungleichung (4.6) kann leicht wie folgt Schritt für Schritt aufgelöst werden:

$$\left((n+5) \cdot \tfrac{2^n}{2n} \cdot \tfrac{2^n}{2n} \right)^{\frac{2^n}{2n}} \quad < \quad 2^{2^n}$$

$$\log_2 \left(\left((n+5) \cdot \tfrac{2^n}{2n} \cdot \tfrac{2^n}{2n} \right)^{\frac{2^n}{2n}} \right) \quad < \quad 2^n$$

$$\tfrac{2^n}{2n} \cdot \log_2 \left((n+5) \cdot \tfrac{2^n}{2n} \cdot \tfrac{2^n}{2n} \right) \quad < \quad 2^n$$

$$\tfrac{2^n}{2n} \cdot \left(\log_2(n+5) + \log_2(2^n) - \log_2(2n) + \log_2(2^n) - \log_2(2n) \right) \quad < \quad 2^n$$

$$2^n \cdot \left(1 - \tfrac{2 \cdot \log_2(2n) - \log_2(n+5)}{2n} \right) \quad < \quad 2^n$$

$$2^n \cdot \left(1 - \tfrac{\log_2\left(\frac{4n^2}{n+5} \right)}{2n} \right) \quad < \quad 2^n$$

$$0 \quad < \quad \tfrac{\log_2\left(\frac{4n^2}{n+5} \right)}{2n}.$$

Da für $n > 1$ die letzte Ungleichung stimmt, wie man leicht nachrechnen kann, gilt die ursprüngliche Ungleichung (4.6). $\qquad\Box$

4.4 Relationale Strukturen und Logik höherer Ordnung

Die Logik höherer Ordnung umfasst weitaus mehr als das, was wir mit boole-schen Ausdrücken, booleschen Funktionen oder booleschen Schaltkreisen beschreiben können. Die bisher betrachtete *Aussagenlogik* wird in der Logik höherer Ord- Aussagenlogik nung durch Quantifizierungen, Konstanten und Relationen zur *Prädikatenlogik* er- Prädikatenlogik weitert. Dazu definieren wir zuerst das Vokabular der Logik. Anschließend erklären wir den Aufbau der Formeln und werden dann auf die Bedeutung der aufgebauten Formeln eingehen.

In den nachfolgenden Definitionen werden Formeln als Zeichenfolgen aufgefasst. Diese Zeichenfolgen enthalten Symbole für Variablen, Konstanten und Relationen. Weiterhin werden spezielle Zeichen wie zum Beispiel das Gleichheitszeichen, runde Klammern, das Komma und Symbole für die booleschen Verknüpfungen $\wedge$, $\vee$ und $\neg$ und die Quantoren $\exists$ und $\forall$ verwendet. Diese Symbole werden aber auch in der mathematischen Sprache benutzt, mit der wir die Logik definieren. Dies ist anfangs etwas verwirrend, aber dennoch kein Widerspruch. Denn schließlich wollen wir die Semantik der hier eingeführten Logik genau so definieren, wie wir sie intuitiv bereits kennen.

Definition 4.18 (relationales Vokabular, relationale Signatur). *Sei $\mathscr{S}$ eine end-liche Menge von Symbolen. Die Symbole aus $\mathscr{S}$ werden für die Namen der Konstanten und Relationen verwendet. Jedes Symbol aus $\mathscr{S}$ besitzt eine nicht negative* *ganzzahlige Stelligkeit. Symbole c mit der Stelligkeit 0, $ar(c) = 0$, werden für Konstanten verwendet. Symbole R mit einer positiven Stelligkeit, $ar(R) > 0$, werden für $ar(R)$-stellige Relationen verwendet. Die Symbolmenge $\mathscr{S}$ wird auch* (relationales) *Vokabular oder* (relationale) *Signatur genannt.*

Definition 4.19 (endliche relationale Struktur). *Sei $\mathscr{S}$ eine Signatur. Eine* relationale Struktur *über $\mathscr{S}$ (eine $\mathscr{S}$-Struktur) ist ein Paar $S = (D, \mathscr{R}^S)$, wobei D eine endliche, nicht leere* Definitionsmenge *und $\mathscr{R}^S$ eine endliche Menge von Konstanten aus D und Relationen über D ist.*

1. *Jeder Konstanten $c^{\mathscr{S}} \in \mathscr{R}^S$ ist ein Symbol $c \in \mathscr{S}$ mit der Stelligkeit 0 zugeordnet.*
2. *Jeder Relation $R^{\mathscr{S}} \in \mathscr{R}^S$ ist ein Symbol $R \in \mathscr{S}$ mit einer positiven Stelligkeit zugeordnet.*
3. *Alle Konstanten und Relationen haben paarweise verschiedene Symbole aus der Signatur $\mathscr{S}$.*

Wir beschränken uns auf relationale Strukturen mit einer endlichen, nicht leeren[16] Definitionsmenge D. Zur Vereinfachung verwenden wir für die Konstanten und Relationen aus $\mathscr{R}^S$ und deren Symbole aus $\mathscr{S}$ ähnliche Bezeichner. Die Variablen für Konstanten und Relationen bezeichnen wir mit ihrem Symbol und dem hochgestellten Strukturbezeichner. Zum Beispiel ist R^S eine Relation mit Symbol R in der Struktur S.

Beispiel 4.20 (Nachfolgerstruktur). Sei n eine positive ganze Zahl und $\mathscr{S} = \{\text{first}, \text{suc}\}$ eine Signatur mit den beiden Symbolen „first" und „suc". Sei $S_n = (D_n, \mathscr{R}^{S_n})$ die relationale Struktur über Signatur $\mathscr{S}$ mit $D_n = \{1, \ldots, n\}$ und $\mathscr{R}^{S_n} = \{\text{first}^{S_n}, \text{suc}^{S_n}\}$ mit der Konstanten

$$\text{first}^{S_n} = 1 \in D_n$$

und der binären Relation

$$\text{suc}^{S_n} = \{(1,2), (2,3), \cdots, (n-1,n)\} \subseteq D_n^2.$$

Die Relation suc^{S_n} ist hier eine binäre *Nachfolgerrelation* auf der Definitionsmenge D_n mit first^{S_n} als erster Komponente des ersten Elements.

Die Unterscheidung zwischen den Symbolen „first" und „suc" aus der Signatur $\mathscr{S}$ und den Bezeichnern „first^{S_n}" und „suc^{S_n}", die wir für die Relationen der relationalen Struktur verwenden, ist wirklich notwendig. Denn die Symbole der Signatur dienen zur Definition einer logischen Formel unabhängig von einer speziellen gegebenen relationalen Struktur.

---

[16] Es ist durchaus üblich, die leere Menge als Definitionsmenge auszuschließen. Ob man die leere Menge ausschließt oder zulässt, macht einen Unterschied bei Beweissystemen. Die Aussage $\exists x\, (x = x)$ ist zum Beispiel für nicht leere Definitionsmengen wahr, aber für leere Definitionsmengen falsch.

Die Gleichheit von zwei relationalen Strukturen ist (wie zum Beispiel auch bei Graphen) über die Existenz eines Isomorphismus zwischen den beiden Strukturen definiert. Alle in diesem Buch betrachteten algorithmischen Fragestellungen auf relationalen Strukturen unterscheiden nicht zwischen isomorphen Strukturen. Wir sind also immer nur an der dargestellten Struktureigenschaft interessiert und nicht an der konkreten Repräsentation der Struktureigenschaft (siehe auch Übung 4.23).

Definition 4.21 (isomorphe Strukturen). *Es seien $S_1 = (D_1, \mathscr{R}_1^{S_1})$ eine relationale*   isomorphe Strukturen
Struktur über der Signatur $\mathscr{S}_1$ und $S_2 = (D_2, \mathscr{R}_2^{S_1})$ eine relationale Struktur über der Signatur $\mathscr{S}_2$. S_1 und S_2 sind isomorph, *wenn es eine bijektive Abbildung $h : D_1 \to D_2$ mit den folgenden Eigenschaften gibt:*

1. Für jede Konstante $c_1^{S_1} \in \mathscr{R}^{S_1}$ gibt es eine Konstante $c_2^{S_2} \in \mathscr{R}^{S_2}$,[17] sodass

$$h(c_1^{S_1}) = c_2^{S_2}. \tag{4.7}$$

2. Für jede Relation $R_1^{S_1} \in \mathscr{R}_1^{S_1}$ gibt es eine Relation $R_2^{S_2} \in \mathscr{R}_2^{S_2}$ mit gleicher Stelligkeit $ar(R_1) = ar(R_2) = n$ für ein $n > 0$,[18] sodass

$$\{(h(a_1), \ldots, h(a_n)) \mid (a_1, \ldots, a_n) \in R_1^{S_1}\} = R_2^{S_2}. \tag{4.8}$$

Beispiel 4.22 (Vorgängerstruktur). Sei n eine positive ganze Zahl und $\mathscr{S}' =$ relationale
$\{\text{last}, \text{pre}\}$ eine Signatur mit den beiden Symbolen „last" und „pre". Sei $S_n' =$ Vorgängerstruktur
$(D_n, \mathscr{R}^{S_n'})$ die relationale Struktur über der Signatur $\mathscr{S}'$ mit $D_n = \{1, \ldots, n\}$ und
$\mathscr{R}^{S_n'} = \{\text{last}^{S_n'}, \text{suc}^{S_n'}\}$ mit der Konstanten

$$\text{last}^{S_n'} = n \in D_n$$

und der binären Relation

$$\text{pre}^{S_n'} = \{(n, n-1), (n-1, n-2), \cdots, (2, 1)\} \subseteq D_n^2.$$

Die relationale Nachfolgerstruktur S_n aus Beispiel 4.20 und die obige relationale Struktur S_n' sind isomorph. Dies belegt die bijektive Abbildung $h : D_n \to D_n$ mit $h(i) = n + 1 - i$, da

$$h(\text{first}^{S_n}) = h(1) = n = \text{last}^{S_n'}$$

und

$$\{(h(a_1), h(a_2)) \mid (a_1, a_n) \in \text{suc}^{S_n}\} = \text{pre}^{S_n'}.$$

Übung 4.23. Definiere eine relationale Struktur $S = (D, \mathscr{R}^S)$ und eine Eigenschaft für S, die zwischen isomorphen Strukturen unterscheidet.

---

[17] Da h eine Bijektion ist, gibt es umgekehrt auch für jede Konstante $c_2^{S_2} \in \mathscr{R}^{S_2}$ eine Konstante $c_1^{S_1} \in \mathscr{R}^{S_1}$ mit (4.7).

[18] Da h eine Bijektion ist, gibt es umgekehrt auch für jede Relation $R_2^{S_2} \in \mathscr{R}_2^{S_2}$ eine Relation $R_1^{S_1} \in \mathscr{R}_1^{S_1}$ gleicher Stelligkeit mit (4.8).

4.5 Logik erster Ordnung

Definition 4.24 (Formel erster Ordnung). *Sei $\mathscr{X}$ eine Menge von Symbolen für Variablen erster Ordnung und sei $\mathscr{S}$ eine Signatur. Eine* atomare Formel erster Ordnung *über der Signatur $\mathscr{S}$ ist von der Form $(x_1 = x_2)$ oder $R(x_1,\ldots,x_n)$, wobei $x_1,\ldots,x_n \in \mathscr{X} \cup \mathscr{S}$ Symbole für Variablen erster Ordnung oder Konstanten sind und R ein Relationssymbol ist. Die* Formeln erster Ordnung *werden wie folgt aus den atomaren Formeln erster Ordnung, den Symbolen für die booleschen Verknüpfungen $\wedge$, $\vee$ und $\neg$ sowie den Symbolen für die Quantoren $\exists$ und $\forall$ gebildet.*

1. Jede atomare Formel erster Ordnung ist eine Formel erster Ordnung.
2. Sind φ_1 und φ_2, φ' Formeln erster Ordnung, dann sind auch $(\varphi_1 \wedge \varphi_2)$, $(\varphi_1 \vee \varphi_2)$, $(\neg\,\varphi')$, $(\exists x\,\varphi')$ und $(\forall x\,\varphi')$ Formeln erster Ordnung, wobei $x \in \mathscr{X}$ ein Symbol für eine Variable erster Ordnung *ist.*

Die Klasse aller Formeln erster Ordnung bezeichnen wir mit FO *(englisch:* first order*).*

Kommt in einer quantifizierten Formel φ erster Ordnung eine Variable x im Wirkungsbereich eines Quantors $\exists$ oder $\forall$ vor, so nennen wir dieses Vorkommen von x *gebunden*. Kommt eine Variable y in φ vor, die nicht durch einen Quantor gebunden ist, so sagen wir, y kommt *frei* vor. Eine Variable nennen wir *gebunden* bzw. *frei*, wenn sie wenigstens einmal gebunden bzw. wenigstens einmal frei in φ vorkommt. Ein und dieselbe Variable kann in einer Formel also sowohl frei als auch gebunden vorkommen. Um die in einer Formel φ frei vorkommenden Variablen $x_1,\ldots,x_n$ kenntlich zu machen, schreiben wir für φ auch $\varphi(x_1,\ldots,x_n)$. Kommen in einer quantifizierten Formel φ freie Variablen vor, so heißt φ *offen*. Sind jedoch alle Variablenvorkommen in φ gebunden (enthält φ also keine freien Variablen), so heißt φ *geschlossen*. Jede geschlossene quantifizierte Formel φ lässt sich zu entweder **true** oder **false** auswerten. Eine offene quantifizierte Formel $\varphi(x_1,\ldots,x_n)$ ist hingegen eine boolesche Funktion ihrer $n \geq 1$ freien Variablen, die von $\{\mathbf{true},\mathbf{false}\}^n$ in $\{\mathbf{true},\mathbf{false}\}$ abbildet (siehe Abschnitt 4.3).

Eine Formel erster Ordnung über einer Signatur $\mathscr{S}$ kann von einer relationalen Struktur über der Signatur $\mathscr{S}$ erfüllt werden. Wann dies genau der Fall ist, regelt die *Semantik*. Viele Dinge lassen sich vereinfachen, wenn die Semantik einer Formel φ für eine Struktur S mit Hilfe der Lösungsmenge $L^S(\varphi)$ definiert wird.

Definition 4.25 (Semantik einer Formel erster Ordnung). *Seien φ eine Formel erster Ordnung und $S = (D, \mathscr{R}^S)$ eine relationale Struktur, beide definiert über einer gemeinsamen Signatur. Die Semantik von φ für die Struktur S definieren wir mit Hilfe der Menge aller Lösungen $L^S(\varphi)$ von φ für S. Diese Lösungsmenge ist rekursiv über* *den Aufbau der Formeln definiert.*[19] *Wir setzen voraus, dass für jedes verwendete Symbol in φ auch tatsächlich eine Konstante bzw. Relation in $\mathscr{R}^S$ existiert.*

Ist φ eine Formel mit n freien Variablen $x_1,\ldots,x_n$, dann ist $L^S(\varphi)$ eine n-stellige Relation über D.

1. *Ist φ eine atomare Formel erster Ordnung der Form $(c_1 = c_2)$ mit zwei Symbolen c_1 und c_2 für Konstanten, dann ist*

$$L^S(\varphi()) \;=\; \begin{cases} \{()\}, & \text{falls } c_1^S = c_2^S, \\ \emptyset & \text{sonst.} \end{cases}$$

2. *Ist $\varphi(x)$ eine atomare Formel erster Ordnung der Form $(x = c)$ oder $(c = x)$ mit einem Symbol c für eine Konstante und einem Symbol x für eine Variable erster Ordnung, dann ist*

$$L^S(\varphi(x)) \;=\; \{(c^S)\}.$$

3. *Ist $\varphi(x_1,x_2)$ eine atomare Formel der Form $(x_1 = x_2)$ mit zwei Symbolen x_1 und x_2 für Variablen erster Ordnung, dann ist*

$$L^S(\varphi(x_1,x_2)) \;=\; \{(a,a) \mid a \in D\}.$$

4. *Ist $\varphi(x_1,\ldots,x_n)$ eine atomare Formel erster Ordnung der Form $R(x_{i_1},\ldots,x_{i_k})$ mit $i_1,\ldots,i_k \in [n] = \{1,\ldots,n\}$ und den Symbolen $x_1,\ldots,x_n$ für Variablen erster Ordnung, dann ist* [n]

$$L^S(\varphi(x_1,\ldots,x_n)) \;=\; \left\{(a_1,\ldots,a_n) \;\middle|\; \begin{matrix} a_1,\ldots,a_n \in D, \\ (a_{i_1},\ldots,a_{i_k}) \in R^S \end{matrix}\right\}.$$

5. *Ist $\varphi(x_1,\ldots,x_n)$ eine Formel erster Ordnung der Form $\neg\varphi'(x_1,\ldots,x_n)$ mit den Symbolen $x_1,\ldots,x_n$ für Variablen erster Ordnung, dann ist*

$$L^S(\varphi(x_1,\ldots,x_n)) \;=\; \left\{(a_1,\ldots,a_n) \;\middle|\; \begin{matrix} a_1,\ldots,a_n \in D, \\ (a_1,\ldots,a_n) \notin L^S(\varphi') \end{matrix}\right\}.$$

6. *Ist $\varphi(x_1,\ldots,x_n)$ eine Formel erster Ordnung der Form*

$$(\varphi_1(x_{i_1},\ldots,x_{i_k}) \wedge \varphi_2(x_{j_1},\ldots,x_{j_\ell}))$$

mit $i_1,\ldots,i_k,\ j_1,\ldots,j_\ell \in [n]$ und den Symbolen $x_1,\ldots,x_n$ für Variablen erster Ordnung, dann ist

$$L^S(\varphi(x_1,\ldots,x_n)) \;=\; \left\{(a_1,\ldots,a_n) \;\middle|\; \begin{matrix} a_1,\ldots,a_n \in D, \\ (a_{i_1},\ldots,a_{i_k}) \in L^S(\varphi_1) \wedge \\ (a_{j_1},\ldots,a_{j_\ell}) \in L^S(\varphi_2) \end{matrix}\right\}.$$

Für $\varphi(x_1,\ldots,x_n) = (\varphi_1(x_{i_1},\ldots,x_{i_k}) \vee \varphi_2(x_{j_1},\ldots,x_{j_\ell}))$ ist $L^S(\varphi(x_1,\ldots,x_n))$ analog definiert.

---

[19] In den Definitionen verwenden wir die gewohnte mathematische Ausdrucksweise zur Beschreibung mengentheoretischer Zusammenhänge. Diese mathematischen Beschreibungen dürfen nicht mit den definierten Formeln erster Ordnung verwechselt werden, auch wenn sie zum Teil die gleichen Zeichen (wie zum Beispiel die Zeichen „∃", „∀", „∧", „∨", „¬", „=", „(" und „)") verwenden.

7. Ist $\varphi(x_1,\ldots,x_n)$ eine Formel erster Ordnung der Form

$$\varphi(x_1,\ldots,x_n) = \exists x_{n+1}\ \varphi'(x_{i_1},\ldots,x_{i_k})$$

mit $i_1,\ldots,i_k \in [n+1]$ und den Symbolen $x_1,\ldots,x_{n+1}$ für Variablen erster Ordnung, dann ist

$$L^S(\varphi(x_1,\ldots,x_n)) = \left\{ (a_1,\ldots,a_n) \;\middle|\; \begin{array}{l} a_1,\ldots,a_n \in D, \\ \exists a_{n+1} \in D : (a_{i_1},\ldots,a_{i_k}) \in L^S(\varphi') \end{array} \right\}.$$

Für

$$\varphi(x_1,\ldots,x_n) = \forall x_{n+1}\ \varphi'(x_{i_1},\ldots,x_{i_k})$$

ist $L^S(\varphi(x_1,\ldots,x_n))$ analog definiert.

Sind $S = (D,\mathscr{R}^S)$ eine relationale Struktur und φ eine Formel erster Ordnung mit n freien Variablen, beide definiert über einer gemeinsamen Signatur, dann ist jedes $(a_1,\ldots,a_n)$ mit $a_1,\ldots,a_n \in D$ eine *Instanz für φ*. Die Instanzen in der Lösungsmenge $L^S(\varphi)$ sind die *Lösungen für φ* . Wir sagen auch für $(a_1,\ldots,a_n) \in L^S(\varphi)$, die Instanz $(a_1,\ldots,a_n)$ der relationalen Struktur S erfüllt die Formel $\varphi(x_1,\ldots,x_n)$.

Instanz für φ
Lösung für φ

Eine Struktur S erfüllt eine Formel φ, bezeichnet mit

$$S \vDash \varphi(x_1,\ldots,x_n),$$

falls $L^S(\varphi)$ nicht leer ist. Enthält φ keine freien Variablen, dann ist $L^S(\varphi)$ entweder leer (also $L^S(\varphi) = \emptyset$) oder die Menge mit dem leeren Tupel $()$ (also $L^S(\varphi) = \{()\}$).

Um die Lesbarkeit der Formeln zu erleichtern, erlauben wir uns wie gehabt, Klammerungen wegzulassen, wenn dadurch keine Mehrdeutigkeiten entstehen. Abgekürzte Schreibweisen mit den Symbolen $\Rightarrow$ und $\Leftrightarrow$ sind ebenfalls erlaubt, d. h., wir schreiben $(\varphi_1 \Rightarrow \varphi_2)$ für $(\neg\varphi_1 \vee \varphi_2)$ und $(\varphi_1 \Leftrightarrow \varphi_2)$ für $((\varphi_1 \wedge \varphi_2) \vee (\neg\varphi_1 \wedge \neg\varphi_2))$. Gelegentlich schreiben wir aus Gründen der Übersichtlichkeit statt $\varphi = (\exists x\ \varphi')$ bzw. $\varphi = (\forall x\ \varphi')$ auch $\varphi = (\exists x)\ [\varphi']$ bzw. $\varphi = (\forall x)\ [\varphi']$.

Beispiel 4.26. Die quantifizierte boolesche Formel

$$\varphi(x,y,z) =$$
$$((\exists x)(\forall w)\,[(w \geq x \Rightarrow w \geq y) \wedge (x \geq w \Rightarrow y \geq w)] \wedge (\exists z)\,[\neg(y = z)]) \Rightarrow \neg(x = z)$$

ist eine Formel erster Ordnung. Für das Relationssymbol $\geq$ wird hier die übliche Infixnotation, also $x \geq y$, statt der Präfixnotation $\geq (x,y)$ verwendet. Alle Vorkommen der Variablen w in der Formel φ sind durch den Allquantor $\forall$ gebunden, die Variable y kommt in φ nur frei vor und die Variablen x und z kommen in φ sowohl gebunden als auch frei vor.

Die Semantik einer logischen Formel ist immer im Zusammenhang mit einer relationalen Struktur zu interpretieren. Bevor wir unsere Formeln erweitern, möchten wir uns einige der wichtigsten relationalen Strukturen etwas detaillierter anschauen.

Beispiel 4.27 (relationale boolesche Struktur). Sei $S = (D, \mathscr{R}^S)$ eine relationale Struktur über der Signatur $\mathscr{S} = \{T, F\}$ mit $D = \{0,1\}$, $\mathscr{R}^S = \{T^S, F^S\}$, $\mathrm{ar}(T) = \mathrm{ar}(F) = 0$, $T^S = 1$ und $F^S = 0$. Betrachte die folgende Formel erster Ordnung:

$$\begin{aligned}
\varphi(x_1, x_2) \;=\; \exists x_3 \, \forall x_4 \, (\; &((x_1 = T^S) \vee (x_3 = T^S) \vee (x_4 = T^S)) \wedge \\
&((x_2 = T^S) \vee (x_3 = F^S) \vee (x_4 = T^S)) \wedge \\
&((x_1 = F^S) \vee (x_2 = F^S) \vee (x_4 = T^S)) \;).
\end{aligned}$$

Die Formel $\varphi(x_1, x_2)$ besitzt zwei Lösungen, $(0,1)$ und $(1,0)$, d. h., die Lösungsmenge $L^S(\varphi(x_1, x_2))$ ist $\{(0,1),(1,0)\}$. Sie kann wie folgt schrittweise bestimmt werden:

$$\begin{array}{lll}
L^S(x_1 = T^S) = \{(1)\} & L^S(x_3 = T^S) = \{(1)\} & L^S(x_4 = T^S) = \{(1)\} \\
L^S(x_2 = T^S) = \{(1)\} & L^S(x_3 = F^S) = \{(0)\} & \\
L^S(x_1 = F^S) = \{(0)\} & L^S(x_2 = F^S) = \{(0)\} &
\end{array}$$

$$\begin{aligned}
\varphi_1(x_1, x_3, x_4) \;&=\; (x_1 = T^S) \vee (x_3 = T^S) \vee (x_4 = T^S) \\
L^S(\varphi_1(x_1, x_3, x_4)) \;&=\; \{(0,0,1),(0,1,0),(0,1,1),(1,0,0), \\
& \qquad (1,0,1),(1,1,0),(1,1,1)\}
\end{aligned}$$

$$\begin{aligned}
\varphi_2(x_2, x_3, x_4) \;&=\; (x_2 = T^S) \vee (x_3 = F^S) \vee (x_4 = T^S) \\
L^S(\varphi_1(x_2, x_3, x_4)) \;&=\; \{(0,0,0),(0,0,1),(0,1,1),(1,0,0), \\
& \qquad (1,0,1),(1,1,0),(1,1,1)\}
\end{aligned}$$

$$\begin{aligned}
\varphi_3(x_1, x_2, x_4) \;&=\; (x_1 = F^S) \vee (x_2 = F^S) \vee (x_4 = T^S) \\
L^S(\varphi_1(x_1, x_2, x_4)) \;&=\; \{(0,0,0),(0,0,1),(0,1,0),(0,1,1), \\
& \qquad (1,0,0),(1,0,1),(1,1,1)\}
\end{aligned}$$

$$\begin{aligned}
\varphi'(x_1, x_2, x_3, x_4) \;&=\; \varphi_1(x_1, x_3, x_4) \wedge \varphi_2(x_2, x_3, x_4) \wedge \varphi_3(x_1, x_2, x_4) \\
L^S(\varphi'(x_1, x_2, x_3, x_4)) \;&=\; \{(0,0,0,1),(0,0,1,1),(0,1,0,1),(0,1,1,0),(0,1,1,1), \\
& \qquad (1,0,0,0),(1,0,0,1),(1,0,1,1),(1,1,0,1),(1,1,1,1)\}
\end{aligned}$$

$$L^S(\forall x_4 \, \varphi'(x_1, x_2, x_3, x_4)) = \{(0,1,1),(1,0,0)\}$$

$$L^S(\exists x_3 \forall x_4 \, \varphi'(x_1, x_2, x_3, x_4)) = \{(0,1),(1,0)\}.$$

Das Paar $(0,1)$ ist eine Lösung für φ, da für $x_1 = 0$ und $x_2 = 1$ ein $x_3 = 1$ existiert, sodass für $x_4 = 0$ und $x_4 = 1$ alle drei Disjunktionen erfüllt sind. Das Paar $(1,0)$ ist eine Lösung, da für $x_1 = 1$ und $x_2 = 0$ ein $x_3 = 0$ existiert, sodass für $x_4 = 0$ und $x_4 = 1$ alle drei Disjunktionen erfüllt sind. Die anderen Paare, $(0,0)$ und $(1,1)$, sind keine Lösungen, da in diesem Fall für $x_4 = 0$ mindestens eine der drei Disjunktionen nicht erfüllt ist.

Formeln erster Ordnung über der obigen relationalen Struktur S sind nichts anderes als boolesche Ausdrücke mit Quantifizierungen. Schreiben wir zum Beispiel x_i für $x_i = T^S$ und $\neg x_i$ für $x_i = F^S$, dann sieht die obige Formel wie folgt aus:

$$\varphi(x_1, x_2) \;=\; \exists x_3 \, \forall x_4 \, ((x_1 \vee x_3 \vee x_4) \wedge (x_2 \vee \neg x_3 \vee x_4) \wedge (\neg x_1 \vee \neg x_2 \vee x_4)).$$

Relation
Funktion

Beispiel 4.28 (Funktion). Sei $S = (D, \mathscr{R}^S)$ eine relationale Struktur über der Signatur $\mathscr{S} = \{f\}$ mit $\mathscr{R}^S = \{f^S\}$ und $\mathrm{ar}(f) = 2$. Dann ist die Relation f^S genau dann eine Funktion, wenn die Struktur S die folgende Formel erfüllt:

$$\varphi = \forall x\, \forall y\, \forall z\, ((f(x,y) \wedge f(x,z)) \Rightarrow (y=z)),$$

d. h., f ist genau dann eine Funktion, wenn die Lösungsmenge $L^S(\varphi)$ nicht leer ist. Da φ keine freien Variablen hat, kann $L^S(\varphi)$ höchstens das leere Tupel () enthalten.

Seien zum Beispiel $D = \{0,1\}$ und $f = \{(0,1),(1,0)\}$. Dann erhalten wir die folgenden Lösungsmengen:

$$
\begin{aligned}
L^S(f(x,y)) &= \{(0,1),(1,0)\} \\
L^S(f(x,z)) &= \{(0,1),(1,0)\} \\
L^S(y=z) &= \{(0,0),(1,1)\} \\
L^S(f(x,y) \wedge f(x,z)) &= \{(0,1,1),(1,0,0)\} \\
L^S(((f(x,y) \wedge f(x,z)) \Rightarrow (y=z)) &= \{(0,0,0),(0,0,1),(0,1,0), \\
&\quad\ (0,1,1),(1,0,0),(1,0,1), \\
&\quad\ (1,1,0),(1,1,1)\} \\
L^S(\forall z\, (f(x,y) \wedge f(x,z)) \Rightarrow (y=z)) &= \{(0,0),(0,1),(1,0),(1,1)\} \\
L^S(\forall y\, \forall z\, (f(x,y) \wedge f(x,z)) \Rightarrow (y=z)) &= \{(0),(1)\} \\
L^S(\forall x\, \forall y\, \forall z\, (f(x,y) \wedge f(x,z)) \Rightarrow (y=z)) &= \{()\}.
\end{aligned}
$$

Für $f = \{(0,0),(0,1)\}$ hingegen entsteht eine leere Lösungsmenge für φ:

$$
\begin{aligned}
L^S(f(x,y)) &= \{(0,0),(0,1)\} \\
L^S(f(x,z)) &= \{(0,0),(0,1)\} \\
L^S(y=z) &= \{(0,0),(1,1)\} \\
L^S(f(x,y) \wedge f(x,z)) &= \{(0,0,0),(0,0,1), \\
&\quad\ (0,1,0),(0,1,1)\} \\
L^S(((f(x,y) \wedge f(x,z)) \Rightarrow (y=z)) &= \{(0,0,0),(0,1,1),(1,0,0), \\
&\quad\ (1,0,1),(1,1,0),(1,1,1)\} \\
L^S(\forall z\, (f(x,y) \wedge f(x,z)) \Rightarrow (y=z)) &= \{(1,0),(1,1)\} \\
L^S(\forall y\, \forall z\, (f(x,y) \wedge f(x,z)) \Rightarrow (y=z)) &= \{(1)\} \\
L^S(\forall x\, \forall y\, \forall z\, (f(x,y) \wedge f(x,z)) \Rightarrow (y=z)) &= \{\}.
\end{aligned}
$$

Die Funktion f ist surjektiv und injektiv und damit bijektiv, wenn S zusätzlich die Formeln

$$\forall x\, \exists y\, f(x,y)$$

und

$$\forall x\, \forall y\, \forall z\, ((f(x,z) \wedge f(y,z)) \Rightarrow (x=y))$$

erfüllt.

relationale Wortstruktur

Beispiel 4.29 (relationale Wortstruktur). Eine endliche Folge w von n Buchstaben aus einem endlichen Alphabet Σ, geschrieben $w \in \Sigma^*$, kann als eine Abbildung $f_w : \{1,\ldots,n\} \to \Sigma$ aufgefasst werden. Der i-te Buchstabe im Wort w ist genau dann der

Buchstabe a, wenn $f_w(i) = a$ gilt. Jedes Wort w über $\Sigma = \{a_1, \ldots, a_k\}$ kann als eine relationale Struktur $\lfloor w \rfloor$

$$\lfloor w \rfloor = (D, \{\mathrm{suc}^{\lfloor w \rfloor}, \mathrm{lab}_{a_1}^{\lfloor w \rfloor}, \ldots, \mathrm{lab}_{a_k}^{\lfloor w \rfloor}\})$$

über der Signatur

$$\mathscr{S} = \{\mathrm{suc}, \mathrm{lab}_{a_1}, \ldots, \mathrm{lab}_{a_k}\}$$

repräsentiert werden mit $\mathrm{ar}(\mathrm{suc}) = 2$ und $\mathrm{ar}(\mathrm{lab}_{a_i}) = 1$ für $a_i \in \Sigma$. Für ein Wort w mit n Zeichen ist

1. $D = \{1, \ldots, n\}$,
2. $\mathrm{suc}^{\lfloor w \rfloor} = \{(1,2), (2,3), \ldots, (n-1,n)\}$ und
3. $\mathrm{lab}_{a_i}^{\lfloor w \rfloor} = \{i \in \mathbb{N} \mid 1 \leq i \leq n,\ \text{der } i\text{-te Buchstabe in } w \text{ ist } a_i\}$ für $a_i \in \Sigma$.

In einem Wort $w \in \Sigma^*$ mit $\Sigma = \{a,b\}$ stehen an einer Stelle genau dann drei gleiche Buchstaben nebeneinander, wenn die relationale Struktur $\lfloor w \rfloor$ die folgende Formel erfüllt:

$$\varphi = \exists x\, \exists y\, \exists z\ \left(\begin{array}{l} \mathrm{suc}(x,y) \wedge \mathrm{suc}(y,z) \wedge \\ \left(\begin{array}{l} (\mathrm{lab}_a(x) \wedge \mathrm{lab}_a(y) \wedge \mathrm{lab}_a(z)) \vee \\ (\mathrm{lab}_b(x) \wedge \mathrm{lab}_b(y) \wedge \mathrm{lab}_b(z)) \end{array} \right) \end{array} \right).$$

Sei zum Beispiel $w = abbbaa$. Dann ist

1. $D = \{1, \ldots, 6\}$,
2. $\mathrm{suc}^{\lfloor abbbaa \rfloor} = \{(1,2), (2,3), (3,4), (4,5), (5,6)\}$,
3. $\mathrm{lab}_a^{\lfloor abbbaa \rfloor} = \{1,5,6\}$,
4. $\mathrm{lab}_b^{\lfloor abbbaa \rfloor} = \{2,3,4\}$,
5. $L^{\lfloor abbbaa \rfloor}(\mathrm{suc}(x,y) \wedge \mathrm{suc}(y,z)) = \{(1,2,3), (2,3,4), (3,4,5), (4,5,6)\}$,
6. $L^{\lfloor abbbaa \rfloor}\left(\begin{array}{l} (\mathrm{lab}_a(x) \wedge \mathrm{lab}_a(y) \wedge \mathrm{lab}_a(z)) \vee \\ (\mathrm{lab}_b(x) \wedge \mathrm{lab}_b(y) \wedge \mathrm{lab}_b(z)) \end{array} \right) = $

$$\left\{ \begin{array}{l} (1,1,1), (1,1,5), (1,1,6), (1,5,5), (1,5,6), (1,6,6), (2,2,2), \\ (2,2,3), (2,2,4), (2,3,3), (2,3,4), (2,4,4), (3,3,3), (3,3,4), \\ (3,4,4), (4,4,4), (5,5,5), (5,5,6), (5,6,6), (6,6,6) \end{array} \right\},$$

7. $L^{\lfloor abbbaa \rfloor}\left(\begin{array}{l} \mathrm{suc}(x,y) \wedge \mathrm{suc}(y,z) \wedge \\ \left(\begin{array}{l} (\mathrm{lab}_a(x) \wedge \mathrm{lab}_a(y) \wedge \mathrm{lab}_a(z)) \vee \\ (\mathrm{lab}_b(x) \wedge \mathrm{lab}_b(y) \wedge \mathrm{lab}_b(z)) \end{array} \right) \end{array} \right) = \{(2,3,4)\}$ und
8. $L^{\lfloor abbbaa \rfloor}(\varphi) = \{()\}$.

Beispiel 4.30 (relationale Graphenstruktur). Ein gerichteter Graph $G = (V_G, E_G)$ kann wie folgt als eine relationale Struktur $\lfloor G \rfloor = (D, \{E^{\lfloor G \rfloor}\})$ über der Signatur $\{E\}$ mit der Definitionsmenge $D = V_G$ und der binären Relation $E^{\lfloor G \rfloor} = E_G$ mit $\mathrm{ar}(E) = 2$ aufgefasst werden. Für ungerichtete Graphen fordern wir zusätzlich $(u,v) \in E^{\lfloor G \rfloor} \Rightarrow (v,u) \in E^{\lfloor G \rfloor}$. In diesem Fall ist die Relation $E^{\lfloor G \rfloor}$ symmetrisch. *relationale Graphenstruktur $\lfloor G \rfloor$*

Sei zum Beispiel G ein gerichteter Graph und

$$\text{outdegree}_{\geq 3}(x) \;=\; \exists x_1\,\exists x_2\,\exists x_3 \left(\begin{array}{l} \neg(x_1 = x_2) \wedge \neg(x_1 = x_3) \wedge \neg(x_2 = x_3) \\ \wedge E(x,x_1) \wedge E(x,x_2) \wedge E(x,x_3) \end{array} \right).$$

Die Lösungsmenge $L^{\lfloor G \rfloor}(\text{outdegree}_{\geq 3}(x))$ enthält genau dann ein Tupel (u), wenn u ein Knoten mit mindestens drei auslaufenden Kanten ist.

In ähnlicher Weise kann für jedes beliebige $k > 0$ eine Formel $\text{outdegree}_{\geq k}(x)$ für Knoten mit mindestens k auslaufenden Kanten aufgestellt werden. Die genaue Anzahl k von auslaufenden Kanten kann mit der folgenden Formel erfasst werden:

$$\text{outdegree}_{=k}(x) \;=\; (\text{outdegree}_{\geq k}(x) \wedge \neg\text{outdegree}_{\geq k+1}(x)).$$

Entsprechende Formeln für einlaufende Kanten lassen sich analog definieren.

Ein ungerichteter Graph G ist genau dann ein vollständiger Graph, wenn $\lfloor G \rfloor$ die folgende Formel erfüllt:

$$\text{complete-graph}() \;=\; \forall x_1\,\forall x_2\,(\neg(x_1 = x_2) \Rightarrow E(x_1,x_2)).$$

Ein ungerichteter Graph G hat genau dann keinen induzierten Weg der Länge 3, wenn $\lfloor G \rfloor$ folgende Formel[20] erfüllt:

$$\text{cograph} \;=\; \forall x_1\,\forall x_2\,\forall x_3\,\forall x_4 \left(\begin{array}{l} (E(x_1,x_2) \wedge E(x_2,x_3) \wedge E(x_3,x_4)) \\ \Rightarrow (E(x_1,x_3) \vee E(x_1,x_4) \vee E(x_2,x_4)) \end{array} \right).$$

4.6 Logik zweiter Ordnung

Viele Eigenschaften einer relationalen Struktur $S = (D, \mathscr{R}^S)$ lassen sich mit Hilfe der Logik nur dann beschreiben, wenn die verwendeten Variablen nicht nur elementare Objekte der Grundmenge D, sondern auch mehrstellige Relationen über D oder zumindest Teilmengen von D repräsentieren können. Diese Erweiterung der Logik führt zu den *Formeln zweiter Ordnung*.

Definition 4.31 (Formel zweiter Ordnung). *Sei $\mathscr{X}$ eine Menge von Symbolen für Variablen erster Ordnung und Relationsvariablen und sei $\mathscr{S}$ eine Signatur. Jede Relationsvariable X besitzt wie jedes Relationssymbol eine* Stelligkeit $ar(X) \geq 1$. *Eine atomare Formel zweiter Ordnung über der Signatur $\mathscr{S}$ ist entweder eine atomare Formel erster Ordnung über der Signatur $\mathscr{S}$ oder von der Form $X(x_1,\ldots,x_n)$ mit Variablen $x_1,\ldots,x_n$ erster Ordnung und einer Relationsvariablen X mit $ar(X) = n$. Die* Formeln zweiter Ordnung *werden wie folgt aus den atomaren Formeln zweiter Ordnung, den Symbolen für die booleschen Verknüpfungen $\wedge$, $\vee$ und $\neg$ sowie den Symbolen für die Quantoren $\exists$ und $\forall$ gebildet.*

1. Jede atomare Formel zweiter Ordnung ist eine Formel zweiter Ordnung.

---

[20] Ein ungerichteter Graph, der keinen induzierten Weg mit vier Knoten enthält, wird auch *Co-Graph* genannt, siehe Kapitel 3 und 9. Was hier formal in einer geeigneten logischen Struktur ausgedrückt wird, ist genau das, was anders bereits in Kapitel 3 definiert wurde.

2. *Sind φ_1, φ_2 und φ' Formeln zweiter Ordnung, dann sind auch $(\varphi_1 \wedge \varphi_2)$, $(\varphi_1 \vee \varphi_2)$, $(\neg\, \varphi')$, $(\exists x\, \varphi')$, $(\forall x\, \varphi')$, $(\exists X\, \varphi)$ und $(\forall X\, \varphi)$ Formeln zweiter Ordnung, wobei x ein Symbol für eine* Variable erster Ordnung *und X ein Symbol für eine* Relationsvariable *sind.*

Für Variablen erster Ordnung verwenden wir kleine Buchstaben, für Relationsvariablen große Buchstaben. Die Klasse aller Formeln zweiter Ordnung bezeichnen wir mit SO *(englisch:* second order*).*   SO

Die Semantik einer Formel φ zweiter Ordnung für eine relationale Struktur $S = (D, \mathscr{R}^S)$ ist analog zur Semantik einer Formel erster Ordnung definiert. Der Unterschied besteht lediglich darin, dass der Wert einer Relationsvariablen X eine Teilmenge von $D^{\mathrm{ar}(X)}$ und nicht ein Element der Menge D ist.

Definition 4.32 (Semantik einer Formel zweiter Ordnung). *Sei φ eine Formel zweiter Ordnung über einer Signatur $\mathscr{S}$ und sei $S = (D, \mathscr{R}^S)$ eine relationale Struktur über $\mathscr{S}$. Die Definition der Menge aller Lösungen $L^S(\varphi)$ für Formeln erster Ordnung wird wie folgt auf Formeln φ zweiter Ordnung erweitert.*

1. Ist $\varphi(x_1, \ldots, x_n, X)$ eine atomare Formel zweiter Ordnung der Form

$$X(x_{i_1}, \ldots, x_{i_k})$$

mit $i_1, \ldots, i_k \in [n]$ und der Relationsvariablen X mit $\mathrm{ar}(X) = k$, dann ist

$$L^S(\varphi) = \{(a_1, \ldots, a_n, A) \mid a_1, \ldots, a_n \in D, A \subseteq D^{ar(X)}, (a_{i_1}, \ldots, a_{i_k}) \in A\}.$$

2. Ist $\varphi(x_1, \ldots, x_n, X_1, \ldots, X_{n'})$ eine Formel zweiter Ordnung der Form

$$(\neg\varphi'(x_{i_1}, \ldots, x_{i_k}, X_{i'_1}, \ldots, X_{i'_{k'}}))$$

mit $i_1, \ldots, i_k \in [n]$ und $i'_1, \ldots, i'_{k'} \in [n']$, dann ist

$$\begin{aligned}
L^S(\varphi) = \{(a_1, \ldots, a_n, A_1, \ldots, A_{n'}) \mid\ & a_1, \ldots, a_n \in D, \\
& A_1 \subseteq D^{ar(X_1)}, \ldots, A_{n'} \subseteq D^{ar(X_{n'})}, \\
& (a_{i_1}, \ldots, a_{i_k}, A_{i'_1}, \ldots, A_{i'_{k'}}) \notin L^S(\varphi')\}.
\end{aligned}$$

3. Ist $\varphi(x_1, \ldots, x_n, X_1, \ldots, X_{n'})$ eine Formel zweiter Ordnung der Form

$$(\varphi_1(x_{i_1}, \ldots, x_{i_k}, X_{i'_1}, \ldots, X_{i'_{k'}}) \wedge \varphi_2(x_{j_1}, \ldots, x_{j_\ell}, X_{j'_1}, \ldots, X_{j'_{\ell'}}))$$

mit $i_1, \ldots, i_k, j_1, \ldots, j_\ell \in [n]$, $i'_1, \ldots, i'_{k'}, j'_1, \ldots, j'_{\ell'} \in [n']$, dann ist

$$\begin{aligned}
L^S(\varphi) = \{(a_1, \ldots, a_n, A_1, \ldots, A_{n'}) \mid\ & a_1, \ldots, a_n \in D, \\
& A_1 \subseteq D^{ar(X_1)}, \ldots, A_{n'} \subseteq D^{ar(X_{n'})}, \\
& (a_{i_1}, \ldots, a_{i_k}, A_{i'_1}, \ldots, A_{i'_{k'}}) \in L^S(\varphi_1) \wedge \\
& (a_{j_1}, \ldots, a_{j_\ell}, A_{j'_1}, \ldots, A_{j'_{\ell'}}) \in L^S(\varphi_2)\}.
\end{aligned}$$

Für die boolesche Verknüpfung $\vee$ ist $L^S(\varphi)$ analog definiert.

4. Ist $\varphi(x_1,\ldots,x_n,X_1,\ldots,X_{n'})$ eine Formel zweiter Ordnung der Form

$$\exists x_{n+1}\ \varphi'(x_{i_1},\ldots,x_{i_k},X_{i'_1},\ldots,X_{i'_{k'}})$$

mit $i_1,\ldots,i_k \in [n+1]$ und $i'_1,\ldots,i'_{k'} \in [n']$, dann ist

$$L^S(\varphi(x_1,\ldots,x_n,X_1,\ldots,X_{n'})) =$$

$$\left\{(a_1,\ldots,a_n,A_1,\ldots,A_{n'})\ \middle|\ \begin{array}{l} a_1,\ldots,a_n \in D, \\ A_1 \subseteq D^{ar(X_1)},\ldots,A_{n'} \subseteq D^{ar(X_{n'})}, \\ \exists a_{n+1} \in D : (a_{i_1},\ldots,a_{i_k},A_{i'_1},\ldots,A_{i'_{k'}}) \in L^S(\varphi') \end{array}\right\}.$$

Für den Allquantor $\forall$ ist $L^S(\varphi)$ analog definiert.

Bei Quantifizierungen mit einer Relationsvariablen $X_{n'+1}$ gilt für die Indizierungen $i_1,\ldots,i_k \in [n]$ und $i'_1,\ldots,i'_{k'} \in [n'+1]$, und für die möglichen Werte der hinzugefügten gebundenen Relationsvariablen gilt $A_{n'+1} \subseteq D^{ar(X_{n'+1})}$.

Übung 4.33. Sei $\varphi(x_1,\ldots,x_n,X_1,\ldots,X_{n'})$ eine Formel zweiter Ordnung der Form

$$\exists X_{n'+1}\ \varphi'(x_{i_1},\ldots,x_{i_k},X_{i'_1},\ldots,X_{i'_{k'}})$$

mit $i_1,\ldots,i_k \in [n]$ und $i'_1,\ldots,i'_{k'} \in [n'+1]$. Definieren Sie formal die Lösungsmenge

$$L^S(\varphi(x_1,\ldots,x_n,X_1,\ldots,X_{n'})).$$

In (4.2) und (4.3) wurde bereits die Schreibweise $\bigvee_{i=1}^{n} \varphi_i$ für $\varphi_1 \vee \varphi_2 \vee \cdots \vee \varphi_n$ und die Schreibweise $\bigwedge_{i=1}^{n} \varphi_i$ für $\varphi_1 \wedge \varphi_2 \wedge \cdots \wedge \varphi_n$ eingeführt. Zur weiteren Vereinfachung schreiben wir:

$$(x \neq y) \qquad \text{für}\ \neg(x = y),$$

$$\forall x_1,\ldots,x_n\ \text{für}\ \forall x_1\, \forall x_2\, \cdots \forall x_n\ \text{und}$$

$$\exists x_1,\ldots,x_n\ \text{für}\ \exists x_1\, \exists x_2\, \cdots \exists x_n.$$

Nützlich sind auch die folgenden Abkürzungen:

$$X = \emptyset \qquad \text{für}\ \forall x\, \neg X(x),$$

$$X \subseteq Y \qquad \text{für}\ \forall x\, (X(x) \Rightarrow Y(x)),$$

$$X = Y \qquad \text{für}\ \forall x\, (X(x) \Leftrightarrow Y(x)),$$

$$Z = X \cup Y\ \ \text{für}\ \forall x\, (Z(x) \Leftrightarrow (X(x) \vee Y(x))),$$

$$Z = X \cap Y\ \ \text{für}\ \forall x\, (Z(x) \Leftrightarrow (X(x) \wedge Y(x)))\ \text{und}$$

$$Z = X - Y\ \ \text{für}\ \forall x\, (Z(x) \Leftrightarrow (X(x) \wedge \neg Y(x))).$$

In den folgenden Beispielen werden einige nützliche Eigenschaften mit Formeln zweiter Ordnung definiert.

Beispiel 4.34 (gerade Anzahl von Elementen). Betrachte die folgenden Formeln $\varphi_{\geq 1}(x,X)$, $\varphi_{\geq 2}(x,X)$ und φ über der leeren Signatur $\mathscr{S} = \emptyset$, wobei X eine binäre Relationsvariable ist:

$$\varphi_{\geq 1}(x,X) \;=\; \exists y\,(X(x,y) \vee X(y,x)),$$

$$\varphi_{\geq 2}(x,X) \;=\; X(x,x) \vee \exists y_1,y_2 \begin{pmatrix} (X(x,y_1) \wedge X(y_2,x)) \vee \\ ((y_1 \neq y_2) \wedge X(x,y_1) \wedge X(x,y_2)) \vee \\ ((y_1 \neq y_2) \wedge X(y_1,x) \wedge X(y_2,x)) \end{pmatrix},$$

$$\varphi \;=\; \exists X\,\forall x\,(\varphi_{\geq 1}(x,X) \wedge \neg\varphi_{\geq 2}(x,X)).$$

Sei $S = (D,\emptyset)$ eine relationale Struktur über der leeren Signatur $\mathscr{S} = \emptyset$. Dann enthält die Lösungsmenge $L^S(\varphi_{\geq 1}(x,X))$ bzw. $L^S(\varphi_{\geq 2}(x,X))$ alle Paare (a,A), sodass a mindestens einmal bzw. mindestens zweimal in den Paaren der binären Relation A vorkommt. Die Definitionsmenge D besitzt genau dann eine gerade Anzahl von Elementen, wenn S die obige Formel φ erfüllt. Analog lassen sich auch Formeln $\varphi(X)$ mit $\mathrm{ar}(X) = 1$ definieren, sodass $L^S(\varphi(X))$ alle Teilmengen D' von D enthält, deren Größe ein Vielfaches einer ganzen positiven Zahl $k \in \mathbb{N}$ ist.

Beispiel 4.35 (Färbbarkeit von Knoten in Graphen). Sei $G = (V,E)$ ein ungerichteter Graph. Wie wir aus Kapitel 3 wissen, ist eine Teilmenge der Knoten von G eine *unabhängige Menge*, wenn sie keine zwei adjazente Knoten enthält; und G ist *dreifärbbar*, wenn seine Knotenmenge vollständig in höchstens drei unabhängige Mengen aufgeteilt werden kann. Diese Eigenschaften können mit den folgenden Formeln zweiter Ordnung für relationale Strukturen $\lfloor G \rfloor$ über der Signatur $\mathscr{S} = \{E\}$ definiert werden:

$$\text{independent-set}(X) \;=\; \forall x,y\,(X(x) \wedge X(y) \Rightarrow \neg E(x,y)),$$

$$\text{3-colorable}() \;=\; \exists X_1,X_2,X_3 \begin{pmatrix} (\forall x\,(X_1(x) \vee X_2(x) \vee X_3(x))) \\ \wedge\ \text{independent-set}(X_1) \\ \wedge\ \text{independent-set}(X_2) \\ \wedge\ \text{independent-set}(X_3) \end{pmatrix}.$$

Hier ist es nicht notwendig zu überprüfen, ob die drei Mengen auch disjunkt sind, da die Knoten, die sich in mehreren Mengen befinden, beliebig zugeordnet werden können.

Beispiel 4.36 (Weg). Sei $G = (V,E)$ ein gerichteter Graph. Betrachte die folgende Formel zweiter Ordnung über der Signatur $\mathscr{S} = \{E\}$:

$$\text{path}(x,y) \;=\; \forall X\,(X(x) \wedge \neg X(y)) \Rightarrow (\exists x',y'\,(X(x') \wedge \neg X(y') \wedge E(x',y'))).$$

Dann enthält die Lösungsmenge $L^{\lfloor G \rfloor}(\text{path}(x,y))$ alle Knotenpaare, zwischen denen es einen Weg in G gibt.

G ist genau dann *stark zusammenhängend*, wenn $\lfloor G \rfloor$ die folgende Formel erfüllt:

$$\text{strong-connected}() \;=\; \forall x,y\,\text{path}(x,y).$$

Beispiel 4.37 (Hamilton-Weg). Sei $S = (D, \emptyset)$ eine relationale Struktur über der leeren Signatur $\mathscr{S} = \emptyset$. Eine binäre Relation $R \subseteq D^2$ ist eine totale Ordnung auf D, wenn für alle Elemente $a, b \in D$, $a \neq b$, entweder $(a, b) \in R$ oder $(b, a) \in R$ gilt und R transitiv, aber nicht reflexiv ist. Die Lösungsmenge $L^S(\text{total-order}(X))$ für die folgenden Formel total-order(X) über der leeren Signatur $\mathscr{S} = \emptyset$ enthält alle totalen Ordnungen auf D:

$$
\begin{aligned}
\text{total-order}(X) \;=\; & (\forall x, y \, ((X(x,y) \vee X(y,x) \vee (x = y))) \;\wedge \\
& (\forall x, y, z \, (((X(x,y) \wedge X(y,z)) \Rightarrow X(x,z))) \;\wedge \\
& (\forall x \, \neg X(x,x)).
\end{aligned}
$$

Zwei Elemente, a und b, sind in einer totalen Ordnung R benachbart, wenn es kein Element c mit $(a, c) \in R$ und $(c, b) \in R$ gibt:

$$
\text{neighbour}(x, y, X) \;=\; \neg(\exists z \, (X(x,z) \wedge X(z,y))).
$$

Ein gerichteter Graph $G = (V, E)$ besitzt einen *Hamilton-Weg*, wenn es eine totale Ordnung auf der Knotenmenge V gibt, sodass benachbarte Knoten mit einer Kante verbunden sind (siehe auch Abschnitt 3.4). Er besitzt also genau dann einen Hamilton-Weg, wenn $\lfloor G \rfloor$ die folgende Formel erfüllt:

$$
\text{Hamilton-path}() \;=\; \exists X \, (\text{total-order}(X) \wedge \forall x, y \, (\text{neighbour}(x, y, X) \Rightarrow E(x, y))).
$$

Übung 4.38. In Kapitel 3 wurde der Begriff des Hamilton-Kreises für Graphen definiert. Beschreiben Sie diese Eigenschaft durch eine Formel zweiter Ordnung.

4.7 Monadische Logik zweiter Ordnung

Wenn in den Formeln zweiter Ordnung nur einstellige Relationsvariablen verwendet werden, dann sprechen wir von der monadischen Logik zweiter Ordnung.

Definition 4.39 (monadische Logik zweiter Ordnung). *Eine Formel φ zweiter Ordnung ist eine Formel in* monadischer Logik zweiter Ordnung, *wenn jede freie und jede gebundene Variable in φ entweder eine Variable erster Ordnung oder eine Relationsvariable X mit $ar(X) = 1$ ist. Die Klasse aller Formeln in monadischer Logik zweiter Ordnung bezeichnen wir mit* MSO *(englisch:* monadic second order*).*

Die Beschreibungskraft der monadischen Logik zweiter Ordnung liegt zwischen der Beschreibungskraft der Logik erster Ordnung und der der Logik zweiter Ordnung. Einstellige Relationen sind Mengen. Daher nennen wir die Relationsvariablen in der monadischen Logik auch *Mengenvariablen*. Die Symbole der Signatur $\mathscr{S}$ können jedoch eine beliebige Stelligkeit besitzen. Die Formel 3-colorable aus Beispiel 4.35 ist offensichtlich eine Formel in monadischer Logik zweiter Ordnung. Die Formel Hamilton-path aus Beispiel 4.37 ist dagegen nicht in monadischer Logik, da die Relationsvariable X zweistellig ist.

Nicht alle Eigenschaften, die in der Logik zweiter Ordnung beschreibbar sind, lassen sind auch in monadischer Logik zweiter Ordnung definieren. Büchi, Elgot und Trachtenbrot haben Anfang der 1960er Jahre den folgenden fundamentalen Satz bewiesen.

Satz 4.40 (Büchi [Büc60]). *Sei $\Sigma = \{a_1, \ldots, a_k\}$ ein endliches Alphabet. Eine Sprache $L \subseteq \Sigma^*$ ist genau dann* regulär,[21] *wenn es eine Formel φ in monadischer Logik zweiter Ordnung über der Signatur*

$$\mathscr{S} = \{suc, lab_{a_1}, \ldots, lab_{a_k}\}$$

gibt mit

$$w \in L \quad \Leftrightarrow \quad \lfloor w \rfloor \vDash \varphi.$$

ohne Beweis

Die relationale Struktur $\lfloor w \rfloor$ für ein Wort $w \in \Sigma^*$ ist in Beispiel 4.29 definiert. Mit Hilfe dieses Satzes lässt sich nun leicht zeigen, dass viele weitere interessante Eigenschaften nicht in monadischer Logik zweiter Ordnung definiert werden können.

Behauptung 4.41. *Die folgenden Eigenschaften φ sind nicht in monadischer Logik zweiter Ordnung definierbar:*

1. *Sei $S = (D, \emptyset)$ eine relationale Struktur, und es gelte $S \vDash \varphi(X_1, X_2)$ genau dann, wenn die beiden Mengen X_1 und X_2 gleich groß sind.*
2. *Sei $G = (V, E)$ ein ungerichteter Graph, und es gelte $\lfloor G \rfloor \vDash \varphi$ genau dann, wenn G der vollständig bipartite Graph $K_{n,n}$ ist, für ein $n \geq 1$.*
3. *Sei $G = (V, E)$ ein ungerichteter Graph, und es gelte $\lfloor G \rfloor \vDash \varphi$ genau dann, wenn G einen Hamilton-Kreis besitzt.*
4. *Sei $G = (V, E)$ ein ungerichteter Graph, und es gelte $\lfloor G \rfloor \vDash \varphi$ genau dann, wenn G ein perfektes Matching besitzt.*
5. *Sei $G = (V, E)$ ein ungerichteter Graph, und es gelte $\lfloor G \rfloor \vDash \varphi(u, v, X)$ genau dann, wenn X die Menge aller Knoten eines einfachen Wegs von u nach v in G ist.*

Beweis.

1. Eine einfache nicht reguläre Sprache ist zum Beispiel die Menge aller Wörter über dem binären Alphabet $\{a, b\}$, in denen die Anzahl der a's genauso groß ist wie die Anzahl der b's. Wir bezeichnen diese Sprache im Folgenden mit $L^{a=b}$. Sei equal-size(X, Y) eine Formel in monadischer Logik zweiter Ordnung über der leeren Signatur $\mathscr{S} = \emptyset$, die genau dann von einer relationalen Struktur $S = (D, \emptyset)$ erfüllt wird, wenn die beiden Mengenvariablen X und Y gleich groß sind. Dann ist

---

[21] Eine Sprache $L \subseteq \Sigma^*$ ist *regulär*, wenn es die Sprache eines endlichen Automaten ist oder wenn sie von einer regulären Grammatik erzeugt werden kann, siehe zum Beispiel [HMU02].

$$\varphi = \exists X, Y \; \forall x \, ((X(x) \Leftrightarrow \mathrm{lab}_a(x)) \wedge (Y(x) \Leftrightarrow \mathrm{lab}_b(x)) \wedge \text{equal-size}(X,Y))$$

eine Formel in monadischer Logik zweiter Ordnung über der Signatur

$$\mathscr{S} = \{\mathrm{suc}, \mathrm{lab}_a, \mathrm{lab}_a\},$$

die genau dann von einer relationalen Struktur $\lfloor w \rfloor$ mit $w \in \{a,b\}^*$ erfüllt wird, wenn w ein Wort in der oben definierten nicht regulären Sprache $L^{a=b}$ ist. Dies steht jedoch im Widerspruch zum Satz von Büchi.

2. Für ein Wort $w = w_1 w_2 \cdots w_{2n} \in \{a,b\}^*$ der Länge $n > 0$ sei $G_w = (V, E)$ der Graph mit Knotenmenge $V = \{1, 2, \ldots, 2n\}$ und Kantenmenge

$$E = \{(i,j) \mid ((w_i = a) \wedge (w_j = b)) \vee ((w_i = b) \wedge (w_j = a))\}.$$

G_w ist also der vollständig bipartite Graph $K_{i,j}$, wobei i die Anzahl der a's und j die Anzahl der b's im Wort w ist. Offenbar ist G_w genau dann ein $K_{n,n}$, wenn in w die Anzahl der a's genauso groß ist wie die Anzahl der b's, nämlich gleich n. Da diese Sprache nicht regulär ist, gibt es nach dem Satz von Büchi keine Formel φ in monadischer Logik zweiter Ordnung, mit deren Hilfe entschieden werden kann, ob G ein vollständig bipartiter Graph $K_{n,n}$ für ein $n \geq 1$ ist.

3. Der vollständig bipartite Graph $K_{n,m}$, $n, m \geq 2$, hat genau dann einen Hamilton-Kreis, wenn $n = m$ gilt. Somit folgt die Behauptung aus der zweiten Aussage des Satzes.

4. Der vollständig bipartite Graph $K_{n,m}$, $n, m \geq 1$, hat genau dann ein perfektes Matching, wenn $n = m$ gilt. Somit folgt die Behauptung wieder aus der zweiten Aussage des Satzes.

5. Seien $G = (V, E)$ ein ungerichteter Graph und $\varphi(u, v, X)$ eine Formel in monadischer Logik zweiter Ordnung über der Signatur $\mathscr{S} = \{E\}$, sodass die Lösungsmenge $L^{\lfloor G \rfloor}(\varphi(u, v, X))$ alle Tripel (u, v, X) mit der Eigenschaft enthält, dass X die Menge aller Knoten eines einfachen Wegs vom Knoten u zum Knoten v ist. Dann ist

$$\varphi = \exists u, v, X \; ((\forall x \, X(x)) \wedge E(v, u) \wedge \varphi(u, v, X))$$

ebenfalls eine Formel in monadischer Logik zweiter Ordnung. G hat genau dann einen Hamilton-Kreis, wenn $\lfloor G \rfloor \models \varphi$ gilt. Die Existenz einer solchen Formel in monadischer Logik zweiter Ordnung widerspricht jedoch der dritten Aussage.

Damit ist der Beweis abgeschlossen. $\qquad\qquad\qquad\qquad\qquad\qquad\qquad\square$

In unserer bisherigen Repräsentation eines Graphen $G = (V, E)$ als eine relationale Struktur $\lfloor G \rfloor$ über der Signatur $\mathscr{S} = \{E\}$ wird die Kantenmenge von G als eine binäre Relation betrachtet. Diese binäre Relation ist nicht Teil der Definitionsmenge. In der monadischen Logik zweiter Ordnung, in der neben den Variablen erster Ordnung nur Mengenvariablen erlaubt sind, kann somit nicht über Kanten quantifiziert werden. Dieses Problem kann jedoch durch eine etwas andere Repräsentation von Graphen umgangen werden, bei der die Kanten mit in die Definitionsmenge aufgenommen werden.

Beispiel 4.42 (relationale Graphenstruktur vom Typ II). Ein gerichteter Graph $G = (V, E)$ kann wie folgt als relationale Struktur $S = (D, \mathscr{R}^G)$ über der Signatur $\mathscr{S} = \{\overleftarrow{E}, \overrightarrow{E}\}$ repräsentiert werden:

$$
\begin{aligned}
D &= V \cup E \\
\overleftarrow{E}^G &= \{(v, e) \mid v \in V, e \in E, e = (v, u) \text{ für ein } u \in V\} \\
\overrightarrow{E}^G &= \{(e, v) \mid v \in V, e \in E, e = (u, v) \text{ für ein } u \in V\}.
\end{aligned}
$$

relationale Graphenstruktur vom Typ II

Diese Repräsentation des Graphen $G = (V, E)$ als relationale Struktur

$$S = (D, \{\overleftarrow{E}^G, \overrightarrow{E}^G\})$$

bezeichnen wir mit $\lceil G \rceil$. Eine Variable x erster Ordnung repräsentiert genau dann eine Kante, wenn $\lceil G \rceil \models \exists y \, (\overleftarrow{E}(y, x) \vee \overrightarrow{E}(x, y))$ gilt. Die atomare Formel $E(x, y)$ erster Ordnung über der Signatur $\{E\}$ entspricht daher der Formel $\exists e \, \overleftarrow{E}(x, e) \wedge \overrightarrow{E}(e, y)$ erster Ordnung über der Signatur $\{\overleftarrow{E}, \overrightarrow{E}\}$.

$\lceil G \rceil$

Wir verwenden die folgenden Formeln, um in der relationalen Struktur $\lceil G \rceil$ Knoten, Kanten und ungerichtete Kanten zu erkennen:

$$
\begin{aligned}
\text{d-edge}_1(e) &= \exists u \, \overleftarrow{E}(u, e) \vee \overrightarrow{E}(e, u) & & e \text{ ist gerichtete Kante} \\
\text{d-edge}_2(u, v) &= \exists e \, \overleftarrow{E}(u, e) \wedge \overrightarrow{E}(e, v) & & \text{gerichtete Kante } (u, v) \\
\text{d-edge-set}(E') &= \forall e \, (E'(e) \Rightarrow \text{d-edge}_1(e)) & & E' \text{ ist gerichtete Kantenmenge}
\end{aligned}
$$

$$
\begin{aligned}
\text{u-edge}_1(e) &= \exists u \, \overleftarrow{E}(u, e) \wedge \overrightarrow{E}(e, u) & & e \text{ ist ungerichtete Kante} \\
\text{u-edge}_2(u, v) &= \text{d-edge}_2(u, v) \wedge \text{d-edge}_2(v, u) & & \text{ungerichtete Kante } \{u, v\} \\
\text{u-edge-set}(E') &= \forall e \, (E'(e) \Rightarrow \text{u-edge}_1(e)) & & E' \text{ ist ungerichtete Kantenmenge}
\end{aligned}
$$

$$
\begin{aligned}
\text{vertex}(u) &= \neg(\text{d-edge}_1(u)) & & u \text{ ist Knoten} \\
\text{vertex-set}(U) &= \forall u \, (U(u) \Rightarrow \text{vertex}(u)) & & U \text{ ist Knotenmenge}
\end{aligned}
$$

Sei FO_1, SO_1 bzw. MSO_1 die Klasse aller Formeln, die für Strukturen $\lfloor G \rfloor$ über der Signatur $\{E\}$ in der Logik erster Ordnung, der Logik zweiter Ordnung bzw. in monadischer Logik zweiter Ordnung definiert sind. Sei weiter FO_2, SO_2 bzw. MSO_2 die Klasse aller Formeln, die für Strukturen $\lceil G \rceil$ über der Signatur $\{\overleftarrow{E}, \overrightarrow{E}\}$ in der Logik erster Ordnung, der Logik zweiter Ordnung bzw. in monadischer Logik zweiter Ordnung definiert sind. Da die atomare Formel $E(x, y)$ für Strukturen $\lfloor G \rfloor$ gleichbedeutend mit der Formel $\text{d-edge}_2(x, y)$ für Strukturen $\lceil G \rceil$ ist, gilt offenbar

FO_1, SO_1, MSO_1

FO_2, SO_2, MSO_2

$$\text{FO}_1 \subseteq \text{FO}_2, \ \text{MSO}_1 \subseteq \text{MSO}_2 \ \text{ und } \ \text{SO}_1 \subseteq \text{SO}_2.$$

Eine Quantifizierung der Art $\exists x$ oder $\forall x$ für eine Kantenvariable x in einer Formel erster Ordnung für $\lceil G \rceil$ kann durch eine Quantifizierung der Art $\exists x, y \, E(x, y)$ bzw. $\forall x, y \, E(x, y)$ für Knotenvariablen x und y in einer Formel erster Ordnung für $\lfloor G \rfloor$ ausgedrückt werden. Relationsvariablen mit einer Stelligkeit von n lassen sich so durch Relationsvariablen mit der Stelligkeit $2n$ darstellen. Daraus folgt

$$FO_2 \subseteq FO_1 \text{ und } SO_2 \subseteq SO_1$$

und somit

$$FO_1 = FO_2 \text{ und } SO_1 = SO_2.$$

Die Klasse MSO_2 enthält jedoch Eigenschaften, die nicht in MSO_1 sind. Dies folgt beispielsweise aus Behauptung 4.41 zusammen mit Behauptung 4.43 unten. Daraus ergibt sich der in Abb. 4.3 dargestellte Gesamtzusammenhang.

$$
\begin{array}{ccccc}
FO_2 & \subseteq & MSO_2 & \subseteq & SO_2 \\
\| & & \cup & & \| \\
FO_1 & \subseteq & MSO_1 & \subseteq & SO_1
\end{array}
$$

Abb. 4.3. Inklusionen zwischen FO_1, FO_2, MSO_1, MSO_2, SO_1 und SO_2

Behauptung 4.43. *Sei $G = (V, E)$ ein gerichteter Graph. Die Eigenschaft, ob G einen Hamilton-Kreis hat, kann für die relationale Struktur $\lceil G \rceil$ in monadischer Logik zweiter Ordnung definiert werden.*

Beweis.   Offensichtlich ist ein gerichteter Graph $G = (V, E)$ genau dann ein Kreis, wenn erstens jeder Knoten genau eine auslaufende Kante hat und zweitens für jede echte nicht leere Teilmenge $U \subseteq V$ der Knoten eine Kante von einem Knoten aus U zu einem Knoten außerhalb von U existiert. Ein gerichteter Graph besitzt genau dann einen Hamilton-Kreis, wenn es eine Teilmenge $E' \subseteq E$ der Kanten gibt, sodass der Graph (V, E') ein Kreis ist. Dies kann mit den folgenden Formeln in monadischer Logik zweiter Ordnung über der Signatur $\mathscr{S} = \{\overleftarrow{E}, \overrightarrow{E}\}$ definiert werden:

$$\text{outdeg}_{\geq 1}(u, E') \quad = \quad \exists e\, (E'(e) \wedge \overleftarrow{E}(u, e))$$

$$\text{outdeg}_{\geq 2}(u, E') \quad = \quad \exists e_1\, e_2 \left(\begin{array}{l} (e_1 \neq e_2) \wedge E'(e_1) \wedge E'(e_2) \wedge \\ \overleftarrow{E}(u, e_1) \wedge \overleftarrow{E}(u, e_2) \end{array} \right)$$

$$\text{outdeg}_{=1}(u, E') \quad = \quad \text{outdeg}_{\geq 1}(u, E') \wedge \neg\text{outdeg}_{\geq 2}(u, E')$$

$$\text{connected}(E') \quad = \quad \forall U \left(\begin{array}{l} \left(\begin{array}{l} (\exists u\, (\text{vertex}(u) \wedge U(u))) \wedge \\ (\exists u\, (\text{vertex}(u) \wedge \neg U(u))) \end{array} \right) \\ \Rightarrow \left(\begin{array}{l} \exists u\, v\, e\; U(u) \wedge \neg U(v) \wedge \\ E'(e) \wedge \overleftarrow{E}(u, e) \wedge \overrightarrow{E}(e, v) \end{array} \right) \end{array} \right)$$

$$\text{Hamilton-cycle}() \quad = \quad (\exists E'\, (\text{connected}(E')) \wedge (\forall u\; \text{outdeg}_{=1}(u, E')).$$

Damit ist der Beweis abgeschlossen. $\square$

Übung 4.44. Definieren Sie eine Formel φ in monadischer Logik zweiter Ordnung über der Signatur $\mathscr{S} = \{\overleftarrow{E}, \overrightarrow{E}\}$, sodass ein Graph G genau dann ein perfektes Matching hat, wenn $\lceil G \rceil \vDash \varphi$ gilt.

Die Möglichkeit, über Kantenmengen zu quantifizieren, ist gleichwertig mit der Betrachtung des Inzidenzgraphen. Der *Inzidenzgraph eines Graphen $G = (V, E)$* ist der Graph mit der Knotenmenge $V \cup E$ und der Kantenmenge

$$\{(u, e) \mid u \in V, e \in E, e = (u, v) \text{ für ein } v \in V\}$$
$$\cup \{(e, v) \mid v \in V, e \in E, e = (u, v) \text{ für ein } u \in V\}.$$

Um mit der monadischen Logik zweiter Ordnung zählen zu können, wird sie oft um das atomare Mengenprädikat $\mathrm{Card}_{p,q}(X)$ mit $p, q \in \mathbb{N}$, $p \geq 2$ und $0 \leq q < p$ erweitert, wobei X eine Mengenvariable ist. Für eine relationale Struktur $S = (D, \mathscr{R}^S)$ enthält die Lösungsmenge $L^S(\mathrm{Card}_{p,q}(X))$ alle Teilmengen $D' \subseteq D$ mit $|D'|$ mod $p = q$. Wir bezeichnen mit CMSO (bzw. C_rMSO) die Klasse aller Formeln in monadischer Logik zweiter Ordnung mit den zusätzlichen atomaren Mengenprädikaten $\mathrm{Card}_{p,q}(X)$ für $p, q \in \mathbb{N}$ und $p \geq 2$ (bzw. für $p, q \in \mathbb{N}$, $p \geq 2$ und $p \leq r$). Die Abkürzung CMSO bezieht sich auf die englische Bezeichnung „*counting monadic second order*".

Offensichtlich kann das Mengenprädikat $\mathrm{Card}_{p,q}(X)$ für jedes $q > 0$ ausschließlich mit dem Mengenprädikat $\mathrm{Card}_{p,0}(X)$ ausgedrückt werden, wie die folgende Formel zeigt:

$$\mathrm{Card}_{p,q}(X) \Leftrightarrow \exists x_1, \ldots, x_q, Y \begin{pmatrix} x_1 \neq x_2 \wedge x_1 \neq x_3 \wedge \cdots \wedge x_1 \neq x_q \wedge \\ x_2 \neq x_3 \wedge x_2 \neq x_4 \wedge \cdots \wedge x_2 \neq x_q \wedge \\ \cdots \\ x_{q-2} \neq x_{q-1} \wedge x_{q-2} \neq x_q \\ x_{q-1} \neq x_q \wedge \\ \neg Y(x_1) \wedge \cdots \wedge \neg Y(x_q) \wedge \mathrm{Card}_{p,0}(Y) \wedge \\ \forall z \, (X(z) \Rightarrow Y(z) \vee z = x_1 \vee \cdots \vee z = x_q) \end{pmatrix}.$$

Die Formel $\mathrm{Card}_{p,0}(X)$ kann jedoch relativ einfach in der allgemeinen Logik zweiter Ordnung ausgedrückt werden. Die Erweiterung der Logik um das Mengenprädikat $\mathrm{Card}_{p,0}(X)$ ist also nur für die monadische Logik sinnvoll.

Übung 4.45. Definieren Sie die Formel $\mathrm{Card}_{p,0}(X)$ für $p \in \mathbb{N}$ und eine Mengenvariable X in der Logik zweiter Ordnung. Für eine relationale Struktur $S = (D, \mathscr{R}^S)$ enthält die Lösungsmenge $L^S(\mathrm{Card}_{p,0}(X))$ alle Teilmengen $D' \subseteq D$ mit $|D'|$ mod $p = 0$.

4.8 Die Komplexität der Logik

Im Folgenden werden wir einige interessante Aspekte der Logik im Zusammenhang mit der Komplexität von Problemen diskutieren. In der klassischen Komplexitätstheorie, die in Kapitel 5 genauer vorgestellt wird, versucht man, den notwendigen

Zeit- und Platzbedarf zur Lösung eines Problems möglichst genau abzuschätzen. Dazu werden Berechnungsmodelle verwendet wie zum Beispiel Turingmaschinen. Diese entscheiden Sprachen $L \subseteq \Sigma^*$ über einem endlichen Alphabet Σ. Die Sprache L enthält die Ja-Instanzen des Problems, also die Instanzen $w \in \Sigma^*$, die eine bestimmte Eigenschaft erfüllen. Probleme für Strukturen, wie zum Beispiel Graphenprobleme, werden für die Analyse in der klassischen Komplexitätstheorie in Sprachen transformiert. Eine relationale Struktur, wie zum Beispiel ein Graph, wird mit einer solchen Transformation auf ein Wort $w \in \Sigma^*$ abgebildet.

In der *darstellenden Komplexitätstheorie* (englisch: *descriptive complexity*) dagegen geht es darum, die notwendigen Mittel zur Beschreibung einer Eigenschaft zu bestimmen. Die Instanzen sind relationale Strukturen, möglicherweise zusammen mit einer logischen Formel. Wir wissen bereits, dass jedes Wort w über einem endlichen Alphabet $\Sigma = \{a_1, \ldots, a_n\}$ auch als eine relationale Struktur $\lfloor w \rfloor$ über der Signatur $\mathscr{S} = \{\mathrm{suc}, \mathrm{lab}_{a_1}, \ldots, \mathrm{lab}_{a_n}\}$ angesehen werden kann. Daher sind die Eingaben in der darstellenden Komplexitätstheorie in gewissem Sinne allgemeiner.

In der klassischen wie auch in der darstellenden Komplexitätstheorie werden bei der Komplexitätsanalyse die Ressourcen immer in Abhängigkeit von der Größe der Eingabe gemessen. Somit müssen wir auch in der darstellenden Komplexitätstheorie zuerst die Größe der Eingabe, also die Größe einer relationalen Struktur, und die Größe einer logischen Formel definieren.

Definition 4.46 (Größe einer relationalen Struktur). *Sei $S = (D, \mathscr{R}^S)$ eine relationale Struktur über der Signatur $\mathscr{S}$. Für ein Element $a \in D$ sei $size(a) = 1$, für eine Relation $A \subseteq D^k$, $k \geq 1$, sei $size(A) = k \cdot |D|$.*

Seien $\mathscr{R}_0^S$ die Menge der Konstanten und $\mathscr{R}_+^S$ die Menge der Relationen $R^S \in \mathscr{R}^S$ Größe $size(S)$ einer
relationalen Struktur S *mit $ar(R) > 0$. Die Größe $size(S)$ einer relationalen Struktur S ist definiert als*

$$size(S) = |D| + |\mathscr{R}_0^S| + \sum_{R^S \in \mathscr{R}_+^S} size(R^S).$$

Für eine Lösung $(A_1, \ldots, A_n) \in L^S(\varphi)$ sei $size((A_1, \ldots, A_n)) = \sum_{i=1}^n size(A_i)$.

Größe $size(\varphi)$ einer Formel φ
Größe $size(L^S(\varphi))$ der Lösungsmenge $L^S(\varphi)$

Die Größe $size(\varphi)$ einer Formel φ ist die Anzahl der Zeichen und Symbole in φ. Die Größe $size(L^S(\varphi))$ der Lösungsmenge $L^S(\varphi)$ für eine Formel φ mit n freien Variablen ist

$$size(L^S(\varphi)) = \begin{cases} |L^S(\varphi)| \cdot n, & \text{falls } n > 0, \\ 1 & \text{sonst.} \end{cases}$$

Wir unterscheiden zwischen den folgenden fünf Varianten einer Problemstellung. Sei dabei φ eine gegebene Formel über einer gegebenen Signatur $\mathscr{S}$.

Das *Entscheidungsproblem* ist die Frage, ob die Lösungsmenge eine Lösung Entscheidungs-
problem DEC_φ enthält oder aber leer ist (siehe dazu auch Abschnitt 5.1).

DEC_φ
Gegeben: Eine relationale Struktur $S = (D, \mathscr{R}^S)$ über $\mathscr{S}$.
Frage:　　Gilt $L^S(\varphi(X)) \neq \emptyset$?

Manchmal gehört ein Parameter k zur Eingabe, und man fragt, ob die Lösungsmenge eine Lösung der Größe mindestens oder höchstens k enthält. Ein solches Problem, das wie ein Entscheidungsproblem eine Ja/Nein-Antwort verlangt, nennen wir zur Unterscheidung auch ein *parametrisiertes Problem* und bezeichnen es mit PAR_φ. (In Abschnitt 5.2 werden wir parametrisierte Probleme jedoch in einer etwas anderen Weise darstellen, wobei wir den Parameter besonders hervorheben.)

parametrisiertes Problem PAR_φ

PAR_φ	
Gegeben:	Eine relationale Struktur $S = (D, \mathscr{R}^S)$ über $\mathscr{S}$ und eine Zahl $k \in \mathbb{Z}$.
Frage:	Gibt es eine Lösung $A \in L^S(\varphi(X))$ mit $\text{size}(A) \geq k$ (bzw. $\text{size}(A) \leq k$)?

Beim *Optimierungsproblem* wird nach einer maximalen bzw. minimalen Lösung gesucht.

Optimierungsproblem OPT_φ

OPT_φ	
Gegeben:	Eine relationale Struktur $S = (D, \mathscr{R}^S)$ über $\mathscr{S}$.
Ausgabe:	Eine Lösung $A \in L^S(\varphi(X))$, für die $\text{size}(A)$ maximal (bzw. minimal) ist.

Beim *Suchproblem* wird eine Lösung gefunden bzw. explizit erzeugt.

Suchproblem SEARCH_φ

SEARCH_φ	
Gegeben:	Eine relationale Struktur $S = (D, \mathscr{R}^S)$ über $\mathscr{S}$.
Ausgabe:	Eine Lösung $A \in L^S(\varphi(X))$.

Beim *Konstruktionsproblem* werden sogar alle Lösungen gefunden bzw. explizit erzeugt.

Konstruktionsproblem CON_φ

CON_φ	
Gegeben:	Eine relationale Struktur $S = (D, \mathscr{R}^S)$ über $\mathscr{S}$.
Ausgabe:	Sämtliche Lösungen aus $L^S(\varphi(X))$.

In den Varianten $\text{DEC}(\varphi)$, $\text{PAR}(\varphi)$, $\text{OPT}(\varphi)$, $\text{SEARCH}(\varphi)$ bzw. $\text{CON}(\varphi)$ enthält die Eingabe zusätzlich die Signatur $\mathscr{S}$ und die Formel φ über $\mathscr{S}$.

$\text{DEC}(\varphi)$, $\text{PAR}(\varphi)$ $\text{OPT}(\varphi)$, $\text{CON}(\varphi)$ $\text{SEARCH}(\varphi)$ Bewertungsfunktion

Parametrisierte Probleme und Optimierungsprobleme werden oft für *gewichtete* Strukturen definiert, bei denen die Elemente der Grundmenge mit einer Bewertungsfunktion der Art $f : D \to \mathbb{Z}$ bewertet sind. Solche Bewertungsfunktionen erlauben es, die Elemente der Lösungsmenge unterschiedlich zu gewichten. Bei Optimierungsproblemen wird dann nach einer gewichteten Lösung gesucht, die maximal oder minimal ist. Das folgende Beispiel soll eine Problembeschreibung erläutern, in der nach einer minimalen gewichteten Lösung gesucht wird.

Beispiel 4.47 (Steinerbaum). Seien $G = (V, E)$ ein ungerichteter kantenbewerteter Graph mit $f : E \to \mathbb{Z}$ und $U \subseteq V$ eine Teilmenge der Knoten von G. Die Kosten einer Kantenmenge $E' \subseteq E$ sind definiert durch

$$f(E') \;=\; \sum_{e \in E'} f(e).$$

Steinerbaum   Ein *Steinerbaum* ist ein minimaler zusammenhängender Teilgraph $G' = (V', E')$ von G, der alle Knoten aus U enthält, d. h., $U \subseteq V'$. Die Knoten der Menge U werden

Steinerknoten   *Steinerknoten* genannt.

Die Eingabe (G, U) kann wie folgt als eine relationale Struktur betrachtet werden. Dazu erweitern wir die relationale Struktur $\lceil G \rceil$ über der Signatur $\mathscr{S} = \{\overleftarrow{E}, \overrightarrow{E}\}$ zu $\lceil G, U \rceil = (V, R^{\lceil G, U \rceil})$ über der Signatur $\mathscr{S}' = \{\overleftarrow{E}, \overrightarrow{E}, \text{Steiner}\}$ mit $\mathrm{ar}(\text{Steiner}) = 1$ und $\text{Steiner}^{\lceil G, U \rceil} = U$. Das Steinerbaumproblem kann nun als ein Optimierungsproblem mit der Formel Steiner-tree(E') zweiter Ordnung über $\mathscr{S}' = \{\overleftarrow{E}, \overrightarrow{E}, \text{Steiner}\}$ formuliert werden:

$$
\text{Steiner-tree}(E') \;=\; \text{u-edge-set}(E') \wedge
$$
$$
\exists V' \left(\begin{array}{l} \text{vertex-set}(V') \wedge \\ \forall u\, (\text{Steiner}(u) \Rightarrow V'(u)) \wedge \\ \text{con-u-subgr}(V', E') \end{array} \right)
$$

mit

$$
\text{con-u-subgr}(V', E') \;=\; \text{vertex-set}(V') \wedge \text{u-edge-set}(E') \wedge
$$
$$
\forall U \left(\begin{array}{l} (U \subseteq V' \wedge U \neq \emptyset \wedge U \neq V') \\ \Rightarrow \left(\begin{array}{l} \exists u\, v\, e\; U(u) \wedge \neg U(v) \wedge V'(v) \wedge \\ E'(e) \wedge \overleftarrow{E}(u, e) \wedge \overrightarrow{E}(e, v) \end{array} \right) \end{array} \right).
$$

Für einen gegebenen Graphen G mit einer Knotenmenge U und einer Kantenbewertung $f : E \to \mathbb{Z}$ wird nun nach einer Lösung $A \in L^{\lceil G, U \rceil}(\text{Steiner-tree}(E'))$ gesucht, für die $f(A)$ minimal ist.

$\Sigma_t^{\mathrm{FO}}, \Pi_t^{\mathrm{FO}}$ **Definition 4.48 (Σ_t^{FO}, Π_t^{FO}, Σ_t^{SO} und Π_t^{SO}).** *Mit Σ_0^{FO} und Π_0^{FO} bezeichnen wir die*
$\Sigma_t^{\mathrm{SO}}, \Pi_t^{\mathrm{SO}}$ *Klasse aller Formeln erster Ordnung und mit Σ_0^{SO} und Π_0^{SO} bezeichnen wir die Klasse aller Formeln zweiter Ordnung ohne Quantifizierungen.*

Für $t \geq 0$ sei

1. *Σ_{t+1}^{FO} die Klasse aller Formeln erster Ordnung der Form $\exists x_1, \ldots, x_n\; \varphi$ mit $\varphi \in \Pi_t^{FO}$,*
2. *Π_{t+1}^{FO} die Klasse aller Formeln erster Ordnung der Form $\forall x_1, \ldots, x_n\; \varphi$ mit $\varphi \in \Sigma_t^{FO}$,*
3. *Σ_{t+1}^{SO} die Klasse aller Formeln zweiter Ordnung der Form $\exists x_1, \ldots, x_n, X_1, \ldots, X_{n'}\; \varphi$ mit $\varphi \in \Pi_t^{SO}$ und*
4. *Π_{t+1}^{SO} die Klasse aller Formeln zweiter Ordnung der Form $\forall x_1, \ldots, x_n, X_1, \ldots, X_{n'}\; \varphi$ mit $\varphi \in \Sigma_t^{SO}$.*

Die Formel

$$\exists x_1, x_2 \;\forall y_1, y_2 \;\exists z \;(R(x_1, y_1, z) \vee R(x_2, y_2, z))$$

ist zum Beispiel aus Σ_3^{FO} und die Formel

$$\forall X \;\exists x_1, x_2 \;\forall y_1, y_2 \;\exists z \;(X(x_1, y_1, z) \vee X(x_2, y_2, z))$$

aus Π_4^{SO}. Die Formeln in Σ_0^{SO} und Π_0^{SO} werden auch Formeln erster Ordnung mit freien Relationsvariablen genannt. Der wesentliche Unterschied zwischen der Logik erster und zweiter Ordnung ist übrigens nicht die Verwendung von Relationsvariablen, sondern das Quantifizieren über Relationsvariablen.

Ein äußerst wichtiger Parameter für die Bestimmung der Komplexität von $\mathrm{DEC}(\varphi)$, $\mathrm{PAR}(\varphi)$, $\mathrm{OPT}(\varphi)$ und $\mathrm{CON}(\varphi)$ ist die Weite einer Formel φ. Die *Weite w einer Formel φ erster Ordnung* ist die maximale Anzahl von freien Variablen in allen Teilformeln von φ. Die totale Anzahl aller Variablen ist offensichtlich eine obere Schranke für die Weite w von φ und somit gilt offensichtlich $w \leq \mathrm{size}(\varphi)$. Andererseits kann jede Formel mit einer Weite von w in eine äquivalente Formel umgewandelt werden, in der es höchstens w Variablen gibt. Dazu werden für die Variablen in den Teilformeln von φ immer wieder die gleichen Bezeichner verwendet. Zum Beispiel hat die Formel

Weite einer Formel erster Ordnung

$$\varphi(x_1, x_2) \;=\; \underbrace{\underbrace{(\exists x_3 \; E(x_1, x_3))}_{\text{Weite 2}} \wedge \underbrace{(\exists x_4 \; E(x_4, x_2))}_{\text{Weite 2}}}_{\text{Weite 2}}$$
$$\text{Weite 1} \qquad\qquad \text{Weite 1}$$

eine Weite von 2, verwendet aber vier Variablen, $x_1, \ldots, x_4$. Dagegen hat die äquivalente Formulierung

$$\varphi(x_1, x_2) \;=\; (\exists x_2 \; E(x_1, x_2)) \wedge (\exists x_1 \; E(x_1, x_2))$$

ebenfalls eine Weite von 2, verwendet aber nur zwei Variablen. Solche Optimierungen erschweren jedoch gelegentlich die Lesbarkeit einer Formel.

Satz 4.49. *Für eine gegebene relationale Struktur $S = (D, \mathscr{R}^S)$ über der Signatur $\mathscr{S}$ und eine gegebene Formel φ erster Ordnung über $\mathscr{S}$ kann die Lösungsmenge $L^S(\varphi)$ in der Zeit*

$$\mathscr{O}(\mathrm{size}(\varphi) \cdot \mathrm{size}(S)^w \cdot w)$$

berechnet werden, wobei w die Weite der Formel φ ist.

Beweis.   Die rekursive Definition der Lösungsmenge legt eine rekursive Berechnungsstrategie nahe. In Tabelle 4.4 sind die Laufzeiten für die Berechnung der Lösungsmengen rekursiv aufgebauter Formeln aufgeführt, die wir im Folgenden erläutern möchten.

Für die Fälle 1 bis 3 ist der angegebene Zeitaufwand offensichtlich. Für die übrigen Fälle wird eine beliebige Ordnung (Nummerierung) der Elemente in D festgelegt, damit sie sich effizient mit einer Fachverteilung sortieren lassen. Die lexikographische Sortierung einer Relation $R^S \subseteq D^k$ ist somit in der Zeit $\mathscr{O}(\mathrm{size}(R^S) \cdot k)$ möglich.

Tabelle 4.4. Zeitaufwand zur Berechnung der Lösungsmengen von Formeln erster Ordnung

Fall	Formel φ	Zeitaufwand zur Berechnung von $L^S(\varphi)$
1	$\varphi = (c_1 = c_2)$	$\mathscr{O}(1)$
2	$\varphi = (x = c)$	$\mathscr{O}(1)$
3	$\varphi(x_1,x_2) = (x_1 = x_2)$	$\mathscr{O}(|D|)$
4	$\varphi(x_1,\ldots,x_n) = R(x_{i_1},\ldots,x_{i_k})$	$\mathscr{O}(\mathrm{size}(R) \cdot k)$
5	$\varphi(x_1,\ldots,x_n) = \neg\varphi'(x_{i_1},\ldots,x_{i_k})$	$\mathscr{O}(|D|^n + \mathrm{size}(L^S(\varphi')) \cdot k)$
6	$\varphi(x_1,\ldots,x_n) = \begin{pmatrix} \varphi_1(x_{i_1},\ldots,x_{i_k}) \wedge \\ \varphi_2(x_{j_1},\ldots,x_{j_\ell}) \end{pmatrix}$	$\mathscr{O}(\mathrm{size}(L^S(\varphi_1)) \cdot k + \mathrm{size}(L^S(\varphi_2)) \cdot l)$
7	$\varphi(x_1,\ldots,x_n) = \begin{pmatrix} \varphi_1(x_{i_1},\ldots,x_{i_k}) \vee \\ \varphi_2(x_{j_1},\ldots,x_{j_\ell}) \end{pmatrix}$	$\mathscr{O}(\mathrm{size}(L^S(\varphi_1)) \cdot k + \mathrm{size}(L^S(\varphi_2)) \cdot l)$
8	$\varphi(x_1,\ldots,x_n) = \exists x_{n+1}\, \varphi'(x_{i_1},\ldots,x_{i_k})$	$\mathscr{O}(\mathrm{size}(L^S(\varphi')) \cdot k)$
9	$\varphi(x_1,\ldots,x_n) = \forall x_{n+1}\, \varphi'(x_{i_1},\ldots,x_{i_k})$	$\mathscr{O}(\mathrm{size}(L^S(\varphi')) \cdot k)$

Für Fall 4 werden die k-Tupel $(a_1,\ldots,a_k)$ aus R^S in lexikographischer Reihenfolge inspiziert. Sei $h : [k] \to [n]$ die Zuordnung der Positionen in R zu den freien Variablen $x_1,\ldots,x_n$. Für das Beispiel $\varphi(x_1,x_2,x_3) = R(x_1,x_2,x_1,x_1,x_3,x_2)$ wäre $h(1) = 1, h(2) = 2, h(3) = 1, h(4) = 1, h(5) = 3, h(6) = 2$. Ein k-Tupel $(a_1,\ldots,a_k)$ aus R^S wird in die Lösungsmenge aufgenommen, wenn für jede freie Variable x_i alle Einträge a_j mit $h(j) = i$ gleich sind und $(a_1,\ldots,a_k)$ noch nicht aufgenommen wurde. Der Auswahlprozess kann nach der lexikographischen Sortierung in der Zeit $\mathscr{O}(\mathrm{size}(R^S))$ durchgeführt werden.

Für Fall 5 wird analog wie im Fall 4 zuerst die Menge

$$\{(a_1,\ldots,a_n) \in D^n \mid (a_{i_1},\ldots,a_{i_k}) \in \varphi'(x_{i_1},\ldots,x_{i_k})\}$$

berechnet und mit einer Fachverteilung lexikographisch aufsteigend sortiert. Anschließend werden alle n-Tupel aus D^n in lexikographisch aufsteigender Reihenfolge inspiziert und in die Lösungsmenge von $\neg\varphi(x_1,\ldots,x_n)$ aufgenommen, wenn sie nicht in der obigen Menge enthalten sind.

Für die Fälle 6 und 7 werden die Lösungsmengen

$$\{(a_1,\ldots,a_n) \in D^n \mid (a_{i_1},\ldots,a_{i_k}) \in \varphi_1(x_{i_1},\ldots,x_{i_k})\}$$

und

$$\{(a_1,\ldots,a_n) \in D^n \mid (a_{j_1},\ldots,a_{j_\ell}) \in \varphi_2(x_{j_1},\ldots,x_{j_\ell})\}$$

aufgebaut, lexikographisch sortiert und zur Ergebnismenge gemischt bzw. disjunkt vereinigt.

Zur Berechnung der Lösungsmenge einer Quantifizierung in den Fällen 8 und 9 wird ebenfalls zuerst die lexikographisch aufsteigend sortierte Menge

$$\{(a_1,\ldots,a_{n+1}) \in D^{n+1} \mid (a_{i_1},\ldots,a_{i_k}) \in \varphi'(x_{i_1},\ldots,x_{i_k})\}$$

aufgebaut. Im Fall 8 werden diese $(n+1)$-Tupel lediglich auf die ersten n Positionen reduziert. Im Fall 9 wird ein n-Tupel genau dann in die Lösungsmenge aufgenommen, wenn alle $|D|^n$ unter den $(n+1)$-Tupeln mit gleichem x_{n+1} existieren.

Die Berechnung der Lösungsmenge $L^S(\varphi)$ aus den unmittelbaren Teilformeln ist also immer in der Zeit $\mathcal{O}(\text{size}(S)^w \cdot w)$ möglich. Da die Formel höchstens $\text{size}(\varphi)$ Teilformeln enthalten kann, folgt daraus die Aussage des Satzes.   ❏

Satz 4.49 impliziert die beiden folgenden Behauptungen.

Korollar 4.50. *Für eine gegebene relationale Struktur $S = (D, \mathscr{R}^S)$ über der Signatur $\mathscr{S}$ und eine gegebene Formel φ erster Ordnung über $\mathscr{S}$ mit einer konstanten Anzahl von Variablen kann die Lösungsmenge $L^S(\varphi)$ in polynomieller Zeit berechnet werden.*

Korollar 4.51. *Für eine Formel φ erster Ordnung sind die Probleme DEC_φ, PAR_φ, OPT_φ und CON_φ in polynomieller Zeit entscheidbar bzw. berechenbar.*

Übung 4.52. In welcher Zeit ist das Problem SEARCH_φ berechenbar?

Weitere Resultate zur Komplexität der Logik (u. a. bezüglich der oben definierten Variante $\text{DEC}(\varphi)$ von DEC_φ) werden in Abschnitt 5.1.4 angegeben (siehe die Sätze 5.39 und 5.40). Diese Resultate erfordern jedoch einige grundlegende Begriffe der Komplexitätstheorie, der wir uns im nächsten Kapitel zuwenden.

4.9 Literaturhinweise

Die mathematische Logik ist ein Teilgebiet der Mathematik und spielt in der Informatik eine bedeutende Rolle. Oft wird sie in die Teilgebiete Modelltheorie, Beweistheorie, Mengenlehre und Rekursionstheorie aufgeteilt. Es gibt eine Vielzahl von Abhandlungen über Themengebiete der mathematischen Logik. Die drei folgenden Bücher verdienen jedoch für die in diesem Buch betrachteten Fragestellungen eine besondere Aufmerksamkeit. Aspekte der Logik im Zusammenhang mit der parametrisierten Komplexität sind im Lehrbuch von Flum und Grohe [FG06] dargestellt. Die monadische Logik und ihre Bedeutung für die effiziente Lösbarkeit von Graphenproblemen für Graphen mit beschränkter Baumweite (Abschnitt 10.6) und Graphen mit beschränkter Cliquenweite (Abschnitt 11.6) werden von Courcelle [Cou] ausführlich beschrieben. Eine der klassischen Einführungen in die darstellende Komplexitätstheorie ist das Lehrbuch von Immerman [Imm98].

Komplexitätstheorie

Wann ist ein Problem schwer? Warum ist ein Problem schwerer als ein anderes? Mit diesen Fragen befasst sich die Komplexitätstheorie. In Abschnitt 3.4 wurden ausgewählte Graphenprobleme vorgestellt, wie zum Beispiel das Färbbarkeitsproblem für Graphen, und es wurde erwähnt, dass alle diese Probleme „schwer" sind. Was darunter zu verstehen ist, wird Inhalt dieses Kapitels sein.

Abschnitt 5.1 gibt eine kurze Einführung in die klassische Komplexitätstheorie. Abschnitt 5.2 stellt einen der möglichen Ansätze vor, mit der klassischen Berechnungshärte von Problemen umzugehen: die parametrisierte Komplexitätstheorie.

5.1 Klassische Komplexitätstheorie

5.1.1 Deterministische Zeit- und Platzklassen

Ein Problem, das durch einen Algorithmus in Polynomialzeit gelöst werden kann, ist effizient lösbar (siehe Abschnitt 2.4.3). Die Menge aller solcher Probleme fasst man in der Komplexitätsklasse P (deterministische Polynomialzeit) zusammen. In Beispiel 2.2 wurde ein Algorithmus vorgestellt, der das Zweifärbbarkeitsproblem in quadratischer Zeit (siehe Übung 2.3) bzw. sogar in Linearzeit (siehe Übung 2.9) löst und somit zeigt, dass dieses Problem zu P gehört.

deterministische Polynomialzeit P

Komplexitätsklassen sind Mengen von Problemen, deren Lösung bezüglich eines Komplexitätsmaßes (wie zum Beispiel Zeit- oder Platzbedarf) und eines Algorithmentyps (wie zum Beispiel Determinismus oder Nichtdeterminismus) etwa denselben algorithmischen Aufwand erfordert, eine vorgegebene Komplexitätsschranke (siehe Abschnitt 2.2) also nicht überschreitet. Bei der Klasse P ist diese Schranke ein beliebiges Polynom in der Eingabegröße. Allgemeiner definiert man die deterministischen Komplexitätsklassen für die Maße Zeit und Platz folgendermaßen, wobei wir daran erinnern, dass T_A^{WC} die Worst-case-Zeitkomplexität eines Algorithmus A (siehe Definition 2.6) und S_A^{WC} die Worst-case-Platzkomplexität von A (siehe Definition 2.7) bezeichnet.

F. Gurski et al., *Exakte Algorithmen für schwere Graphenprobleme*, eXamen.press, DOI 10.1007/978-3-642-04500-4_5, © Springer-Verlag Berlin Heidelberg 2010

Definition 5.1 (deterministische Zeit- und Platzklassen). *Für (berechenbare) Komplexitätsfunktionen t und s, die von $\mathbb{N}$ in $\mathbb{N}$ abbilden, ist die* Klasse DTIME(t) *der deterministisch in der Zeit t lösbaren Probleme* durch

$$\mathrm{DTIME}(t) = \left\{ L \;\middle|\; \begin{array}{l} \textit{es gibt einen Algorithmus A, der L löst,} \\ \textit{und für alle n gilt } T_A^{WC}(n) \le t(n) \end{array} \right\}$$

und die Klasse DSPACE(s) *der deterministisch mit Platzaufwand s lösbaren Probleme* durch

$$\mathrm{DSPACE}(s) = \left\{ L \;\middle|\; \begin{array}{l} \textit{es gibt einen Algorithmus A, der L löst,} \\ \textit{und für alle n gilt } S_A^{WC}(n) \le s(n) \end{array} \right\}$$

definiert.

Gemäß Definition 5.1 kann die Klasse P formal durch

$$P = \bigcup_{k \ge 0} \mathrm{DTIME}(n^k)$$

definiert werden. Tabelle 5.1 listet neben P einige weitere deterministische Komplexitätsklassen auf, die wichtig genug sind, einen eigenen Namen zu verdienen. Oft lässt man dabei auch Familien von Komplexitätsfunktionen zu (wie etwa die Familie aller Polynome für die Klasse P), nicht nur einzelne solche Funktionen. Das ist sinnvoll, da sich (unter bestimmten Voraussetzungen) nach Satz 5.2 unten Platz linear komprimieren bzw. Zeit linear beschleunigen lässt. Beispielsweise sind die Klassen DSPACE(n) und DSPACE($17 \cdot n + 3$) identisch und ebenso die Klassen DTIME(n^2) und DTIME($224 \cdot n^2 + 13$).

Tabelle 5.1. Einige deterministische Komplexitätsklassen

Zeitklassen	Platzklassen
REALTIME = DTIME(n)	L = DSPACE($\log$)
LINTIME = DTIME($\mathcal{O}(n)$)	LINSPACE = DSPACE($\mathcal{O}(n)$)
P = $\bigcup_{k \ge 0}$ DTIME(n^k)	PSPACE = $\bigcup_{k \ge 0}$ DSPACE(n^k)
E = DTIME($2^{\mathcal{O}(n)}$)	ESPACE = DSPACE($2^{\mathcal{O}(n)}$)
EXP = $\bigcup_{k \ge 0}$ DTIME(2^{n^k})	EXPSPACE = $\bigcup_{k \ge 0}$ DSPACE(2^{n^k})

Nicht alle Zeitklassen haben dabei ein Pendant hinsichtlich des Platzes, und nicht zu allen Platzklassen gibt es eine entsprechende Zeitklasse. Beispielsweise ist, wie bereits erwähnt, der Begriff der deterministischen logarithmischen Zeit nicht sinnvoll, da ein derart beschränkter Algorithmus nicht einmal jedes Symbol der Eingabe lesen könnte. Ebenso hat die Klasse REALTIME keine Entsprechung bei den Platzklassen, weil nach der zweiten Aussage von Satz 5.2 die Gleichheit

$$\mathrm{DSPACE}(n) = \mathrm{DSPACE}(\mathcal{O}(n)) = \mathrm{LINSPACE} \tag{5.1}$$

gilt, die (5.1) entsprechende Gleichheit bei den Zeitklassen jedoch nach einem Resultat von Rosenberg [Ros67] beweisbar nicht gilt:

$$\text{REALTIME} \neq \text{LINTIME}. \tag{5.2}$$

Es stellt sich die Frage, wie sich die Klassen in Tabelle 5.1 zueinander verhalten, unter welchen Bedingungen sie echt voneinander separiert sind und wie sich die Komplexitätsmaße Zeit und Platz ineinander umrechnen lassen. Wir geben die entsprechenden Resultate ohne Beweis an und verweisen interessierte Leser auf die einschlägige Literatur (wie z. B. [Pap94, Rot08]). Wenn wir im Folgenden von einer Komplexitätsfunktion sprechen, nehmen wir stillschweigend immer an, dass es sich um eine berechenbare Funktion handelt, die sich durch einen Algorithmus mit einem der jeweiligen Aussage entsprechenden Aufwand (bezüglich Zeit oder Platz) erzeugen lässt.[22]

Der folgende Satz sagt, dass sich ein Algorithmus A, der für Eingaben der Größe n den Platz $s(n)$ benötigt, stets durch einen Algorithmus A' simulieren lässt, der für eine von A abhängige Konstante $c < 1$ mit dem Platz $c \cdot s(n)$ auskommt. Man spricht dann von linearer Platzkompression. Beispielsweise gilt $\text{DSPACE}(2 \cdot n^2) = \text{DSPACE}(n^2)$ nach der zweiten Aussage von Satz 5.2. Die entsprechende Aussage gilt auch für das Komplexitätsmaß Zeit, allerdings nur für solche Komplexitätsfunktionen t, die asymptotisch stärker als die Identität wachsen (siehe (5.2)). In diesem Fall spricht man von linearer Beschleunigung. Beide Aussagen lassen sich durch geeignete Codierungstricks beweisen.

Satz 5.2 (lineare Beschleunigung und Kompression).

1. Für jede Komplexitätsfunktion t mit $n \in o\big(t(n)\big)$ gilt:

$$\text{DTIME}(t) = \text{DTIME}(\mathscr{O}(t)).$$

2. Für jede Komplexitätsfunktion s gilt:

$$\text{DSPACE}(s) = \text{DSPACE}(\mathscr{O}(s)).$$

ohne Beweis

Es stellt sich die Frage, um wie viel die Komplexitätsressource Zeit oder Platz wachsen muss, um eine echt größere Komplexitätsklasse zu erhalten. Diese Frage beantworten die Hierarchiesätze für Zeit und Platz, siehe Satz 5.3. Für den Platz ist die Antwort einfach: Nach der zweiten Aussage von Satz 5.2 gilt $\text{DSPACE}(s_2) \subseteq \text{DSPACE}(s_1)$ für alle Platzfunktionen s_1 und s_2 mit $s_2 \in \mathscr{O}(s_1)$. Satz 5.3 sagt, dass $\text{DSPACE}(s_2)$ jedoch nicht mehr in $\text{DSPACE}(s_1)$ enthalten ist, sobald $s_2 \notin \mathscr{O}(s_1)$

---

[22] Man sagt dann, die Komplexitätsfunktion ist „zeitkonstruierbar" bzw. „platzkonstruierbar". Dies sind vernünftige und notwendige Forderungen, ohne die die formalen Beweise nicht funktionieren würden. Da wir uns jedoch nicht in technischen Details verlieren wollen, verweisen wir wieder auf [Rot08] und merken hier lediglich an, dass alle „normalen" oder „üblichen" Komplexitätsfunktionen diese Konstruierbarkeitsbedingungen erfüllen.

gilt.[23] Für die Komplexitätsressource Zeit ist die Antwort etwas komplizierter, weil hier aus technischen Gründen (auf die wir hier nicht eingehen wollen) noch ein logarithmischer Faktor hinzukommt.

Satz 5.3 (Hierarchiesätze).

1. *Sind t_1 und t_2 Komplexitätsfunktionen, sodass $t_2 \notin \mathscr{O}(t_1)$ und $t_2(n) \geq n$ für alle n gilt, so gilt:*

$$\mathrm{DTIME}(t_2 \log t_2) \not\subseteq \mathrm{DTIME}(t_1).$$

2. *Sind s_1 und s_2 Komplexitätsfunktionen mit $s_2 \notin \mathscr{O}(s_1)$, so gilt:*

$$\mathrm{DSPACE}(s_2) \not\subseteq \mathrm{DSPACE}(s_1).$$

ohne Beweis

Aus den Hierarchiesätzen für Zeit und Platz (sowie aus der Ungleichheit (5.2)) erhalten wir sofort die folgenden echt aufsteigenden Inklusionsketten – so genannte Hierarchien – von Komplexitätsklassen. Dabei bedeutet $\mathscr{C} \subset \mathscr{D}$ für Klassen $\mathscr{C}$ und $\mathscr{D}$, dass $\mathscr{C} \subseteq \mathscr{D}$ und $\mathscr{C} \neq \mathscr{D}$ gilt.

Korollar 5.4.   *1.* $\mathrm{DTIME}(n) \subset \mathrm{DTIME}(n^2) \subset \mathrm{DTIME}(n^3) \subset \cdots$.
    2. $\mathrm{DTIME}(2^n) \subset \mathrm{DTIME}(2^{2 \cdot n}) \subset \mathrm{DTIME}(2^{3 \cdot n}) \subset \cdots$.
    3. $\mathrm{REALTIME} \subset \mathrm{LINTIME} \subset \mathrm{P} \subset \mathrm{E} \subset \mathrm{EXP}$.
    4. $\mathrm{DSPACE}(n) \subset \mathrm{DSPACE}(n^2) \subset \mathrm{DSPACE}(n^3) \subset \cdots$.
    5. $\mathrm{DSPACE}(2^n) \subset \mathrm{DSPACE}(2^{2 \cdot n}) \subset \mathrm{DSPACE}(2^{3 \cdot n}) \subset \cdots$.
    6. $\mathrm{L} \subset \mathrm{LINSPACE} \subset \mathrm{PSPACE} \subset \mathrm{ESPACE} \subset \mathrm{EXPSPACE}$.

Kommen wir nun zur Frage, wie sich die Komplexitätsmaße Zeit und Platz ineinander umrechnen lassen. Natürlich kann man mit jedem Rechenschritt höchstens einen neuen Speicherplatz benutzen. Folglich ist die Zeitschranke eines Algorithmus A zugleich immer auch eine Platzschranke für A, und die Lösung eines Problems durch A erfordert somit höchstens so viel Platz wie Zeit. Umgekehrt kann man zeigen, dass die Zeitschranke eines Algorithmus höchstens exponentiell in seinem Platzbedarf ist. Das heißt, lässt sich ein Problem mit Platzbedarf $s \in \Omega(\log)$ lösen, so kann es für eine geeignete Konstante $c > 0$ in der Zeit $2^{c \cdot s}$ gelöst werden.

Satz 5.5.   *1.* $\mathrm{DTIME}(t) \subseteq \mathrm{DSPACE}(t)$.
    2. Für $s \in \Omega(\log)$ gilt $\mathrm{DSPACE}(s) \subseteq \mathrm{DTIME}(2^{\mathscr{O}(s)})$.   **ohne Beweis**

---

[23] Man beachte, dass $s_2 \notin \mathscr{O}(s_1)$ *nicht* äquivalent zu $s_2 \in o(s_1)$ ist, denn $s_2 \notin \mathscr{O}(s_1)$ sagt lediglich, dass s_2 unendlich oft stärker als s_1 wächst, wohingegen $s_2 \in o(s_1)$ bedeutet, dass s_2 fast überall (also für alle bis auf endlich viele Argumente) stärker als s_1 wächst (vgl. Übung 2.14).

5.1.2 Naiver Exponentialzeit-Algorithmus für Dreifärbbarkeit

Komplexitätsklassen und ihre Hierarchien bilden einen formalen Rahmen, um Ordnung in die algorithmische Komplexität der (mathematisch formulierbaren) Probleme dieser Welt zu bringen; sie sind sozusagen die Hülsen, die wir nun mit Inhalt füllen wollen. Die Elemente einer Komplexitätsklasse sind Probleme – nicht etwa Algorithmen, auch wenn die Zugehörigkeit eines Problems zu einer Komplexitätsklasse natürlich durch einen geeigneten Algorithmus bezeugt wird. Sehen wir uns eines der Probleme, die uns bereits begegnet sind, in dieser Hinsicht genauer an, nämlich das k-Färbbarkeitsproblem für Graphen.

In Beispiel 2.2 wurde ein Algorithmus vorgestellt, der das Zweifärbbarkeitsproblem in quadratischer Zeit (siehe Übung 2.3) bzw. sogar in Linearzeit (siehe Übung 2.9) löst. Demnach ist dieses Problem in der Klasse P enthalten:

Behauptung 5.6. 2-FÄRBBARKEIT *ist in* P.

Nun wollen wir die (deterministische) Komplexität des Dreifärbbarkeitsproblems untersuchen. Wie in Abschnitt 3.4.2 beschrieben, sucht dieses Problem die Antwort auf die Frage, ob es möglich ist, die Knotenmenge eines gegebenen Graphen $G = (V, E)$ in höchstens drei Farbklassen aufzuteilen. Wir suchen also eine Partition von V in höchstens drei unabhängige Mengen.

Der unerfahrene Graphfärber würde vielleicht versuchen, den naiven Algorithmus anzuwenden, der einfach alle Lösungsmöglichkeiten der Reihe nach durchprobiert. Er erzeugt also nacheinander alle möglichen Partitionen von V in höchstens drei Mengen und testet, ob alle Elemente einer solchen Partition unabhängige Mengen des Graphen sind. Findet er eine solche Partition, so akzeptiert er die Eingabe; sind alle solchen Partitionen erfolglos getestet worden, so lehnt er die Eingabe ab.

Beispiel 5.7 (naiver Exponentialzeit-Algorithmus für Dreifärbbarkeit). Sehen wir uns einen Testlauf dieses Algorithmus an. Abbildung 5.1 zeigt den durch die vier Knoten Edgar, Max, Moritz und Paul induzierten Teilgraphen des Graphen aus Abb. 1.1.

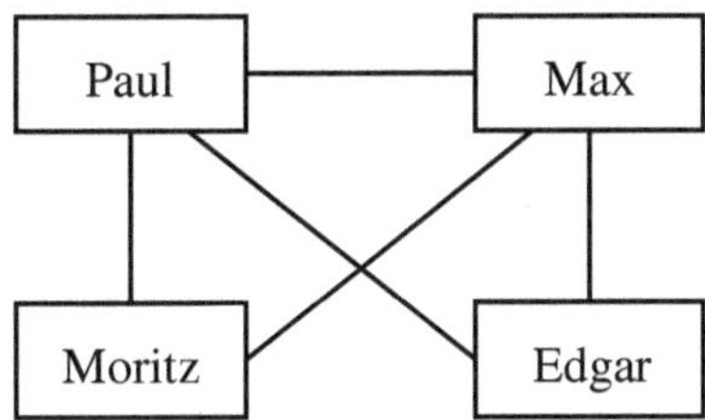

Abb. 5.1. Ein induzierter Teilgraph des Graphen aus Abb. 1.1

Zunächst testet der naive Algorithmus, ob der Graph mit nur einer Farbe färbbar ist. Es gibt natürlich nur eine solche Partition, deren einziges Element die ganze Knotenmenge des Graphen ist:

$$\{\{Edgar, Max, Moritz, Paul\}\}.$$

Offenbar ist diese Menge nicht unabhängig (siehe Abb. 5.1).

Dann testet der naive Algorithmus die Partitionen in zwei nicht leere Teilmengen der Knotenmenge, also ob der Graph zweifärbbar ist. Es gibt sieben solche Partitionen:

$$\{\{Edgar\}, \{Max, Moritz, Paul\}\}; \quad \{\{Edgar, Max\}, \{Moritz, Paul\}\};$$
$$\{\{Max\}, \{Edgar, Moritz, Paul\}\}; \quad \{\{Edgar, Paul\}, \{Max, Moritz\}\};$$
$$\{\{Moritz\}, \{Edgar, Max, Paul\}\}; \quad \{\{Edgar, Moritz\}, \{Max, Paul\}\};$$
$$\{\{Paul\}, \{Edgar, Max, Moritz\}\}.$$

Wie Abb. 5.2 zeigt, besteht keine dieser Partitionen nur aus unabhängigen Mengen.

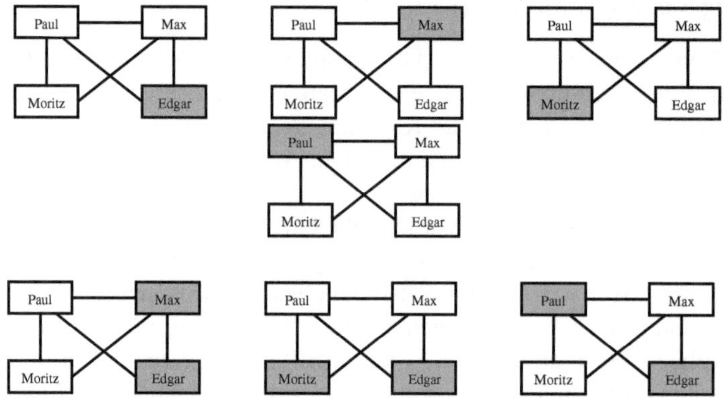

Abb. 5.2. Partitionen in zwei nicht leere Teilmengen

Schließlich testet der naive Algorithmus die Partitionen in drei nicht leere Teilmengen der Knotenmenge, also ob der Graph dreifärbbar ist. Es gibt sechs solche Partitionen:

$$\{\{Edgar, Max\}, \{Moritz\}, \{Paul\}\}; \quad \{\{Edgar, Moritz\}, \{Max\}, \{Paul\}\};$$
$$\{\{Edgar, Paul\}, \{Max\}, \{Moritz\}\}; \quad \{\{Max, Moritz\}, \{Edgar\}, \{Paul\}\};$$
$$\{\{Max, Paul\}, \{Edgar\}, \{Moritz\}\}; \quad \{\{Moritz, Paul\}, \{Edgar\}, \{Max\}\}.$$

Wie Abb. 5.3 zeigt, gibt es unter diesen nur eine Partition, deren sämtliche Elemente unabhängige Mengen des Graphen sind, nämlich $\{\{Edgar, Moritz\}, \{Max\}, \{Paul\}\}$ (die mittlere Partition in der oberen Reihe von Abb. 5.3).

Es ist klar, dass dieser Algorithmus korrekt ist: Existiert eine Lösung der gegebenen Probleminstanz, so findet er sie und akzeptiert; andernfalls lehnt er ab. Auch klar ist, dass die Laufzeit dieses Algorithmus von der Anzahl der möglichen Partitionen der Knotenmenge V, $|V| = n$, in höchstens drei disjunkte nicht leere Teilmengen abhängt.

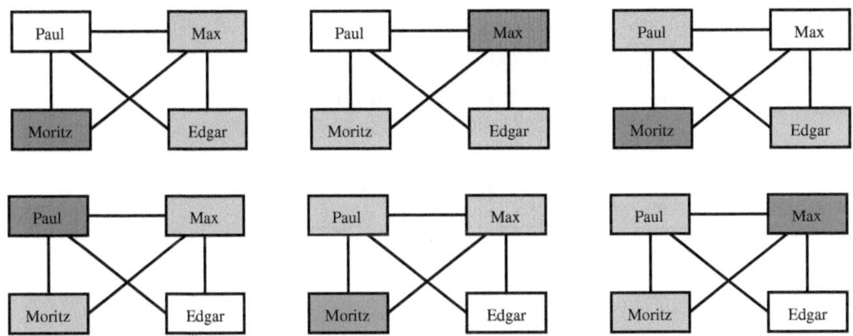

Abb. 5.3. Partitionen in drei nicht leere Teilmengen

Wie viele Partitionen einer n-elementigen Menge in $k \leq n$ nicht leere Teilmengen gibt es? Diese Frage wurde in der Kombinatorik gestellt und beantwortet, und die gesuchte Zahl ist dort so wichtig, dass sie einen eigenen Namen hat: die *Stirling-Zahl zweiter Art*, benannt nach dem Mathematiker James Stirling und bezeichnet mit $\{{}^n_k\}$ oder $S_{n,k}$. Man kann sich leicht die folgende Rekurrenz für diese Zahlen überlegen:

Stirling-Zahl zweiter Art $\{{}^n_k\}$

$$\left\{ {n \atop k} \right\} = \left\{ {n-1 \atop k-1} \right\} + k \cdot \left\{ {n-1 \atop k} \right\}. \tag{5.3}$$

Übung 5.8. Beweisen Sie, dass die Stirling-Zahlen zweiter Art die Rekurrenz (5.3) erfüllen. **Hinweis:** Eine Partition einer n-elementigen Menge in k nicht leere Teilmengen enthält entweder die Menge $\{n\}$ als Element oder sie enthält sie nicht. Betrachten Sie diese beiden Fälle separat, um $\{{}^n_k\}$ zu bestimmen.

Für die Laufzeitanalyse des naiven Dreifärbbarkeitsalgorithmus interessiert uns natürlich die Zahl $\sum_{k=1}^{3} \{{}^n_k\}$, deren Terme wie folgt bestimmt werden können:

$$\left\{ {n \atop 1} \right\} = 1; \quad \left\{ {n \atop 2} \right\} = 2^{n-1} - 1; \quad \left\{ {n \atop 3} \right\} = \left(3^{n-1} - 2^{n-1}\right) - \frac{1}{2}\left(3^{n-1} - 1^{n-1}\right). \tag{5.4}$$

Dies ergibt sich aus der folgenden allgemeinen Formel für die explizite Darstellung der Stirling-Zahlen zweiter Art:

$$\left\{ {n \atop k} \right\} = \frac{1}{k!} \sum_{i=0}^{k} (-1)^{k-i} \binom{k}{i} i^n = \sum_{i=0}^{k} (-1)^{k-i} \frac{i^{n-1}}{(i-1)!(k-i)!}. \tag{5.5}$$

Dabei bezeichnet $k! = k(k-1)(k-2)\cdots 1$ die Fakultätsfunktion (also die Anzahl der Permutationen von k Elementen) und $\binom{k}{i} = \frac{k!}{i!(k-1)!}$ den Binomialkoeffizienten (also die Anzahl der Möglichkeiten, i Elemente aus einer k-elementigen Menge auszuwählen).

Übung 5.9. (a) Zeigen Sie, wie sich die Darstellungen für $\{{}^n_1\}$, $\{{}^n_2\}$ und $\{{}^n_3\}$ in (5.4) aus der allgemeinen expliziten Formel (5.5) für die Stirling-Zahlen zweiter Art ergeben.

(b) Wie viele Partitionen in fünf nicht leere Teilmengen hat eine Menge mit $n \geq 5$ Elementen? Das heißt, bestimmen Sie $\left\{{n \atop 5}\right\}$.

(c) Betrachten Sie den Graphen mit fünf Knoten aus Abb. 1.1:

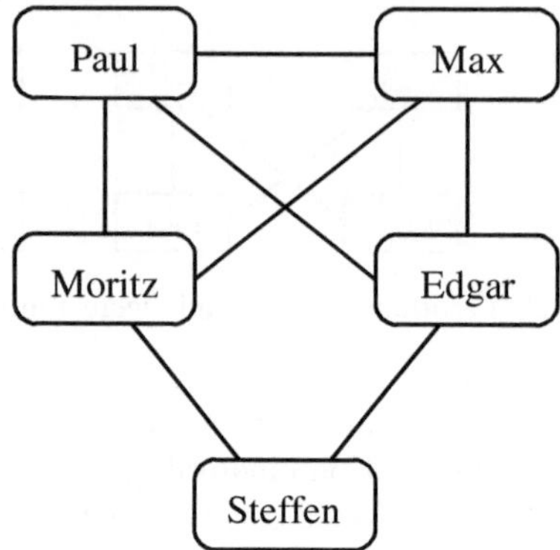

Wie viele Partitionen in nicht leere Teilmengen der Knotenmenge dieses Graphen muss der naive Algorithmus für das Dreifärbbarkeitsproblem im schlimmsten Fall testen?

(d) Geben Sie alle diese Partitionen explizit an.

Wie wir in Beispiel 5.7 gesehen haben, ergeben sich für $n = 4$ in (5.4) tatsächlich die Werte $\left\{{4 \atop 1}\right\} = 1$ (siehe Abb. 5.1), $\left\{{4 \atop 2}\right\} = 2^{4-1} - 1 = 7$ (siehe Abb. 5.2) und

$$\left\{{4 \atop 3}\right\} = \left(3^{4-1} - 2^{4-1}\right) - \frac{1}{2}\left(3^{4-1} - 1^{4-1}\right) = (27 - 8) - \frac{1}{2}(27 - 1) = 6$$

(siehe Abb. 5.3). Insgesamt mussten also für $n = 4$ in Beispiel 5.7 schlimmstenfalls $1 + 7 + 6 = 14$ Partitionen getestet werden.

Da man für jede Partition in Polynomialzeit testen kann, ob alle ihre Elemente unabhängige Mengen des Graphen sind, und da im schlimmsten Fall sämtliche Partitionen zu testen sind, ergibt sich die Laufzeit des naiven Dreifärbbarkeitsalgorithmus gemäß (5.4) im Wesentlichen durch

$$\left\{{n \atop 1}\right\} + \left\{{n \atop 2}\right\} + \left\{{n \atop 3}\right\} = 1 + 2^{n-1} - 1 + \left(3^{n-1} - 2^{n-1}\right) - \frac{1}{2}\left(3^{n-1} - 1^{n-1}\right)$$

$$= 3^{n-1} - \frac{1}{2}\left(3^{n-1} - 1^{n-1}\right).$$

Somit zeigt der naive Algorithmus, dass das Dreifärbbarkeitsproblem in der Komplexitätsklasse E liegt:

Behauptung 5.10. 3-FÄRBBARKEIT *ist in* E.

Übung 5.11. (a) Zeigen Sie, dass $3^n \in 2^{\mathscr{O}(n)}$ gilt.

(b) Zeigen Sie, dass k-FÄRBBARKEIT für jedes $k > 3$ in E liegt.

Eine der Behauptung 5.10 entsprechende Aussage gilt für jede der in Abschnitt 3.4 definierten Graphenprobleme: Sie alle sind durch den naiven Algorithmus in deterministischer Exponentialzeit lösbar. Können diese Probleme auch effizienter gelöst werden? Möglicherweise kann man für diese Probleme ja einen raffinierteren Algorithmus als den naiven finden. Schließlich würde der naive Algorithmus auch für die Lösung des Zweifärbbarkeitsproblems exponentielle Zeit brauchen, denn nach (5.4) ist auch die Anzahl $\left\{{n \atop 2}\right\} = 2^{n-1} - 1$ der Partitionen in zwei nicht leere Teilmengen exponentiell in der Knotenzahl des Graphen. Doch das Zweifärbbarkeitsproblem hat, wie wir wissen, einen simplen Polynomialzeit-Algorithmus (siehe Beispiel 2.2, die Übungen 2.3 und 2.9 sowie Behauptung 5.6). Für das Dreifärbbarkeitsproblem ist es jedoch bis heute nicht gelungen, einen effizienten Algorithmus zu finden.

Der folgende Abschnitt gibt Indizien dafür an, weshalb das Dreifärbbarkeitsproblem und andere Probleme aus Abschnitt 3.4 vermutlich nicht in Polynomialzeit lösbar sind.

5.1.3 Nichtdeterminismus, Reduktionen und NP-Vollständigkeit

Um plausibel zu machen, weshalb es für bestimmte Probleme (wie die in Abschnitt 3.4 definierten) vermutlich keine Polynomialzeit-Algorithmen gibt, befassen wir uns nun mit Nichtdeterminismus und insbesondere der Komplexitätsklasse NP, definieren Reduktionen zwischen verschiedenen Problemen und erklären darauf aufbauend den Begriff der NP-Vollständigkeit. Man könnte analog zu Definition 5.1 auch die nichtdeterministischen Komplexitätsmaße – NTIME und NSPACE – formal einführen. Weil dieses Buch jedoch vorwiegend deterministische Algorithmen zum Inhalt hat und kein Buch über Komplexitätstheorie ist, verzichten wir darauf und führen den Begriff des Nichtdeterminismus stattdessen informal ein.

Ein nichtdeterministischer Algorithmus verfügt über eine besondere Gabe: Er kann Lösungen einer gegebenen Probleminstanz *raten*. Die Macht des Ratens ist schon seit den Gebrüdern Grimm bekannt:

„Heißt du Kaspar, Melchior, Balthasar?",

und natürlich müssen geratene Lösungen – in einer deterministischen Phase – erst noch verifiziert werden:

„So heiß' ich nicht!".

Denn raten kann man vieles:

„Heißest du vielleicht Rippenbiest oder Hammelswade oder Schnuerbein?",

doch nicht jede geratene Lösung ist auch eine korrekte Lösung der Probleminstanz:

„So heiß' ich nicht!".

Anders als im Märchen werden in der nichtdeterministischen Ratephase eines Algorithmus alle potentiellen Lösungen der Probleminstanz *parallel* – gleichzeitig also – geraten und anschließend parallel auf Korrektheit getestet. Somit kann man eine nichtdeterministische Berechnung als einen Baum darstellen, dessen Wurzel die Eingabe repräsentiert und dessen Wege von der Wurzel zu den Blättern dem Raten der Lösungskandidaten entsprechen. An den Blättern des Berechnungsbaumes wird die Korrektheit der jeweiligen Lösung getestet: „Heißest du Kunz?" – „Nein." – „Heißest du Heinz?" – „Nein." – „Heißt du etwa Rumpelstilzchen?" Fußnote 24 gibt die Antwort. Abbildung 5.4 veranschaulicht diesen Vorgang.

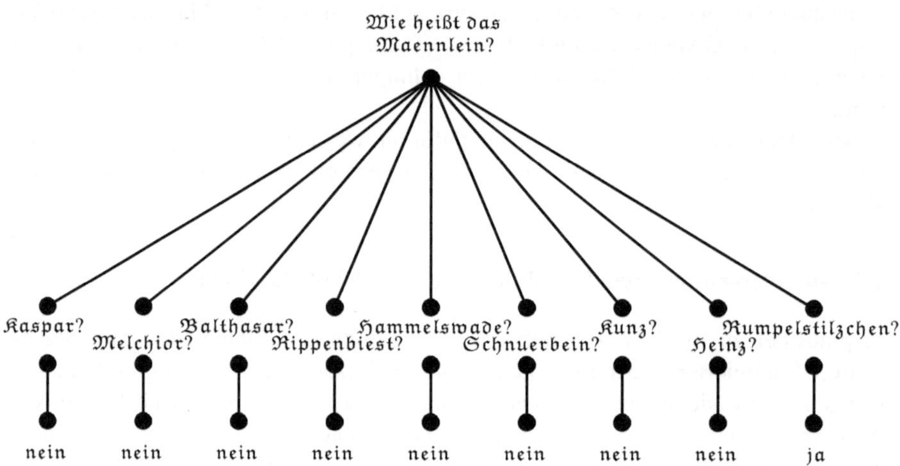

Abb. 5.4. Ein nichtdeterministischer Rateprozess mit deterministischer Verifikation

Bei einer nichtdeterministischen Berechnung ist zum Akzeptieren der Eingabe lediglich ein akzeptierender Weg im Berechnungsbaum erforderlich,[24] egal, wie viele der anderen Berechnungswege zur Ablehnung führen oder akzeptieren. Natürlich ist eine Eingabe auch bei mehreren akzeptierenden Berechnungen zu akzeptieren. Abgelehnt wird die Eingabe nur, wenn sämtliche Wege im Berechnungsbaum ablehnen.

Die Komplexitätsklasse NP (nichtdeterministische Polynomialzeit) enthält genau die Probleme, die sich durch einen nichtdeterministischen Algorithmus in Polynomialzeit lösen lassen. Bei einem NP-Problem ist also sowohl die nichtdeterministische Ratephase als auch die deterministische Verifikationsphase polynomialzeit-

---

[24] Das ist die Stelle, wenn im Märchen das kleine Männlein schreit: „Das hat dir der Teufel gesagt, das hat dir der Teufel gesagt!", seinen rechten Fuß vor Zorn tief in die Erde stößt, bis an den Leib hineinfährt, in seiner Wut seinen linken Fuß mit beiden Händen packt und sich selbst mitten entzwei reißt.

Ein nichtdeterministischer Algorithmus tut dies weitaus weniger drastisch, aber im Prinzip kann man sich sein Akzeptierungsverhalten ungefähr so vorstellen.

beschränkt. Alle in Abschnitt 3.4 definierten Graphenprobleme und viele Probleme der Aussagenlogik (siehe Kapitel 4) gehören zu NP. Das Raten von Lösungen erfolgt dabei in einer systematischen Art und Weise, sodass sämtliche möglichen Lösungskandidaten erfasst werden.

Korrekte Lösungen der „Ja"-Instanzen eines NP-Problems nennt man auch *Zeugen* oder *Zertifikate* – sie „bezeugen" oder „zertifizieren", dass eine gegebene Instanz des Problems zur Menge der „Ja"-Instanzen dieses Problems gehört.[25] Da die Ratephase polynomiell beschränkt ist, ist die Länge eines Zertifikats immer polynomiell in der Eingabegröße beschränkt, und es lässt sich somit in Polynomialzeit erzeugen. Da die Verifikationsphase ebenfalls polynomiell beschränkt ist, kann man für jeden Lösungskandidaten einer Probleminstanz in Polynomialzeit bestimmen, ob er ein Zertifikat für diese ist. Demnach kann man die Probleme in NP folgendermaßen charakterisieren.

Zeuge, Zertifikat

Satz 5.12. *Eine Menge A gehört genau dann zu* NP, *wenn es eine Menge B in* P *und ein Polynom p gibt, sodass für alle Eingaben x gilt:*

$$x \in A \iff (\exists z : |z| \le p(|x|)) \, [(x,z) \in B].$$

ohne Beweis

Übung 5.13. Beweisen Sie Satz 5.12.

Betrachten wir nun konkret das Erfüllbarkeitsproblem der Aussagenlogik, SAT, das in Kapitel 4 definiert wurde.

Behauptung 5.14. SAT *ist in* NP.

Beweis.   Um zu zeigen, dass SAT in NP liegt, geht ein nichtdeterministischer Polynomialzeit-Algorithmus (kurz: NP-Algorithmus) wie folgt vor. Bei Eingabe einer booleschen Formel φ mit n Variablen rät er eine Wahrheitswert-Belegung der Variablen von φ und akzeptiert genau dann, wenn eine geratene Belegung die Formel erfüllt. Der dieser Berechnung entsprechende Baum besteht aus einem Binärbaum der Tiefe n (denn für jede der n Variablen wird eine Belegung mit 1 (wahr) oder 0 (falsch) geraten), an dessen 2^n Wege sich jeweils eine deterministische Berechnung anschließt, die polynomiell in n ist (denn eine Formel kann für eine gegebene Belegung in Polynomialzeit ausgewertet werden). $\qquad\square$

Beispiel 5.15. Abbildung 5.5 zeigt den Berechnungsbaum des NP-Algorithmus aus dem Beweis von Behauptung 5.14 konkret für die Eingabeformel

$$\varphi(x,y,z) = (x \vee \neg y \vee z) \wedge (x \vee \neg y \vee \neg z) \wedge (\neg x \vee \neg y \vee z) \wedge (x \vee y \vee \neg z) \wedge (\neg x \vee \neg y \vee \neg z).$$

Die mit „A" markierten grauen Blätter dieses Baums stellen akzeptierende Berechnungen dar, die anderen ablehnende Berechnungen. Da es (mindestens) ein akzeptierendes Blatt gibt, ist die Eingabeformel φ also erfüllbar. Die Belegungen $(0,0,0)$, $(1,0,0)$ und $(1,0,1)$ sind die Zertifikate dafür.

---

[25] Es ist üblich, Entscheidungsprobleme nicht nur durch ein „Gegeben"- und „Frage"-Feld wie in Abschnitt 3.4 anzugeben, sondern auch als Mengen der „Ja"-Instanzen darzustellen.

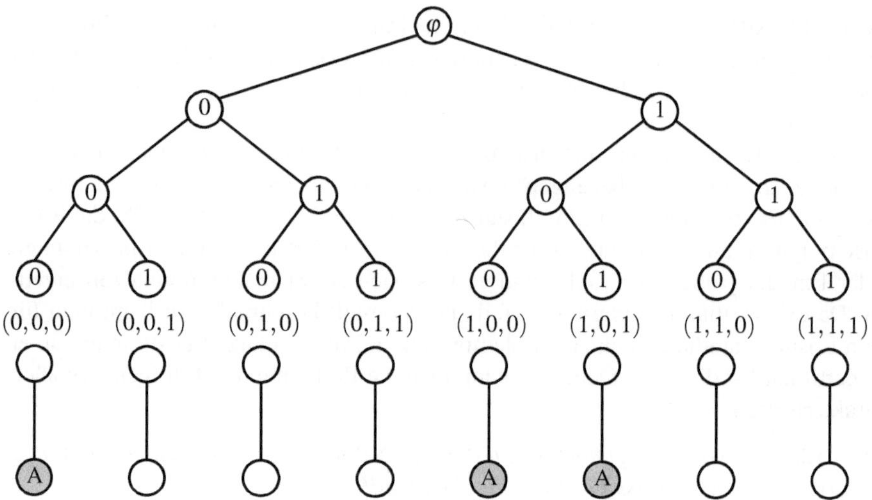

Abb. 5.5. Ein nichtdeterministischer Berechnungsbaum für die Formel φ in Beipiel 5.15

Alternativ zum Beweis von Behauptung 5.14, der einen konkreten NP-Algorithmus für SAT beschreibt, kann man Satz 5.12 anwenden, um zu zeigen, dass SAT in NP liegt. Nach Definition ist eine boolesche Formel φ in n Variablen genau dann in SAT, wenn es eine erfüllende Belegung z für φ gibt, also ein Wort $z \in \{0,1\}$, $|z| = n$, mit $(\varphi, z) \in B$, wobei die Menge

$$B = \{(\varphi, z) \mid z \text{ ist eine erfüllende Belegung für die boolesche Formel } \varphi\}$$

offenbar in Polynomialzeit entscheidbar ist.

Wie oben erwähnt, gehören alle in Abschnitt 3.4 definierten Graphenprobleme ebenfalls zu NP. Wir zeigen dies nun konkret für das Dreifärbbarkeitsproblem. Den Beweis von Lemma 5.16 (das später im Beweis von Satz 5.26 benötigt wird) führen wir exemplarisch in Beispiel 5.17.

Lemma 5.16. 3-FÄRBBARKEIT *ist in* NP.

Beispiel 5.17 (NP-Algorithmus für Dreifärbbarkeit). Wir betrachten wieder den Graphen mit den vier Knoten Edgar, Max, Moritz und Paul aus Abb. 5.1. Der in Beispiel 5.7 beschriebene Exponentialzeit-Algorithmus für Dreifärbbarkeit listete deterministisch sämtliche Partitionen der Knotenmenge dieses Graphen in nicht leere Teilmengen auf (siehe Abb. 5.1, Abb. 5.2 und Abb. 5.3) und testete für jede Partition, ob alle ihre Elemente unabhängige Mengen des Graphen sind. Der NP-Algorithmus für Dreifärbbarkeit, den wir nun beschreiben wollen, geht im Grunde genauso vor, nur dass er die Partitionen parallel erzeugt und testet, nicht sequenziell. Für den gegebenen Graphen rät er nichtdeterministisch eine Partition der Knotenmenge in nicht leere Teilmengen und verifiziert deterministisch, ob sie eine legale Dreifärbung beschreibt. Abbildung 5.6 zeigt den resultierenden Berechnungsbaum. Das einzige Zertifikat, das die Dreifärbbarkeit des gegebenen Graphen belegt, ist die Partition {{Edgar, Moritz}, {Max}, {Paul}}, die zu dem mit „A" markierten grauen Blatt führt, das als einziges akzeptiert; alle anderen Blätter lehnen ab.

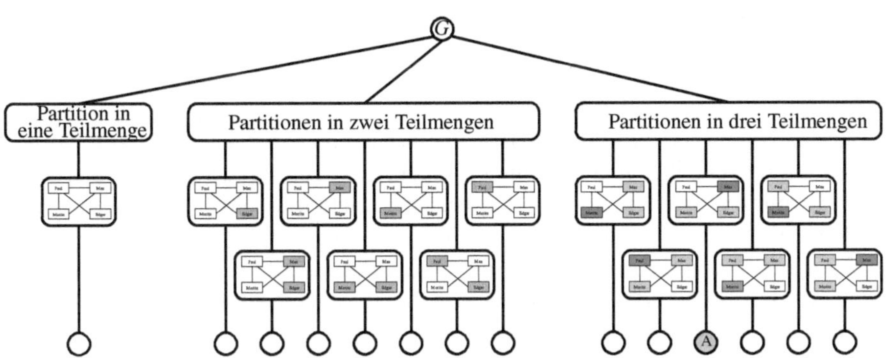

Abb. 5.6. NP-Algorithmus für Dreifärbbarkeit

Weshalb liegt 3-FÄRBBARKEIT vermutlich nicht in der Klasse P? Dieses Problem liegt in E und in NP, die beide P enthalten, aber die Zugehörigkeit eines Problems zu einer Klasse verbietet natürlich nicht seine Zugehörigkeit zu einer kleineren Teilklasse. Auch die leere Menge – das einfachste Problem überhaupt – liegt in E und in NP (und dennoch auch in viel kleineren Komplexitätsklassen).

Bevor wir uns der im vorherigen Absatz gestellten Frage zuwenden, befassen wir uns noch kurz mit weiteren nichtdeterministischen Komplexitätsklassen. Die zu den Sätzen über lineare Beschleunigung und Kompression (siehe Satz 5.2) und den Hierarchiesätzen (siehe Satz 5.3) analogen Aussagen gelten auch für die nichtdeterministischen Maße für Zeit und Platz, und neben NP gibt es noch viele weitere nichtdeterministische Komplexitätsklassen. Als Beispiele greifen wir hier nur zwei nichtdeterministische Platzklassen heraus: NL (nichtdeterministischer logarithmischer Platz) und NPSPACE (nichtdeterministischer polynomieller Platz). Nach einem Resultat von Savitch [Sav70] ist jedoch bekannt, dass

$$\text{PSPACE} = \text{NPSPACE} \tag{5.6}$$

gilt. Die folgende Inklusionskette von Komplexitätsklassen zeigt, wie sich Determinismus und Nichtdeterminismus zueinander und bezüglich der Maße Zeit und Platz verhalten:

$$L \subseteq NL \subseteq P \subseteq NP \subseteq PSPACE. \tag{5.7}$$

Von keiner der Inklusionen in (5.7) weiß man, ob sie echt ist; lediglich die echte Inklusion NL $\subset$ PSPACE folgt aus dem o. g. Satz von Savitch (bzw. aus dessen Folgerung (5.6)) und dem Hierarchiesatz für nichtdeterministische Platzklassen.

Wie man an den Beispielen 5.7 und 5.17 sieht, können NP-Algorithmen deterministisch in Exponentialzeit simuliert werden. Das heißt, der naive deterministische

Algorithmus aus Beispiel 5.7 führt gewissermaßen eine Tiefensuche durch den Berechnungsbaum des NP-Algorithmus für Dreifärbbarkeit (siehe Abb. 5.6) aus. Kann man beliebige NP-Algorithmen auch in deterministischer Polynomialzeit simulieren? Diese faszinierende Frage ist seit etwa vier Jahrzehnten ungelöst und stellt eines der bedeutendsten offenen Probleme der Informatik dar, das so genannte „P = NP?"-Problem. Es wird allgemein vermutet, dass $P \neq NP$ gilt, aber anders als bei der bekannten Ungleichheit $P \neq E$, die aus Satz 5.3 folgt (siehe Korollar 5.4), steht ein Beweis der Ungleichheit $P \neq NP$ nach wie vor aus.

Für den Nachweis, dass ein Problem zu einer Komplexitätsklasse gehört, ist „lediglich"[26] ein geeigneter Algorithmus zu finden, der dem Typ der Klasse entspricht (z. B. deterministisch oder nichtdeterministisch ist) und mit dem der Klasse entsprechenden Zeit- oder Platzbedarf auskommt. So wurde etwa in den Beispielen 5.7 und 5.17 durch geeignete Algorithmen gezeigt, dass das Dreifärbbarkeitsproblem zu den Klassen E und NP gehört. Die Existenz eines geeigneten Algorithmus zeigt also eine *obere Komplexitätsschranke.*

Zum Nachweis, dass ein Problem *nicht* in einer bestimmten Komplexitätsklasse liegt, muss man hingegen *jeden* Algorithmus, der diese Klasse repräsentiert, schlagen und zeigen, dass nicht einer davon das betrachtete Problem lösen kann. Das ist oft noch weitaus mühsamer als der Nachweis einer oberen Schranke. Um gegen die Gesamtheit aller Algorithmen des jeweiligen Typs vorzugehen, die in einer bestimmten Zeit oder einem bestimmten Platz arbeiten, bedarf es anderer Techniken als beim Algorithmenentwurf, und diese Techniken stoßen schnell an ihre Grenzen. Dies erklärt zum Teil die Schwierigkeit, sich einer Lösung des „P = NP?"-Problems zu nähern.

Eine etwas bescheidenere Aufgabe besteht darin, zu zeigen, dass ein Problem zwar zu einer Komplexitätsklasse gehört, aber *mindestens* so schwer wie jedes andere Problem dieser Klasse ist. Man spricht dann von einer *unteren Schranke* und sagt, das Problem ist *hart* für die Klasse (bzw. sogar *vollständig* für die Klasse, sofern das Problem zur Klasse gehört). Diese Begriffe sind wichtig, um unser Ziel zu erreichen: Indizien dafür zu finden, dass das Dreifärbbarkeitsproblem und andere Graphenprobleme aus Abschnitt 3.4 vermutlich nicht in Polynomialzeit lösbar sind.

Um zwei gegebene Probleme hinsichtlich ihrer Komplexität zu vergleichen, führen wir nun den Begriff der Reduzierbarkeit ein.

Definition 5.18. *Seien A und B zwei Mengen, beide über demselben Alphabet Σ codiert, d. h., die Elemente von A und B (bzw. die Instanzen der Probleme A und B) sind Wörter mit Buchstaben aus Σ. Mit Σ^* bezeichnen wir die Menge aller Wörter über Σ. Sei $\mathscr{C}$ eine Komplexitätsklasse.*

$\leq_m^p$-Reduzierbarkeit

1. *A ist (in Polynomialzeit many-one-)reduzierbar auf B, bezeichnet mit $A \leq_m^p B$, falls es eine in Polynomialzeit berechenbare Funktion f gibt, sodass für alle $x \in \Sigma^*$ gilt:*

$$x \in A \iff f(x) \in B.$$

$\mathscr{C}$-hart

2. *B ist (bezüglich der $\leq_m^p$-Reduzierbarkeit) $\mathscr{C}$-hart (synonym: $\mathscr{C}$-schwer), falls $A \leq_m^p B$ für jede Menge A in $\mathscr{C}$ gilt.*

---

[26] Auch das kann natürlich sehr schwierig sein.

3. Ist B in $\mathscr{C}$ und $\mathscr{C}$-hart (bezüglich $\leq_m^p$), so heißt B $\mathscr{C}$-vollständig (bezüglich $\leq_m^p$). $\mathscr{C}$-vollständig

Unter einer Reduktion eines Problems A auf ein Problem B kann man sich eine Transformation aller Instanzen[27] von A in Instanzen von B vorstellen, die leicht (nämlich in Polynomialzeit) ausgeführt werden kann. In gewissem Sinn „verkleidet" diese Transformation die Instanzen von A als Instanzen von B. Daraus folgt sofort, dass, wenn $A \leq_m^p B$ gilt und B in Polynomialzeit gelöst werden kann, auch A in P ist. Das bedeutet, dass die Klasse P bezüglich der $\leq_m^p$-Reduzierbarkeit abgeschlossen ist. Anders gesagt, obere Schranken vererben sich bezüglich der $\leq_m^p$-Reduzierbarkeit nach unten. Ebenso kann man sich leicht überlegen, dass sich untere Schranken bezüglich der $\leq_m^p$-Reduzierbarkeit nach oben vererben, d.h., wenn $A \leq_m^p B$ gilt und A NP-hart ist, so ist auch B NP-hart. Diese grundlegenden Eigenschaften der $\leq_m^p$-Reduzierbarkeit werden in den ersten beiden Aussagen von Satz 5.19 genannt. Die dritte Aussage ist ebenfalls leicht zu zeigen; sie sagt, dass es zur Lösung des „P = NP?"-Problems genügt, für lediglich ein NP-vollständiges Problem zu zeigen, dass es in P liegt.

Satz 5.19.   *1. Gilt $A \leq_m^p B$ und ist B in P, so ist auch $A \in$ P.*
2. Gilt $A \leq_m^p B$ und ist A NP-hart, so ist auch B NP-hart.
3. P = NP gilt genau dann, wenn ein NP-vollständiges Problem in P liegt.

ohne Beweis

Übung 5.20. Beweisen Sie Satz 5.19.

Das erste natürliche Problem, dessen NP-Vollständigkeit gezeigt werden konnte, ist das Erfüllbarkeitsproblem der Aussagenlogik, SAT. Dieses bahnbrechende Resultat, das auf Steven Cook [Coo71] zurückgeht, geben wir ohne Beweis im folgenden Satz an. Der Beweis beruht auf einer Konstruktion, die die Berechnung eines NP-Algorithmus in eine boolesche Formel codiert, sodass die Formel genau dann erfüllbar ist, wenn der Algorithmus akzeptiert.

Satz 5.21 (Cook [Coo71]). SAT *ist* NP-*vollständig.*   **ohne Beweis**

Die NP-Vollständigkeit von SAT wurde mittels der zweiten Aussage von Satz 5.19 auf zahlreiche weitere Probleme vererbt (siehe Garey und Johnson [GJ79]). Oft ist es dabei nützlich, ausgehend von einer geeigneten Einschränkung von SAT auf das Problem zu reduzieren, dessen NP-Vollständigkeit gezeigt werden soll. Natürlich muss dafür diese eingeschränkte SAT-Variante ebenfalls NP-vollständig sein. In Kapitel 4 wurde beispielsweise das Problem 3-SAT definiert, das wie SAT NP-vollständig ist, wie die folgende Behauptung zeigt.

Behauptung 5.22. 3-SAT *ist* NP-*vollständig.*

---

[27] Sowohl der „Ja"- als auch der „Nein"-Instanzen von A – und zu letzteren gehören auch alle Eingabewörter, die syntaktisch inkorrekt und daher unmittelbar abzulehnen sind.

Beweis.   Für den Nachweis der NP-Vollständigkeit eines Problems sind gemäß Definition 5.18 sowohl eine obere Schranke (es liegt in NP) als auch eine untere Schranke (es ist NP-hart) zu zeigen. Dass 3-SAT in NP liegt, folgt unmittelbar aus SAT $\in$ NP.

Die NP-Härte von 3-SAT ergibt sich aus der folgenden Überlegung. Jeder boolesche Ausdruck in konjunktiver Normalform kann wie folgt sehr einfach in einen äquivalenten booleschen Ausdruck in konjunktiver Normalform transformiert werden, in dem jede Klausel genau drei Literale enthält. Dazu werden neue Hilfsvariablen $h_{i,j}$ benötigt.

Eine Klausel $C_i = (\ell_{i,1})$ mit genau einem Literal $\ell_{i,1}$ wird durch eine Teilformel mit vier Klauseln ersetzt:

$$(\ell_{i,1} \vee h_{i,1} \vee h_{i,2}) \wedge (\ell_{i,1} \vee h_{i,1} \vee \neg h_{h,2}) \wedge (\ell_{i,1} \vee \neg h_{i,1} \vee h_{i,2}) \wedge (\ell_{i,1} \vee \neg h_{i,1} \vee \neg h_{i,2}).$$

Eine Klausel $C_i = (\ell_{i,1} \vee \ell_{i,2})$ mit genau zwei Literalen wird durch eine Teilformel mit zwei Klauseln ersetzt:

$$(\ell_{i,1} \vee \ell_{i,2} \vee h_{i,1}) \wedge (\ell_{i,1} \vee \ell_{i,2} \vee \neg h_{i,1}).$$

Eine Klausel $C_i = (\ell_{i,1} \vee \ell_{i,2} \vee \cdots \vee \ell_{i,k})$, $k > 3$, mit mehr als drei Literalen wird durch eine Teilformel mit $k - 2$ Klauseln ersetzt:

$$(\ell_{i,1} \vee \ell_{i,2} \vee h_{i,1}) \wedge (\ell_{i,3} \vee \neg h_{i,1} \vee h_{i,2}) \wedge \cdots$$
$$\cdots \wedge (\ell_{i,k-2} \vee \neg h_{i,k-4} \vee h_{i,k-3}) \wedge (\ell_{i,k-1} \vee \ell_{i,k} \vee \neg h_{i,k-3}).$$

Die Variablen $h_{i,j}$ sind, wie gesagt, neue Hilfsvariablen, die in dem ursprünglichen Ausdruck nicht verwendet wurden. Der dadurch entstehende Ausdruck besitzt offensichtlich genau dann eine erfüllende Belegung, wenn es für den ursprünglichen Ausdruck φ eine erfüllende Belegung gibt. Die Transformation der gegebenen SAT-Instanz in eine äquivalente 3-SAT-Instanz ist sehr effizient in linearer Zeit durchführbar und zeigt SAT $\leq_m^p$ 3-SAT. Nach Satz 5.21 ist 3-SAT NP-hart und somit NP-vollständig. $\qquad\square$

Beispiel 5.23 (Reduktion von SAT auf 3-SAT). Sei

$$\varphi = (x_1) \wedge (\neg x_1 \vee x_2) \wedge (x_1 \vee \neg x_2 \vee \neg x_3 \vee x_4 \vee \neg x_5)$$

ein boolescher Ausdruck mit der Variablenmenge $X(\varphi) = \{x_1, x_2, x_3, x_4, x_5\}$. Dann ist

$$\begin{aligned}
\varphi' = {}& (x_1 \vee h_{1,1} \vee h_{1,2}) \wedge (x_1 \vee h_{1,1} \vee \neg h_{1,2}) \wedge \\
& (x_1 \vee \neg h_{1,1} \vee h_{1,2}) \wedge (x_1 \vee \neg h_{1,1} \vee \neg h_{1,2}) \wedge \\
& (\neg x_1 \vee x_2 \vee h_{2,1}) \wedge (\neg x_1 \vee x_2 \vee \neg h_{2,1}) \wedge \\
& (x_1 \vee \neg x_2 \vee h_{3,1}) \wedge (\neg x_3 \vee \neg h_{3,1} \vee h_{3,2}) \wedge (x_4 \vee \neg x_5 \vee \neg h_{3,2})
\end{aligned}$$

ein zu φ äquivalenter boolescher Ausdruck mit Variablenmenge

$$X(\varphi') = \{x_1, x_2, x_3, x_4, x_5, h_{1,1}, h_{1,2}, h_{2,1}, h_{3,1}, h_{3,2}\},$$

in dem jede Klausel genau drei Literale enthält.

Eine weitere Einschränkung von SAT ist das folgende Problem:

NOT-ALL-EQUAL-3-SAT
NAE-3-SAT

NOT-ALL-EQUAL-3-SAT (NAE-3-SAT)

Gegeben: Eine boolesche Formel φ in konjunktiver Normalform, sodass jede Klausel genau drei Literale hat.

Frage: Gibt es eine erfüllende Belegung für φ, die in keiner Klausel sämtliche Literale wahr macht?

Unsere Reduktion im Beweis von Satz 5.26 wird von dem eingeschränkten Erfüllbarkeitsproblem NAE-3-SAT ausgehen, das ebenfalls NP-vollständig ist (siehe Übung 5.25(a)).

Lemma 5.24. NAE-3-SAT *ist* NP-*vollständig.**   ohne Beweis**

Übung 5.25. (a) Beweisen Sie Lemma 5.24. **Hinweis:** [Sch78].
(b) Zeigen Sie, dass k-FÄRBBARKEIT für jedes $k > 3$ NP-vollständig ist.
(c) Zeigen Sie, dass die in Abschnitt 3.4.3 definierten Entscheidungsprobleme DO-MINIERENDE MENGE und DOMATISCHE ZAHL NP-vollständig sind.

Satz 5.26. 3-FÄRBBARKEIT *ist* NP-*vollständig.*

Beweis. Dass 3-FÄRBBARKEIT in NP liegt, ist bereits aus Lemma 5.16 bekannt. Um die NP-Härte von 3-FÄRBBARKEIT zu zeigen, reduzieren wir das nach Lemma 5.24 NP-vollständige Problem NAE-3-SAT auf 3-FÄRBBARKEIT.

Sei eine boolesche Formel $\varphi = C_1 \wedge C_2 \wedge \cdots \wedge C_m$ in konjunktiver Normalform gegeben, sodass jede Klausel C_j von φ genau drei Literale hat. Seien $x_1, x_2, \ldots, x_n$ die Variablen von φ. Für $j \in \{1, 2, \ldots, m\}$ habe die j-te Klausel die Form $C_j = (\ell_{j1} \vee \ell_{j2} \vee \ell_{j3})$, wobei ℓ_{jk}, $1 \leq k \leq 3$, ein Literal über den Variablen $x_1, x_2, \ldots, x_n$ ist, d. h., $\ell_{jk} = x_i$ oder $\ell_{jk} = \neg x_i$ für ein i, $1 \leq i \leq n$.

Konstruiere einen Graphen $G_\varphi = (V, E)$ wie folgt. Die Knotenmenge von G_φ ist

$$V = \{u\} \cup \bigcup_{i=1}^{n} \{v_i, v_i'\} \cup \bigcup_{j=1}^{m} \{c_{j1}, c_{j2}, c_{j3}\},$$

d. h., für jede Variable x_i werden zwei Knoten, v_i und v_i', und für jede der drei Positionen $k \in \{1, 2, 3\}$ in einer jeden Klausel C_j wird ein Knoten c_{jk} eingeführt, und außerdem gibt es einen speziellen Knoten u. Die Kantenmenge E von G_φ ist so definiert:

1. Für jede Variable x_i, $1 \leq i \leq n$, gibt es drei Kanten: $\{v_i, v_i'\}$, $\{v_i, u\}$ und $\{v_i', u\}$. Den durch $\{u, v_i, v_i'\}$, $1 \leq i \leq n$, induzierten Teilgraphen von G_φ nennen wir ein *Variablendreieck* und die Knoten v_i bzw. v_i' *Variablenknoten*.
2. Für jede Klausel C_j, $1 \leq j \leq m$, gibt es drei Kanten: $\{c_{j1}, c_{j2}\}$, $\{c_{j1}, c_{j3}\}$ und $\{c_{j2}, c_{j3}\}$. Den durch $\{c_{j1}, c_{j2}, c_{j3}\}$, $1 \leq j \leq m$, induzierten Teilgraphen von G_φ nennen wir ein *Klauseldreieck*.

3. Die so definierten Variablen- und Klauseldreiecke von G_φ werden nun durch Kanten verbunden: Für $i \in \{1, 2, \ldots, n\}$, $j \in \{1, 2, \ldots, m\}$ und $k \in \{1, 2, 3\}$ gibt es genau dann eine Kante zwischen v_i und c_{jk}, wenn $\ell_{jk} = x_i$ ein positives Literal ist, und es gibt genau dann eine Kante zwischen v_i' und c_{jk}, wenn $\ell_{jk} = \neg x_i$ ein negatives Literal ist.

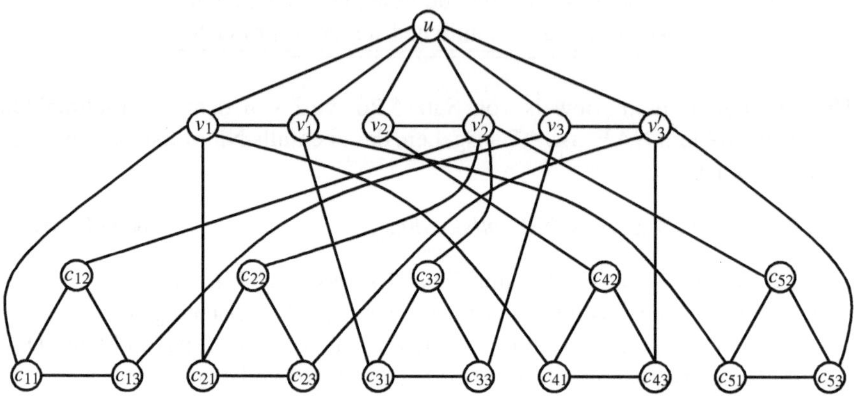

Abb. 5.7. Reduktion von NAE-3-SAT auf 3-Färbbarkeit

Abbildung 5.7 zeigt den Graphen G_φ für die Formel

$$\varphi(x_1, x_2, x_3) = (x_1 \vee \neg x_2 \vee x_3) \wedge (x_1 \vee \neg x_2 \vee \neg x_3) \wedge (\neg x_1 \vee \neg x_2 \vee x_3) \wedge$$
$$(x_1 \vee x_2 \vee \neg x_3) \wedge (\neg x_1 \vee \neg x_2 \vee \neg x_3),$$

die wir schon aus Beispiel 5.15 (mit anderen Variablennamen) kennen.

Offensichtlich lässt sich G_φ in Polynomialzeit aus φ konstruieren. Gemäß Definition 5.18 ist die folgende Äquivalenz zu zeigen:

$$\varphi \in \text{NAE-3-SAT} \iff G_\varphi \in \text{3-Färbbarkeit}. \qquad (5.8)$$

Angenommen, $\varphi \in$ NAE-3-SAT. Dann gibt es eine Belegung z, die φ erfüllt, also in jeder Klausel mindestens ein Literal wahr macht, die aber gleichzeitig auch in jeder Klausel mindestens ein Literal falsch macht. Mit Hilfe von z können wir den Graphen G_φ folgendermaßen färben. Belegt z eine Variable x_i mit dem Wahrheitswert wahr, so färben wir v_i mit der Farbe 1 und v_i' mit der Farbe 2; macht z dagegen $\neg x_i$ wahr (also x_i falsch), so färben wir v_i mit der Farbe 2 und v_i' mit der Farbe 1. Wird nun der Knoten u mit der Farbe 3 gefärbt, so sind alle Variablendreiecke legal dreigefärbt. Da z in jeder Klausel ein Literal wahr macht und eines falsch, ist in jedem Klauseldreieck von G_φ ein Eckknoten zu einem mit 1 gefärbten Variablenknoten adjazent (und wird deshalb selbst mit 2 gefärbt) und ein anderer Eckknoten zu einem mit 2 gefärbten Variablenknoten adjazent (und wird deshalb selbst mit 1 gefärbt). Für den dritten Eckknoten eines jeden Klauseldreiecks ist somit noch die Farbe 3 verfügbar. Also ist G_φ dreifärbbar.

Sei umgekehrt angenommen, dass G_φ dreifärbbar ist, und sei $\psi : V \to \{1,2,3\}$ eine legale Dreifärbung von G_φ. Wir konstruieren mit Hilfe von ψ eine Belegung für φ. Ohne Beschränkung der Allgemeinheit dürfen wir annehmen, dass $\psi(u) = 3$ gilt. Dann müssen alle Variablenknoten die Farbe entweder 1 oder 2 haben, wobei zwei benachbarte Variablenknoten (also v_i und v_i', $1 \le i \le n$) verschieden gefärbt sind. Dies liefert eine Wahrheitswert-Belegung z der Variablen von φ: Für $i \in \{1,2,\dots,n\}$ ist x_i unter z genau dann wahr, wenn v_i die Farbe 1 hat. Weil ψ eine legale Dreifärbung von G_φ ist, müssen insbesondere die drei Eckknoten in jedem Klauseldreieck verschieden gefärbt sein. Daraus folgt, dass z in jeder Klausel von φ ein Literal wahr und ein Literal falsch macht. Somit ist φ in NAE-3-SAT.

Folglich gilt die Äquivalenz (5.8), und NAE-3-SAT $\le_m^p$ 3-FÄRBBARKEIT ist gezeigt. Nach Lemma 5.24 und der zweiten Aussage von Satz 5.19 ist 3-FÄRBBARKEIT NP-hart. $\qquad\qquad\Box$

Beispiel 5.27 (Reduktion von NAE-3-SAT auf 3-Färbbarkeit). Abbildung 5.7 zeigt den Graphen G_φ, der gemäß der Konstruktion im Beweis von Satz 5.26 aus der booleschen Formel

$$\varphi(x_1, x_2, x_3) = (x_1 \vee \neg x_2 \vee x_3) \wedge (x_1 \vee \neg x_2 \vee \neg x_3) \wedge (\neg x_1 \vee \neg x_2 \vee x_3) \wedge$$
$$(x_1 \vee x_2 \vee \neg x_3) \wedge (\neg x_1 \vee \neg x_2 \vee \neg x_3)$$

resultiert. Diese Formel ist *nicht* in NAE-3-SAT, denn wie wir in Beispiel 5.15 gesehen haben, sind $(0,0,0)$, $(1,0,0)$ und $(1,0,1)$ ihre einzigen erfüllenden Belegungen, und keine davon hat die „Not-all-equal"-Eigenschaft: Die Belegung $(0,0,0)$ macht alle Literale in der letzten Klausel $(\neg x_1 \vee \neg x_2 \vee \neg x_3)$ wahr; die Belegung $(1,0,0)$ macht alle Literale in der zweiten Klausel $(x_1 \vee \neg x_2 \vee \neg x_3)$ wahr; und $(1,0,1)$ macht alle Literale in der ersten Klausel $(x_1 \vee \neg x_2 \vee x_3)$ wahr. Dementsprechend ist der Graph G_φ nicht dreifärbbar. Würden wir zum Beispiel versuchen, G_φ gemäß der Argumentation im Beweis von (5.8) ausgehend von der erfüllenden Belegung $(1,0,1)$ zu färben, so ergäbe sich das Problem, dass alle drei Eckknoten der ersten Klausel zu den mit der Farbe 1 gefärbten Variablenknoten v_1, v_2' und v_3 adjazent sind, weshalb sie sich in einer legalen Dreifärbung nur der Farben 2 und 3 bedienen dürften. Das ist aber unmöglich, weil je zwei dieser Eckknoten auch miteinander verbunden sind. Abbildung 5.8 zeigt diese illegale Dreifärbung, in der die benachbarten Knoten c_{11} und c_{13} gleich gefärbt sind, wobei die Farbe 1 weiß, die Farbe 2 hellgrau und die Farbe 3 dunkelgrau dargestellt ist. Jede andere Dreifärbung von G_φ ist ebenfalls illegal. Dies zeigt, dass die Implikation $\varphi \notin$ NAE-3-SAT $\implies G_\varphi \notin$ 3-FÄRBBARKEIT (die Kontraposition der Implikation $G_\varphi \in$ 3-FÄRBBARKEIT $\implies \varphi \in$ NAE-3-SAT aus Äquivalenz (5.8)) für die Beispielformel φ gilt.

Wenn wir jedoch die Formel φ leicht abändern, indem wir ihre erste Klausel streichen, so erhalten wir die neue Formel

$$\varphi'(x_1, x_2, x_3) = (x_1 \vee \neg x_2 \vee \neg x_3) \wedge (\neg x_1 \vee \neg x_2 \vee x_3) \wedge$$
$$(x_1 \vee x_2 \vee \neg x_3) \wedge (\neg x_1 \vee \neg x_2 \vee \neg x_3),$$

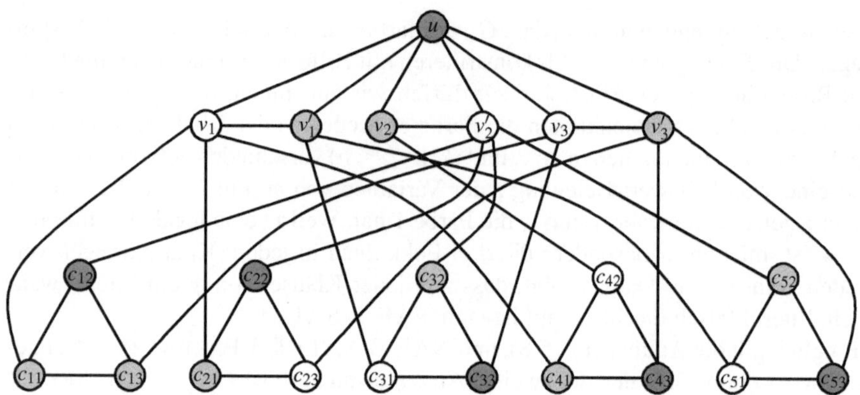

Abb. 5.8. Graph G_φ ist wegen $\varphi \notin$ NAE-3-SAT nicht dreifärbbar.

die in NAE-3-SAT ist. Tatsächlich ist nun $(1,0,1)$ eine Belegung, die φ' erfüllt und zusätzlich in allen Klauseln mindestens ein Literal falsch macht. Dementsprechend ist der Graph $G_{\varphi'}$, der sich aus φ' gemäß der Konstruktion im Beweis von Satz 5.26 ergibt, dreifärbbar, und Abb. 5.9 zeigt eine legale Dreifärbung von $G_{\varphi'}$. Dies entspricht für die Beispielformel φ' der Implikation $\varphi' \in$ NAE-3-SAT $\Longrightarrow$ $G_{\varphi'} \in$ 3-FÄRBBARKEIT aus Äquivalenz (5.8).

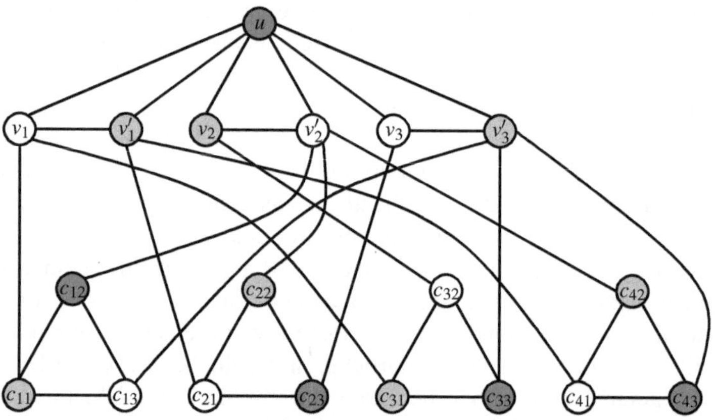

Abb. 5.9. Graph $G_{\varphi'}$ ist wegen $\varphi' \in$ NAE-3-SAT dreifärbbar.

Wie das Dreifärbbarkeitsproblem sind auch alle anderen der in Abschnitt 3.4 definierten Probleme NP-vollständig. Nun können wir die gesuchten Indizien dafür benennen, dass vermutlich keines dieser Probleme einen Polynomialzeit-Algorithmus besitzt. Wäre nämlich auch nur ein einziges dieser Probleme in Polynomialzeit lösbar, so würde nach der dritten Aussage von Satz 5.19 P = NP gelten, was jedoch für sehr unwahrscheinlich gehalten wird. Es ist natürlich im Prinzip möglich, dass irgendwann die überraschende Gleichheit P = NP bewiesen wird. Versuche gab es in großer Zahl, doch jeder ist bisher gescheitert, sobald der „Beweis" genauer überprüft wurde.

Es gibt jedoch noch mehr Gründe für die allgemeine Annahme, dass P ≠ NP gilt,[28] als nur die Tatsache, dass bisher jeder Beweisversuch für P = NP – und insbesondere jeder Versuch des Entwurfs eines Polynomialzeit-Algorithmus für die Probleme aus Abschnitt 3.4 – misslungen ist. Zum Beispiel hätte die Gleichheit P = NP unerwartete Auswirkungen auf die Struktur der Komplexitätsklassen und -hierarchien. Eine Reihe von Hierarchien – wie die so genannte Polynomialzeit-Hierarchie (siehe Abschnitt 5.1.4) oder die boolesche Hierarchie über NP (siehe z. B. [Rot08]) – würden kollabieren, wenn P = NP gelten würde. Wäre etwa das NP-vollständige Dreifärbbarkeitsproblem in P, so wären dann auch viele andere Probleme in P, die man für noch weitaus schwerer hält als das Dreifärbbarkeitsproblem. Die Intuition für P ≠ NP beruht gewissermaßen auf dem Glauben, dass sich das Grundprinzip der Diversität auch auf die Natur der algorithmischen Komplexität von Problemen erstreckt. Eine Welt, in der fast alle natürlichen Probleme einen Polynomialzeit-Algorithmus hätten, wäre zweifelsohne effizienter, aber sie wäre auch eine viel langweiligere Welt.

5.1.4 Die Polynomialzeit-Hierarchie

Es gibt eine Reihe von Komplexitätshierarchien über NP (siehe z. B. [Rot08]); die wichtigste unter diesen ist die von Meyer und Stockmeyer [MS72, Sto77] eingeführte Polynomialzeit-Hierarchie. Um diese Hierarchie zu definieren, benötigen wir zunächst einige Begriffe.

Definition 5.28. *Seien $\mathscr{C}$ und $\mathscr{D}$ zwei Komplexitätsklassen.*

1. Die Klasse der Komplemente von Problemen in $\mathscr{C}$ ist definiert als $\qquad$ co$\mathscr{C}$

$$\mathrm{co}\mathscr{C} = \{\overline{C} \mid C \in \mathscr{C}\}.$$

2. $\mathscr{C}^{\mathscr{D}}$ ist die Klasse der Probleme, die von einem Algorithmus im Sinne von $\mathscr{C}$ mit $\quad$ $\mathscr{C}^{\mathscr{D}}$
einer Orakelmenge $D \in \mathscr{D}$ akzeptiert werden können.[29] In einer solchen Berech- $\quad$ Orakelmenge
nung ist es dem Algorithmus erlaubt, Fragen an seine Orakelmenge zu stellen,
und er erhält die Antworten jeweils in einem Schritt, egal wie schwer die Ora-
kelmenge zu bestimmen ist. Man kann sich eine solche Berechnung so vorstellen,
dass für jede Frage eine Unterprozedur für D zu Einheitskosten ausgeführt wird;
demgemäß spricht man von einer Berechnung relativ zu D. $\qquad$ relative Berechnung

---

[28] Allerdings ist bisher auch kein Beweis der vermuteten Ungleichheit P ≠ NP geglückt.

[29] Formal wird dies durch den Begriff der *Orakel-Turingmaschine* definiert, siehe z. B. $\qquad$ Orakel-Turingmaschine
[Rot08]. Dies ist ein Algorithmenmodell, das zusätzlich mit einem Frageband ausgestattet ist, auf das der Algorithmus während seiner Berechnung Fragen schreiben kann. In einem speziellen Zustand, dem Fragezustand, erhält der Algorithmus die Antwort auf die aktuelle Frage (nämlich ob dieses Wort zur Orakelmenge gehört oder nicht) und setzt die Berechnung abhängig von dieser Antwort entweder im „Ja"- oder „Nein"-Zustand fort.

coNP   Beispielsweise ist coNP $= \{\overline{A} \mid A \in \mathrm{NP}\}$ die Klasse der Komplemente von NP-Problemen. Es ist nicht bekannt, ob NP $=$ coNP gilt; man vermutet allgemein, dass diese beiden Klassen verschieden sind. Mit anderen Worten, man vermutet, dass NP nicht unter Komplementbildung abgeschlossen ist. Das Tautologie-Problem ist ein Beispiel für ein Problem, das in coNP, aber vermutlich nicht in NP liegt (tatsächlich ist es coNP-vollständig, siehe Übung 5.29). Eine *Tautologie* ist ein boolescher Ausdruck, der *gültig* ist, d. h., der für jede Belegung seiner Variablen wahr ist. Beispielsweise ist $(x \wedge \neg x) \Rightarrow y$ eine Tautologie, da die Prämisse der Implikation, $(x \wedge \neg x)$, für jede Belegung der Variablen x falsch, die Implikation also stets wahr ist.

Tautologie

Tautology

Tautology

Gegeben: Ein boolescher Ausdruck φ.
Frage: Ist φ eine Tautologie?

Übung 5.29. (a) Zeigen Sie, dass Tautology coNP-vollständig ist.
Hinweis: Geben Sie eine Reduktion vom Komplement von SAT auf Tautology an.

(b) Seien A und B zwei Probleme. Wir sagen, A ist *in Polynomialzeit Turing-reduzierbar auf B*, falls $A \in \mathrm{P}^B$ gilt (d. h., falls es einen deterministischen Polynomialzeit-Algorithmus gibt, der A mit Fragen an das Orakel B entscheidet).

Zeigen Sie, dass A in Polynomialzeit Turing-reduzierbar auf B ist, falls $A \leq^{\mathrm{p}}_{\mathrm{m}} B$ gilt. (Mit anderen Worten, die $\leq^{\mathrm{p}}_{\mathrm{m}}$-Reduzierbarkeit ist eine spezielle polynomialzeit-beschränkte Turing-Reduzierbarkeit.)

polynomialzeit-beschränkte Turing-Reduzierbarkeit

Die Klasse P jedoch ist – wie jede deterministische Klasse – unter Komplementbildung abgeschlossen, d. h., es gilt P $=$ coP.

Als ein konkretes Beispiel für $\mathscr{C}^{\mathscr{D}}$ betrachten wir P^{NP}, die Klasse der Probleme, die sich durch einen Polynomialzeit-Algorithmus entscheiden lassen, der während seiner Berechnung Fragen an eine NP-Menge stellen darf. Ein in P^{NP} vollständiges Problem ist die folgende Variante von TSP:

P^{NP}

Unique Optimal Traveling Salesperson Problem

Gegeben: Ein vollständiger Graph $K_n = (V, E)$ und eine
          Funktion $c : E \to \mathbb{N}$.
Frage: Gibt es in K_n genau eine Rundreise kürzester
          Länge?

Unique Optimal Traveling Salesperson Problem

Die Klasse P^{NP} enthält viele natürliche Varianten von Problemen in NP. Anders als bei den NP-Problemen, die in der Regel lediglich nach der Existenz einer Lösung fragen, geht es bei Problemen in P^{NP} oft darum, zu entscheiden, ob eine optimale Lösung eine bestimmte Eigenschaft erfüllt, ob sie beispielsweise (wie bei Unique Optimal Traveling Salesperson Problem) sogar eindeutig ist. Ein anderes

Beispiel für ein P^{NP}-vollständiges Problem ist die folgende Variante des Erfüllbarkeitsproblems:

ODD-MAX-SAT

ODD-MAX-SAT

Gegeben: Ein erfüllbarer boolescher Ausdruck φ.

Frage: Ist die größte erfüllende Belegung der Variablen
von φ eine ungerade Zahl?[30]

Häufig ist man auch an funktionalen Problemen (wie zum Beispiel dem in Übung 5.30 definierten Suchproblem) interessiert und betrachtet dann die zur Klasse P^{NP} von Entscheidungsproblemen analoge Funktionenklasse FP^{NP}.

Übung 5.30. Es sei $G = (V, E)$ ein planarer Graph mit der Knotenmenge $V = \{v_1, v_2, \ldots, v_n\}$. Appel and Haken [AH77a, AH77b] zeigten, dass jeder planare Graph vierfärbbar ist. Jede Vierfärbung $\psi_G : V \to \{1, 2, 3, 4\}$ kann als ein Wort in $\{1, 2, 3, 4\}^n$ aufgefasst werden, das durch $\psi_G = \psi_G(v_1)\psi_G(v_2)\cdots\psi_G(v_n)$ definiert ist. Zeigen Sie, dass das folgende Suchproblem in FP^{NP} liegt:

MIN-4-FÄRBBARKEIT
FÜR PLANARE
GRAPHEN

MIN-4-FÄRBBARKEIT FÜR PLANARE GRAPHEN

Gegeben: Ein planarer Graph G.

Ausgabe: Die lexikographisch kleinste legale Vierfärbung
von G.

Hinweis: Bestimmen Sie zunächst eine geeignete NP-Orakelmenge A und führen Sie dann eine Präfixsuche auf $\{1, 2, 3, 4\}^n$ durch, die die lexikographisch kleinste legale Vierfärbung von G durch Fragen an A ermittelt.

Die Klassen P, NP, coNP und P^{NP} gehören zur Polynomialzeit-Hierarchie, die wir nun definieren.

Definition 5.31 (Polynomialzeit-Hierarchie). *Die* Stufen der Polynomialzeit-Hierarchie *sind induktiv wie folgt definiert:*

Δ_i^p
Σ_i^p
Π_i^p

$$\Delta_0^p = \Sigma_0^p = \Pi_0^p = P;$$

$$\Delta_{i+1}^p = P^{\Sigma_i^p}, \quad \Sigma_{i+1}^p = NP^{\Sigma_i^p} \quad und \quad \Pi_{i+1}^p = co\Sigma_{i+1}^p \quad für\ i \geq 0.$$

Die Polynomialzeit-Hierarchie *ist die Vereinigung ihrer Stufen:*

Polynomialzeit-
Hierarchie PH

$$PH = \bigcup_{i \geq 0} \Sigma_i^p.$$

---

[30] Dabei fasst man eine Belegung $T : X(\varphi) \to \{0, 1\}$ als ein Wort der Länge $n = |X(\varphi)|$ über $\{0, 1\}$ auf, wobei 0 für **false** und 1 für **true** steht, und betrachtet die lexikographische Ordnung auf $\{0, 1\}^n$. Es wird also gefragt, ob das am wenigsten signifikante Bit der in dieser Ordnung größten erfüllenden Belegung von φ eine 1 ist oder nicht.

Auf der nullten Stufe der Polynomialzeit-Hierarchie stimmen die Klassen Δ_0^p, Σ_0^p und Π_0^p überein; sie sind alle gleich P. Auf der ersten Stufe unterscheiden sie sich jedoch vermutlich: Während $\Delta_1^p = \mathrm{P}^{\mathrm{P}} = \mathrm{P}$ ist, gilt $\Sigma_1^p = \mathrm{NP}^{\mathrm{P}} = \mathrm{NP}$ und $\Pi_1^p = \mathrm{coNP}^{\mathrm{P}} = \mathrm{coNP}$. Auf der zweiten Stufe, die aus den Klassen $\Delta_2^p = \mathrm{P}^{\mathrm{NP}}$, $\Sigma_2^p = \mathrm{NP}^{\mathrm{NP}}$ und $\Pi_2^p = \mathrm{coNP}^{\mathrm{NP}}$ besteht, und auf allen höheren Stufen sind die entsprechenden Klassen vermutlich ebenfalls verschieden. Ebenso sind alle Stufen der Hierarchie vermutlich verschieden, d. h., vermutlich gilt $\Delta_i^p \neq \Delta_{i+1}^p$, $\Sigma_i^p \neq \Sigma_{i+1}^p$ und $\Pi_i^p \neq \Pi_{i+1}^p$ für alle $i \geq 0$. „Vermutlich" muss man hier sagen, weil es bis heute keinen Beweis irgendeiner dieser Separationen gibt. Gäbe es jedoch eine Gleichheit zwischen zwei aufeinander folgenden Stufen der Polynomialzeit-Hierarchie (oder auch nur die Gleichheit $\Sigma_i^p = \Pi_i^p$ für irgendein $i \geq 1$), so würde die gesamte Hierarchie auf diese Stufe kollabieren. Diese Eigenschaft und andere grundlegende Eigenschaften der Polynomialzeit-Hierarchie werden ohne Beweis im folgenden Satz zusammengefasst. Zunächst benötigen wir noch den Begriff des Abschlusses einer Komplexitätsklasse unter bestimmten Reduzierbarkeiten.

Definition 5.32 (Abschluss unter Reduzierbarkeiten).

Abschluss unter
$\leq_{\mathrm{m}}^{\mathrm{p}}$-Reduktionen

Abschluss unter
Turing-Reduktionen

1. *Eine Klasse $\mathscr{C}$ heißt* abgeschlossen unter $\leq_{\mathrm{m}}^{\mathrm{p}}$-*Reduktionen, falls aus $B \in \mathscr{C}$ und $A \leq_{\mathrm{m}}^{\mathrm{p}} B$ folgt, dass $A \in \mathscr{C}$ gilt.*
2. *Eine Klasse $\mathscr{C}$ heißt* abgeschlossen unter (polynomialzeit-beschränkten) Turing-*Reduktionen, falls $\mathrm{P}^{\mathscr{C}} \subseteq \mathscr{C}$ gilt.*

Satz 5.33.   *1. Für jedes $i \geq 0$ gilt*

$$\Sigma_i^p \cup \Pi_i^p \subseteq \Delta_{i+1}^p \subseteq \Sigma_{i+1}^p \cap \Pi_{i+1}^p.$$

2. $\mathrm{PH} \subseteq \mathrm{PSPACE}$.
3. *Jede der Klassen Δ_i^p, Σ_i^p und Π_i^p, $i \geq 0$, sowie PH ist abgeschlossen unter $\leq_{\mathrm{m}}^{\mathrm{p}}$-Reduktionen.*
4. *Die Stufen Δ_i^p, $i \geq 0$, der Polynomialzeit-Hierarchie sind sogar unter polynomialzeit-beschränkten Turing-Reduktionen abgeschlossen (d. h., $\mathrm{P}^{\Delta_i^p} \subseteq \Delta_i^p$ für alle $i \geq 0$; siehe dazu auch Übung 5.29(b)).*
5. *Jede der Klassen Δ_i^p, Σ_i^p und Π_i^p, $i \geq 0$, hat $\leq_{\mathrm{m}}^{\mathrm{p}}$-vollständige Probleme.*
6. *Gäbe es ein $\leq_{\mathrm{m}}^{\mathrm{p}}$-vollständiges Problem für PH, dann würde diese Hierarchie auf eine endliche Stufe kollabieren.*
7. *Ist $\Sigma_i^p = \Pi_i^p$ für ein $i \geq 1$ oder ist $\Sigma_{i+1}^p = \Sigma_i^p$ für ein $i \geq 0$, dann kollabiert die PH auf ihre i-te Stufe:*

$$\Sigma_i^p = \Pi_i^p = \Sigma_{i+1}^p = \Pi_{i+1}^p = \cdots = \mathrm{PH}.$$

ohne Beweis

Übung 5.34. Beweisen Sie Satz 5.33.

Der Rateprozess einer NP-Berechnung entspricht einer (polynomiell längenbeschränkten) *existenziellen* Quantifizierung: Gegeben eine Probleminstanz x, gibt es eine Lösung y der Länge höchstens $p(|x|)$ für ein Polynom p? Der sich anschließende deterministische Verifikationsprozess einer NP-Berechnung prüft die Korrektheit der geratenen Lösung y. Diese Charakterisierung von NP wurde bereits in Satz 5.12 ausgedrückt. Der folgende Satz beschreibt eine analoge Charakterisierung der Klasse coNP durch (polynomiell längenbeschränkte) *universelle* Quantifizierungen.

Satz 5.35. *Eine Menge A gehört genau dann zu* coNP, *wenn es eine Menge B in* P *und ein Polynom p gibt, sodass für alle Eingaben x gilt:*

$$x \in A \Longleftrightarrow (\forall z : |z| \le p(|x|)) \, [(x,z) \in B].$$

ohne Beweis

Übung 5.36. Beweisen Sie Satz 5.35.

Die Charakterisierungen von NP und coNP in den Sätzen 5.12 und 5.35 lassen sich folgendermaßen auf alle Stufen der Polynomialzeit-Hierarchie verallgemeinern.

Satz 5.37. *Sei $i \ge 1$.*

1. *Eine Menge A gehört genau dann zu Σ_i^p, wenn es eine Menge B in* P *und ein Polynom p gibt, sodass für alle Eingaben x gilt:*

$$x \in A \Longleftrightarrow (\exists z_1 : |z_1| \le p(|x|))(\forall z_2 : |z_2| \le p(|x|)) \cdots \qquad (5.9)$$
$$\cdots (\mathfrak{Q}_i z_i : |z_i| \le p(|x|)) \, [(x, z_1, z_2, \ldots, z_i) \in B],$$

   wobei $\mathfrak{Q}_i = \exists$ für ungerades i und $\mathfrak{Q}_i = \forall$ für gerades i.

2. *Eine Menge A gehört genau dann zu Π_i^p, wenn es eine Menge B in* P *und ein Polynom p gibt, sodass für alle Eingaben x gilt:*

$$x \in A \Longleftrightarrow (\forall z_1 : |z_1| \le p(|x|))(\exists z_2 : |z_2| \le p(|x|)) \cdots \qquad (5.10)$$
$$\cdots (\mathfrak{Q}_i z_i : |z_i| \le p(|x|)) \, [(x, z_1, z_2, \ldots, z_i) \in B],$$

   wobei $\mathfrak{Q}_i = \forall$ für ungerades i und $\mathfrak{Q}_i = \exists$ für gerades i.

ohne Beweis

Übung 5.38. Beweisen Sie Satz 5.37.

Die Äquivalenz (5.9) in Satz 5.37 hat eine schöne Interpretation im Zusammenhang mit strategischen Zwei-Personen-Spielen wie Schach. Man kann beispielsweise ein „Matt in drei Zügen" folgendermaßen ausdrücken: Gegeben eine Spielsituation x, gibt es einen Zug z_1 von Weiß, sodass es für jeden Folgezug z_2 von Schwarz einen Zug z_3 von Weiß gibt, der Schwarz Matt setzt?

Nicht überraschend ist, dass die Quantorenstruktur der Klassen Σ_i^p und Π_i^p (und ebenso – für eine unbeschränkte Anzahl von alternierenden polynomiell längenbeschränkten $\exists$- und $\forall$-Quantoren – der Klasse PSPACE) vollständige Probleme aus dem Bereich der Logik (siehe Kapitel 4) in diesen Klassen liefert. So kann gemäß Satz 5.37 die Komplexität der Auswertung logischer Formeln erster Ordnung wie folgt den Komplexitätsklassen Σ_i^p, Π_i^p und PSPACE zugeordnet werden. Wir erinnern dazu an die Definition des Entscheidungsproblems $\mathrm{DEC}(\varphi)$ in Abschnitt 4.8 und an die Klassen Σ_0^{FO} und Π_0^{FO} von Formeln erster Ordnung in Definition 4.48.

Behauptung 5.39. *1. Für $\varphi \in \Sigma_i^{FO}$ ist* $\mathrm{DEC}(\varphi)$ *vollständig in* Σ_i^p. *Insbesondere ist* $\mathrm{DEC}(\varphi)$ *für* $\varphi \in \Sigma_1^{FO}$ NP-*vollständig.*

   2. Für $\varphi \in \Pi_i^{FO}$ *ist* $\mathrm{DEC}(\varphi)$ *vollständig in* Π_i^p. *Insbesondere ist* $\mathrm{DEC}(\varphi)$ *für* $\varphi \in$ Π_1^{FO} coNP-*vollständig.*

   3. Für $\varphi \in FO$ *ist* $\mathrm{DEC}(\varphi)$ *vollständig in* PSPACE.   **ohne Beweis**

Eine der interessantesten Verbindungen zwischen der Logik und der Komplexitätstheorie ist der Satz von Fagin (siehe Satz 5.40 unten), einem der zentralen Ergebnisse der in Abschnitt 4.8 erwähnten darstellenden Komplexitätstheorie. Die Definition des Entscheidungsproblems DEC_φ findet man in Abschnitt 4.8, und für die Klassen Σ_0^{SO} und Π_0^{SO} von Formeln zweiter Ordnung ohne Quantifizierungen erinnern wir an Definition 4.48.

Satz 5.40 (Fagin [Fag74]). *Ein Entscheidungsproblem* DEC_φ *ist genau dann in* Σ_i^p, *wenn* φ *eine Formel aus* Σ_i^{SO} *ist. Insbesondere ist* DEC_φ *genau dann in der Komplexitätsklasse* NP, *wenn* φ *eine Formel aus* Σ_1^{SO} *ist.*   **ohne Beweis**

Dieser Satz besagt nicht nur, dass NP-vollständige Probleme mit Formeln aus Σ_1^{SO} definiert werden können, sondern auch, dass alle Entscheidungsprobleme aus NP mit Formeln aus Σ_1^{SO} definiert werden können. Die Klasse NP ist also nicht nur der Abschluss der Klasse Σ_1^{SO} unter $\leq_m^p$-Reduktionen, sondern NP ist die Klasse Σ_1^{SO} selbst.

5.2 Parametrisierte Komplexitätstheorie

Wie kann man mit Problemen umgehen, die vermutlich nicht in Polynomialzeit lösbar sind? Viele dieser Probleme (wie z. B. die aus Abschnitt 3.4) sind nicht nur interessant, sondern auch in praktischen Anwendungen wichtig. Die Tatsache, dass sie NP-hart sind und sich folglich einer effizienten Lösbarkeit entziehen, verringert weder den Wunsch noch die Notwendigkeit, sie zu lösen. Es gibt verschiedene Ansätze, solchen störrischen Problemen beizukommen. Beispielsweise kann man sich mit einer Lösungsnäherung zufrieden geben (also einen effizienten Approximationsalgorithmus entwerfen), oder man nimmt Fehler bei der Lösung in Kauf (entwirft also einen effizienten randomisierten Algorithmus). Einen dritten solchen Ansatz für den Umgang mit NP-harten Problemen stellen wir in diesem Abschnitt vor.

Die Untersuchung der parametrisierten Komplexität von NP-harten Problemen wurde von Downey und Fellows in den 1990er Jahren angestoßen und ist einer der jüngsten Ansätze zur Handhabung schwerer Probleme. Die Hauptidee besteht in der Isolierung eines Parameters als Teil des Problems, auf den das exponentielle Verhalten beschränkt werden kann. Damit sind insbesondere für gewisse kleine Parametergrößen effiziente exakte Algorithmen für schwere Probleme möglich.

5.2.1 Parametrisierte Probleme, FPT und XP

Eine klassische Komplexitätsanalyse beschränkt sich auf z. B. die Laufzeit eines Problems. In der parametrisierten Komplexitätstheorie betrachtet man seine Parameter separat und führt abhängig von den Parametern gewissermaßen eine mehrdimensionale Komplexitätsanalyse aus. Deshalb erweitern wir Entscheidungsprobleme zu parametrisierten Problemen.

Definition 5.41 (parametrisiertes Problem). *Ein* parametrisiertes Problem *ist ein Paar* (Π, κ)*, wobei* Π *ein Entscheidungsproblem mit Instanzenmenge* $\mathscr{I}$ *und*

$$\kappa : \mathscr{I} \to \mathbb{N},$$

der so genannte Parameter, *eine in Polynomialzeit berechenbare Funktion ist.*

parametrisiertes Problem

Wir unterscheiden eine parametrisierte Version eines Entscheidungsproblems von dem zugrundeliegenden Entscheidungsproblem durch einen Zusatz in der Problembezeichnung, wie z. B. einem dem Problemnamen vorangestellten „p". Die folgenden Beispiele geben unterschiedliche Möglichkeiten an, Parametrisierungen zu wählen.

Beispiel 5.42 (parametrisiertes Problem). Eine natürliche Parametrisierung κ eines Entscheidungsproblems kann man häufig dadurch erhalten, dass man für κ den in der Probleminstanz vorkommenden Parameter wählt. Beispielsweise ergibt sich so durch die Abbildung $\kappa(G,k) = k$ eine Parametrisierung für das Entscheidungsproblem KNOTENÜBERDECKUNG. Das entsprechende parametrisierte Problem (KNOTENÜBERDECKUNG,κ) bezeichnen wir mit p-KNOTENÜBERDECKUNG. In der Problembeschreibung gibt es nun zusätzlich zum „Gegeben"- und „Frage"-Feld auch ein „Parameter"-Feld.

p-KNOTEN-
ÜBERDECKUNG

---

p-KNOTENÜBERDECKUNG	
Gegeben:	Ein Graph G und eine Zahl $k \in \mathbb{N}$.
Parameter:	k.
Frage:	Gibt es in G eine Knotenüberdeckung der Größe höchstens k?

Beispiel 5.43 (parametrisiertes Problem). Eine weitere Möglichkeit der Parametrisierung zeigt das Beispiel p-deg-UNABHÄNGIGE MENGE. Zur Erinnerung: Der Parameter $\Delta(G)$ bezeichnet den maximalen Knotengrad eines Graphen G (siehe Abschnitt 3.1).

p-deg-UNABHÄN-
GIGE MENGE

---

p-deg-UNABHÄNGIGE MENGE	
Gegeben:	Ein Graph G und eine Zahl $k \in \mathbb{N}$.
Parameter:	$k + \Delta(G)$.
Frage:	Gibt es in G eine unabhängige Menge der Größe mindestens k?

Beispiel 5.44 (parametrisiertes Problem). Eine dritte mögliche Parametrisierung, diesmal für das Entscheidungsproblem SAT, ist durch die Abbildung κ gegeben, die einer booleschen Formel die Anzahl der in ihr vorkommenden Variablen zuordnet. Das parametrisierte Problem (SAT, κ) bezeichnen wir kurz mit p-SAT.

p-SAT

<table>
<tr><td colspan="2" align="center">p-SAT</td></tr>
<tr><td>Gegeben:</td><td>Eine boolesche Formel φ in konjunktiver Normalform.</td></tr>
<tr><td>Parameter:</td><td>Anzahl der Variablen in φ.</td></tr>
<tr><td>Frage:</td><td>Ist φ erfüllbar?</td></tr>
</table>

Die Komplexitätsklasse FPT

Der für NP-harte Probleme anscheinend unvermeidliche exponentielle Zeitbedarf bei der Lösung durch einen deterministischen Algorithmus kann manchmal in einem Parameter eingefangen und dort – in gewissem Sinn – entschärft werden. Probleme, bei denen dies gelingt, nennt man fest-Parameter-berechenbar (englisch: *fixed-parameter tractable*) und fasst sie in der Komplexitätsklasse FPT zusammen.

Definition 5.45 (FPT-Algorithmus, fest-Parameter-berechenbar und FPT). *Es seien (Π, κ) ein parametrisiertes Problem, $\mathscr{I}$ die Instanzenmenge von Π und $\kappa : \mathscr{I} \to \mathbb{N}$ eine Parametrisierung.*

FPT-Algorithmus

1. Ein Algorithmus A heißt FPT-Algorithmus bezüglich einer Parametrisierung κ, falls es eine berechenbare Funktion $f : \mathbb{N} \to \mathbb{N}$ und ein Polynom p gibt, sodass für jede Instanz $I \in \mathscr{I}$ die Laufzeit von A bei Eingabe von I (mit Eingabengröße $|I|$) durch

$$f(\kappa(I)) \cdot p(|I|) \tag{5.11}$$

abgeschätzt werden kann. (Alternativ zu (5.11) sagt man auch, die Laufzeit eines FPT-Algorithmus ist in $f(\kappa(I)) \cdot |I|^{\mathscr{O}(1)}$.)

fest-Parameter-berechenbar

2. Ein parametrisiertes Problem (Π, κ) heißt fest-Parameter-berechenbar, falls es einen FPT-Algorithmus bezüglich κ gibt, der das Entscheidungsproblem Π löst.

FPT

3. FPT *ist die Menge aller parametrisierten Probleme, die fest-Parameter-berechenbar sind.*

Anmerkung 5.46. Offensichtlich gilt $(\Pi, \kappa) \in$ FPT für jedes Entscheidungsproblem $\Pi \in$ P in jeder Parametrisierung κ von Π.

In der angegebenen Definition der Laufzeit von FPT-Algorithmen werden der „gute" und der „böse" Teil (also $p(|I|)$ und $f(\kappa(I))$) durch eine Multiplikation getrennt. Man kann zeigen, dass sich u. a. dann eine äquivalente Definition ergibt, wenn man statt der Mutiplikation eine Addition einsetzt.

Lemma 5.47. *Es sei (Π, κ) ein parametrisiertes Problem. Die folgenden Aussagen sind äquivalent:*

1. $(\Pi, \kappa) \in$ FPT.

2. Es gibt eine berechenbare Funktion $f : \mathbb{N} \to \mathbb{N}$, ein Polynom p und einen Algorithmus, der Π für eine beliebige Instanz I in der Zeit

$$f(\kappa(I)) + p(|I|)$$

löst.

3. Es gibt berechenbare Funktionen $f, g : \mathbb{N} \to \mathbb{N}$, ein Polynom p und einen Algorithmus, der Π für eine beliebige Instanz I in der Zeit

$$g(\kappa(I)) + f(\kappa(I)) \cdot p(|I| + \kappa(I))$$

löst.

ohne Beweis

Als Beispiel für einen FPT-Algorithmus wollen wir die folgende Aussage zeigen.

Satz 5.48. *Das parametrisierte Problem p-*KNOTENÜBERDECKUNG *ist in* FPT.

Beweis.   Wir geben einen Algorithmus an, der p-KNOTENÜBERDECKUNG in der Zeit $\mathscr{O}(2^k \cdot n)$ löst. Dieser Algorithmus folgt der in Abschnitt 3.5 beschriebenen Teile-und-herrsche-Strategie, um einen Suchbaum beschränkter Tiefe zu durchsuchen. Ein *Suchbaum* für eine Instanz (I, k) eines parametrisierten Problems (Π, κ) ist   Suchbaum
ein knotenmarkierter Wurzelbaum. Die Wurzel des Suchbaums wird mit der Instanz (I, k) markiert. Die weiteren Knoten werden mit Instanzen (I', k') für Teilprobleme rekursiv durch Anwendung problemspezifischer Verzweigungsregeln markiert, wobei der Parameterwert k' der Kinder eines Knotens echt kleiner als der des Knotens selbst ist und nicht negativ wird. Eine Instanz zu einem Knoten u im Suchbaum ist genau dann erfüllbar, wenn mindestens eine der Instanzen der Kinder von u erfüllbar ist. Die *Größe eines Suchbaums* ist die Anzahl seiner Knoten.   Größe eines Suchbaums

Der Algorithmus beruht auf der folgenden einfachen Idee. Es sei (G, k) eine Instanz von p-KNOTENÜBERDECKUNG. Wir wählen eine beliebige Kante $\{v_1, v_2\}$ aus G. Folglich hat G genau dann eine Knotenüberdeckung der Größe höchstens k, wenn $G - v_1$ eine Knotenüberdeckung der Größe höchstens $k - 1$ hat oder $G - v_2$ eine Knotenüberdeckung der Größe höchstens $k - 1$ hat, wobei $G - v_i$, $i \in \{1, 2\}$, den Teilgraphen von G ohne den Knoten v_i und die zu v_i inzidenten Kanten bezeichnet. Demgemäß nutzt unser Suchbaum die folgende Verzweigungsregel:

V0 Wähle eine Kante $\{v_1, v_2\}$ und füge entweder den Knoten v_1 oder den Knoten v_2 zur bisher konstruierten Knotenüberdeckung hinzu.

Der Algorithmus arbeitet bei Eingabe einer Instanz (G, k) von p-KNOTENÜBERDECKUNG so:

1. Konstruiere einen vollständigen binären Wurzelbaum T der Höhe k.
2. Markiere den Wurzelknoten in T mit der gegebenen Probleminstanz (G, k).

3. Die vom Wurzelknoten verschiedenen Knoten in T werden in Abhängigkeit von der Markierung ihrer Vorgängerknoten wie folgt markiert. Es sei u ein mit (G',k') markierter innerer Baumknoten, dessen beide Kinder noch unmarkiert sind. Hat $G' = (V',E')$ noch mindestens eine Kante (d. h., $E' \neq \emptyset$), so wähle eine beliebige Kante $\{v_1,v_2\}$ aus G' und

   a) markiere ein Kind von u mit $(G' - v_1, k' - 1)$;
   b) markiere das andere Kind von u mit $(G' - v_2, k' - 1)$.

4. Falls es einen Baumknoten gibt, der mit (G',k') markiert ist, wobei $G' = (V',\emptyset)$ gilt, so hat (G,k) eine Knotenüberdeckung der Größe höchstens k; andernfalls gibt es keine Knotenüberdeckung der Größe höchstens k für G.

Die Korrektheit des Algorithmus ist offensichtlich, und seine Laufzeit $\mathcal{O}(2^k \cdot n)$ ist ebenfalls leicht zu sehen. Die beiden Instanzen $(G' - v_i, k - 1)$, $i \in \{1,2\}$, können offenbar in der Zeit $\mathcal{O}(n)$ aus G' konstruiert werden. Weiterhin kann für jeden Graphen $G' = (V,\emptyset)$ die Instanz (G',k') für das Problem p-KNOTENÜBERDECKUNG in der Zeit $\mathcal{O}(n)$ gelöst werden. Da der Suchbaum eine Höhe von k hat, müssen 2^k Teilprobleme gelöst werden, und damit ist die Laufzeit insgesamt in $\mathcal{O}(2^k \cdot n)$. $\qquad \square$

In Abb. 5.10 ist ein Suchbaum für einen Gittergraphen angedeutet.

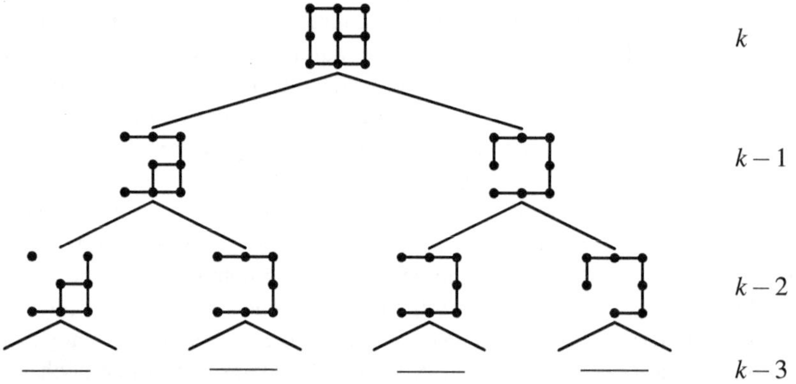

Abb. 5.10. Suchbaum für p-KNOTENÜBERDECKUNG in einem Gittergraphen

Übung 5.49. Vervollständigen Sie den Suchbaum aus Abb. 5.10 für p-KNOTENÜBER-DECKUNG für den Gittergraph $G_{3,3}$ und $k = 3$.

LOG KNOTENÜBER-DECKUNG

Wir betrachten nun die folgende Variante des Knotenüberdeckungsproblems:

LOG KNOTENÜBERDECKUNG
Gegeben: Ein Graph $G = (V,E)$.
Frage: Hat G eine Knotenüberdeckung der Größe höchstens $\log(|V|)$?

Korollar 5.50. *Das Problem* LOG KNOTENÜBERDECKUNG *kann für jeden Graphen G mit n Knoten in der Zeit $\mathcal{O}(n^2)$ gelöst werden.*

Der Beweis der folgenden Aussage ist einfach.

Satz 5.51. *p*-SAT $\in$ FPT. **ohne Beweis**

Übung 5.52. (a) Beweisen Sie Satz 5.51.
(b) Es seien Π ein Entscheidungsproblem mit der Instanzenmenge $\mathscr{I}$ und κ_{one} : $\mathscr{I} \to \mathbb{N}$ mit $\kappa_{\mathrm{one}}(I) = 1$ eine Parametrisierung für Π.
Zeigen Sie, dass das Entscheidungsproblem Π genau dann in Polynomialzeit lösbar ist, wenn das parametrisierte Problem $(\Pi, \kappa_{\mathrm{one}})$ fest-Parameter-berechenbar ist.

Um die Nichtzugehörigkeit eines parametrisierten Problems zur Klasse FPT zu zeigen (unter der vernünftigen Annahme P $\neq$ NP, siehe Abschnitt 5.1.3), benötigen wir die folgende Definition.

Definition 5.53 (*k*-te Scheibe). *Es seien (Π, κ) ein parametrisiertes Problem und $k \in \mathbb{N}$. Die k-te Scheibe (englisch: the kth slice) von (Π, κ) ist das (klassische) Entscheidungsproblem Π, in dem für jede Instanz I die Einschränkung $\kappa(I) = k$ gilt.* k-te Scheibe

Beispiel 5.54 (*k*-te Scheibe). Wir betrachten das parametrisierte Problem *p*-PARTITION IN UNABHÄNGIGE MENGEN: *p*-PARTITION IN UNABHÄNGIGE MENGEN

p-PARTITION IN UNABHÄNGIGE MENGEN
Gegeben: Ein Graph $G = (V, E)$ und eine Zahl $k \in \mathbb{N}$.
Parameter: k.
Frage: Gibt es eine Partition von V in k unabhängige Mengen?

Die dritte Scheibe dieses parametrisierten Problems ist das Entscheidungsproblem PARTITION IN DREI UNABHÄNGIGE MENGEN : PARTITION IN DREI UNABHÄNGIGE MENGEN

PARTITION IN DREI UNABHÄNGIGE MENGEN
Gegeben: Ein Graph $G = (V, E)$.
Frage: Gibt es eine Partition von V in drei unabhängige Mengen?

das uns auch unter dem Namen 3-FÄRBBARKEIT bekannt ist, siehe Abschnitt 3.4.2. 3-FÄRBBARKEIT

Satz 5.55. *Es seien (Π, κ) ein parametrisiertes Problem und $k \in \mathbb{N}$. Ist (Π, κ) fest-Parameter-berechenbar, so ist die k-te Scheibe von (Π, κ) in Polynomialzeit lösbar.*

Beweis.   Da (Π, κ) fest-Parameter-berechenbar ist, gibt es einen FPT-Algorithmus A, der Π löst. Somit gibt es eine berechenbare Funktion $f : \mathbb{N} \to \mathbb{N}$ und ein Polynom p, sodass für jede Instanz $I \in \mathscr{I}$ die Laufzeit von A bei Eingabe von I durch $f(\kappa(I)) \cdot |I|^{\mathscr{O}(1)}$ abgeschätzt werden kann. Da in der k-ten Scheibe von (Π, κ) für alle Instanzen I nun $\kappa(I) = k$ gilt, entartet f zu der konstanten Funktion $f(k)$. Folglich kann die Laufzeit von A durch $f(k) \cdot |I|^{\mathscr{O}(1)} \in \mathscr{O}(|I|^{\mathscr{O}(1)})$ abgeschätzt werden und ist somit polynomiell in der Instanzengröße $|I|$. $\qquad\square$

Korollar 5.56. *Ist* $\mathrm{P} \neq \mathrm{NP}$*, so ist* p-PARTITION IN UNABHÄNGIGE MENGEN $\notin$ FPT.

Beweis.   Angenommen, das Problem p-PARTITION IN UNABHÄNGIGE MENGEN wäre in der Klasse FPT. Dann ist nach Satz 5.55 insbesondere die dritte Scheibe von p-PARTITION IN UNABHÄNGIGE MENGEN in Polynomialzeit lösbar. Da jedoch nach Satz 5.26 das Entscheidungsproblem PARTITION IN DREI UNABHÄNGIGE MENGEN (alias 3-FÄRBBARKEIT) NP-vollständig ist, folgt nach der dritten Aussage von Satz 5.19, dass $\mathrm{P} = \mathrm{NP}$ gilt. Dies ist ein Widerspruch zur Voraussetzung $\mathrm{P} \neq \mathrm{NP}$. Folglich ist die Annahme falsch und die Behauptung gezeigt. $\qquad\square$

Übung 5.57. Erläutern Sie, warum die erste Scheibe und die zweite Scheibe des parametrisierten Problems p-PARTITION IN UNABHÄNGIGE MENGEN in Polynomialzeit lösbar sind.

Leider gibt es für viele der parametrisierten Probleme, die vermutlich nicht in FPT liegen, keine solchen Bezüge zur klassischen Komplexitätstheorie. Zum Beispiel ist das parametrisierte Problem p-UNABHÄNGIGE MENGE:

p-UNABHÄNGIGE MENGE
Gegeben: Ein Graph G und eine Zahl $k \in \mathbb{N}$.
Parameter: k.
Frage: Gibt es in G eine unabhängige Menge der Größe mindestens k?

vermutlich nicht in der Menge FPT enthalten und dennoch sind alle Scheiben dieses Problems in P (siehe Übung 5.58). Analoge Aussagen gelten für die parametrisierten Probleme p-CLIQUE und p-DOMINIERENDE MENGE, die wie folgt definiert sind:

p-CLIQUE
Gegeben: Ein Graph G und eine Zahl $k \in \mathbb{N}$.
Parameter: k.
Frage: Gibt es in G eine Clique der Größe mindestens k?

---

p-DOMINIERENDE MENGE

Gegeben: Ein Graph G und eine Zahl $k \in \mathbb{N}$.

Parameter: k.

Frage: Gibt es in G eine dominierende Menge der Größe
höchstens k?

---

p-DOMINIERENDE
MENGE

Übung 5.58. Zeigen Sie, dass alle Scheiben des parametrisierten Problems *p*-UNABHÄNGIGE MENGE in der Klasse P enthalten sind.

Anmerkung 5.59. Die Probleme *p*-CLIQUE, *p*-UNABHÄNGIGE MENGE und *p*-DOMINIERENDE MENGE liegen vermutlich nicht in der Klasse FPT. Wir werden im folgenden Abschnitt zeigen, dass diese Probleme (bezüglich der in Definition 5.67 unten eingeführten $\leq_m^{\text{fpt}}$-Reduzierbarkeit) vollständig in parametrisierten Komplexitätsklassen sind, die vermutlich größer als FPT sind.

Natürlich ist die Zugehörigkeit eines Problems zur Klasse FPT von der gewählten Parametrisierung abhängig. Der folgende Satz gibt ohne Beweis ein Beispiel an.

Satz 5.60. *p-deg*-UNABHÄNGIGE MENGE *ist in* FPT.   **ohne Beweis**

In den Kapiteln 10 und 11 werden wir weitere Parametrisierungen betrachten.

Die Komplexitätsklasse XP

In der parametrisierten Komplexitätstheorie unterscheidet man zwischen Laufzeiten wie $\mathscr{O}(2^{\kappa(I)} \cdot |I|)$ (fest-Parameter-berechenbar) und $\mathscr{O}(|I|^{\kappa(I)})$ (genügt nicht zum Nachweis der Fest-Parameter-Berechenbarkeit). Laufzeiten vom letzteren Typ wollen wir nun genauer betrachten.

Definition 5.61 (XP-Algorithmus und XP).

1. *Es seien (Π, κ) ein parametrisiertes Problem und $\mathscr{I}$ die Instanzenmenge von Π. Ein Algorithmus A heißt* XP-Algorithmus *bezüglich einer Parametrisierung $\kappa :$ $\mathscr{I} \to \mathbb{N}$, falls es berechenbare Funktionen $f, g : \mathbb{N} \to \mathbb{N}$ gibt, sodass für jede Instanz $I \in \mathscr{I}$ die Laufzeit von A bei Eingabe von I (mit Eingabengröße $|I|$) durch*

$$f(\kappa(I)) \cdot |I|^{g(\kappa(I))}$$

   abgeschätzt werden kann.

2. *Die Menge aller parametrisierten Probleme, die durch einen XP-Algorithmus gelöst werden können, fasst man in der Komplexitätsklasse* XP *zusammen.*

XP-Algorithmus

XP

Anmerkung 5.62. Es gilt offensichtlich die Beziehung:

$$\text{FPT} \subseteq \text{XP}.$$

Beispiel 5.63. Die parametrisierten Probleme *p*-CLIQUE, *p*-UNABHÄNGIGE MENGE und *p*-DOMINIERENDE MENGE liegen in der Klasse XP (siehe Übung 5.71).

5.2.2 W-Hierarchie

Wir definieren nun parametrisierte Komplexitätsklassen zwischen FPT und XP. Diese Klassen bilden die so genannte W-Hierarchie, deren Stufen in der parametrisierten Komplexitätstheorie eine ähnliche Rolle wie die Klasse NP und die höheren Stufen der Polynomialzeit-Hierarchie[31] in der klassischen Komplexitätstheorie spielen: Probleme, die bezüglich einer geeigneten parametrisierten Reduzierbarkeit (siehe Definition 5.67 unten) vollständig für die Stufen $W[t]$, $t \geq 1$, der W-Hierarchie sind, sind vermutlich nicht fest-Parameter-berechenbar.

In der W-Hierarchie klassifiziert man Probleme bezüglich ihrer Tiefe in einem geeigneten booleschen Schaltkreis (mit nur einem Ausgabegatter). Boolesche Schaltkreise wurden in Definition 4.14 eingeführt; das folgende Beispiel soll diese in Erinnerung rufen.

Beispiel 5.64 (boolescher Schaltkreis).   Abbildung 5.11 zeigt einen booleschen Schaltkreis mit fünf Eingängen (wie wir Eingabegatter auch nennen wollen) und einem Ausgang (d. h. Ausgabegatter).

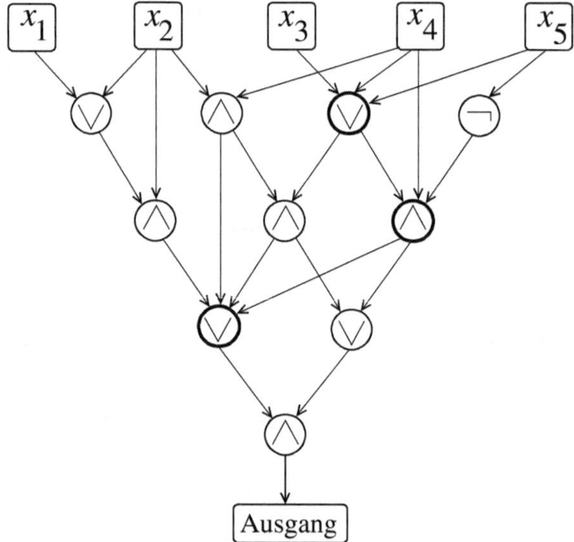

Abb. 5.11. Ein boolescher Schaltkreis mit fünf Eingängen und einem Ausgang

Werden die Eingänge des Schaltkreises in Abb. 5.11 etwa mit den Werten

$$(x_1, x_2, x_3, x_4, x_5) = (0, 1, 1, 0, 1)$$

belegt, so ergibt sich am Ausgang der Wert 0.

---

[31] Die Polynomialzeit-Hierarchie wurde kurz in Abschnitt 5.1.4 und wird ausführlich z. B. in [Rot08] behandelt.

Definition 5.65 (großes Gatter, Weft und Höhe).

1. *Gatter in einem booleschen Schaltkreis, die einen Eingangsgrad größer als zwei haben, werden als* große Gatter *bezeichnet.*   großes Gatter
2. *Die* Weft *eines booleschen Schaltkreises ist die maximale Anzahl an großen Gattern auf einem gerichteten Weg von einem Eingang zum Ausgang.*   Weft
3. *Die* Höhe *eines booleschen Schaltkreises ist die Länge eines längsten gerichteten Wegs von einem Eingang zum Ausgang.*   Höhe

Beispiel 5.66 (großes Gatter, Weft und Höhe). In Abb. 5.11 sind die großen Gatter durch stärker umrandete Kreise markiert. Der dargestellte Schaltkreis hat die Weft 3 und die Höhe 5.

Definition 5.67 (parametrisierte Reduktion). *Ein parametrisiertes Problem (Π_1, κ_1) mit Instanzenmenge $\mathscr{I}_1$ lässt sich auf ein parametrisiertes Problem (Π_2, κ_2) mit Instanzenmenge $\mathscr{I}_2$ parametrisiert reduzieren (kurz $(\Pi_1, \kappa_1) \leq_m^{\mathrm{fpt}} (\Pi_2, \kappa_2)$), wenn es eine Funktion $r : \mathscr{I}_1 \to \mathscr{I}_2$ gibt, sodass gilt:*   parametrisierte Reduzierbarkeit $\leq_m^{\mathrm{fpt}}$

1. *für alle $I \in \mathscr{I}_1$ ist I genau dann eine „Ja"-Instanz von Π_1, wenn $r(I)$ eine „Ja"-Instanz von Π_2 ist,*
2. *$r(I)$ ist für eine berechenbare Funktion f und ein Polynom p in der Zeit*

$$f(\kappa_1(I)) \cdot p(|I|)$$

berechenbar und
3. *für $I \in \mathscr{I}_1$ und eine berechenbare Funktion $g : \mathbb{N} \to \mathbb{N}$ gilt $\kappa_2(r(I)) \leq g(\kappa_1(I))$.*

Die ersten beiden Bedingungen in der Definition der parametrisierten Reduzierbarkeit ähneln denen der (klassischen) $\leq_m^{\mathrm{p}}$-Reduzierbarkeit aus Definition 5.18. Die dritte Bedingung in Definition 5.67 besagt, dass der neue Parameter nur vom alten Parameter abhängen darf und *nicht* von der Instanzengröße.

Die aus NP-Vollständigkeitsbeweisen (siehe Abschnitt 5.1.3) bekannten klassischen Reduktionen sind im Allgemeinen keine parametrisierten Reduktionen, wenn man die Probleme als parametrisierte Probleme definiert.

Beispiel 5.68 (parametrisierte Reduktion).

1. Die klassische Reduktion (siehe z. B. Garey und Johnson [GJ79])

$$\textsc{Unabhängige Menge} \leq_m^{\mathrm{p}} \textsc{Knotenüberdeckung}$$

bildet eine Instanz (G, k) von Unabhängige Menge, wobei $G = (V, E)$ ein Graph ist, auf eine Instanz $(G, |V| - k)$ von Knotenüberdeckung ab, d. h., hier wird der Parameter $\kappa(I) = k$ in Abhängigkeit von der Instanzengröße modifiziert, was bei parametrisierten Reduktionen nicht erlaubt ist.
2. In der klassischen Reduktion (siehe z. B. Garey und Johnson [GJ79])

$$\textsc{Clique} \leq_m^{\mathrm{p}} \textsc{Unabhängige Menge}$$

hingegen ersetzt man (G, k) durch $(\overline{G}, k)$, wobei $\overline{G}$ der Komplementgraph von G ist, d. h., hier wird der Parameter $\kappa(I) = k$ nicht abhängig von der Instanzengröße modifiziert. Somit ist diese Reduktion eine parametrisierte Reduktion.

Wir definieren nun das gewichtete Erfüllbarkeitsproblem, welches in der parametrisierten Komplexitätstheorie gewissermaßen die Rolle des Erfüllbarkeitsproblems SAT in der klassischen Komplexitätstheorie spielt.

p-WEIGHTED SAT(t,h)

p-WEIGHTED SAT(t,h)	
Gegeben:	Ein boolescher Schaltkreis C mit Weft t und Höhe h und eine Zahl $k \in \mathbb{N}$.
Parameter:	k.
Frage:	Gibt es eine erfüllende Belegung von C mit Gewicht k?

Dabei ist das Gewicht einer erfüllenden Belegung die Anzahl der Variablen, die mit dem Wahrheitswert 1 belegt werden.

W-Hierarchie
W$[t]$

Definition 5.69 (W-Hierarchie). *Die* W-Hierarchie *besteht aus den Komplexitätsklassen* W$[t]$, $t \geq 1$. *Ein parametrisiertes Problem* (Π, κ) *liegt in der Klasse* W$[t]$, *wenn es mittels einer parametrisierten Reduktion auf* p-WEIGHTED SAT(t,h) *für eine natürliche Zahl h reduziert werden kann, d. h.:*

$$W[t] = \{(\Pi, \kappa) \mid (\Pi, \kappa) \leq_{\mathrm{m}}^{\mathrm{fpt}} p\text{-WEIGHTED SAT}(t,h) \text{ für ein } h \in \mathbb{N}\}.$$

Beispiel 5.70 (Probleme in W[1] und W[2]).

1. p-UNABHÄNGIGE MENGE $\in$ W$[1]$: Ein Graph $G = (V,E)$ mit Knotenmenge $V = \{1,\dots,n\}$ hat genau dann eine unabhängige Menge der Größe k, wenn die Formel

$$\bigwedge_{\{i,j\} \in E} (\neg x_i \vee \neg x_j) \tag{5.12}$$

über den booleschen Variablen $x_1,\dots,x_n$ eine erfüllende Belegung mit Gewicht k hat.

Die Formel (5.12) ist einfach zu verstehen, wenn man sich klar macht, dass für jede Kante $\{i,j\} \in E$ des Graphen höchstens einer der beiden Endknoten in einer unabhängigen Menge liegen kann. Dies entspricht der logischen Formel $\neg(x_i \wedge x_j)$, die semantisch äquivalent zu der Formel $\neg x_i \vee \neg x_j$ ist.

Da die Formel (5.12) in 2-KNF ist, kann sie durch einen booleschen Schaltkreis mit Weft 1 und Höhe 3 beschrieben werden, und somit ist p-UNABHÄNGIGE MENGE auf p-WEIGHTED SAT$(1,3)$ parametrisiert reduzierbar. Folglich liegt p-UNABHÄNGIGE MENGE in der Klasse W$[1]$.

2. p-CLIQUE $\in$ W$[1]$: Da nach Beispiel 5.68 p-CLIQUE $\leq_{\mathrm{m}}^{\mathrm{fpt}} p$-UNABHÄNGIGE MENGE gilt, p-UNABHÄNGIGE MENGE in W$[1]$ liegt und die Klasse W$[1]$ unter $\leq_{\mathrm{m}}^{\mathrm{fpt}}$-Reduktionen abgeschlossen ist, ist auch p-CLIQUE in W$[1]$.

3. p-DOMINIERENDE MENGE $\in$ W$[2]$: Ein Graph $G = (V,E)$ mit $V = \{1,\dots,n\}$ hat genau dann eine dominierende Menge der Größe k, wenn die Formel

$$\bigwedge_{i \in V} \bigvee_{j \in V : \{i,j\} \in E} (x_i \vee x_j) \tag{5.13}$$

über den booleschen Variablen $x_1, \ldots, x_n$ eine erfüllende Belegung mit Gewicht k hat.

Die Formel (5.13) drückt aus, dass für jeden Knoten $i \in V$ des Graphen mindestens ein Nachbarknoten oder der Knoten selbst in der dominierenden Menge liegen muss.

Die Formel kann durch einen booleschen Schaltkreis mit Weft 2 und Höhe 3 beschrieben werden. Somit ist p-DOMINIERENDE MENGE auf p-WEIGHTED SAT$(2,3)$ parametrisiert reduzierbar. Also liegt p-DOMINIERENDE MENGE in der Klasse W$[2]$.

Übung 5.71. In Beispiel 5.70 wurde gezeigt, dass p-CLIQUE, p-UNABHÄNGIGE MENGE und p-DOMINIERENDE MENGE in W$[1]$ bzw. in W$[2]$ und somit auch in XP liegen. Geben Sie explizite XP-Algorithmen für diese parametrisierten Probleme an.

Übung 5.72. Zeigen Sie (wie in Beispiel 5.70), dass p-KNOTENÜBERDECKUNG in der Klasse W$[1]$ enthalten ist. Zeichnen Sie für den Graphen aus Abb. 3.9:

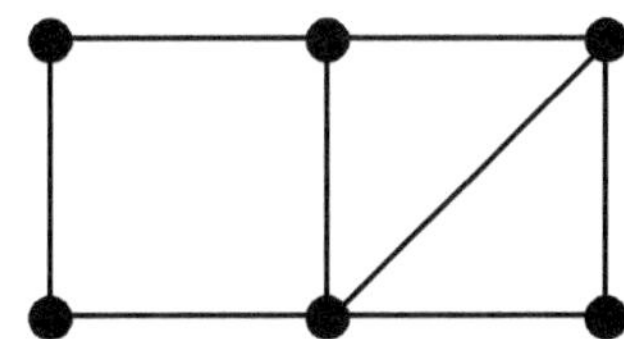

und Ihre boolesche Formel den zugehörigen booleschen Schaltkreis. Wie viele große Gatter benötigen Sie? Welche Werte haben die Weft und die Höhe Ihres booleschen Schaltkreises?

Anmerkung 5.73. Es gilt die folgende Inklusionskette der parametrisierten Komplexitätsklassen:

$$\text{FPT} \subseteq \text{W}[1] \subseteq \text{W}[2] \subseteq \text{W}[3] \subseteq \cdots \subseteq \text{XP}.$$

Man vermutet, dass die Inklusionen alle echt sind, auch wenn bisher kein Beweis dafür erbracht werden konnte.

Definition 5.74 (Härte und Vollständigkeit für die Stufen der W-Hierarchie).

1. *Ein parametrisiertes Problem* (Π, κ) *ist* W$[t]$-*hart, wenn jedes Problem aus* W$[t]$ *parametrisiert auf* (Π, κ) *reduziert werden kann.*   W$[t]$-hart
2. *Ein parametrisiertes Problem ist* W$[t]$-*vollständig , falls es in der Klasse* W$[t]$ *liegt und* W$[t]$-*hart ist.*   W$[t]$-vollständig

In der parametrisierten Komplexitätstheorie gibt es auch eine Aussage, die zum dritten Teil von Satz 5.19 in der klassischen Komplexitätstheorie analog ist.

Satz 5.75. *Für jedes* $t \geq 1$ *gilt* W$[t]$ $=$ FPT *genau dann, wenn ein* W$[t]$-*hartes Problem in* FPT *liegt.*   **ohne Beweis**

Übung 5.76. Beweisen Sie Satz 5.75.

Hinweis: Der Beweis ist einfach, da die Klasse FPT unter $\leq_m^{fpt}$-Reduktionen abgeschlossen ist, d. h., gilt $A \leq_m^{fpt} B$ und $B \in$ FPT, so ist $A \in$ FPT.

Schließlich geben wir noch einige Vollständigkeitsaussagen ohne Beweise an.

Satz 5.77.   *1. p*-CLIQUE *ist* W[1]-*vollständig.*
   2. p-UNABHÄNGIGE MENGE *ist* W[1]-*vollständig.*
   3. p-DOMINIERENDE MENGE *ist* W[2]-*vollständig.*

ohne Beweis

5.3 Literaturhinweise

Hartmanis, Lewis und Stearns [HS65, SHL65, HLS65, LSH65] legten die Fundamente der Komplexitätstheorie. Insbesondere führten sie die heute üblichen mathematischen Modelle zur Beschreibung der Komplexitätsmaße Zeit und Platz ein, und sie bewiesen die Sätze über lineare Platzkompression und Beschleunigung sowie die Hierarchiesätze für Zeit und Platz. Stearns verfasste eine interessante Beschreibung dieser aufregenden frühen Jahre der Komplexitätstheorie [Ste90].

Cobham [Cob64] und Edmonds [Edm65] verdanken wir die Erkenntnis, dass der informale Begriff der „effizienten" oder „machbaren" Berechnung am sinnvollsten durch die Klasse P formalisiert wird.

Der Satz von Cook stammt aus dem Jahr 1971 [Coo71]. Dieselbe Aussage (Satz 5.21) wurde unabhängig von Levin [Lev73] bewiesen. Dieses bemerkenswerte Resultat markiert den Beginn der Theorie der NP-Vollständigkeit, die sich später ausgesprochen gut entwickelt und eine außerordentlich reiche Literatur hervorgebracht hat und immer noch hervorbringt. Namentlich Karp [Kar72] trieb diese Richtung innerhalb der Komplexitätstheorie energisch voran. Seine Techniken gehören heute zum Standardrepertoire des Komplexitätstheoretikers. Lemma 5.24 und Satz 5.26 gehen auf Schaefer zurück [Sch78]. Einen umfangreichen Überblick über NP-vollständige Probleme liefert das Werk von Garey und Johnson [GJ79].

Die Polynomialzeit-Hierarchie wurde von Meyer und Stockmeyer [MS72, Sto77] eingeführt. Eine Vielzahl natürlicher vollständiger Probleme in den Stufen dieser Hierarchie wurden beispielsweise von Wrathall, Umans und Schaefer identifiziert [Wra77, Uma01, SU02a, SU02b].

Das in Abschnitt 5.1.4 erwähnte Resultat, dass das UNIQUE OPTIMAL TRAVELING SALESPERSON PROBLEM vollständig in P^{NP} ist, geht auf Papadimitriou [Pap84] zurück. Krentel [Kre88] und Wagner [Wag87] sind viele P^{NP}-Vollständigkeitsresultate für Varianten von NP-Optimierungsproblemen wie ODD-MAX-SAT zu verdanken. Khuller und Vazirani [KV91] untersuchten das in Übung 5.30 betrachtete funktionale Problem, die bezüglich einer lexikographischen Ordnung der Farben kleinste Vierfärbung eines gegebenen planaren Graphen zu bestimmen. Sie zeigten, dass dieses Problem in dem Sinn „NP-hart" ist,[32] dass, wenn es in Polynomialzeit lösbar wäre, auch das NP-vollständige Dreifärbbarkeitsproblem für planare Graphen (siehe Stockmeyer [Sto73]) in Polynomialzeit gelöst werden könnte. Große, Rothe und Wechsung [GRW06] verbesserten dieses Resultat optimal und zeigten, dass dieses Problem in diesem Sinn sogar „P^{NP}-hart" ist.

Es gibt viele empfehlenswerte Bücher zur Komplexitätstheorie, zum Beispiel die von Papadimitriou [Pap94], Balcázar, Díaz und Gabarró [BDG95, BDG90] und Bovet und Crescenzi [BC93]. Andere Bücher behandeln auch algorithmische Aspekte und Anwendungsgebiete der Komplexitätstheorie (wie z. B. die Kryptologie), siehe zum Beispiel [Rot08] bzw. die englische Urfassung [Rot05].

Das Gebiet der parametrisierten Komplexitätstheorie wurde von Downey und Fellows [DF95] begründet, die insbesondere die Klasse FPT und die W-Hierarchie einführten und untersuchten. Downey und Fellows [DF99], Flum und Grohe [FG06] und Niedermeier [Nie06] verfassten weiterführende Lehrbücher zur parametrisierten Komplexität. Der parametrisierte Algorithmus für Satz 5.48 wurde von Downey und Fellows vorgestellt [DF92] (siehe auch [DF99]). Die Beweise der Aussagen in Lemma 5.47 und Satz 5.77 findet man zum Beispiel im Buch von Flum und Grohe [FG06].

---

[32] NP-Härte im Sinne von Definition 5.18 bezieht sich auf Reduktionen zwischen Entscheidungsproblemen. Für Suchprobleme wie das in Übung 5.30 betrachtete Problem hingegen (die ja nicht nur eine Ja/Nein-Entscheidung treffen, sondern explizit eine Lösung ausgeben) verwendet man andere Arten von Reduzierbarkeit, wie zum Beispiel die von Krentel [Kre88] eingeführte *metrische Reduzierbarkeit*, die wir hier nicht formal definieren.   metrische Reduzierbarkeit

Teil II

Exakte Algorithmen für Graphen

Fest-Parameter-Algorithmen für ausgewählte Graphenprobleme

In den Abschnitten 3.4 und 5.1 wurden einige Probleme vorgestellt, die NP-vollständig oder NP-hart sind, die sich also nicht in Polynomialzeit lösen lassen, außer wenn die für unwahrscheinlich gehaltene Gleichheit P = NP gelten würde. Dazu gehören auch viele wichtige Graphenprobleme, wie zum Beispiel die in Abschnitt 3.4 definierten NP-vollständigen Probleme UNABHÄNGIGE MENGE, KNOTENÜBERDECKUNG, PARTITION IN k UNABHÄNGIGE MENGEN (auch bekannt als k-FÄRBBARKEIT, siehe Satz 5.26), PARTITION IN CLIQUEN, DOMINIERENDE MENGE, DOMATISCHE ZAHL und das TRAVELING SALESPERSON PROBLEM sowie das NP-harte UNIQUE OPTIMAL TRAVELING SALESPERSON PROBLEM, für das Papadimitriou [Pap84] zeigte, dass es vollständig für die Komplexitätsklasse P^{NP} ist.

Wie in Abschnitt 5.2 erläutert wurde, gibt es verschiedene Möglichkeiten, mit der Härte solcher Probleme umzugehen. Ein Ansatz, der in Kapitel 7 auf Färbbarkeitsprobleme für Graphen angewandt wird, besteht in der Verbesserung der vorhandenen Exponentialzeit-Algorithmen. Andere Ansätze, wie etwa der Entwurf von effizienten Approximations-, randomisierten oder heuristischen Algorithmen für harte Probleme, werden in diesem Buch nicht betrachtet; wir beschränken uns (bis auf wenige Ausnahmen – siehe z. B. die Abschnitte 7.1.3, 7.1.4 und 7.4.2) auf *exakte, deterministische* und stets *korrekte* Algorithmen für harte Graphenprobleme. In diesem Kapitel wenden wir uns einem weiteren Ansatz zu, den harten Graphenproblemen beizukommen, nämlich durch den Entwurf von Fest-Parameter-Algorithmen.

Wir wiederholen zunächst die Definition von parametrisierten Algorithmen (FPT-Algorithmen), siehe Definition 5.45.

Es sei (Π, κ) ein parametrisiertes Problem, d. h., Π ist ein Entscheidungsproblem mit der Instanzenmenge $\mathscr{I}$ und

$$\kappa : \mathscr{I} \to \mathbb{N}$$

eine Parametrisierung (ein Parameter) von Π. Ein Algorithmus A für Π heißt *parametrisierter Algorithmus* (*FPT-Algorithmus*) bezüglich der Parametrisierung κ, falls es eine berechenbare Funktion

$$f : \mathbb{N} \mapsto \mathbb{N}$$

F. Gurski et al., *Exakte Algorithmen für schwere Graphenprobleme*, eXamen.press,
DOI 10.1007/978-3-642-04500-4_6, © Springer-Verlag Berlin Heidelberg 2010

und ein Polynom p gibt, sodass für jede Instanz $I \in \mathscr{I}$ die Laufzeit von A bei Eingabe von I durch

$$f(\kappa(I)) \cdot p(|I|)$$

oder durch

$$f(\kappa(I)) + p(|I|)$$

abgeschätzt werden kann. Parametrisierte Probleme, die durch einen parametrisierten Algorithmus gelöst werden können, heißen *fest-Parameter-berechenbar* und werden in der Komplexitätsklasse FPT zusammengefasst.

6.1 Knotenüberdeckung

In diesem Abschnitt stellen wir einige parametrisierte Algorithmen für das folgende parametrisierte Problem vor, das bereits in Beispiel 5.44 eingeführt wurde:

p-KNOTENÜBERDECKUNG	
Gegeben:	Ein Graph $G = (V, E)$ und eine Zahl $k \in \mathbb{N}$.
Parameter:	k.
Frage:	Gibt es in G eine Knotenüberdeckung der Größe höchstens k?

Dabei beschreiben wir unterschiedliche Entwurfstechniken für parametrisierte Algorithmen.

6.1.1 Problemkernreduktion

Unser erster Algorithmus für p-KNOTENÜBERDECKUNG beruht auf der Idee, eine gegebene Instanz I so auf eine Instanz I' zu reduzieren, dass die Größe von I' funktional nur noch vom Parameter und *nicht* von der Instanzengröße $|I|$ abhängig ist. Formal bezeichnet man dieses Vorgehen als Reduktion auf einen Problemkern.

Definition 6.1 (Problemkernreduktion). *Es seien (Π, κ) ein parametrisiertes Problem, $\mathscr{I}$ die Instanzenmenge von Π und $\kappa : \mathscr{I} \to \mathbb{N}$ eine Parametrisierung für Π. Eine in Polynomialzeit berechenbare Funktion $f : \mathscr{I} \times \mathbb{N} \to \mathscr{I} \times \mathbb{N}$ heißt* Problemkernreduktion *für (Π, κ), falls f bei Eingabe $(I, \kappa(I))$ eine Ausgabe $(I', \kappa(I'))$ berechnet, sodass die folgenden drei Eigenschaften erfüllt sind:*

1. *Für alle $I \in \mathscr{I}$ ist $(I, \kappa(I))$ genau dann eine „Ja"-Instanz von Π, wenn $(I', \kappa(I'))$ eine „Ja"-Instanz von Π ist.*
2. *Es gibt eine Funktion $f' : \mathbb{N} \to \mathbb{N}$, sodass $|I'| \leq f'(\kappa(I))$.*
3. *$\kappa(I') \leq \kappa(I)$.*

Die Instanz $(I', \kappa(I'))$ heißt Problemkern *für (Π, κ) und $f'(\kappa(I))$ heißt die Größe des Problemkerns.*

Die Zugehörigkeit eines parametrisierten Problems (Π, κ) zur Klasse FPT und die Existenz einer Problemkernreduktion für (Π, κ) sind in gewisser Weise äquivalent.

Satz 6.2.   *1. Falls ein parametrisiertes Problem (Π, κ) eine Problemkernreduktion besitzt, so liegt es in der Klasse* FPT.

2. *Jedes Problem (Π, κ) aus der Klasse* FPT *kann durch eine Problemkernreduktion gelöst werden.*

Beweis.

1. Es sei (Π, κ) ein parametrisiertes Problem. Falls (Π, κ) eine Problemkernreduktion besitzt, so kann man in polynomieller Zeit aus $(I, \kappa(I))$ eine Instanz $(I', \kappa(I'))$ mit $|I'| \le f'(\kappa(I))$ bestimmen und in dieser mittels erschöpfender Suche alle möglichen Lösungen testen. Somit erhält man einen FPT-Algorithmus für (Π, κ).

2. Es sei (Π, κ) ein parametrisiertes Problem, das durch einen FPT-Algorithmus mit der Laufzeit $f(\kappa(I)) \cdot p(|I|)$ gelöst werden kann. Wir unterscheiden für jede Instanz I die folgenden beiden Fälle:
   - Gilt $f(\kappa(I)) \le |I|$, so löse die Instanz in der Zeit $f(\kappa(I)) \cdot p(|I|) \le |I| \cdot p(|I|)$.
   - Gilt $f(\kappa(I)) > |I|$, so haben wir einen Problemkern der Größe höchstens $f(\kappa(I))$ gefunden.

Damit ist der Beweis abgeschlossen.   ❑

Wir geben nun zwei Aussagen zur Problemkernreduktion für das parametrisierte Problem p-KNOTENÜBERDECKUNG an, die wir anschließend verwenden, um einen parametrisierten Algorithmus für dieses Problem zu entwerfen.

Lemma 6.3 (Knoten vom Grad 0). *Es seien $G = (V, E)$ ein Graph und $v \in V$ ein Knoten vom Grad 0. G hat genau dann eine Knotenüberdeckung der Größe k, wenn $G - v$ eine Knotenüberdeckung der Größe k hat.*

Beweis.   Knoten vom Grad 0 sind an keiner Kante beteiligt und müssen deshalb nicht betrachtet werden.   ❑

Die folgende Aussage liefert die *Problemkernreduktion von Buss.*

Problemkernreduktion
von Buss

Lemma 6.4 (Knoten vom Grad größer als k). *Es seien $G = (V, E)$ ein Graph und $v \in V$ ein Knoten vom Grad größer als k. G hat genau dann eine Knotenüberdeckung der Größe k, wenn $G - v$ eine Knotenüberdeckung der Größe $k - 1$ hat.*

Beweis.   Es seien G ein Graph und C eine Knotenüberdeckung für G mit $|C| \le k$. Es sei v ein Knoten aus G, der $\ell > k$ Nachbarn und damit ℓ inzidente Kanten besitzt. Um alle diese ℓ Kanten zu überdecken, ohne v in die Knotenüberdeckung C aufzunehmen, müsste man alle ℓ Nachbarn von v in die Menge C aufnehmen. Da dies nicht möglich ist, liegt v (und ebenso jeder andere Knoten vom Grad größer als k) in einer Knotenüberdeckung der Größe höchstens k.   ❑

In Definition 3.3 wurde der maximale Knotengrad eines Graphen $G = (V, E)$ durch $\Delta(G) = \max_{v \in V} \deg_G(v)$ eingeführt.

Lemma 6.5. *Es sei $G = (V, E)$ ein Graph ohne Knoten vom Grad 0, der eine Knotenüberdeckung der Größe höchstens k besitzt, und es sei $\Delta(G) \leq d$. Dann hat G höchstens $k \cdot (d + 1)$ Knoten.*

Beweis. Es seien G ein Graph und C eine Knotenüberdeckung für G mit $|C| \leq k$. Jeder Knoten aus C kann höchstens d Knoten abdecken. Zusammen mit den Knoten aus C hat G somit höchstens $k \cdot d + k = k \cdot (d + 1)$ Knoten. $\qquad\square$

Am Beispiel des $K_{1,n}$ (mit $n + 1$ Knoten, dem maximalen Knotengrad $\Delta(K_{1,n}) = d = n$ und der Größe $|C| = k = 1$ einer kleinsten Knotenüberdeckung C) sieht man, dass die angegebene Abschätzung der Knotenanzahl auch erreicht werden kann.

Korollar 6.6. *Das Problem p-KNOTENÜBERDECKUNG hat einen Problemkern der Größe höchstens $k(k + 1)$, wobei k der Parameter dieses Problems ist.*

Beweis. Sei (G, k) mit $G = (V, E)$ und $k \in \mathbb{N}$ eine Instanz für KNOTENÜBERDECK-UNG. Ohne Beschränkung der Allgemeinheit können wir annehmen, dass G keine Knoten vom Grad 0 und keine Knoten vom Grad größer als k enthält; andernfalls modifizieren wir die Instanz gemäß Lemma 6.3 und Lemma 6.4 (Problemkernreduktion).

Gilt $|V| > k(k + 1)$, so gibt es nach Lemma 6.5 ($d = k$) keine Knotenüberdeckung der Größe höchstens k in G.

Gilt $|V| \leq k(k + 1)$, so existiert ein Problemkern der Größe höchstens $k(k + 1)$. $\quad\square$

Damit ist p-KNOTENÜBERDECKUNG nach Satz 6.2 in der Klasse FPT. Der folgende parametrisierte Algorithmus für p-KNOTENÜBERDECKUNG nimmt zuerst alle Knoten in die Knotenüberdeckung auf, die aufgrund ihres hohen Knotengrades darin enthalten sein müssen (Problemkernreduktion von Buss), und testet anschließend für alle möglichen Knotenmengen, ob sie den Restgraphen überdecken:

1. Es sei $H = \{v \in V \mid \deg(v) > k\}$.
   Gilt $|H| > k$, so gibt es nach Lemma 6.4 keine Knotenüberdeckung der Größe höchstens k.
   Gilt $|H| \leq k$, so sei $k' = k - |H|$, und es sei G' der Teilgraph von G ohne die Knoten aus H und deren inzidenten Kanten.
2. Entferne alle Knoten vom Grad 0 aus G'.
3. Falls G' mehr als $k'(k + 1)$ Knoten enthält (d. h., falls $|V - H| > k'(k + 1)$ gilt), gibt es nach Lemma 6.5 wegen $\Delta(G') \leq k$ keine Knotenüberdeckung der Größe höchstens k' in G'.
4. Suche eine Knotenüberdeckung der Größe höchstens k' in G' durch Testen aller k'-elementigen Knotenteilmengen. Besitzt G' eine Knotenüberdeckung der Größe höchstens k', so hat G eine Knotenüberdeckung der Größe höchstens k, und sonst nicht.

Satz 6.7. *Der obige Algorithmus entscheidet für jeden Graphen G mit n Knoten in der Zeit $\mathscr{O}(k \cdot n + k^{2k})$, ob G eine Knotenüberdeckung der Größe höchstens k besitzt.*

Beweis. Zunächst sei bemerkt, dass der obige Algorithmus das Problem p-KNO-TENÜBERDECKUNG löst. Falls nämlich der Algorithmus die Eingabe in Schritt 1 verwirft, da $|H| > k$ gilt, ist dies nach Lemma 6.4 sicher richtig. Gilt dagegen $|H| \leq k$, so nimmt der Algorithmus alle Knoten vom Grad mindestens k in die Knotenüberdeckung auf, da diese Knoten nach Lemma 6.4 in jeder Knotenüberdeckung enthalten sein müssen. Damit kann die Frage, ob G eine Knotenüberdeckung der Größe höchstens k besitzt, auf die äquivalente Frage reduziert werden, ob der Graph G' eine Knotenüberdeckung der Größe höchstens $k' = k - |H|$ besitzt. Der Graph G' hat nach Konstruktion einen maximalen Knotengrad von k und keinen Knoten vom Grad 0, denn alle Knoten vom Grad 0 oder größer als k wurden ja aus G entfernt. Aus Lemma 6.5 folgt nun, dass der Algorithmus in Schritt 3 korrekterweise die Eingabe verwirft, falls G' zu viele Knoten (also mehr als $k'(k+1)$ Knoten) hat, um eine Knotenüberdeckung der Größe k' besitzen zu können. In Schritt 4 schließlich testet der Algorithmus alle möglichen Knotenteilmengen darauf, ob diese eine Knotenüberdeckung der Größe höchstens k' für G' bilden, und akzeptiert entsprechend.

Nun betrachten wir die Laufzeit des Algorithmus. Die Schritte 1, 2 und 3 können für Graphen G mit n Knoten jeweils in der Zeit $\mathscr{O}(k \cdot n)$ realisiert werden. Das Testen aller k'-elementigen Teilmengen, ob diese eine Knotenüberdeckung in einem Graph mit höchstens $k'(k+1) \leq k(k+1)$ Knoten bilden, benötigt die Zeit

$$\mathscr{O}\left(k \cdot k' \cdot (k+1) \cdot \binom{k' \cdot (k+1)}{k'}\right), \tag{6.1}$$

da die Knotenmenge des Graphen G' höchstens $\binom{k' \cdot (k+1)}{k'}$ verschiedene Teilmengen der Größe k' hat und G' höchstens $k \cdot k' \cdot (k+1)$ Kanten besitzt. Die Zeitschranke aus (6.1) liegt aber in

$$\mathscr{O}\left(k^3 \cdot \binom{k \cdot (k+1)}{k}\right) \subseteq \mathscr{O}(k^{2k}), \tag{6.2}$$

wie man sich leicht überlegt. Somit ist die Laufzeit des Algorithmus in $\mathscr{O}(k \cdot n + k^{2k})$. $\qquad\square$

Übung 6.8. (a) Zeigen Sie die Inklusion (6.2):

$$\mathscr{O}\left(k^3 \cdot \binom{k \cdot (k+1)}{k}\right) \subseteq \mathscr{O}(k^{2k}).$$

(b) Wenden Sie die Problemkernreduktion von Buss für jedes $k \in \{1, 2, 3, 4\}$ auf die folgenden Graphen an. Wie sieht jeweils der Problemkern aus?
 1. Der Gittergraph $G_{10,5}$.
 2. Der vollständige Graph K_{20}.
 3. Das Rad R_{10}. (Ein Rad R_n besteht aus einem Kreis C_n, in den ein Knoten eingefügt wird, der mit allen n Kreisknoten verbunden wird.)

Mit der folgenden Beobachtung kann die Kerngröße etwas verringert werden.

Lemma 6.9 (Knoten vom Grad 1). *Es seien $G = (V,E)$ ein Graph und $v \in V$ ein Knoten vom Grad 1 und mit der Nachbarschaft $N(v) = \{u\}$. G hat genau dann eine Knotenüberdeckung der Größe k, wenn $G - \{u,v\}$ eine Knotenüberdeckung der Größe $k - 1$ hat.*

Beweis.   Die Kante zwischen v und seinem Nachbarn u kann nur durch v oder u abgedeckt werden. Da u möglicherweise noch weitere Kanten abdeckt, fügt man u zur Knotenüberdeckung hinzu. $\square$

Satz 6.10. *Das Problem p-KNOTENÜBERDECKUNG hat einen Problemkern der Größe höchstens k^2, wobei k der Parameter dieses Problems ist.*

Beweis.   Sei (G,k) mit $G = (V,E)$ und $k \in \mathbb{N}$ eine Instanz für p-KNOTENÜBERDECKUNG. Ohne Beschränkung der Allgemeinheit können wir annehmen, dass G keine Knoten vom Grad 0, keine Knoten vom Grad 1 und keine Knoten vom Grad größer als k enthält; andernfalls modifizieren wir die Instanz gemäß Lemma 6.3, Lemma 6.4 und Lemma 6.9 (Problemkernreduktion).

Jeder Knoten einer Knotenüberdeckung der Größe höchstens k kann höchstens k Kanten abdecken. Somit gibt es im Graphen noch höchstens k^2 Kanten. Da es keine Knoten vom Grad 0 oder 1 gibt, folgt, dass es im Graphen auch nur höchstens k^2 Knoten gibt. $\square$

Mit Hilfe von Matchings kann man sogar einen Problemkern linearer Größe nachweisen.

Satz 6.11. *Das Problem p-KNOTENÜBERDECKUNG hat einen Problemkern der Größe höchstens 2k, wobei k der Parameter dieses Problems ist.*   **ohne Beweis**

Man vermutet, dass man den Faktor von 2 hier nicht weiter verbessern kann, da dies auch einen bislang nicht erzielten Durchbruch in der Approximierbarkeit des Optimierungsproblems MIN KNOTENÜBERDECKUNG liefern würde.

Da die in Satz 6.7 angegebene Laufzeit schon für kleine Werte von k recht groß wird, geben wir in Abschnitt 6.1.2 einen weiteren FPT-Algorithmus für p-KNOTENÜBERDECKUNG an.

Übung 6.12. Geben Sie einen Problemkern-Algorithmus für das Problem p-UNABHÄNGIGE MENGE auf planaren Graphen[33] an. Welche Größe hat der Problemkern?
Hinweis: In jedem planaren Graphen gibt es einen Knoten vom Grad höchstens 5.

---

[33] Ein Graph G heißt *planar*, falls G kreuzungsfrei in die Ebene einbettbar ist. Das heißt, falls man die Knoten von G so in $\mathbb{R}^2$ einbetten kann, dass die Kanten ohne Überschneidung zwischen den Knoten geführt werden können.

6.1.2 Verbesserter Suchbaum mit beschränkter Höhe

In diesem Abschnitt geben wir einen weiteren FPT-Algorithmus für das parametrisierte Problem p-KNOTENÜBERDECKUNG an. Zunächst sei an Satz 5.48 in Abschnitt 5.2.1 erinnert. Im Beweis dieses Satzes wurde ein $\mathcal{O}(2^k \cdot n)$-Algorithmus für dieses Problem angegeben, dessen Grundidee in einer Teile-und-herrsche-Strategie besteht, die einen Suchbaum mit beschränkter Höhe liefert, der die folgende Verzweigungsregel verwendet:

V0 Wähle eine Kante $\{v_1, v_2\}$ und füge entweder den Knoten v_1 oder den Knoten v_2 zur bisher konstruierten Knotenüberdeckung hinzu.

Verwendet man anstelle der Verzweigungregel V0 (Auswahl einer Kante) die folgenden drei Verzweigungsregeln, so erhält man einen wesentlich besseren Suchbaum mit beschränkter Höhe.

V1 Falls es einen Knoten v vom Grad 1 gibt, so wird dessen Nachbar $u \in N(v)$ in die Knotenüberdeckung aufgenommen.
V2 Falls es einen Knoten v vom Grad 2 gibt, so sind entweder beide Nachbarn von v oder es sind v und alle Nachbarn der zwei Nachbarn von v in einer optimalen Knotenüberdeckung.
V3 Falls es einen Knoten v vom Grad mindestens 3 gibt, so ist entweder v oder es sind alle Nachbarn von v in einer optimalen Knotenüberdeckung.

In einer Verzweigung nach (V1) hat der zugehörige Suchbaumknoten nur ein Kind und in einer Verzweigung nach (V2) und (V3) verzweigt der Suchbaum in zwei neue Teilinstanzen.

Satz 6.13 (Niedermeier [Nie06]). *Der Suchbaum zu den Verzweigungsregeln V1, V2 und V3 hat für den Parameter k des Problems p-*KNOTENÜBERDECKUNG *eine Größe von $\mathcal{O}(1.47^k)$.*   **ohne Beweis**

Durch weitere trickreiche Fallunterscheidungen erzielte man weitere verbesserte FPT-Algorithmen für p-KNOTENÜBERDECKUNG. Der zur Zeit beste Algorithmus stammt von Chen, Kanj und Xia.

Satz 6.14 (Chen, Kanj und Xia [CKX06]). *Das Problem p-*KNOTENÜBERDECKUNG *kann für Instanzen (G, k), wobei G ein Graph mit n Knoten und $k \in \mathbb{N}$ ist, in der Zeit $\mathcal{O}(kn + 1{,}2738^k)$ gelöst werden.*   **ohne Beweis**

6.2 Hitting Set für Mengen der Größe drei

Das folgende Problem verallgemeinert das Problem KNOTENÜBERDECKUNG. Da es keine gebräuchliche Übersetzung ins Deutsche gibt, bleiben wir bei der englischen Bezeichnung für das Problem.

3-HITTING SET (3-HS)

Gegeben:	Eine Menge S, eine Menge $\mathscr{C}$ von drei-elementigen Teilmengen der Menge S und eine Zahl $k \in \mathbb{N}$.
Frage:	Gibt es eine Teilmenge $S' \subseteq S$, $|S'| \leq k$, sodass S' mindestens ein Element aus jeder der Mengen in $\mathscr{C}$ enthält?

3-HITTING SET
3-HS

2-HITTING SET
2-HS

Eine solche Menge $S' \subseteq S$ mit $|S'| \leq k$ und $S' \cap C \neq \emptyset$ für alle $C \in \mathscr{C}$ heißt – dem englischen Sprachgebrauch folgend – *„Hitting Set der Größe höchstens k für $\mathscr{C}$"*.

Das analog definierte Problem (2-HS) 2-HITTING SET, in dem die Familie $\mathscr{C}$ zwei-elementige anstelle von drei-elementigen Mengen enthält, entspricht genau dem Problem KNOTENÜBERDECKUNG. Das Problem 3-HS kann als eine Verallgemeinerung von KNOTENÜBERDECKUNG auf Hypergraphen mit „Dreierkanten" angesehen werden.

Beispiel 6.15. Es sei eine Instanz $I = (S, \mathscr{C}, k)$ von 3-HITTING SET durch

$$S = \{1,2,3,4,5,6,7,8,9\},$$
$$\mathscr{C} = \{\{1,2,3\},\{1,4,7\},\{2,4,5\},\{2,6,9\},\{3,5,7\},\{5,6,8\}\} \text{ und}$$
$$k = 3$$

gegeben. Es ist nicht schwer zu sehen, dass die Teilmenge $S' = \{3,4,6\}$ von S eine Lösung dieser Instanz ist.

Satz 6.16. 3-HITTING SET *ist NP-vollständig.*   **ohne Beweis**

p-3-HITTING SET
p-3-HS

Das entsprechende parametrisierte Problem hat die folgende Gestalt:

p-3-HITTING SET (*p*-3-HS)

Gegeben:	Eine Menge S, eine Menge $\mathscr{C}$ von drei-elementigen Teilmengen der Menge S und eine Zahl $k \in \mathbb{N}$.
Parameter:	k.
Frage:	Gibt es eine Teilmenge $S' \subseteq S$, $|S'| \leq k$, sodass S' mindestens ein Element aus jeder der Mengen in $\mathscr{C}$ enthält?

Wir schätzen nun die Größe des Problemkerns für *p*-3-HITTING SET ab, indem wir zeigen, dass die Menge $\mathscr{C}$ in der Eingabe des Problems höchstens k^3 dreielementige Teilmengen der Menge S enthält.

Lemma 6.17. *Das Problem p-3-HITTING SET hat einen Problemkern der Größe höchstens k^3, wobei k der Parameter dieses Problems ist.*

Beweis. Für zwei feste $x, y \in S$ gibt es höchstens k Mengen $\{x, y, z'\}$ für ein beliebiges $z' \in S$. Denn gäbe es mehr als k Möglichkeiten, das Element z' zu wählen, so müsste wegen der Bedingung $|S'| \leq k$ (für eine Lösung S' des Problems) stets x oder y in S' enthalten sein, und damit könnten alle Mengen $\{x, y, z'\}$ aus $\mathscr{C}$ entfernt werden.

Weiterhin gibt es für ein festes $x \in S$ höchstens k^2 Mengen $\{x, y', z'\}$ für beliebige $y', z' \in S$, da wir nach der ersten Beobachtung wissen, dass x zusammen mit einem Element y nur in k Mengen vorkommen kann. Gäbe es nun mehr als k^2 Mengen, die x enthalten, so müsste wegen $|S'| \leq k$ stets x in S' liegen, und damit könnten alle Mengen $\{x, y', z'\}$ aus $\mathscr{C}$ entfernt werden.

Aus der letzten Beobachtung folgt, dass jedes Element x in k^2 drei-elementigen Teilmengen auftreten kann. Daraus folgt, wieder wegen $|S'| \leq k$, dass $\mathscr{C}$ aus höchstens $k \cdot k^2 = k^3$ drei-elementigen Teilmengen bestehen kann. $\qquad\Box$

Die Idee unseres parametrisierten Algorithmus für p-3-HITTING SET ist eine Problemkernreduktion der Instanz, die dann in einem höhenbeschränkten Suchbaum entschieden wird. Der Algorithmus basiert auf der folgenden einfachen Beobachtung (die sich unmittelbar aus der Definition des Problems ergibt): Ist $I = (S, \mathscr{C}, k)$ eine Instanz von p-3-HITTING SET, so muss mindestens ein Element einer jeden drei-elementigen Teilmenge aus $\mathscr{C}$ in der gesuchten Lösung liegen. Demgemäß nutzt unser Suchbaum die folgende Verzweigungsregel:

V Wähle eine drei-elementige Teilmenge $\{x, y, z\}$ aus $\mathscr{C}$ und füge entweder x, y oder z in die Lösung ein.

Der Algorithmus arbeitet bei Eingabe einer Instanz $I = (S, \mathscr{C}, k)$ von p-3-HITTING SET so:

1. Führe gemäß Lemma 6.17 eine Problemkernreduktion durch, sodass $|\mathscr{C}| \leq k^3$ gilt.
2. Konstruiere einen vollständigen trinären Wurzelbaum T der Höhe k, d. h., jeder innere Knoten von T hat drei Kinder.
3. Markiere den Wurzelknoten in T mit $(\mathscr{C}, k)$.
4. Die vom Wurzelknoten verschiedenen Knoten in T werden in Abhängigkeit von der Markierung ihrer Vorgängerknoten wie folgt markiert. Es sei u ein mit $(\mathscr{C}', k')$ markierter innerer Baumknoten, dessen Kinder noch unmarkiert sind. Für $x \in \{a, b, c\}$ bezeichne $\mathscr{C}'^{-x}$ die Menge $\mathscr{C}'$ ohne die Mengen, die x enthalten. Wähle eine beliebige drei-elementige Teilmenge $\{a, b, c\}$ aus $\mathscr{C}'$ und
   a) markiere ein Kind von u mit $(\mathscr{C}'^{-a}, k-1)$;
   b) markiere ein anderes Kind von u mit $(\mathscr{C}'^{-b}, k-1)$;
   c) markiere das verbleibende dritte Kind von u mit $(\mathscr{C}'^{-c}, k-1)$.
5. Falls es einen Baumknoten mit der Markierung $(\emptyset, k')$ gibt, dann besitzt $\mathscr{C}$ ein *Hitting Set* der Größe höchstens k; andernfalls gibt es für $\mathscr{C}$ kein *Hitting Set* der Größe höchstens k.

Satz 6.18. *Das Problem p-3-HITTING SET kann für Instanzen $I = (S, \mathscr{C}, k)$, wobei n die Größe von I und $k \in \mathbb{N}$ der Parameter ist, in der Zeit $\mathcal{O}(n + 3^k \cdot k^3)$ gelöst werden.*

Beweis. Der im Algorithmus aufgebaute Suchbaum hat eine Größe von 3^k. An jedem Baumknoten sind Operationen auszuführen, die jeweils die Zeit $\mathcal{O}(|\mathscr{C}|)$ benötigen, also nach Lemma 6.17 die Zeit $\mathcal{O}(k^3)$. Die Konstruktion des Problemkerns gemäß diesem Lemma kann in der Zeit $\mathcal{O}(n)$ ausgeführt werden.   ❏

Übung 6.19. Zeichnen Sie den vollständigen Suchbaum für die Instanz von 3-HS aus Beispiel 6.15.

Korollar 6.20. p-3-HITTING SET $\in$ FPT.

Anmerkung 6.21 (Entwurfstechniken). Wir haben bisher die folgenden Techniken zum Entwurf von parametrisierten Algorithmen kennen gelernt:

- in Abschnitt 6.1.1 eine Problemkernreduktion,
- in Abschnitt 6.1.2 einen Algorithmus, der einen höhenbeschränkten Suchbaum verwendet, und
- in Abschnitt 6.2 eine Problemkernreduktion, gefolgt von einem Algorithmus, der einen höhenbeschränkten Suchbaum verwendet.

Eine weitere nützliche Methode besteht in einer Verflechtung von Problemkernreduktion und Suchbaumtechnik:

- Führe an jedem mit (I', k') markierten Suchbaumknoten mit Nachfolgerknoten zu den Instanzen $(I'_1, k''), \ldots, (I'_d, k'')$ eine Problemkernreduktion durch, falls dies möglich ist.

```
1:    if (|I'| > c · κ(I))
2:        then führe eine Problemkernreduktion für (I', k') durch
3:    verzweige von (I', k') in die Instanzen (I'_1, k''), …, (I'_d, k'')
```

6.3 Graphmodifikation

Zur Definition des Graphmodifikationsproblems benötigen wir einige Begriffe. Wir wollen uns hier auf solche Grapheigenschaften beschränken, die von der Anordnung bzw. Bezeichnung der Knoten im Graphen unabhängig sind. Das heißt, die durch solche Grapheigenschaften induzierten Graphklassen sind unter Graphisomorphie (siehe (3.1) und (3.2) in Abschnitt 3.1) abgeschlossen: Sind zwei Graphen isomorph, so haben sie entweder beide eine Eigenschaft oder sie haben sie beide nicht. Wir identifizieren dabei eine Grapheigenschaft mit der durch sie induzierten (und unter Isomorphie abgeschlossenen) Graphklasse.

Grapheigenschaft   **Definition 6.22 (Grapheigenschaft).** *Eine* Grapheigenschaft *ist eine Graphklasse, die unter Graphisomorphie abgeschlossen ist.*

Beispiel 6.23 (Grapheigenschaft). Die Klasse der

- zusammenhängenden Graphen,
- Bäume,

- Graphen mit einer Clique der Größe 77,
- planaren Graphen,
- regulären Graphen

sind Beispiele für Grapheigenschaften. Endliche Mengen von Graphen können hingegen nie eine Grapheigenschaft bilden.

Definition 6.24 (vererbbare Grapheigenschaft). *Eine Grapheigenschaft $\mathcal{E}$ ist eine* vererbbare Grapheigenschaft, *falls gilt: Ist $G \in \mathcal{E}$ und ist H ein induzierter Teilgraph von G, so ist auch $H \in \mathcal{E}$.*

vererbbare Grapheigenschaft

Anders gesagt, vererbbare Grapheigenschaften sind solche Grapheigenschaften, die unter der Bildung von induzierten Teilgraphen abgeschlossen sind.

Beispiel 6.25 (vererbbare Grapheigenschaft). Die Klasse der

- bipartiten Graphen,
- vollständigen Graphen,
- planaren Graphen,
- Wälder und
- Co-Graphen

sind Beispiele für vererbbare Grapheigenschaften.

Dagegen sind die Klasse der Bäume und die Klasse aller Graphen mit mindestens 400 Knoten Beispiele für nicht vererbbare Grapheigenschaften.

Definition 6.26 (Charakterisierung durch Ausschlussmengen). *Eine Grapheigenschaft $\mathcal{E}$ besitzt eine* Charakterisierung durch Ausschlussmengen, *wenn es eine Graphklasse $\mathcal{F}$ gibt, sodass ein Graph G genau dann zu $\mathcal{E}$ gehört, wenn G keinen Graphen aus $\mathcal{F}$ als induzierten Teilgraphen enthält.*

Die Elemente von $\mathcal{F}$ bezeichnet man auch als verbotene induzierte Teilgraphen.

Charakterisierung durch Ausschlussmengen

verbotener induzierter Teilgraph

Charakterisierungen durch Ausschlussmengen gibt es für jede vererbbare Grapheigenschaft und für keine nicht vererbbare Grapheigenschaft.

Lemma 6.27. *Eine Grapheigenschaft $\mathcal{E}$ ist genau dann vererbbar, wenn sie eine Charakterisierung durch Ausschlussmengen besitzt.*

Beweis.   Es sei $\mathcal{E}$ eine vererbbare Grapheigenschaft. Wähle als Ausschlussmenge $\mathcal{F}$ die Menge aller Graphen, die nicht zu $\mathcal{E}$ gehören.

Es sei $\mathcal{E}$ eine Grapheigenschaft mit Charakterisierung durch eine Ausschlussmenge $\mathcal{F}$. Weiter seien $G \in \mathcal{E}$ und H ein induzierter Teilgraph von G. Da G keinen Graphen aus $\mathcal{F}$ als induzierten Teilgraphen enthält, gilt dies auch für H, und somit liegt auch H in $\mathcal{E}$.   ❏

Interessant sind jedoch im Folgenden nur die Charakterisierungen durch endliche Ausschlussmengen.

Charakterisierung
durch endliche
Ausschlussmengen

Definition 6.28 (Charakterisierung durch endliche Ausschlussmengen). *Eine Grapheigenschaft $\mathscr{E}$ besitzt eine* Charakterisierung durch endliche Ausschlussmengen, *wenn sie eine Charakterisierung $\mathscr{F}$ durch Ausschlussmengen besitzt und $\mathscr{F}$ nur endlich viele paarweise nicht isomorphe Graphen enthält.*

Beispiel 6.29 (Charakterisierung durch endliche Ausschlussmengen). Ein Beispiel für eine Grapheigenschaft $\mathscr{E}$, die eine Charakterisierung durch endliche Ausschlussmengen besitzt, ist die Klasse der Co-Graphen, da hier die Ausschlussmenge $\mathscr{F} = \{P_4\}$ gewählt werden kann.

Weiterhin lassen sich

- die Klasse der trivialerweise perfekten Graphen (englisch: *trivially perfect graphs*) durch die endliche Ausschlussmenge $\mathscr{F} = \{C_4, P_4\}$ und
- die Klasse der Schwellenwert-Graphen (englisch: *threshold graphs*) durch die endliche Ausschlussmenge $\mathscr{F} = \{C_4, P_4, 2K_2\}$ charakterisieren.

Offensichtlich sind diese beiden Graphklassen Teilklassen der Klasse der Co-Graphen.

Anmerkung 6.30. Es besitzt jedoch nicht jede vererbbare Grapheigenschaft $\mathscr{E}$ eine Charakterisierung durch endliche Ausschlussmengen.

$\mathscr{E}$-GRAPHMODI-
FIKATION

Das Graphmodifikationsproblem ist wie folgt definiert:

$\mathscr{E}$-GRAPHMODIFIKATION

Gegeben: Ein Graph $G = (V, E)$ und Zahlen $i, j, k \in \mathbb{N}$.
Frage: Kann man durch Löschen von bis zu i Knoten und
von bis zu j Kanten aus G und durch Hinzufügen
von bis zu k Kanten zu G einen Graphen aus $\mathscr{E}$
erhalten?

Satz 6.31. $\mathscr{E}$-GRAPHMODIFIKATION *ist NP-hart für jede nicht triviale*[34] *vererbbare Grapheigenschaft $\mathscr{E}$.*   **ohne Beweis**

Anmerkung 6.32.   1. Offenbar ist $\mathscr{E}$-GRAPHMODIFIKATION sogar NP-vollständig, sofern die nicht trivial vererbbare Grapheigenschaft $\mathscr{E}$ in Polynomialzeit getestet werden kann.

2. Bereits die folgenden Spezialfälle des Problems $\mathscr{E}$-GRAPHMODIFIKATION sind NP-hart:
   - **Kantenlöschungsproblem**: Kann man durch Löschen von bis zu k Kanten aus G einen Graphen aus $\mathscr{E}$ erhalten?
   - **Knotenlöschungsproblem**: Kann man durch Löschen von bis zu k Knoten (und deren inzidenten Kanten) aus G einen Graphen aus $\mathscr{E}$ erhalten?

---

[34] Zur Erinnerung: Eine Grapheigenschaft $\mathscr{E}$ ist *nicht trivial*, falls es unendlich viele Graphen gibt, die in $\mathscr{E}$ liegen, und es unendlich viele Graphen gibt, die nicht in $\mathscr{E}$ liegen.

- **Knoten-/Kantenlöschungsproblem**: Kann man durch Löschen von bis zu k Knoten (und deren inzidenten Kanten) und von bis zu ℓ Kanten aus G einen Graphen aus $\mathscr{E}$ erhalten?
- **Kantenadditionsproblem**: Kann man durch Hinzufügen von bis zu k Kanten zu G einen Graphen aus $\mathscr{E}$ erhalten?

Wir betrachten nun die folgende parametrisierte Version des Graphmodifikationsproblems.

p-$\mathscr{E}$-GRAPHMODI-
FIKATION

\multicolumn{2}{c}{p-$\mathscr{E}$-GRAPHMODIFIKATION}	
Gegeben:	Ein Graph $G = (V, E)$ und Zahlen $i, j, k \in \mathbb{N}$.
Parameter:	$i + j + k$.
Frage:	Kann man durch Löschen von bis zu i Knoten und von bis zu j Kanten aus G und durch Hinzufügen von bis zu k Kanten zu G einen Graphen aus $\mathscr{E}$ erhalten?

Um mittels einer Problemkernreduktion zu beweisen, dass p-$\mathscr{E}$-GRAPHMODI-FIKATION fest-Parameter-berechenbar ist, geben wir zunächst eine Hilfsaussage an.

Lemma 6.33. *Es sei $\mathscr{E}$ eine vererbbare Grapheigenschaft, die für einen Graphen $G = (V, E)$ in der Zeit $t(G)$ überprüfbar ist. Dann kann für jeden Graphen $G \notin \mathscr{E}$ in der Zeit $\mathcal{O}(|V| \cdot t(G))$ ein minimaler verbotener induzierter Teilgraph gefunden werden.*

Beweis. Es seien $G = (V, E)$ ein Graph und $V = \{v_1, \ldots, v_n\}$. Die folgende einfache Schleife bestimmt einen minimalen verbotenen induzierten Teilgraphen H.

```
1:     H = G;
2:     for i = 1 to n do
3:         if H − vi ∉ ℰ then H = H − vi
4:     return H
```

Für die Korrektheit ist zu beachten, dass $\mathscr{E}$ eine vererbbare Grapheigenschaft ist. ❑

Satz 6.34 (Cai [Cai96]). *Es sei $\mathscr{E}$ eine Grapheigenschaft mit einer Charakterisierung durch endliche Ausschlussmengen. Dann ist das $\mathscr{E}$-Graphmodifikationsproblem für Graphen mit n Knoten in der Zeit $\mathcal{O}(N^{i+2j+2k} \cdot n^{N+1})$ lösbar. Hierbei ist N die maximale Knotenanzahl der Graphen in der Ausschlussmenge.*

Beweis. Offensichtlich ist die Zahl N eine durch das Problem gegebene Konstante. Wir geben nun einen FPT-Algorithmus für p-$\mathscr{E}$-GRAPHMODIFIKATION an. Durch eine Reduktion auf den Problemkern muss die Modifikation nicht auf den gesamten Graphen ausgeübt werden, sondern nur auf einen minimalen induzierten Teilgraphen H in G.

Es sei $G = (V, E)$ ein Graph mit n Knoten. Die folgende Methode entscheidet, ob das Problem p-$\mathscr{E}$-GRAPHMODIFIKATION für den Eingabegraphen G lösbar ist.

```
GraphMod(G = (V,E),i,j,k){
 1:    if G ∈ ℰ
 2:        return true;
 3:    H := (V_H,E_H) minimaler verbotener induzierter Teilgraph von ℰ in G
 4:    if i > 0 then
 5:        for all v ∈ V_H do
 6:            if(GraphMod((V − v,E),i − 1,j,k)) then
 7:                return true;
 8:    if j > 0 then
 9:        for all e = {v,w} ∈ E_H do
10:            if (GraphMod((V,E − e),i,j − 1,k)) then
11:                return true;
12:    if k > 0 then
13:        for all (v,w) ∈ V_H × V_H, {v,w} ∉ E_H do
14:            if (GraphMod((V,E ∪ {{v,w}}),i,j,k − 1)) then
15:                return true;
16:    return false; }
```

Die Laufzeit der Methode ergibt sich wie folgt. Nach Lemma 6.33 kann H in der Zeit $\mathscr{O}(n \cdot n^N)$ gefunden werden. Es gibt N Möglichkeiten, einen Knoten aus H zu löschen, $\binom{N}{2}$ Möglichkeiten, eine Kante aus H zu löschen, und $\binom{N}{2}$ Möglichkeiten, eine Kante in H einzufügen. Somit werden höchstens $\binom{N}{2}^{j+k} \cdot N^i \in \mathscr{O}(N^{i+2j+2k})$ Graphen mit der obigen Methode erzeugt. Ob G zu $\mathscr{E}$ gehört, kann in der Zeit $\mathscr{O}(n^N)$ getestet werden: Für jeden Graphen H aus $\mathscr{F}$ müssen alle $\binom{n}{|H|} \leq n^N$ Teilgraphen aus G der Größe $|H|$ untersucht werden. Damit folgt die Laufzeit $\mathscr{O}(|\mathscr{F}| \cdot n^N) \in \mathscr{O}(n^N)$.

Die totale Laufzeit ergibt sich somit als $\mathscr{O}(N^{i+2j+2k} \cdot n^{N+1})$.   ❑

Korollar 6.35. p-$\mathscr{E}$-GRAPHMODIFIKATION $\in$ FPT.

Übung 6.36. Wenden Sie den Algorithmus für p-$\mathscr{E}$-GRAPHMODIFIKATION im Beweis von Satz 6.34 mit der Grapheigenschaft $\mathscr{E} = \{G \mid G$ ist ein Co-Graph$\}$ auf die folgenden Gittergraph-Instanzen an:

1. $G = G_{2,3}$ und $i = 1$, $j = 0$, $k = 0$,
2. $G = G_{2,3}$ und $i = 1$, $j = 1$, $k = 0$ und
3. $G = G_{2,4}$ und $i = 1$, $j = 1$, $k = 1$

Unmittelbar aus der Laufzeitabschätzung in Satz 6.34 ergibt sich das folgende Korollar.

Korollar 6.37. *Es sei $\mathscr{E} = \{G \mid G$ ist ein Co-Graph$\}$. Dann ist das Problem p-$\mathscr{E}$-GRAPHMODIFIKATION für Graphen mit n Knoten und den Parameter $\ell = i + j + k$ (wie in der Problemdefinition) in der Zeit $\mathscr{O}(4^{i+2j+2k} \cdot n^5)$ lösbar.*

Anmerkung 6.38.   1. Bei der angegebenen Lösung kann auf die Endlichkeit der Ausschlussmenge nicht verzichtet werden.

2. Es gibt auch Graphmodifikationsprobleme, die nicht durch endliche Ausschlussmengen charakterisiert werden können, aber dennoch fest-Parameter-berechenbar sind, z. B. p-CHORDAL GRAPH COMPLETITION (auch als p-MINIMUM FILL IN bekannt):

p-CHORDAL GRAPH
COMPLETITION
p-MINIMUM FILL IN

---

p-CHORDAL GRAPH COMPLETITION

Gegeben: Ein Graph $G = (V, E)$ und eine Zahl $k \in \mathbb{N}$.

Parameter: k.

Frage: Kann man durch Hinzufügen von höchstens k Kanten einen chordalen Graphen erhalten (d. h. einen Graphen, in dem jeder Kreis mit mindestens vier Knoten eine Sehne/Abkürzung enthält)?

6.4 Parameterwahl

Die Fest-Parameter-Berechenbarkeit eines Problems Π bezüglich einer Parametrisierung κ impliziert leider noch nicht unmittelbar die praktische Lösbarkeit des Problems. Eine Laufzeit von

$$2^{2^{2^{2^{2^{2^{\kappa(I)}}}}}} \cdot |I|^2$$

ist zwar eine zulässige Laufzeit eines FPT-Algorithmus, praktisch jedoch auch für kleine Werte des Parameters nicht brauchbar.

Weiterhin kann es sein, dass der gewählte Parameter κ groß im Vergleich zur Instanzengröße ist. Dies ist zum Beispiel im Problem p-SAT durch den Parameter „Anzahl der Variablen" der Fall.

Aus diesen Gründen sollte man stets versuchen, die folgenden beiden Bedingungen bei der Wahl des Parameters κ zu erfüllen:

1. Die Parametrisierung κ sollte es ermöglichen (zumindest für kleine Werte des Parameters), einen praktisch brauchbaren parametrisierten Algorithmus zu entwerfen.

2. Die in der Praxis typischerweise auftretenden Probleminstanzen I sollten einen nicht zu großen Parameterwert $\kappa(I)$ besitzen.

6.5 Offene Probleme

Für die folgenden Probleme ist es bislang offen, ob sie zur Klasse FPT gehören oder ob sie $W[t]$-schwer sind:

<table>
<tr><td colspan="2" align="center">p-$K_{t,t}$-TEILGRAPH</td></tr>
<tr><td>Gegeben:</td><td>Ein Graph $G = (V,E)$ und eine Zahl $t \in \mathbb{N}$.</td></tr>
<tr><td>Parameter:</td><td>t.</td></tr>
<tr><td>Frage:</td><td>Enthält G den vollständig bipartiten Graphen $K_{t,t}$ als einen Teilgraphen?</td></tr>
</table>

p-$K_{t,t}$-TEILGRAPH

<table>
<tr><td colspan="2" align="center">p-GERADE MENGE</td></tr>
<tr><td>Gegeben:</td><td>Ein Graph $G = (V,E)$ und eine Zahl $k \in \mathbb{N}$.</td></tr>
<tr><td>Parameter:</td><td>k.</td></tr>
<tr><td>Frage:</td><td>Enthält G eine Menge S von Knoten mit $1 \leq |S| \leq k$, sodass für jeden Knoten u in G die Zahl $|N(u) \cap S|$ gerade ist?</td></tr>
</table>

p-GERADE MENGE

6.6 Literaturhinweise

Bereits im letzten Kapitel wurden die Bücher von Downey und Fellows [DF99], Flum und Grohe [FG06] sowie Niedermeier [Nie06] zur Fest-Parameter-Algorithmik und parametrisierten Komplexität erwähnt, in denen man zahlreiche weitere parametrisierte Algorithmen findet.

In zwei Ausgaben der Zeitschrift *Computer Journal* aus dem Jahre 2008 werden weitere interessante Forschungsergebnisse über FPT-Algorithmen zusammengefasst. Einige dieser Artikel werden im Folgenden aufgezählt. Slopper und Telle [ST08] geben einen Überblick über Entwurfstechniken für parametrisierte Algorithmen für Probleme wie z. B. p-KNOTENÜBERDECKUNG und p-DOMINIERENDE MENGE an. Mit schweren paramatrisierten Problemen beschäftigen sich Chen und Meng [CM08]. Marx [Mar08] betrachtet Zusammenhänge zwischen parametrisierten Algorithmen und Approximationsalgorithmen und Cai [Cai08] untersucht die parametrisierte Komplexität von Optimierungsproblemen. Gramm, Nickelsen und Tantau [GNT08] stellen den Einsatz von parametrisierten Algorithmen in der Bioinformatik vor. Weiterhin betrachten Gutin und Yeo [GY08] zahlreiche Ergebnisse über parametrisierte Algorithmen für gerichtete Graphen.

7

Exponentialzeit-Algorithmen für Färbbarkeitsprobleme

7.1 Motivation und einfache Ideen

Zwei Algorithmen für Färbbarkeitsprobleme wurden bereits in früheren Kapiteln vorgestellt, nämlich ein Polynomialzeit-Algorithmus für das Zweifärbbarkeitsproblem (siehe Beispiel 2.2 in Abschnitt 2.1) und der naive Algorithmus für das Dreifärbbarkeitsproblem (siehe Beispiel 5.7 in Abschnitt 5.1.2), der in der Zeit

$$\tilde{\mathcal{O}}(3^n) \tag{7.1}$$

arbeitet. In diesem Kapitel wollen wir bessere Algorithmen als den naiven für Dreifärbbarkeit beschreiben und auch solche für andere Färbbarkeitsprobleme.

Zunächst stellen wir in diesem Abschnitt ein paar Algorithmen vor, die auf einfachen Ideen beruhen und den naiven Algorithmus für Dreifärbbarkeit bereits schlagen (auch wenn sie natürlich immer noch Exponentialzeit brauchen; schließlich ist das Dreifärbbarkeitsproblem nach Satz 5.26 NP-vollständig). Anschließend gehen wir kurz auf die Motivation für exakte Exponentialzeit-Algorithmen ein und erläutern, weshalb solche Verbesserungen für praktische Anwendungen sehr sinnvoll sein können.

7.1.1 Erste Idee: Breitensuche

Die $\tilde{\mathcal{O}}(3^n)$-Schranke des naiven Algorithmus für Dreifärbbarkeit aus Beispiel 5.7 kann mit der folgenden einfachen Idee verbessert werden:

1. Wähle einen beliebigen Startknoten des gegebenen Graphen und färbe ihn mit der ersten Farbe.
2. Führe ausgehend vom Startknoten eine Breitensuche auf dem Graphen durch und färbe jeden Knoten anders als den Vorgängerknoten, also mit einer der beiden noch möglichen Farben. Somit gibt es höchstens zwei neue rekursive Aufrufe in jedem Schritt.
3. Gelingt es, den gesamten Graphen in dieser Weise legal mit drei Farben zu färben, so akzeptiere; ist dies irgendwann nicht mehr möglich, so lehne ab.

F. Gurski et al., *Exakte Algorithmen für schwere Graphenprobleme*, eXamen.press,
DOI 10.1007/978-3-642-04500-4_7, © Springer-Verlag Berlin Heidelberg 2010

Es ist klar, dass dieser Algorithmus jeden dreifärbbaren Graphen akzeptiert und jeden nicht dreifärbbaren Graphen ablehnt, das Dreifärbbarkeitsproblem also korrekt löst. Da jeder Knoten (außer dem Startknoten), wenn er gefärbt wird, bereits mindestens einen gefärbten Nachbarknoten hat, stehen in jedem Schritt (außer dem ersten) nur höchstens zwei Farben zur Auswahl. Somit ergibt sich eine Laufzeit von

$$\tilde{\mathscr{O}}(2^n). \tag{7.2}$$

7.1.2 Zweite Idee: Auflisten unabhängiger Mengen beschränkter Größe

Zerlegt man die n Knoten des Eingabegraphen in drei Teilmengen, so muss eine kleinste Teilmenge die Größe höchstens $\lceil n/3 \rceil$ haben. Es gibt nicht mehr als $\sum_{i=1}^{\lceil n/3 \rceil} \binom{n}{i}$ solche Mengen. Nun erzeugt man diese der Reihe nach und überprüft jeweils, ob die erzeugte Menge unabhängig ist und ob der Restgraph zweifärbbar (bzw. bipartit) ist. Dieser Test ist in Polynomialzeit möglich. Die Laufzeit des Algorithmus wird also von der Anzahl der Mengen der Größe höchstens $\lceil n/3 \rceil$ dominiert, und es ergibt sich eine Laufzeit von

$$\tilde{\mathscr{O}}(1.8899^n). \tag{7.3}$$

Eine Variation dieser Idee, die eine noch bessere Laufzeit ermöglicht, geht auf Lawler zurück und wird in Abschnitt 7.2 beschrieben.

7.1.3 Dritte Idee: Zufälliges Ausschließen einer Farbe

Die folgende schöne Idee für einen randomisierten Algorithmus für Dreifärbbarkeit wurde von Beigel und Eppstein [BE05] vorgeschlagen: Wähle für jeden der n Knoten zufällig (unter Gleichverteilung) und unabhängig eine Farbe aus, mit der dieser Knoten *nicht* gefärbt werden soll. Mit Wahrscheinlichkeit $1/3$ kann eine solche Zufallsentscheidung falsch sein, woraus folgt, dass die Wahrscheinlichkeit dafür, dass alle n Zufallsentscheidungen mit einer legalen Dreifärbung des Graphen (falls eine existiert) konsistent sind, genau $(2/3)^n$ ist. Hat man diese n Zufallsentscheidungen getroffen, so kann in Polynomialzeit überprüft werden, ob sie gut waren, denn durch die Einschränkung auf höchstens zwei erlaubte Farben pro Knoten kann das Problem zum Beispiel auf 2-SAT reduziert werden.

Randomisierte Algorithmen sind oft schneller als die besten bekannten deterministischen Algorithmen für dasselbe Problem. Natürlich hat dieser Vorteil seinen Preis. Für die Zeitersparnis handelt man sich den Nachteil ein, dass ein randomisierter Algorithmus Fehler machen kann. Um die Fehlerwahrscheinlichkeit möglichst klein zu halten, empfiehlt es sich, einen solchen randomisierten Algorithmus nicht nur einmal auf die Eingabe anzusetzen, sondern in unabhängigen Versuchen so oft mit derselben Eingabe zu wiederholen, bis man insgesamt einen (fest vorgegebenen) exponentiell kleinen Fehler erreicht hat. Bei jedem Versuch werden womöglich andere Zufallsentscheidungen getroffen, und da sich die Fehlerwahrscheinlichkeiten der einzelnen Versuche multiplizieren, wird der Fehler insgesamt mit jedem neuen Versuch kleiner.

Wie viele unabhängige Versuche sollte man machen? Als Faustregel gilt (und man kann dies auch formal beweisen), dass die Anzahl der Versuche (und damit die Gesamtlaufzeit) reziprok zur Erfolgswahrscheinlichkeit des Einzelversuchs sein sollte. Hat ein Durchlauf des Algorithmus bei einer Eingabe der Größe n die Zeitkomplexität $T(n)$ und die Erfolgswahrscheinlichkeit w_n, dann führen für eine vorgegebene Konstante c insgesamt $c \cdot w_n^{-1}$ unabhängige Wiederholungen des Durchlaufs dieses Algorithmus zu einer Fehlerwahrscheinlichkeit von $(1 - w_n)^{c/w_n} \leq e^{-c}$ und zu einer Gesamtlaufzeit von $c \cdot w_n^{-1} \cdot T(n)$.[35] Ist zum Beispiel $c = 100$, $w_n = (2/3)^n$ und $T(n) = n^2$, so ist der Fehler durch

$$e^{-100} \approx 3.7176 \cdot 10^{-44}$$
$$= 0.000\,000\,000\,000\,000\,000\,000\,000\,000\,000\,000\,000\,000\,000\,037\,176$$

beschränkt, was vernachlässigbar klein ist. Die Laufzeit ergibt sich dann zu $100 \cdot n^2 \cdot (3/2)^n$, wobei wir polynomiale Faktoren vernachlässigen. Demgemäß hat der oben angegebene randomisierte Algorithmus von Beigel und Eppstein eine Laufzeit von

$$\tilde{\mathcal{O}}((2/3)^{-n}) = \tilde{\mathcal{O}}(1.5^n). \tag{7.4}$$

In den Abschnitten 7.3 bis 7.5 wird eine Methode von Beigel und Eppstein [BE05] beschrieben, die auf derselben Idee der geschickten Einschränkung beruht, aber sogar *deterministische* Algorithmen für verschiedene Färbbarkeits- und andere Probleme ermöglicht. Insbesondere schlägt die Laufzeit des deterministischen Dreifärbbarkeitsalgorithmus, der in Abschnitt 7.5 vorgestellt wird, die in (7.4) angegebene Laufzeit des randomisierten Algorithmus von Beigel und Eppstein.

7.1.4 Vierte Idee: Randomisierte lokale Suche

Die folgende Idee für einen randomisierten Algorithmus ist der obigen ganz ähnlich. Diesmal jedoch führen wir eine randomisierte lokale Suche durch. Das bedeutet, dass man an irgendeinem zufällig gewählten Punkt im Lösungsraum startet und hofft, dort eine Lösung gefunden zu haben. Stellt sich diese Hoffnung als trügerisch heraus, so versucht man eine Weile, den ersten, leider erfolglosen Lösungskandidaten zu retten, indem man ihn an zufällig gewählten Stellen „repariert" – man sucht also lokal in der Nähe des Startpunktes nach einer korrekten Lösung. Gelingt dies nicht innerhalb einer gesetzten Frist, verwirft man diesen Kandidaten als hoffnungslos und wiederholt dieselbe Prozedur mit einem neuen zufällig gewählten Lösungskandidaten.

Ist also ein Graph mit n Knoten gegeben, so rät man anfangs eine (unter Gleichverteilung) zufällige Dreifärbung der Knoten und überprüft, ob sie legal ist. Falls ja, akzeptiert man zufrieden; andernfalls versucht man diese Dreifärbung zu reparieren, indem man für solche Knoten, die einen gleichfarbigen Nachbarknoten haben, zufällig eine der beiden anderen Farben wählt. Insgesamt führt man bis zu $3n$ lokale Reparaturen am aktuellen Lösungskandidaten aus. Wenn man Glück hat, genügt es, diese lokalen Schäden im Lösungskandidaten repariert zu haben, damit der Graph

---

[35] Dabei ist die Zahl e definiert durch $e = \lim_{k \to \infty} (1 + 1/n)^n \approx 2.718281828459$.

nun legal dreigefärbt ist. In diesem Fall akzeptiert man die Eingabe. Es kann aber auch passieren, dass man in diesem ersten Versuch nicht alle Schäden beheben konnte oder dass durch diese Änderungen an anderer Stelle neue Probleme aufgetreten sind.

Ist die Färbung nach $3n$ lokalen Reparaturversuchen am aktuellen Lösungskandidaten immer noch nicht legal, dann war dieser Kandidat so schlecht, dass man ihn wegwerfen und lieber einen ganz neuen probieren sollte. Man verwirft diesen Lösungskandidaten also und startet die Prozedur mit einer wieder zufällig unter Gleichverteilung (und unabhängig von den zuvor getesteten Dreifärbungen) gewählten Dreifärbung des Graphen neu. Da die Erfolgswahrscheinlichkeit eines solchen Durchgangs $(2/3)^n$ beträgt, wie man sich leicht überlegen kann, wiederholt man diese Prozedur so oft, bis man schließlich eine vernünftig kleine Fehlerwahrscheinlichkeit erreicht, die vernachlässigbar ist. Wie im obigen randomisierten Algorithmus für Dreifärbbarkeit von Beigel und Eppstein [BE05] ergibt sich daraus eine Laufzeit von

$$\tilde{\mathcal{O}}((2/3)^{-n}) = \tilde{\mathcal{O}}(1.5^n).$$

7.1.5 Motivation für die Verbesserung von Exponentialzeit-Algorithmen

Die in (7.1), (7.2), (7.3) und (7.4) angegebenen Laufzeiten von Algorithmen für das Dreifärbbarkeitsproblem wurden immer besser: $\tilde{\mathcal{O}}(3^n)$, $\tilde{\mathcal{O}}(2^n)$, $\tilde{\mathcal{O}}(1.8899^n)$ und schließlich $\tilde{\mathcal{O}}(1.5^n)$. In den kommenden Abschnitten werden wir weitere Algorithmen mit noch besseren Schranken für dieses Problem kennen lernen, nämlich $\tilde{\mathcal{O}}(1.4423^n)$ in Satz 7.3 und $\tilde{\mathcal{O}}(1.3289^n)$ in Satz 7.50. Gleichwohl sind all diese Laufzeiten exponentiell. Warum versucht man eigentlich, die Konstante c in einer exponentiellen Komplexitätsschranke $\tilde{\mathcal{O}}(c^n)$ zu verbessern?

Exponentialfunktionen sind asymptotisch schlecht. Exponentialzeit-Algorithmen sind aus Sicht der Praxis nach Möglichkeit zu vermeiden. Und doch ist es der praktische Aspekt, der die intensive Forschung zur Verbesserung exakter Exponentialzeit-Algorithmen motiviert. Zwar werden sich Funktionen wie 3^n und 1.5^n für sehr große n in praktischer Hinsicht nicht unterscheiden, denn ob man viele Jahrmillionen oder nur viele Jahrtausende zur Lösung eines Problems braucht, ist im wirklichen Leben egal. Tot ist man in beiden Fällen längst, wenn der Computer dann endlich die Antwort „42" gibt.[36]

Aber für kleine n kann es in der Praxis durchaus einen großen Unterschied machen, ob man einen 3^n- oder einen 1.5^n-Algorithmus verwendet. Denn in der Praxis hat man es oft mit moderaten Problemgrößen zu tun, mit Graphen, die dreißig oder hundert Knoten haben zum Beispiel. Auch sind für die Lösung von Problemen in der Praxis typischerweise Fristen gesetzt; mehr als die asymptotische Laufzeit eines Algorithmus interessiert einen dann die absolute Zeit, in der ein Algorithmus eine gegebene Probleminstanz (von moderater Größe) lösen kann.

---

[36] Sofern es dann noch Computer gibt. Und vorausgesetzt, er ist während dieser extrem langen Rechnung nicht abgestürzt. Und ... so weiter. Siehe [Ada79].

Erinnern wir uns zur Illustration an das in der Einleitung beschriebene Problem des Lehrers, der eine Klassenfahrt organisieren und deshalb ein Graphfärbungsproblem lösen möchte, damit er seine Klasse so auf die Zimmer einer Jugendherberge verteilen kann, dass ihm Ärger möglichst erspart bleibt. Abbildung 1.1 zeigte nur einen Ausschnitt seiner eigentlichen Probleminstanz, denn seine Klasse hat 32 Schülerinnen und Schüler. Nehmen wir an, dass der Lehrer einen Rechner besitzt, der 10^9 Operationen pro Sekunde ausführt. Verwendet er einen 3^n-Algorithmus für sein Problem, so ergibt sich eine absolute Rechenzeit von mehr als 21.4 Tagen, mit einem 1.5^n-Algorithmus wäre er dagegen bereits nach 0.00043 Sekunden fertig. Da die Klassenfahrt bereits übermorgen stattfinden soll, ist es ganz klar, welch großen Unterschied es für den Lehrer zwischen diesen beiden Exponentialzeit-Algorithmen gibt.

Kann man etwa einen 3^n-Algorithmus zu einem Algorithmus mit der Laufzeit $3^{n/3} \approx 1.4423^n$ verbessern, so kann man in derselben absoluten Zeit Eingaben dreifacher Größe bearbeiten, denn $3^{3 \cdot (n/3)} = 3^n$. Und dies kann in der Praxis sehr wichtig sein.

Nicht nur in praktischer, sondern auch in theoretischer Hinsicht ist die Verbesserung von Exponentialzeit-Algorithmen von Interesse. Denn erstens erfordern solche Verbesserungen oft neue algorithmische Techniken oder neue Verfahren der Komplexitätsanalyse von Algorithmen, die auch in anderen Zusammenhängen anwendbar sein können. Und schließlich – die Hoffnung stirbt zuletzt! – nähert man sich mit immer kleineren Werten der Konstante c bei einem deterministischen $\tilde{\mathcal{O}}(c^n)$-Algorithmus für ein NP-vollständiges Problem einer Lösung der großen Frage der theoretischen Informatik, der „P $=$ NP?"-Frage: Könnte man irgendwann $c = 1$ erreichen, so hätte man P $=$ NP bewiesen, denn $\tilde{\mathcal{O}}(1^n) = \tilde{\mathcal{O}}(1)$ ist die Klasse der polynomiellen Zeitschranken.

7.2 Berechnung der Färbungszahl mit Lawlers Algorithmus

Einer der ältesten Graphfärbungsalgorithmen ist der Algorithmus von Lawler. In Abschnitt 3.5 wurde erwähnt, dass dieser die Färbungszahl eines gegebenen Graphen (siehe Abschnitt 3.4.2) mittels dynamischer Programmierung bestimmt. Dabei wird die Tatsache benutzt, dass unter allen minimalen legalen Färbungen des Graphen wenigstens eine ist, die eine maximale unabhängige Menge als Farbklasse enthält (siehe Beispiel 3.15 und Übung 3.19 in Kapitel 3). Zur Erinnerung: Eine unabhängige Menge heißt *maximal*, falls sie die Eigenschaft der Unabhängigkeit durch Hinzunahme eines beliebigen Knotens verlieren würde, d. h., falls sie keine echte Teilmenge einer anderen unabhängigen Menge des Graphen ist.

Algorithmus von Lawler

Dynamische Programmierung wird häufig zur Lösung rekursiv definierter Probleme angewandt, wobei die Lösungen kleinerer Teilprobleme, in die man das Ausgangsproblem nach und nach rekursiv zerlegt hat, in einer Tabelle gespeichert und später wiederverwendet werden, um sie zu Lösungen der entsprechenden größeren Teilprobleme aus früheren Rekursionsstufen zusammenzusetzen. Das Speichern dieser Werte hat den Vorteil, dass man sie in den verschiedenen Rekursionen nicht immer wieder neu berechnen muss, was beträchtlich Zeit sparen kann.

Ist $G = (V, E)$ der Eingabegraph, so besteht ein Teilproblem darin, die Färbungszahl $\chi(G[U])$ eines durch $U \subseteq V$ induzierten Graphen zu berechnen. Für $U = \emptyset$ ist $G[\emptyset]$ der leere Graph, für den $\chi(G[\emptyset]) = 0$ gilt. Ist $U \neq \emptyset$ und hat man die Färbungszahlen aller induzierten Teilgraphen $G[U']$, $U' \subset U$, bereits bestimmt, so kann man $\chi(G[U])$ gemäß der rekursiven Formel (3.10) (siehe Abschnitt 3.5) bestimmen:

$$\chi(G[U]) = 1 + \min\{\chi(G[U - W])\},$$

wobei über alle maximalen unabhängigen Mengen $W \subseteq U$ minimiert wird.[37] Wie oben erwähnt, liegt dieser Formel die Idee zugrunde, dass es unter allen minimalen legalen Färbungen von G wenigstens eine geben muss, in der eine Farbklasse eine maximale unabhängige Menge von G bildet. Dieser wird eine Farbe zugeordnet, und wir fahren rekursiv mit dem Restgraphen fort.

Der Algorithmus von Lawler berechnet also die Färbungszahlen aller durch maximale unabhängige Teilmengen von V induzierten Graphen mit wachsender Größe, erst für solche Teilmengen von V der Größe eins, dann für solche der Größe zwei und so weiter. In jeder Iteration des Algorithmus sind somit die Färbungszahlen der durch die entsprechenden kleineren Teilmengen induzierten Graphen schon bekannt und können gemäß (3.10) verwendet werden. Insgesamt würde dies für einen gegebenen Graphen G mit n Knoten eine Laufzeit von $\tilde{\mathscr{O}}\left(\sum_{i=1}^{n} \binom{n}{i} 2^i\right)$ ergeben, die in $\tilde{\mathscr{O}}(3^n)$ liegt, denn nach dem binomischen Lehrsatz:

$$\sum_{i=0}^{n} \binom{n}{i} a^i \cdot b^{n-i} = (a+b)^n$$

gilt insbesondere für $a = 2$ und $b = 1$:

$$\sum_{i=0}^{n} \binom{n}{i} 2^i \cdot 1^{n-i} = (2+1)^n = 3^n.$$

Lawler verbessert diese Schranke, indem er zwei Resultate der Graphentheorie anwendet. Einerseits haben Moon und Moser [MM65] bewiesen, dass es höchstens $3^{n/3}$ maximale unabhängige Mengen in einem Graphen mit n Knoten geben kann. Andererseits zeigten Paull und Unger [PU59], wie diese in der Zeit $\mathscr{O}(n^2)$ erzeugt werden können. Dies ergibt eine Laufzeit von

$$\sum_{i=1}^{n} \binom{n}{i} i^2 \cdot 3^{i/3} \leq n^2 \cdot \sum_{i=1}^{n} \binom{n}{i} 3^{i/3} = n^2 \left(1 + 3^{1/3}\right)^n \qquad (7.5)$$

für den Algorithmus von Lawler. Die in (7.5) dargestellte Funktion aber ist in $\tilde{\mathscr{O}}(2.4423^n)$, denn $1 + 3^{1/3} < 2.4423$, und dieses Ergebnis halten wir im folgenden Satz fest.

---

[37] Da für eine maximale unabhängige Teilmenge W einer nicht leeren Menge U stets $W \neq \emptyset$ gilt, ist $U - W$ eine echte Teilmenge von U.

Satz 7.1 (Lawler [Law76]). *Die Färbungszahl eines gegebenen Graphen kann in der Zeit $\tilde{\mathcal{O}}(2.4423^n)$ berechnet werden.*

Beispiel 7.2 (Algorithmus von Lawler). Wir wenden den Algorithmus von Lawler auf unser Klassenfahrtsbeispiel an, also auf den Graphen G aus Abb. 1.1. Um Platz beim Schreiben zu sparen und die induzierten Teilgraphen von G übersichtlicher darstellen zu können, haben wir in Abb. 7.1 dabei die Knoten von G umbenannt:

$$v_1 = \text{Paul}, \quad v_2 = \text{Max}, \quad v_3 = \text{Edgar}, \quad v_4 = \text{Moritz}, \quad v_5 = \text{Steffen}.$$

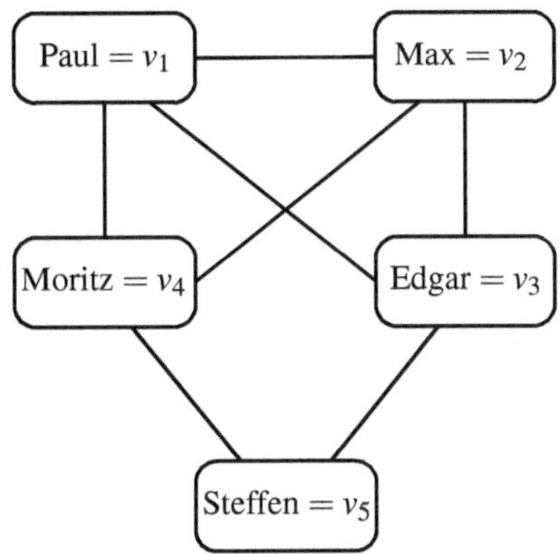

Abb. 7.1. Der Graph aus Abb. 1.1 mit umbenannten Knoten

Da der leere Graph die Färbungszahl null hat, erhalten wir gemäß (3.10) die Färbungszahl eins für jeden induzierten Teilgraphen $G[\{v_i\}]$, $1 \le i \le 5$, von G mit nur einem Knoten:

$$\chi(G[\{v_i\}]) = 1 + \chi(G[\emptyset]) = 1 + 0 = 1. \tag{7.6}$$

Bei induzierten Teilgraphen von G, die aus Paaren von Knoten bestehen, ergibt sich:

$$\chi(G[\{v_1,v_2\}]) = 1 + \min\{\chi(G[\{v_2\}]), \chi(G[\{v_1\}])\} = 1 + 1 = 2,$$
$$\chi(G[\{v_1,v_3\}]) = 1 + \min\{\chi(G[\{v_3\}]), \chi(G[\{v_1\}])\} = 1 + 1 = 2,$$
$$\chi(G[\{v_1,v_4\}]) = 1 + \min\{\chi(G[\{v_4\}]), \chi(G[\{v_1\}])\} = 1 + 1 = 2,$$
$$\chi(G[\{v_1,v_5\}]) = 1 + \min\{\chi(G[\emptyset])\} = 1 + 0 = 1,$$
$$\chi(G[\{v_2,v_3\}]) = 1 + \min\{\chi(G[\{v_3\}]), \chi(G[\{v_2\}])\} = 1 + 1 = 2,$$
$$\chi(G[\{v_2,v_4\}]) = 1 + \min\{\chi(G[\{v_4\}]), \chi(G[\{v_2\}])\} = 1 + 1 = 2,$$
$$\chi(G[\{v_2,v_5\}]) = 1 + \min\{\chi(G[\emptyset])\} = 1 + 0 = 1,$$
$$\chi(G[\{v_3,v_4\}]) = 1 + \min\{\chi(G[\emptyset])\} = 1 + 0 = 1,$$
$$\chi(G[\{v_3,v_5\}]) = 1 + \min\{\chi(G[\{v_5\}]), \chi(G[\{v_3\}])\} = 1 + 1 = 2,$$
$$\chi(G[\{v_4,v_5\}]) = 1 + \min\{\chi(G[\{v_5\}]), \chi(G[\{v_4\}])\} = 1 + 1 = 2.$$

Beispielsweise sind $\{v_1\}$ und $\{v_2\}$ die beiden maximalen unabhängigen Teilmengen von $\{v_1, v_2\}$, da v_1 und v_2 durch eine Kante miteinander verbunden sind. Das Komplement von $\{v_1\}$ in $\{v_1, v_2\}$ ist $\{v_2\}$, und das Komplement von $\{v_2\}$ in $\{v_1, v_2\}$ ist $\{v_1\}$. Die Färbungszahlen der durch $\{v_2\}$ bzw. $\{v_1\}$ induzierten Teilgraphen von G kennen wir jedoch bereits aus (7.6). Es ergibt sich eine Färbungszahl von zwei für $G[\{v_1, v_2\}]$.

Hingegen ist $\{v_1, v_5\}$ selbst die maximale unabhängige Teilmenge von $\{v_1, v_5\}$, da v_1 und v_5 nicht durch eine Kante miteinander verbunden sind. Somit ist das Komplement von $\{v_1, v_5\}$ in $\{v_1, v_5\}$ leer, und die Färbungszahl des leeren Graphen ist null. Es ergibt sich eine Färbungszahl von eins für $G[\{v_1, v_5\}]$. Die übrigen Fälle kann man sich analog überlegen.

Betrachten wir nun in der nächsten Iteration des Lawler-Algorithmus die induzierten Teilgraphen von G, die aus jeweils drei Knoten bestehen, so hängt auch deren Färbungszahl davon ab, welche Kanten es zwischen den jeweiligen drei Knoten gibt, denn dies beeinflusst die Größe der entsprechenden maximalen unabhängigen Teilmengen. Gemäß der rekursiven Formel (3.10) erhalten wir zum Beispiel:

$$\chi(G[\{v_1, v_2, v_3\}]) = 1 + \min\{\chi(G[\{v_2, v_3\}]), \chi(G[\{v_1, v_3\}]), \chi(G[\{v_1, v_2\}])\}$$
$$= 1 + \min\{2, 2, 2\} = 3,$$

weil $\{v_1\}$, $\{v_2\}$ und $\{v_3\}$ die maximalen unabhängigen Mengen in der Clique $\{v_1, v_2, v_3\}$ sind, und deren Komplemente in $\{v_1, v_2, v_3\}$ sind $\{v_2, v_3\}$, $\{v_1, v_3\}$ und $\{v_1, v_2\}$. Die Färbungszahlen dieser Zweiermengen haben wir aber bereits berechnet.

Analog ergeben sich die übrigen Fälle:

$$\chi(G[\{v_1, v_2, v_4\}]) = 1 + \min\{\chi(G[\{v_2, v_4\}]), \chi(G[\{v_1, v_4\}]), \chi(G[\{v_1, v_2\}])\}$$
$$= 1 + \min\{2, 2, 2\} = 3,$$
$$\chi(G[\{v_1, v_2, v_5\}]) = 1 + \min\{\chi(G[\{v_2\}]), \chi(G[\{v_1\}])\} = 1 + \min\{1, 1\} = 2,$$
$$\chi(G[\{v_1, v_3, v_4\}]) = 1 + \min\{\chi(G[\{v_1\}])\} = 1 + 1 = 2,$$
$$\chi(G[\{v_1, v_3, v_5\}]) = 1 + \min\{\chi(G[\{v_3\}])\} = 1 + 1 = 2,$$
$$\chi(G[\{v_1, v_4, v_5\}]) = 1 + \min\{\chi(G[\{v_4\}])\} = 1 + 1 = 2,$$
$$\chi(G[\{v_2, v_3, v_4\}]) = 1 + \min\{\chi(G[\{v_2\}])\} = 1 + 1 = 2,$$
$$\chi(G[\{v_2, v_3, v_5\}]) = 1 + \min\{\chi(G[\{v_3\}])\} = 1 + 1 = 2,$$
$$\chi(G[\{v_2, v_4, v_5\}]) = 1 + \min\{\chi(G[\{v_4\}])\} = 1 + 1 = 2,$$
$$\chi(G[\{v_3, v_4, v_5\}]) = 1 + \min\{\chi(G[\{v_5\}])\} = 1 + 1 = 2.$$

Betrachten wir nun in der nächsten Iteration des Lawler-Algorithmus die induzierten Teilgraphen von G, die aus jeweils vier Knoten bestehen. Hier erhalten wir aus (3.10) und den bereits ermittelten Färbungszahlen der kleineren induzierten Teilgraphen:

$$\chi(G[\{v_1,v_2,v_3,v_4\}]) = 1 + \min\{\chi(G[\{v_1,v_2\}])\}$$
$$= 1 + 2 = 3,$$
$$\chi(G[\{v_1,v_2,v_3,v_5\}]) = 1 + \min\{\chi(G[\{v_2,v_3\}]),\chi(G[\{v_1,v_3\}])\}$$
$$= 1 + \min\{2,2\} = 3,$$
$$\chi(G[\{v_1,v_2,v_4,v_5\}]) = 1 + \min\{\chi(G[\{v_2,v_4\}]),\chi(G[\{v_1,v_4\}])\}$$
$$= 1 + \min\{2,2\} = 3,$$
$$\chi(G[\{v_1,v_3,v_4,v_5\}]) = 1 + \min\{\chi(G[\{v_3,v_4\}]),\chi(G[\{v_1,v_5\}])\}$$
$$= 1 + \min\{1,1\} = 2,$$
$$\chi(G[\{v_2,v_3,v_4,v_5\}]) = 1 + \min\{\chi(G[\{v_3,v_4\}]),\chi(G[\{v_2,v_5\}])\}$$
$$= 1 + \min\{1,1\} = 2.$$

Somit erhalten wir in der letzten Iteration des Lawler-Algorithmus als Endresultat:

$$\chi(G) = 1 + \min\{\chi(G[\{v_1,v_2,v_5\}]),\chi(G[\{v_1,v_3,v_4\}]),\chi(G[\{v_2,v_3,v_4\}])\}$$
$$= 1 + \min\{2,2,2\} = 3.$$

Der Graph hat also die Färbungszahl drei.

Der Algorithmus von Lawler löst das funktionale Problem (bzw. das Optimierungsproblem), die Färbungszahl eines gegebenen Graphen zu berechnen. Damit kann man natürlich für jedes konstante k das Entscheidungsproblem, ob ein gegebener Graph k-färbbar ist, in der Zeit $\tilde{\mathcal{O}}(2.4423^n)$ lösen. Für $k = 3$ liefert der folgende Algorithmus sogar eine bessere Laufzeit:

1. Erzeuge alle maximalen unabhängigen Mengen des gegebenen Graphen.
2. Teste für jede solche Menge, ob ihr Komplement zweifärbbar (also bipartit) ist, und akzeptiere genau dann, wenn eine dieser Mengen den Test besteht.

Dieser Algorithmus ist deutlich besser als der naive Exponentialzeit-Algorithmus für Dreifärbbarkeit (siehe Beispiel 5.7 in Abschnitt 5.1.2), der in der Zeit $\tilde{\mathcal{O}}(3^n)$ arbeitet. Zur Analyse von Lawlers obigem Algorithmus für Dreifärbbarkeit ist lediglich festzustellen, dass

- sämtliche maximalen unabhängigen Mengen eines gegebenen Graphen in Polynomialzeit aufgelistet werden können (siehe [PU59] und auch [JPY88]),
- es nach dem oben genannten Resultat von Moon und Moser [MM65] höchstens $3^{n/3} < 1.4423^n$ maximale unabhängige Mengen in einem Graphen mit n Knoten gibt und
- die Zweifärbbarkeit eines gegebenen Graphen in Polynomialzeit getestet werden kann (siehe Beispiel 2.2 in Abschnitt 2.1).

Dieses Ergebnis halten wir hier fest, auch wenn es später – nämlich in Abschnitt 7.5 – noch verbessert werden wird.

Satz 7.3 (Lawler [Law76]). *Das Dreifärbbarkeitsproblem kann in der Zeit*

$$\tilde{\mathcal{O}}(1.4423^n)$$

gelöst werden.

Übung 7.4. Betrachten Sie den dreifärbbaren Graphen G aus Abb. 3.11:

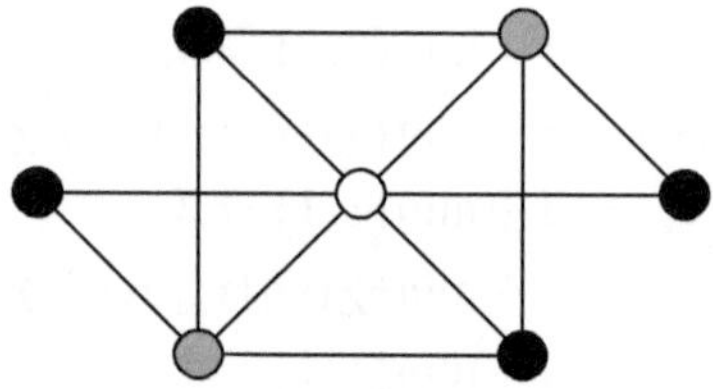

(a) Wenden Sie den Algorithmus von Lawler auf den Graphen G an. Geben Sie
    dabei wie im Beispiel 7.2 alle Zwischenschritte der Berechnung an.
(b) Schätzen Sie den Platzbedarf des Algorithmus von Lawler ab.

7.3 Constraint Satisfaction

In den folgenden Abschnitten wollen wir die Schranke von $\tilde{\mathcal{O}}(1.4423^n)$ für Dreifärbbarkeit aus Satz 7.3 noch weiter verbessern. Die dafür verwendete Technik ist alles andere als trivial, aber die ihr zugrunde liegende Idee ist ganz simpel und wurde bereits bei dem randomisierten $\tilde{\mathcal{O}}(1.5^n)$-Algorithmus für Dreifärbbarkeit in Abschnitt 7.1.3 erwähnt: Um zu entscheiden, ob ein gegebener Graph dreifärbbar ist
oder nicht, ist es nicht nötig, jeden der n Knoten des gegebenen Graphen mit einer
von drei Farben zu färben; stattdessen kann man das Problem so einschränken, dass
für jeden Knoten nur aus zwei dieser drei Farben eine ausgewählt und die dritte Farbe
jeweils verboten wird. Dieses eingeschränkte Problem kann dann in Polynomialzeit
gelöst werden, da es aufgrund dieser Einschränkung im Grunde nichts anderes als
2-SAT darstellt.

Genauer gesagt ist der Algorithmus, den wir in Abschnitt 7.4 vorstellen werden,
ein rekursiver Verzweigungsprozess, in dessen Verlauf bei jeder Verzweigung entschieden wird, ob für einen Knoten eine von drei Farben verboten oder ob dieser
Knoten unmittelbar gefärbt wird. Das Färben eines Knotens unterwirft dabei möglicherweise einige seiner Nachbarn einer Einschränkung, mit welchen Farben sie noch
gefärbt werden dürfen, und reduziert die Problemgröße um mehr als einen Knoten.

Es könnte allerdings passieren, dass im Verlauf dieses Algorithmus eine Situation eintritt, in der ungefärbte Knoten von teilweise gefärbten Knoten umgeben sind,
sodass sich die Problemgröße nicht schnell genug reduzieren lässt. Diese Schwierigkeit wird dadurch umgangen, dass das Dreifärbbarkeitsproblem als Spezialfall eines
allgemeineren Problems aufgefasst wird, einem so genannten *Constraint Satisfaction
Problem* (kurz CSP).[38]

Zunächst geben wir die allgemeine Definition an.

Constraint Satisfaction
Problem

---

[38] Wir bleiben hier bei dem englischen Fachbegriff, da dieser auch im Deutschen üblich ist.

Definition 7.5 (Constraint Satisfaction Problem). *Seien a und b zwei positive natürliche Zahlen. Definiere das folgende Entscheidungsproblem:* (a,b)-CSP

(a,b)-**CSP**
Gegeben: *n Variablen, von denen jede einen von bis zu a Werten annehmen kann, und m Einschränkungen, von denen jede ein k-Tupel von Werten für die entsprechenden $k \leq b$ Variablen verbietet.*
Frage: *Kann man den Variablen Werte so zuweisen, dass jede Einschränkung erfüllt ist, d. h. so, dass jede Einschränkung mindestens eine Variable enthält, der nicht der durch die Einschränkung verbotene Wert zugewiesen wird?*

Da es bei einer (a,b)-CSP-Instanz irrelevant ist, welche a Werte den Variablen zugewiesen werden können, nehmen wir an, dass dies für alle Variablen dieselben Werte sind, nämlich $1, 2, \ldots, a$. Statt von „Werten" werden wir im Folgenden gelegentlich von „Farben" sprechen, die den Variablen in einer (a,b)-CSP-Instanz zugewiesen werden können – sie werden also mit einer der Farben $1, 2, \ldots, a$ „gefärbt".

Viele Probleme lassen sich in der Form eines (a,b)-CSP ausdrücken. Beispielsweise ist 3-SAT nichts anderes als $(2,3)$-CSP, denn in einer 3-SAT-Instanz können die n Variablen der gegebenen booleschen Formel einen von zwei möglichen Wahrheitswerten (1 für „wahr" und 0 für „falsch") annehmen, und jede Klausel der Formel verbietet für die drei in ihr vorkommenden Variablen ein Tripel von Belegungen mit Wahrheitswerten. Ist zum Beispiel die Formel

$$\varphi = (x_1 \vee \neg x_2 \vee x_4) \wedge (\neg x_2 \vee x_3 \vee \neg x_4) \wedge (\neg x_1 \vee x_2 \vee x_4)$$

gegeben, so entspricht

- die Einschränkung $((x_1, 0), (x_2, 1), (x_4, 0))$ der ersten Klausel von φ,
- die Einschränkung $((x_2, 1), (x_3, 0), (x_4, 1))$ der zweiten Klausel von φ und
- die Einschränkung $((x_1, 1), (x_2, 0), (x_4, 0))$ der dritten Klausel von φ.

Wie man sieht, ist φ genau dann erfüllbar, wenn sämtliche Einschränkungen der entsprechenden $(2,3)$-CSP-Instanz erfüllt werden können.

Umgekehrt lässt sich jede $(2,3)$-CSP-Instanz durch eine boolesche Formel beschreiben, sodass alle Einschränkungen dieser $(2,3)$-CSP-Instanz genau dann erfüllt werden können, wenn die Formel erfüllbar ist.

Ebenso leicht sieht man, dass das Dreifärbbarkeitsproblem ein Spezialfall des Problems $(3,2)$-CSP ist. Jeder der n Knoten des gegebenen Graphen kann mit einer von drei Farben gefärbt sein, und jede Kante des Graphen entspricht der Einschränkung, dass dieselbe Farbe für die beiden inzidenten Knoten der Kante verboten ist (siehe auch Beispiel 7.6 und Übung 7.7 unten). Analog stellt das Problem k-Färbbarkeit einen Spezialfall von $(k,2)$-CSP dar.

In Abschnitt 7.4 werden wir einen Exponentialzeit-Algorithmus für $(4,2)$-CSP vorstellen, der ebenso für $(3,2)$-CSP funktioniert, und in Abschnitt 7.5 werden wir daraus einen Algorithmus für das Dreifärbbarkeitsproblem ableiten. Zunächst geben wir ein Beispiel für eine $(3,2)$-CSP-Instanz an.

Beispiel 7.6 (Constraint Satisfaction Problem). Betrachten wir wieder den dreifärbbaren Graphen aus Abb. 7.1, der die potentiellen Konflikte zwischen Schülern ausdrückt:

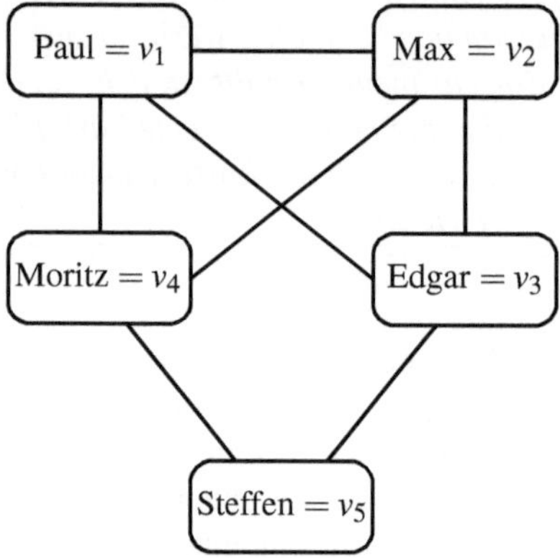

Der Lehrer steht bei der Vorbereitung seiner Klassenfahrt also einer $(a,2)$-CSP-Instanz gegenüber, die er lösen möchte, wobei a die Anzahl der Zimmer in der Jugendherberge ist. Die Frage ist, ob a Zimmer ausreichen, um alle Schüler so unterzubringen, dass sich keine zwei Schüler, die für Stress sorgen könnten, ein Zimmer teilen müssen.

Für $a = 3$ besteht diese $(3,2)$-CSP-Instanz aus den fünf Variablen v_1 (für Paul), v_2 (für Max), v_3 (für Edgar), v_4 (für Moritz) und v_5 (für Steffen), die jeweils mit einer von drei Farben gefärbt werden können (jede Farbe entspricht einer Zimmernummer in der Jugendherberge). Außerdem sind diese Variablen insgesamt 21 Einschränkungen unterworfen (siehe Tabelle 7.1), die sich aus den sieben Kanten des Graphen in Abb. 7.1 ergeben, wobei zu jeder Kante drei Einschränkungen gehören, je eine pro Farbe.

Tabelle 7.1. Einschränkungen der $(3,2)$-CSP-Instanz aus Abb. 7.2

Kante in G	Einschränkungen der $(3,2)$-CSP-Instanz für		
	Farbe 1	Farbe 2	Farbe 3
$\{v_1,v_2\}$	$((v_1,1),(v_2,1))$	$((v_1,2),(v_2,2))$	$((v_1,3),(v_2,3))$
$\{v_1,v_3\}$	$((v_1,1),(v_3,1))$	$((v_1,2),(v_3,2))$	$((v_1,3),(v_3,3))$
$\{v_1,v_4\}$	$((v_1,1),(v_4,1))$	$((v_1,2),(v_4,2))$	$((v_1,3),(v_4,3))$
$\{v_2,v_4\}$	$((v_2,1),(v_4,1))$	$((v_2,2),(v_4,2))$	$((v_2,3),(v_4,3))$
$\{v_2,v_3\}$	$((v_2,1),(v_3,1))$	$((v_2,2),(v_3,2))$	$((v_2,3),(v_3,3))$
$\{v_3,v_5\}$	$((v_3,1),(v_5,1))$	$((v_3,2),(v_5,2))$	$((v_3,3),(v_5,3))$
$\{v_5,v_4\}$	$((v_5,1),(v_4,1))$	$((v_5,2),(v_4,2))$	$((v_5,3),(v_4,3))$

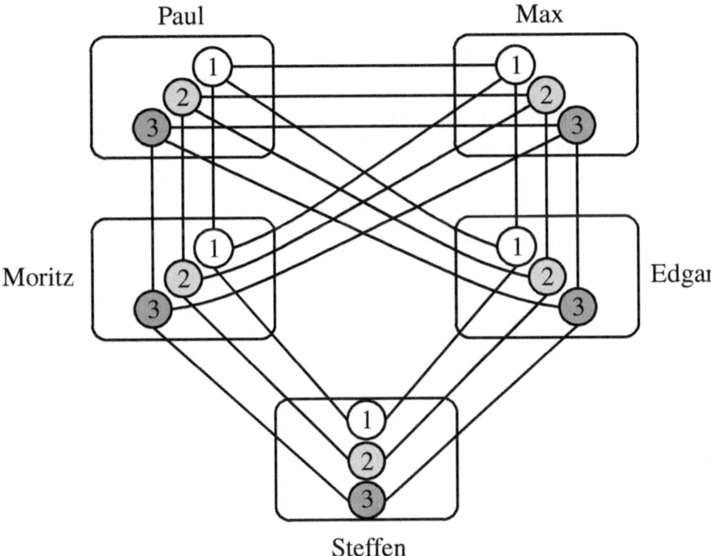

Abb. 7.2. Eine $(3,2)$-CSP-Instanz zum Graphen aus Abb. 7.1

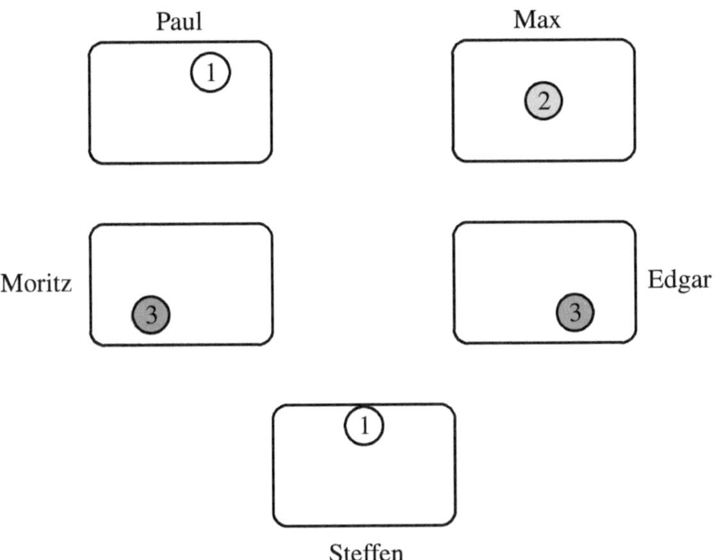

Abb. 7.3. Eine Lösung der $(3,2)$-CSP-Instanz aus Abb. 7.2

Abbildung 7.2 stellt dies graphisch dar. Allerdings darf dieses Bild nicht als ein Graph missverstanden werden, denn durch „Kanten" verbunden sind hier die Farben innerhalb der Variablenknoten (und nicht die Knoten selbst), die mit den Namen von Schülern markiert sind. Die nummerierten Farben in den Variablenknoten entsprechen also den Zimmern der Jugendherberge, und zwei solche Zimmer sind für verschiedene Schüler in Abb. 7.2 genau dann verbunden, wenn diese beiden Schüler nicht gemeinsam in dieses Zimmer ziehen sollten. Das heißt, die „Kanten" bzw. Einschränkungen in der Abbildung kennzeichnen für jede Variable die unzulässigen Farbkombinationen mit anderen Variablen.

Das Problem des Lehrers wäre nun gelöst, wenn sich für jeden Schüler (also jede Variable) ein Zimmer (also eine Farbe) finden ließe, sodass alle 21 Einschränkungen erfüllt werden, d. h., wenn in jeder Einschränkung mindestens eine der beiden Zimmerbelegungen nicht realisiert wird. Die in Abb. 7.3 dargestellte Zimmeraufteilung ist eine Lösung der $(3,2)$-CSP-Instanz aus Abb. 7.2, da sie sämtliche Einschränkungen erfüllt. Sie entspricht gerade der Färbung des Graphen G in Abb. 1.2.

Übung 7.7. Stellen Sie den Graphen G aus Abb. 3.11:

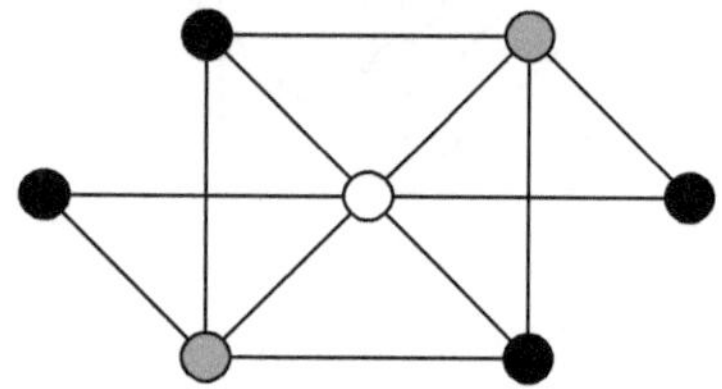

als eine $(3,2)$-CSP-Instanz dar und zeigen Sie, dass alle Einschränkungen dieser $(3,2)$-CSP-Instanz erfüllt werden können.

Übung 7.8. Fügen Sie dem Graphen aus Abb. 7.1 noch eine Kante hinzu, entweder eine Kante zwischen Moritz und Edgar oder eine Kante zwischen Paul und Steffen.

(a) Bestimmen Sie in beiden Fällen das kleinste a, sodass die $(a,2)$-CSP-Instanz lösbar ist. Konstruieren Sie diese $(a,2)$-CSP-Instanzen wie in Beispiel 7.6.
(b) Geben Sie in beiden Fällen Lösungen der $(a,2)$-CSP-Instanz an und erläutern Sie, weshalb die jeweiligen $(a-1,2)$-CSP-Instanzen nicht lösbar sind.

Bevor wir im folgenden Abschnitt einen Algorithmus für das Problem $(3,2)$-CSP bzw. $(4,2)$-CSP beschreiben, geben wir ein interessantes Dualitätsresultat an, das beispielsweise zeigt, wie man 3-SAT (das ja äquivalent zu $(2,3)$-CSP ist) auf $(3,2)$-CSP reduzieren kann und wie man umgekehrt $(3,2)$-CSP (und somit insbesondere 3-FÄRBBARKEIT) auf $(2,3)$-CSP (also auf 3-SAT) reduzieren kann.

Satz 7.9 (Beigel und Eppstein [BE05]). *Seien a und b zwei positive natürliche Zahlen. Jede (a,b)-CSP-Instanz I kann in Polynomialzeit in eine (b,a)-CSP-Instanz I' umgewandelt werden kann, sodass gilt:*

$$I \in (a,b)\text{-CSP} \iff I' \in (b,a)\text{-CSP}.$$

Dabei entsprechen die Einschränkungen von I den Variablen in I' und die Einschränkungen von I' den Variablen in I.   **ohne Beweis**

Übung 7.10. (a) Beweisen Sie Satz 7.9.

(b) Angenommen, die gegebene (a, b)-CSP-Instanz I hat n Variablen und m Einschränkungen. Schätzen Sie die Größe der resultierenden dualen (b, a)-CSP-Instanz I' ab.

Stattdessen geben wir ein konkretes Beispiel zur Illustration an. Wir werden sehen, dass Variablen und Einschränkungen in den zueinander dualen Instanzen ihre Rollen tauschen. Die Dualität lässt sich daran und an der folgenden Beobachtung erkennen: Während sämtliche Einschränkungen der $(3, 2)$-CSP-Instanz aus Beispiel 7.6 (unser Klassenfahrtsbeispiel, siehe insbesondere Tabelle 7.1) das Problem aus Sicht der Jugendherbergszimmer beschreiben (d. h., jede Einschränkung bezieht sich auf dasselbe Zimmer), stellen alle Einschränkungen der dualen $(2, 3)$-CSP-Instanz dasselbe Problem in Beispiel 7.11 aus Sicht der Schüler dar (d. h., jede Einschränkung bezieht sich auf denselben Schüler, siehe insbesondere Tabelle 7.2).

Beispiel 7.11 (Dualität gemäß Satz 7.9). Nach Satz 7.9 kann insbesondere eine beliebige $(3, 2)$-CSP-Instanz in eine $(2, 3)$-CSP-Instanz umgewandelt werden, sodass die angegebenen Eigenschaften gelten, und umgekehrt. Unser Klassenfahrtsproblem, das in Beispiel 7.6 von einer Instanz des Dreifärbbarkeitsproblems in eine $(3, 2)$-CSP-Instanz I umgeformt wurde (siehe Abb. 7.2), kann nun weiter in eine $(2, 3)$-CSP-Instanz I' übersetzt werden:

1. Die Variablen der zu konstruierenden $(2, 3)$-CSP-Instanz I' erhält man wie folgt: Für jede Einschränkung der ursprünglichen $(3, 2)$-CSP-Instanz I (siehe Tabelle 7.1 und Abb. 7.2) wird eine neue Variable eingeführt. Insgesamt hat I' dann also 21 Variablen, bezeichnet mit $v_1, v_2, \ldots, v_{21}$, von denen jede mit einer von zwei möglichen Farben gefärbt werden kann:
   a) mit dem linken Paar (V_ℓ, i_ℓ) oder
   b) mit dem rechten Paar (V_r, i_r)
   der entsprechenden Einschränkung $((V_\ell, i_\ell), (V_r, i_r))$ der Originalinstanz I. Dabei sind $V_\ell, V_r \in \{\text{Paul}, \text{Max}, \text{Moritz}, \text{Edgar}, \text{Steffen}\}$ und $i_\ell, i_r \in \{1, 2, 3\}$. Zum Beispiel gibt es für die Variable, die der Einschränkung $((\text{Paul}, 1), (\text{Max}, 1))$ aus Tabelle 7.1 entspricht, die Farben $(\text{Paul}, 1)$ und $(\text{Max}, 1)$.
2. Die Einschränkungen von I' bildet man folgendermaßen. Für jedes Tripel von Farben der neuen Variablen in I' (jede Farbe hat ja, wie oben erläutert, die Form (V, i), mit $V \in \{\text{Paul}, \text{Max}, \text{Moritz}, \text{Edgar}, \text{Steffen}\}$ und $i \in \{1, 2, 3\}$) wird eine Einschränkung von I' so erzeugt, dass alle drei Farben dieser Einschränkung:
   a) dieselbe Originalvariable V von I und
   b) verschiedene Originalfarben für V enthalten,
   d. h., in einer Einschränkung von I' kommen z. B. $(V, 1)$, $(V, 2)$ und $(V, 3)$ vor. Zugeordnet werden diese drei Farben in allen Kombinationen den passenden Variablen v_j von I'.

Abbildung 7.4 zeigt eine Färbung der 21 Variablen der $(2, 3)$-CSP-Instanz I', die aus der $(3, 2)$-CSP-Instanz I konstruiert wurde. Jede der Variablen v_j von I' enthält zwei Farben – wie oben beschrieben, sind das Paare (V_ℓ, i_ℓ) oder (V_r, i_r) –, und in

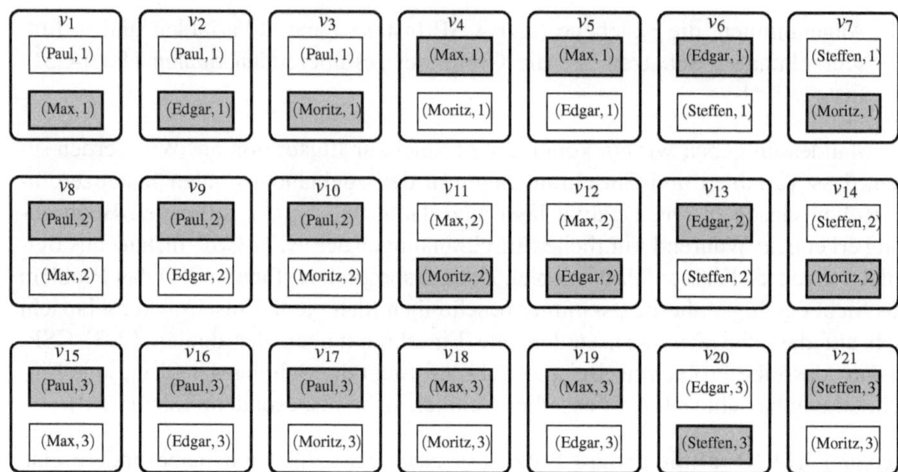

Abb. 7.4. Eine Färbung der 21 Variablen der $(2,3)$-CSP-Instanz I' aus Beispiel 7.11

dieser Färbung wurde v_j mit der fett umrandeten, grau getönten Farbe gefärbt. Intuitiv bedeutet das Färben einer Variablen v_j von I' mit einer Farbe (V,i), dass die Originalfarbe i für die Originalvariable V ausgeschlossen ist.

Wie oben beschrieben, sind die Einschränkungen von I' Tripel von Paaren $(V,1)$, $(V,2)$ und $(V,3)$, die den entsprechenden Variablen v_j zugeordnet werden. Zur Veranschaulichung geben wir in Tabelle 7.2 alle die Einschränkungen für die in Abb. 7.4 dargestellte $(2,3)$-CSP-Instanz I' an, in denen die Originalvariable Paul vorkommt.

Analog erhält man die anderen Einschränkungen, in denen die anderen Originalvariablen (Max, Moritz, Edgar und Steffen) vorkommen. Hinter dieser Konstruktion verbirgt sich die Idee, dass eine Färbung der Variablen der ursprünglichen $(3,2)$-CSP-Instanz I diese genau dann löst, wenn es in jeder Einschränkung von I mindestens ein Paar (V,i) gibt, das in der Färbung nicht vorkommt, d. h., sodass V nicht mit i gefärbt wird. Die oben angegebene Konstruktion bewirkt, dass dies genau dann der Fall ist, wenn jede Einschränkung der resultierenden $(2,3)$-CSP-Instanz I' erfüllt werden kann, weil für jedes V mindestens ein i übrig bleibt, sodass die Farbe (V,i) nicht ausgewählt wird.

Wie man sieht, bläht diese Transformation die Größe der dualen Instanz gehörig auf – grob gesagt exponentiell in dem Parameter a der gegebenen (a,b)-CSP-Instanz I (siehe Übung 7.10(b)). Da a jedoch konstant ist (in unserem Beispiel ist $a = 3$), ist die Größe der dualen (b,a)-CSP-Instanz dennoch polynomiell in $|I|$.

Übung 7.12. Betrachten Sie die Formel

$$\varphi = (x_1 \vee \neg x_2 \vee x_4) \wedge (\neg x_2 \vee x_3 \vee \neg x_4) \wedge (\neg x_1 \vee x_2 \vee x_4),$$

die sich wegen $3\text{-SAT} = (2,3)\text{-CSP}$ auch als eine $(2,3)$-CSP-Instanz auffassen lässt. Wandeln Sie φ gemäß Satz 7.9 in eine äquivalente $(3,2)$-CSP-Instanz um (siehe auch Beispiel 7.11).

Tabelle 7.2. Einschränkungen der $(2,3)$-CSP-Instanz I' aus Abb. 7.4, in denen die Originalvariable Paul vorkommt

$$
\begin{array}{l}
((v_1,(\text{Paul},1)),(v_8,(\text{Paul},2)),(v_{15},(\text{Paul},3))) \\
((v_1,(\text{Paul},1)),(v_8,(\text{Paul},2)),(v_{16},(\text{Paul},3))) \\
((v_1,(\text{Paul},1)),(v_8,(\text{Paul},2)),(v_{17},(\text{Paul},3))) \\
((v_1,(\text{Paul},1)),(v_9,(\text{Paul},2)),(v_{15},(\text{Paul},3))) \\
((v_1,(\text{Paul},1)),(v_9,(\text{Paul},2)),(v_{16},(\text{Paul},3))) \\
((v_1,(\text{Paul},1)),(v_9,(\text{Paul},2)),(v_{17},(\text{Paul},3))) \\
((v_1,(\text{Paul},1)),(v_{10},(\text{Paul},2)),(v_{15},(\text{Paul},3))) \\
((v_1,(\text{Paul},1)),(v_{10},(\text{Paul},2)),(v_{16},(\text{Paul},3))) \\
((v_1,(\text{Paul},1)),(v_{10},(\text{Paul},2)),(v_{17},(\text{Paul},3))) \\
((v_2,(\text{Paul},1)),(v_8,(\text{Paul},2)),(v_{15},(\text{Paul},3))) \\
((v_2,(\text{Paul},1)),(v_8,(\text{Paul},2)),(v_{16},(\text{Paul},3))) \\
((v_2,(\text{Paul},1)),(v_8,(\text{Paul},2)),(v_{17},(\text{Paul},3))) \\
((v_2,(\text{Paul},1)),(v_9,(\text{Paul},2)),(v_{15},(\text{Paul},3))) \\
((v_2,(\text{Paul},1)),(v_9,(\text{Paul},2)),(v_{16},(\text{Paul},3))) \\
((v_2,(\text{Paul},1)),(v_9,(\text{Paul},2)),(v_{17},(\text{Paul},3))) \\
((v_2,(\text{Paul},1)),(v_{10},(\text{Paul},2)),(v_{15},(\text{Paul},3))) \\
((v_2,(\text{Paul},1)),(v_{10},(\text{Paul},2)),(v_{16},(\text{Paul},3))) \\
((v_2,(\text{Paul},1)),(v_{10},(\text{Paul},2)),(v_{17},(\text{Paul},3))) \\
((v_3,(\text{Paul},1)),(v_8,(\text{Paul},2)),(v_{15},(\text{Paul},3))) \\
((v_3,(\text{Paul},1)),(v_8,(\text{Paul},2)),(v_{16},(\text{Paul},3))) \\
((v_3,(\text{Paul},1)),(v_8,(\text{Paul},2)),(v_{17},(\text{Paul},3))) \\
((v_3,(\text{Paul},1)),(v_9,(\text{Paul},2)),(v_{15},(\text{Paul},3))) \\
((v_3,(\text{Paul},1)),(v_9,(\text{Paul},2)),(v_{16},(\text{Paul},3))) \\
((v_3,(\text{Paul},1)),(v_9,(\text{Paul},2)),(v_{17},(\text{Paul},3))) \\
((v_3,(\text{Paul},1)),(v_{10},(\text{Paul},2)),(v_{15},(\text{Paul},3))) \\
((v_3,(\text{Paul},1)),(v_{10},(\text{Paul},2)),(v_{16},(\text{Paul},3))) \\
((v_3,(\text{Paul},1)),(v_{10},(\text{Paul},2)),(v_{17},(\text{Paul},3)))
\end{array}
$$

7.4 CSP-Algorithmen

In diesem Abschnitt beschreiben und analysieren wir zum einen den deterministischen Algorithmus von Beigel und Eppstein [BE05], der $(3,2)$-CSP in der Zeit $\tilde{\mathcal{O}}(1.36443^n)$ löst (siehe Satz 7.47 in Abschnitt 7.4.3), und wenden ihn in Abschnitt 7.5 auf Färbbarkeitsprobleme wie 3-FÄRBBARKEIT und KANTEN-3-FÄRBBARKEIT an. Zum anderen stellen wir einen randomisierten Algorithmus von Beigel und Eppstein [BE05] vor (siehe Satz 7.22 in Abschnitt 7.4.2), der $(3,2)$-CSP in der erwarteten Zeit $\tilde{\mathcal{O}}(1.4143^n)$ löst, d. h., die Laufzeit dieses Algorithmus – aufgefasst als eine Zufallsvariable bezüglich der Zufallsentscheidungen des Algorithmus – hat diesen Erwartungswert.

erwartete Zeit eines randomisierten Algorithmus

7.4.1 Erste Vereinfachungen

Bevor wir uns dem eigentlichen Algorithmus für $(3,2)$-CSP zuwenden, geben wir im folgenden Lemma ein paar einfache Möglichkeiten an, wie man eine gegebene

(a, 2)-CSP-Instanz ohne großen Aufwand vereinfachen kann, indem man die Anzahl der Variablen oder der Farben so reduziert, dass die resultierende vereinfachte Instanz äquivalent zur gegebenen Instanz ist. Wir sagen, zwei (a, b)-CSP-Instanzen I und I' sind *äquivalent*, falls I genau dann in (a, b)-CSP ist, wenn I' in (a, b)-CSP ist.

äquivalente
(a, b)-CSP-Instanzen

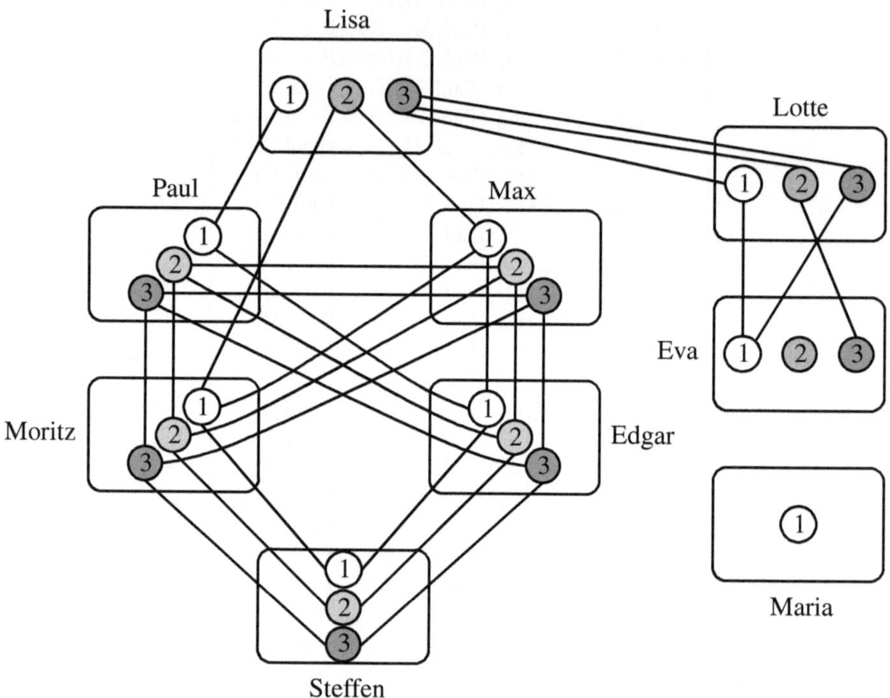

Abb. 7.5. (3, 2)-CSP-Instanz N zur Illustration von Lemma 7.13

Lemma 7.13 (Beigel und Eppstein [BE05]). *Sei I eine gegebene (a, 2)-CSP-Instanz.*

1. *Kommt für eine Variable v und eine Farbe i das Paar (v, i) in keiner Einschränkung von I vor, so gibt es eine zu I äquivalente (a, 2)-CSP-Instanz I' mit einer Variablen weniger als I.*
2. *Sind v eine Variable und i eine Farbe, sodass das Paar (v, i) in Einschränkungen von I mit allen Farbmöglichkeiten einer anderen Variablen w vorkommt, so gibt es eine zu I äquivalente (a, 2)-CSP-Instanz I', die für eine Variable eine Farbe weniger als I hat.*
3. *Seien v eine Variable und i und j Farben, sodass gilt: Falls I eine Einschränkung $((v, i), (w, k))$ enthält, so enthält I auch eine Einschränkung $((v, j), (w, k))$, $j \neq i$. Dann gibt es eine zu I äquivalente (a, 2)-CSP-Instanz I', die für eine Variable eine Farbe weniger als I hat.*

4. *Sind u und v verschiedene Variablen und i und j Farben, sodass die einzigen Einschränkungen von I, in denen die Paare (u, i) und (v, j) vorkommen, die Form entweder $((u, i), (v, k))$ mit $k \neq j$ oder $((u, k), (v, j))$ mit $k \neq i$ haben, so gibt es eine zu I äquivalente $(a, 2)$-CSP-Instanz I' mit zwei Variablen weniger als I.*

5. *Ist v eine Variable in I, für die nur zwei Farben erlaubt sind, so gibt es eine zu I äquivalente $(a, 2)$-CSP-Instanz I' mit einer Variablen weniger als I.*

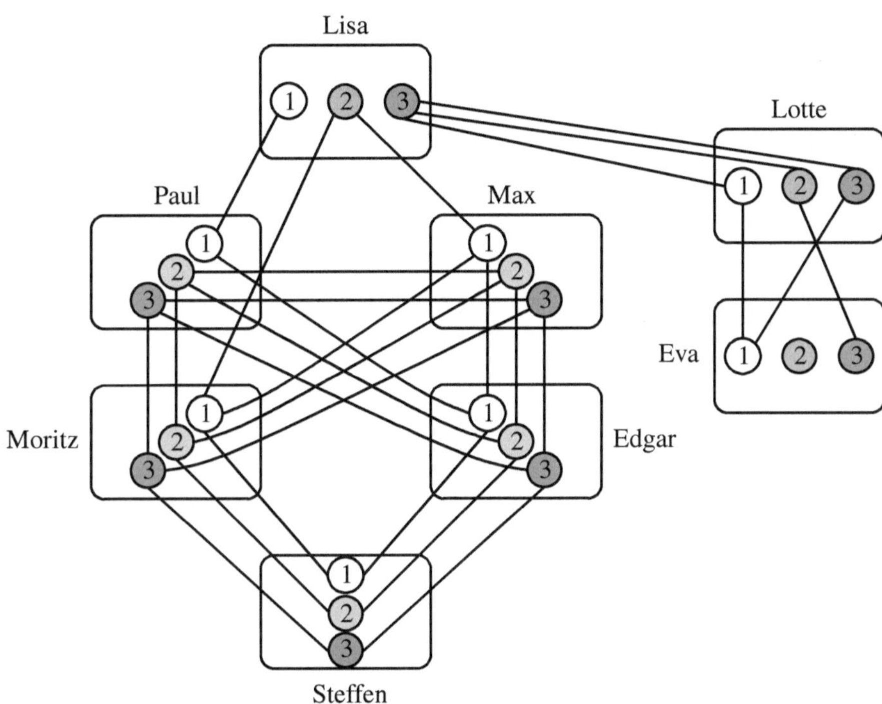

Abb. 7.6. $(3, 2)$-CSP-Instanz M, die aus N gemäß Lemma 7.13.1 entsteht

Beweis. Wir illustrieren den einfachen Beweis von Lemma 7.13 anhand der in Abb. 7.5 dargestellten $(3, 2)$-CSP-Instanz N, die wir dann gemäß der einzelnen Aussagen des Lemmas Schritt für Schritt umformen und vereinfachen. (Zu beachten ist, dass diese $(3, 2)$-CSP-Instanz N nicht mehr im Sinne unseres Klassenfahrtsbeispiels interpretiert werden kann, d. h., sie kann nicht wie in Beispiel 7.6 aus einem Graphen entstanden sein.)

1. Die Variable v kann mit der Farbe i gefärbt und von der Instanz I entfernt werden. Die resultierende Instanz I' ist offensichtlich äquivalent zu I.

   Beispiel 7.14 (für Lemma 7.13.1). Die Variable Maria in der $(3, 2)$-CSP-Instanz N aus Abb. 7.5 kommt in keinen Einschränkungen von N vor. Deshalb wird

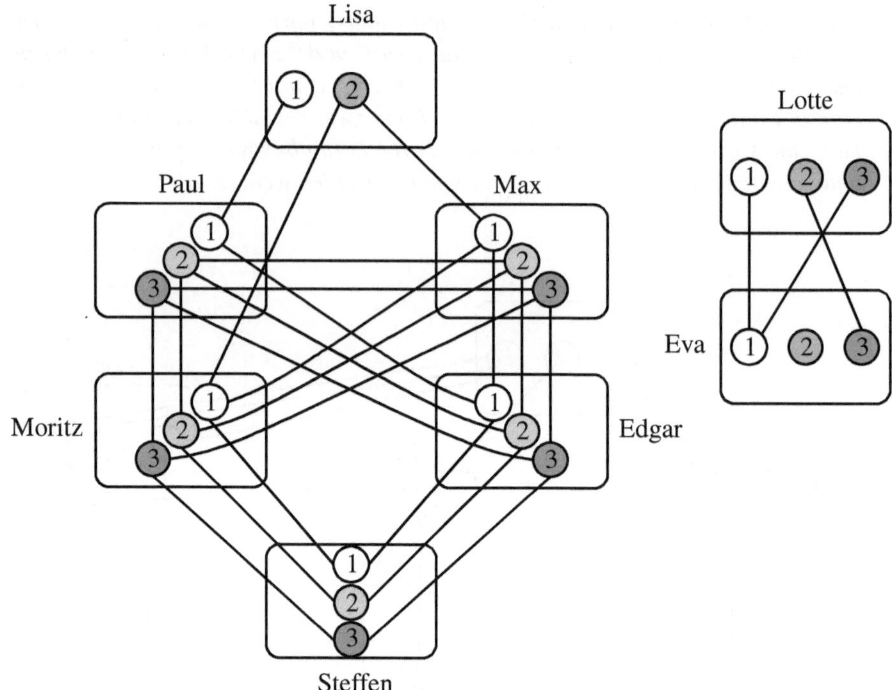

Abb. 7.7. $(3,2)$-CSP-Instanz L, die aus M gemäß Lemma 7.13.2 entsteht

Maria mit Farbe 1 gefärbt[39] und anschließend von der Instanz entfernt[40]. Die resultierende $(3,2)$-CSP-Instanz M ist in Abb. 7.6 dargestellt.

2. Da das Paar (v,i) in den Einschränkungen von I in Kombination mit allen Farben einer anderen Variablen w vorkommt, kann v in keiner Färbung der Variablen von I mit i gefärbt werden, denn andernfalls könnte w gar nicht gefärbt werden. Folglich können wir auf die überflüssige Farbe i für v verzichten. Die resultierende Instanz I' ist offensichtlich äquivalent zu I.

Beispiel 7.15 (für Lemma 7.13.2). Die Farbe 3 der Variablen Lisa ist in der $(3,2)$-CSP-Instanz M aus Abb. 7.6 mit allen drei Farben der Variablen Lot-

---

[39] Hier sieht man zum Beispiel, weshalb die $(3,2)$-CSP-Instanz N nicht im Sinne des Klassenfahrtsbeispiels interpretiert werden sollte. Würden wir das doch tun, dann kann man sich Steffens Freude vorstellen, wenn Maria in sein Zimmer 1 geschickt wird. Seinen Zimmergenossen Paul – der ja bekanntlich in Lisa verliebt ist – wenigstens zeitweilig loszuwerden, dürfte kein Problem für ihn sein.

[40] Der Lehrer geht auf Nummer sicher. Er kennt Steffen. Und eine völlig uneingeschränkte Schülerin wie Maria könnte er in seiner Probleminstanz sowieso nicht dulden. Aber wie gesagt, wir vermeiden diese in die Irre führenden Fehlinterpretationen, indem wir die $(3,2)$-CSP-Instanzen im Beweis von Lemma 7.13 nicht im Sinne von Klassenfahrt und Zimmerbelegungen auslegen, sondern schlicht und einfach als $(3,2)$-CSP-Instanzen sehen.

te verbunden. Entfernen wir diese Farbe 3 der Variablen Lisa und die entsprechenden drei Einschränkungen, $((\text{Lisa}, 3), (\text{Lotte}, 1))$, $((\text{Lisa}, 3), (\text{Lotte}, 2))$ und $((\text{Lisa}, 3), (\text{Lotte}, 3))$, so erhalten wir die neue $(3,2)$-CSP-Instanz L, die in Abb. 7.7 dargestellt ist.

3. Angenommen, es gilt: Wenn $((v, i), (w, k))$ eine Einschränkung in I ist, so auch $((v, j), (w, k))$, $j \neq i$. Dann kann die Variable v, sollte sie mit der Farbe i gefärbt sein, mit der Farbe j umgefärbt werden, ohne dass andere Einschränkungen verletzt werden. Auf die nun überflüssige Farbe i für v können wir also verzichten. Die resultierende Instanz I' ist offensichtlich äquivalent zu I.

Beispiel 7.16 (für Lemma 7.13.3). Die Farben 1 und 3 der Variablen Lotte sind in der $(3,2)$-CSP-Instanz L aus Abb. 7.7 mit derselben Farbe 1 der Variablen Eva verbunden. Entfernen wir die Farbe 1 der Variablen Lotte und die entsprechende Einschränkung $((\text{Lotte}, 1), (\text{Eva}, 1))$, so erhalten wir die neue $(3,2)$-CSP-Instanz K, die in Abb. 7.8 dargestellt ist.

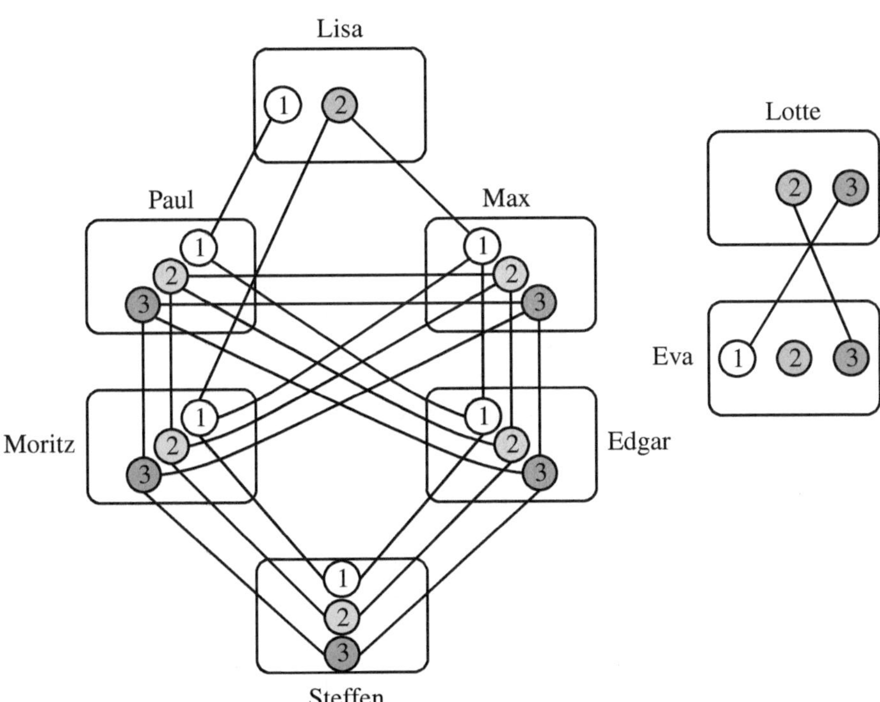

Abb. 7.8. $(3,2)$-CSP-Instanz K, die aus L gemäß Lemma 7.13.3 entsteht

4. Die Variable u kann unbedenklich mit der Farbe i und die Variable v mit der Farbe j gefärbt werden, denn die Voraussetzung dieser Aussage garantiert, dass

es keine Konflikte in den Einschränkungen von I, in denen (u,i) und (v,j) vorkommen, noch irgendwo anders in I gibt. Anschließend können die Variablen u und v entfernt werden, und es liegt auf der Hand, dass die resultierende Instanz I' äquivalent zu I ist.

Beispiel 7.17 (für Lemma 7.13.4). Offenbar sind die einzigen Einschränkungen der $(3,2)$-CSP-Instanz K aus Abb. 7.8, in denen die Paare $(\text{Lotte},2)$ und $(\text{Eva},1)$ vorkommen, $((\text{Lotte},2),(\text{Eva},3))$ und $((\text{Lotte},3),(\text{Eva},1))$. Daher kann man Lotte einfach mit der Farbe 2 und Eva mit der Farbe 1 färben und diese beiden Variablen anschließend entfernen. Abbildung 7.9 zeigt die resultierende neue $(3,2)$-CSP-Instanz J.

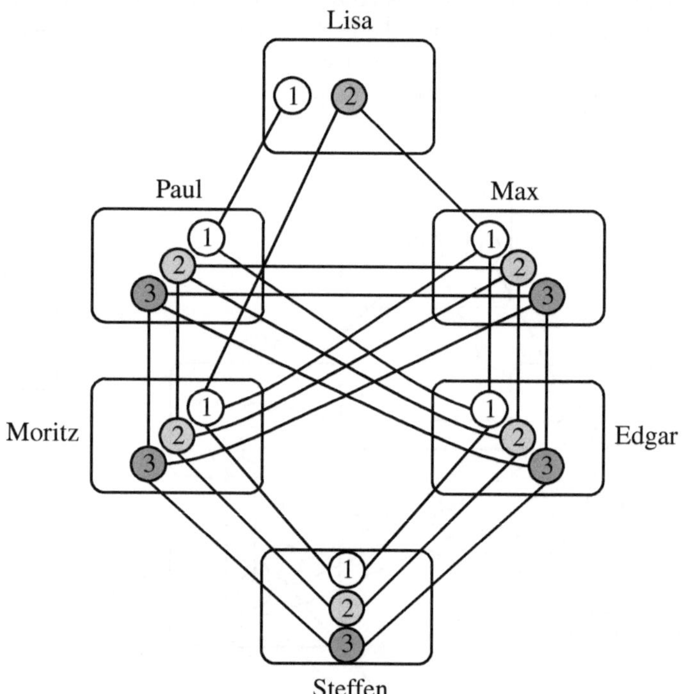

Abb. 7.9. $(3,2)$-CSP-Instanz J, die aus K gemäß Lemma 7.13.4 entsteht

5. Angenommen, nur die Farben 1 und 2 sind für die Variable v erlaubt. Für $i \in \{1,2\}$ definieren wir die Menge

$$\text{Konflikt}(v,i) = \left\{ (w,j) \;\middle|\; \begin{array}{l} (v,i) \text{ und } (w,j) \text{ kommen in} \\ \text{einer Einschränkung von } I \text{ vor} \end{array} \right\}.$$

Fügen wir nun zu den Einschränkungen von I die Menge der Paare

$$\text{Konflikt}(v,1) \times \text{Konflikt}(v,2)$$

hinzu, so kann die Variable v mit allen Einschränkungen, in denen sie vorkommt, bedenkenlos entfernt werden, denn keines der Paare $((w, j), (w', j'))$ in Konflikt$(v, 1) \times$ Konflikt$(v, 2)$ schließt irgendeine Lösung der ursprünglichen Instanz I aus. Färben wir nämlich w in einer solchen Lösung mit der Farbe j und w' mit der Farbe j', so ist ohnehin keine Farbe für v mehr übrig. Sind umgekehrt alle neuen Einschränkungen in Konflikt$(v, 1) \times$ Konflikt$(v, 2)$ erfüllt, so muss für v noch eine der beiden Farben 1 und 2 verfügbar sein. Folglich sind die ursprüngliche $(3, 2)$-CSP-Instanz I und die aus ihr resultierende $(3, 2)$-CSP-Instanz I', die eine Variable weniger hat, äquivalent.

Beispiel 7.18 (für Lemma 7.13.5). Die in Abb. 7.9 dargestellte $(3, 2)$-CSP-Instanz J hat eine Variable, Lisa, für die nur zwei Farben erlaubt sind, 1 und 2. Die neuen Einschränkungen sind demnach:

$$\text{Konflikt}(\text{Lisa}, 1) \times \text{Konflikt}(\text{Lisa}, 2)$$
$$= \{(\text{Paul}, 1)\} \times \{(\text{Max}, 1), (\text{Moritz}, 1)\}$$
$$= \{((\text{Paul}, 1), (\text{Max}, 1)), ((\text{Paul}, 1), (\text{Moritz}, 1))\}.$$

Fügen wir diese zu unserer Instanz J hinzu und entfernen die Variable Lisa und alle Einschränkungen, in denen sie vorkommt, so ergibt sich die zu J äquivalente $(3, 2)$-CSP-Instanz I, die in Abb. 7.10 dargestellt (und identisch zu der $(3, 2)$-CSP-Instanz aus Abb. 7.2) ist.

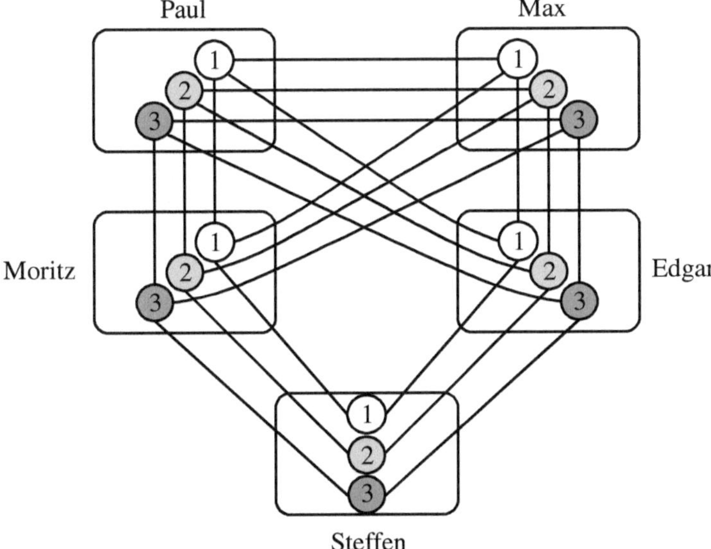

Abb. 7.10. $(3, 2)$-CSP-Instanz I, die aus J gemäß Lemma 7.13.5 entsteht

Somit sind alle Aussagen des Lemmas bewiesen.   ❑

Ist keine der Aussagen aus Lemma 7.13 mehr auf eine $(a,2)$-CSP-Instanz anwendbar, so heißt sie *reduziert*. Der deterministische CSP-Algorithmus, den wir in
Abschnitt 7.4.3 vorstellen werden, vereinfacht zunächst die gegebene $(3,2)$-CSP-
oder $(4,2)$-CSP-Instanz gemäß Lemma 7.13, bis eine reduzierte Instanz vorliegt.
Bevor wir uns diesem Algorithmus zuwenden, beschreiben wir jedoch zunächst im
folgenden Abschnitt einen einfachen randomisierten Algorithmus, der auf der letzten
Aussage von Lemma 7.13 beruht.

reduzierte
$(a,2)$-CSP-Instanz

7.4.2 Ein randomisierter CSP-Algorithmus

Lemma 7.19 (Beigel und Eppstein [BE05]). *Es gibt einen randomisierten Algorithmus, der eine gegebene $(3,2)$-CSP-Instanz I in Polynomialzeit in eine $(3,2)$-CSP-
Instanz I' mit zwei Variablen weniger als I überführt, sodass gilt:*

> *1. Ist I lösbar, so ist I' mit einer Wahrscheinlichkeit von mindestens $1/2$ lösbar, und*
> *2. ist I nicht lösbar, so ist mit Sicherheit auch I' nicht lösbar.*

Beweis.   Wenn die gegebene $(3,2)$-CSP-Instanz I überhaupt keine Einschränkung
hat, ist sie unmittelbar lösbar. Andernfalls sei $((u,i),(v,j))$ eine beliebige Einschränkung von I. Falls nötig, benennen wir die Farben 1, 2 und 3 der Variablen u
und v so um, dass in dieser Einschränkung dieselbe Farbe auftaucht, etwa $i = 1 = j$.
Abbildung 7.11 zeigt einen Ausschnitt der Instanz I mit den beiden Variablen u und
v und dieser ausgewählten Einschränkung $((u,1),(v,1))$. Die anderen Einschränkungen von I, in denen u und v vorkommen, sind mit dünneren Linien angedeutet.

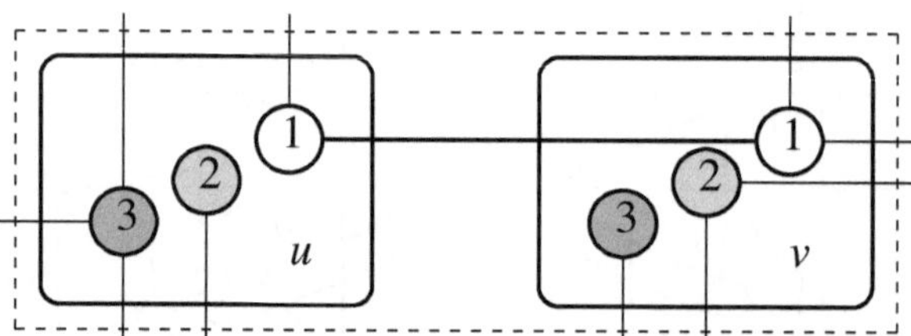

Abb. 7.11. $(3,2)$-CSP-Instanz I im Beweis von Lemma 7.19

Der Algorithmus bringt nun seine Fähigkeit, Münzen werfen, also Zufallsentscheidungen treffen zu können, ins Spiel. Zufällig unter Gleichverteilung wählt er
eine der folgenden vier Möglichkeiten, die Anzahl der Farben der Variablen u und v
von drei auf zwei zu reduzieren:

(a) u hat die Farben 1 und 2 und v hat die Farben 2 und 3.
(b) u hat die Farben 1 und 3 und v hat die Farben 2 und 3.
(c) u hat die Farben 2 und 3 und v hat die Farben 1 und 2.
(d) u hat die Farben 2 und 3 und v hat die Farben 1 und 3.

Das heißt, in jeder dieser vier Möglichkeiten gibt es für genau eine der Variablen u und v die Farben 2 und 3. Die entsprechenden Ausschnitte der so modifizierten Instanz sind in Abb. 7.12 dargestellt.

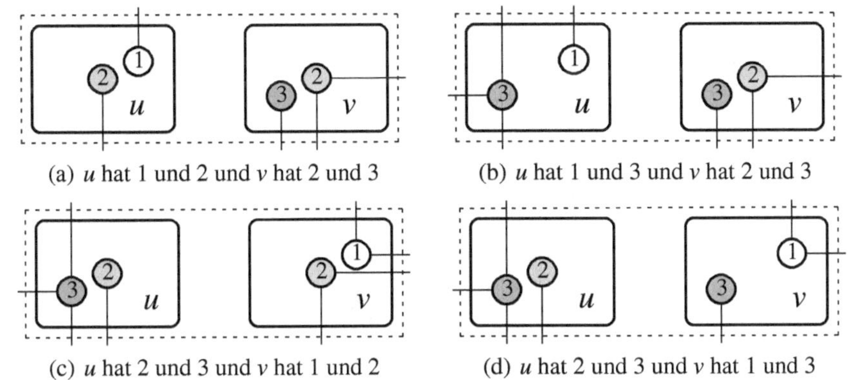

(a) u hat 1 und 2 und v hat 2 und 3   (b) u hat 1 und 3 und v hat 2 und 3

(c) u hat 2 und 3 und v hat 1 und 2   (d) u hat 2 und 3 und v hat 1 und 3

Abb. 7.12. Vier modifizierte $(3,2)$-CSP-Instanzen mit nur zwei Farben für u und v

Angenommen, die ursprüngliche $(3,2)$-CSP-Instanz I ist lösbar. Dann gibt es eine Färbung der Variablen von I, sodass in jeder Einschränkung von I mindestens eines der beiden Paare in der Färbung nicht vorkommt. Insbesondere färbt diese Färbung u oder v nicht mit 1. Für genau zwei der vier in Abb. 7.12 dargestellten reduzierten Instanzen bleibt diese Färbung also gültig und erfüllt alle Einschränkungen der so modizierten Instanz. Da die Gültigkeit einer Lösung von I mit Wahrscheinlichkeit genau $1/2$ für I' erhalten bleibt (es aber auch noch zusätzliche Lösungen für I' geben könnte), ist I' mit einer Wahrscheinlichkeit von mindestens $1/2$ lösbar.

Ist jedoch die ursprüngliche $(3,2)$-CSP-Instanz I nicht lösbar, so kann keine der vier reduzierten Instanzen aus Abb. 7.12 lösbar sein. Um die Kontraposition dieser Implikation zu zeigen, nehmen wir an, I' sei irgendeine reduzierte Instanz, die gemäß einer der Abbildungen 7.12(a) bis 7.12(d) aus I entstanden ist. Ist I' lösbar, so muss diese Lösung auch eine Lösung von I sein, denn die in I' fehlenden Farben der Variablen können nicht Bestandteil der Lösung sein. Also sind alle zusätzlichen Einschränkungen von I erfüllbar.

Auf die zufällig gewählte reduzierte Instanz (siehe Abb. 7.12), die nur noch zwei Farben für die Variablen u und v enthält, kann nun zweimal die Transformation aus der letzten Aussage von Lemma 7.13 angewandt werden, zunächst auf die Variable u, dann auf v. Somit ergibt sich eine äquivalente $(3,2)$-CSP-Instanz I', die der Algorithmus ausgibt. Aus den obigen Betrachtungen folgt, dass I' mit einer Wahrscheinlichkeit von mindestens $1/2$ lösbar ist, falls I lösbar ist, und dass auch I' nicht lösbar ist, falls I nicht lösbar ist. ❑

Beispiel 7.20 (für Lemma 7.19). Betrachten wir wieder die $(3,2)$-CSP-Instanz I aus unserem Klassenfahrtsbeispiel, siehe Abb. 7.13. Der Algorithmus aus Lemma 7.19

ist ausgesprochen natürlich, denn ein Lehrer würde – ohne diesen Algorithmus zu
kennen und nur von seiner Intuition geleitet – möglicherweise ganz ähnlich bei der
Zimmerzuteilung vorgehen. Das heißt, er würde bei der Lösung seines Problems
vielleicht eine beliebige Einschränkung wählen und den zugehörigen Schülern eines
von drei Zimmern verbieten, sodass er diese Einschränkung als erledigt betrachten
und so sein Problem vereinfachen kann. Tut er dies im Sinne von Abb. 7.12, so
kommt er einer Lösung seines Problems mit einer Wahrscheinlichkeit von mindestens $1/2$ näher.

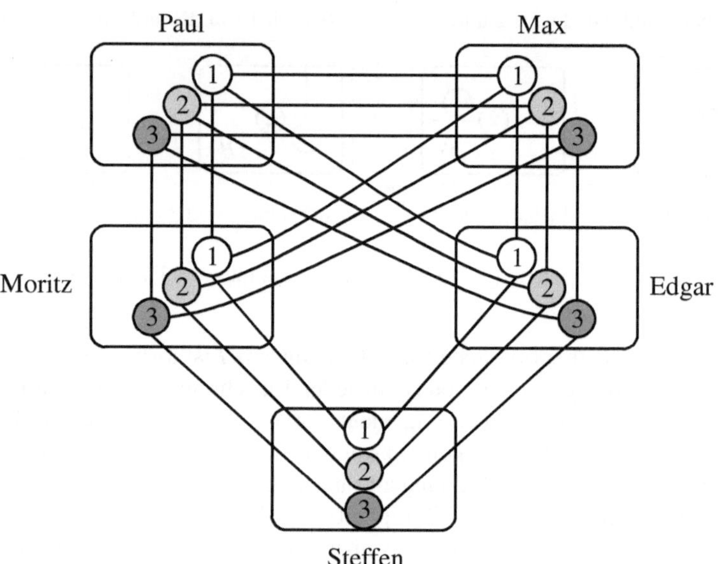

Abb. 7.13. $(3,2)$-CSP-Instanz I für Beispiel 7.20

Nun beschreiben wir dieses Vorgehen etwas formaler. Um die Instanz I gemäß
Lemma 7.19 zu reduzieren, wählen wir zunächst eine beliebige Einschränkung, zum
Beispiel $((\text{Paul}, 1), (\text{Max}, 1))$, und transformieren I gemäß einer der vier Wahlmöglich-
keiten, etwa gemäß der aus Abb. 7.12(a). Das heißt, für Paul wird die Farbe 3 und für
Max die Farbe 1 ausgeschlossen, und die den ausgeschlossenen Farben entsprechen-
den Einschränkungen entfallen. Es wird dabei nicht gesagt, welche Farbe (1 oder 2)
Paul und welche Farbe (2 oder 3) Max zugewiesen wird, sondern nur gesichert, dass
das Färben mit einer dieser Farben später konfliktfrei möglich ist. Die so modifizierte
$(3,2)$-CSP-Instanz ist in Abb. 7.14 zu sehen.

Um nun die Variable Paul ganz loszuwerden, also aus unserer Probleminstanz zu
entlassen, müssen alle noch vorhandenen Einschränkungen Pauls mit anderen Variablen in geeigneter Weise auf neue Einschränkungen zwischen diesen verbleibenden
Variablen übertragen werden. Da für Paul aber nur noch zwei Farben möglich sind,
ist dies mit der letzten Aussage von Lemma 7.13 möglich. Formal ergibt sich gemäß
dieser Konstruktion:

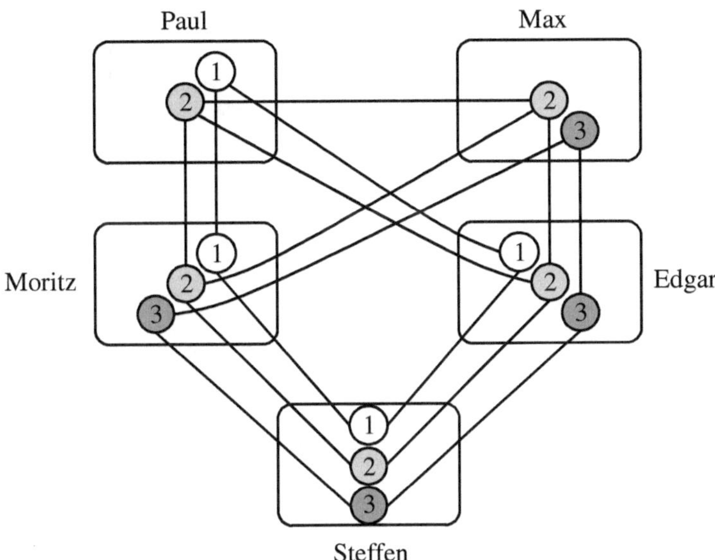

Abb. 7.14. Gemäß Abb. 7.12(a) modifizierte $(3,2)$-CSP-Instanz

Konflikt(Paul, 1) × Konflikt(Paul, 2)

$= \{(\text{Moritz}, 1), (\text{Edgar}, 1)\} \times \{(\text{Max}, 2), (\text{Moritz}, 2), (\text{Edgar}, 2)\}$

$= \{((\text{Moritz}, 1), (\text{Max}, 2)), ((\text{Moritz}, 1), (\text{Moritz}, 2)), ((\text{Moritz}, 1), (\text{Edgar}, 2)),$

$\quad ((\text{Edgar}, 1), (\text{Max}, 2)), ((\text{Edgar}, 1), (\text{Moritz}, 2)), ((\text{Edgar}, 1), (\text{Edgar}, 2))\}.$

Da man jedoch Einschränkungen wie $((\text{Moritz}, 1), (\text{Moritz}, 2))$, die dieselbe Variable enthalten, natürlich einfach weglassen kann (denn diese sind immer – in jeder Färbung – erfüllbar, sodass sich dadurch nichts an der Lösbarkeit der Instanz ändert), fügen wir nach dem Entfernen von Paul lediglich die folgenden vier Einschränkungen hinzu:

$$\{((\text{Moritz}, 1), (\text{Max}, 2)), ((\text{Moritz}, 1), (\text{Edgar}, 2)),$$
$$((\text{Edgar}, 1), (\text{Max}, 2)), ((\text{Edgar}, 1), (\text{Moritz}, 2))\}.$$

Abbildung 7.15 zeigt die resultierende $(3,2)$-CSP-Instanz.

Mit derselben Prozedur können wir uns auch der Variablen Max entledigen, wieder durch Anwendung der letzten Aussage von Lemma 7.13. Diesmal reduziert sich:

Konflikt(Max, 2) × Konflikt(Max, 3)

$= \{(\text{Moritz}, 1), (\text{Moritz}, 2), (\text{Edgar}, 1), (\text{Edgar}, 2)\} \times \{(\text{Moritz}, 3), (\text{Edgar}, 3)\}$

$= \{((\text{Moritz}, 1), (\text{Moritz}, 3)), ((\text{Moritz}, 1), (\text{Edgar}, 3)), ((\text{Moritz}, 2), (\text{Moritz}, 3)),$

$\quad ((\text{Moritz}, 2), (\text{Edgar}, 3)), ((\text{Edgar}, 1), (\text{Moritz}, 3)), ((\text{Edgar}, 1), (\text{Edgar}, 3)),$

$\quad ((\text{Edgar}, 2), (\text{Moritz}, 3)), ((\text{Edgar}, 2), (\text{Edgar}, 3))\}$

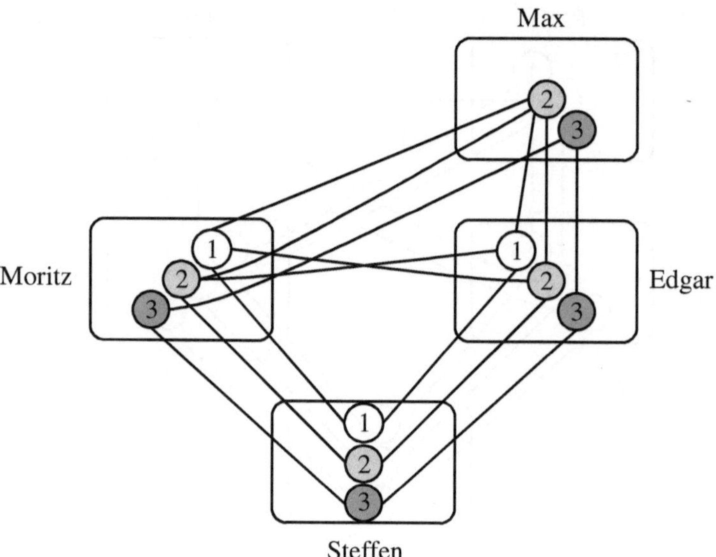

Abb. 7.15. $(3,2)$-CSP-Instanz nach Entfernung von Paul

nach dem Entfernen von Max auf die folgenden vier neuen Einschränkungen:

$$\{((\text{Moritz}, 1), (\text{Edgar}, 3)), ((\text{Moritz}, 2), (\text{Edgar}, 3)),$$
$$((\text{Edgar}, 1), (\text{Moritz}, 3)), ((\text{Edgar}, 2), (\text{Moritz}, 3))\}.$$

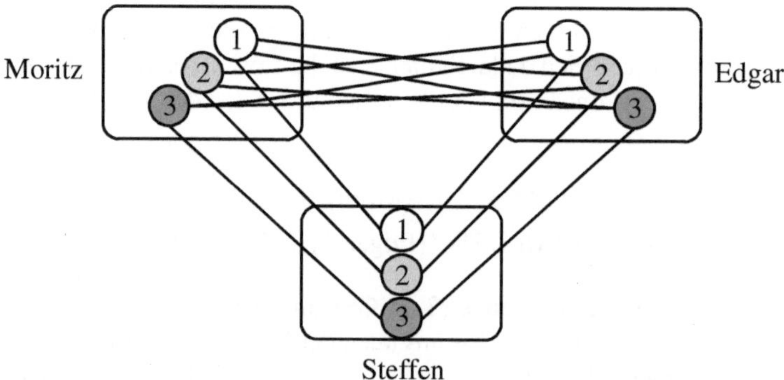

Abb. 7.16. $(3,2)$-CSP-Instanz nach Entfernung von Max

Abbildung 7.16 zeigt die resultierende $(3,2)$-CSP-Instanz. Wie man sieht, ist die Färbung, die die ursprüngliche $(3,2)$-CSP-Instanz I aus Abb. 7.13 erfüllt, eingeschränkt auf Moritz, Edgar und Steffen, immer noch gültig: Färbt man Moritz und Edgar mit der Farbe 3 (beide müssen wegen ihrer Einschränkungen gleich gefärbt werden) und Steffen mit der Farbe 1, so wird jede Einschränkung der modifizierten (3,2)-CSP-Instanz in Abb. 7.16 erfüllt. Dasselbe Ergebnis hätten wir erhalten, wenn wir für die Einschränkung $((\text{Paul}, 1), (\text{Max}, 1))$ statt der in Abb. 7.12(a) dargestellten Variante die aus Abb. 7.12(b) gewählt hätten. Mit den Varianten aus Abb. 7.12(c) und Abb. 7.12(d) dagegen ließe sich die ursprüngliche Färbung von I (d. h. (Paul, 1), (Max, 2), (Moritz, 3), (Edgar, 3) und (Steffen, 1)) auf das reduzierte Problem gar nicht übertragen, da dann die Farbe 1 für Paul nicht mehr vorkommt (siehe Übung 7.21). Das schließt jedoch nicht aus, dass es eine andere gültige Färbung für die reduzierte Instanz geben kann, die keine Einschränkung der ursprünglichen Färbung von I ist. Gemäß Lemma 7.19 ist ja die Wahrscheinlichkeit dafür, dass sich die Lösbarkeit der gegebenen (3,2)-CSP-Instanz I auf die um zwei Variablen reduzierte (3,2)-CSP-Instanz überträgt, *mindestens* 1/2.

Übung 7.21. Betrachten Sie die in Abb. 7.13 dargestellte (3,2)-CSP-Instanz I für Beispiel 7.20.

(a) In Beispiel 7.20 wurden für die Variable Paul die Farbe 3 und für die Variable Max die Farbe 1 ausgeschlossen, d. h., die Zufallswahl entsprach der Modifikation aus Abb. 7.12(a). Rechnen Sie das Beispiel für die drei Fälle durch, in denen die Instanz gemäß
- Abb. 7.12(b),
- Abb. 7.12(c) bzw.
- Abb. 7.12(d)

modifiziert wird. Geben Sie an, ob – und falls ja, wie – die resultierenden Instanzen lösbar sind.

(b) Angenommen, in der Instanz aus Abb. 7.13 für Beispiel 7.20 wird anfangs nicht die Einschränkung $((\text{Paul}, 1), (\text{Max}, 1))$, sondern $((\text{Moritz}, 2), (\text{Steffen}, 2))$ gewählt. Rechnen Sie das Beispiel für diesen Fall durch, wobei Sie die nötigen Zufallsentscheidungen frei treffen dürfen.

(c) Geben Sie eine lösbare (3,2)-CSP-Instanz I an, sodass die gemäß Lemma 7.19 konstruierte Instanz I' mit Wahrscheinlichkeit *genau* 1/2 lösbar ist.

Satz 7.22 (Beigel und Eppstein [BE05]). (3,2)-CSP *kann durch einen randomisierten Algorithmus in der erwarteten Zeit $\tilde{\mathcal{O}}(1.4143^n)$ gelöst werden.*

Beweis.   Ist eine (3,2)-CSP-Instanz mit n Variablen gegeben, muss die in Lemma 7.19 beschriebene Reduktion nur $(n/2)$-mal ausgeführt werden, um eine trivial lösbare Instanz zu erhalten. Das ergibt insgesamt einen randomisierten Algorithmus, der in Polynomialzeit arbeitet und eine Erfolgswahrscheinlichkeit von mindestens $(1/2)^{n/2} = 2^{-n/2}$ hat. Nach der in Abschnitt 7.1.3 genannten Faustregel, dass die Anzahl der wiederholten Versuche reziprok zur Erfolgswahrscheinlichkeit des Einzelversuchs sein sollte, folgt, dass nach $2^{n/2}$ Versuchen eine korrekte Lösung erwartet werden kann. Somit hat dieser randomisierte Algorithmus eine erwartete Laufzeit von $\tilde{\mathcal{O}}(2^{n/2}) \approx \tilde{\mathcal{O}}(1.4143^n)$. ❑

Übung 7.23. Konstruieren Sie eine (3,2)-CSP-Instanz mit drei Variablen so, dass sie nicht lösbar ist.

7.4.3 Ein deterministischer CSP-Algorithmus

In diesem Abschnitt wenden wir uns dem angekündigten deterministischen Algorithmus für $(3,2)$-CSP von Beigel und Eppstein [BE05] zu, der eine Laufzeit von $\tilde{\mathcal{O}}(1.36443^n)$ hat (siehe Satz 7.50). Genau genommen kann dieser Algorithmus auch $(4,2)$-CSP lösen, da man eine gegebene $(4,2)$-CSP-Instanz wie folgt in eine äquivalente $(3,2)$-CSP-Instanz umformen kann (siehe auch Übung 7.24 unten):

1. Ersetze jedes Vorkommen einer Variablen v mit vier Farben durch zwei neue Variablen v_1 und v_2 mit je drei Farben, zwei von denen jeweils verschiedenen zwei der vier Farben von v entsprechen (z. B. entsprechen den Farben 1 und 3 (bzw. 2 und 4) von v in Abb. 7.17(a) die Farben 1 und 2 in v_1 (bzw. in v_2) in Abb. 7.17(b).
2. Füge eine neue Einschränkung hinzu, die die jeweils dritte Farbe der beiden neuen Variablen enthält (nämlich $((v_1,3),(v_2,3))$ in Abb. 7.17(b)).

Abbildung 7.17 zeigt die Transformation einer $(4,2)$-CSP-Instanz (Abb. 7.17(a)) in eine äquivalente $(3,2)$-CSP-Instanz (Abb. 7.17(b)). Offenbar kann diese Transformation auch umgekehrt ausgeführt werden, um eine gegebene $(3,2)$-CSP-Instanz in eine äquivalente $(4,2)$-CSP-Instanz umzuformen. Das heißt, eine „isolierte" Einschränkung in einer $(3,2)$-CSP-Instanz, wie $((v_1,3),(v_2,3))$ in Abb. 7.17(b), kann entfernt und die verbleibenden Variablen v_1 und v_2 können zu einer Variablen v wie in Abb. 7.17(a) verschmolzen werden (siehe dazu auch Lemma 7.25).

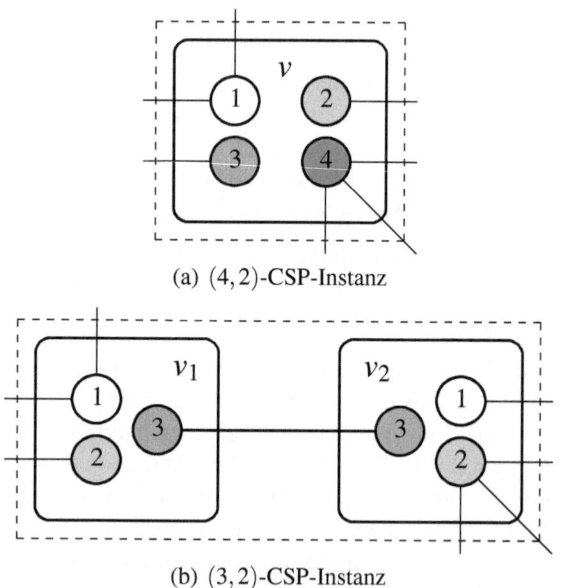

(a) $(4,2)$-CSP-Instanz

(b) $(3,2)$-CSP-Instanz

Abb. 7.17. Transformation einer $(4,2)$-CSP-Instanz in eine äquivalente $(3,2)$-CSP-Instanz

Übung 7.24. Zeigen Sie, dass die in Abb. 7.17 dargestellte Transformation eine gegebene $(4,2)$-CSP-Instanz in eine *äquivalente* $(3,2)$-CSP-Instanz umformt.

Bezeichnet n_i die Anzahl der Variablen mit i Farben in einer $(4,2)$-CSP-Instanz I, so ist die Größe von I aufgrund dieser Transformation eigentlich $n = n_3 + 2n_4$.[41] Jedoch werden wir diese Größe stattdessen mit

$$n = n_3 + (2 - \varepsilon)n_4 \tag{7.7}$$

ansetzen, wobei $\varepsilon \approx 0.095543$ eine später zu bestimmende Konstante ist. In dieser Weise können wir nämlich eine sehr nützliche Methode von Eppstein [Epp04] anwenden, mit der man mehrdimensionale Rekursionsgleichungen (die in diesem Fall von den Parametern n_3 und n_4 abhängen) auf eindimensionale Rekursionsgleichungen reduzieren kann, ohne das asymptotische Verhalten zu ändern.

Sei I also eine beliebige gegebene $(4,2)$-CSP-Instanz. Die Grundidee des Algorithmus liegt darin, lokale Situationen in I zu finden, die es erlauben, diese Instanz mittels konkreter Reduktionen durch wenige kleinere Instanzen zu ersetzen, von denen mindestens eine zu I äquivalent ist; dies garantiert, dass die Lösbarkeit der originalen Instanz I bei den Vereinfachungen erhalten bleibt. Auf diese kleineren Instanzen wird der Algorithmus rekursiv nach Art einer Backtracking-Strategie (siehe Abschnitt 3.5) angesetzt. Genauer gesagt soll I in jeder solchen Situation durch eine Reihe von Instanzen I_j der Größe $|I_j| = |I| - s_j$ mit $s_j > 0$ ersetzt werden, sodass I genau dann lösbar ist, wenn mindestens eine der Instanzen I_j lösbar ist. Tritt zum Beispiel *dieselbe* lokale Situation in jedem Reduktionsschritt des Algorithmus auf, so ergibt sich im schlimmsten Fall die Laufzeit des Algorithmus als Lösung einer Rekursion der Form

$$R(n) = \sum_j R(n - s_j) + p(n), \tag{7.8}$$

wobei p ein Polynom ist. Setzen wir $\alpha(s_1, s_2, \ldots)$ gleich der größten Nullstelle der charakteristischen Funktion

$$c(x) = 1 - \sum_j x^{-s_j},$$

so ist die Lösung von (7.8) in $\mathcal{O}(\alpha(s_1, s_2, \ldots)^n)$. Diesen Wert $\alpha(s_1, s_2, \ldots)$ nennen wir den *Arbeitsfaktor* der jeweils betrachteten lokalen Situation zur Vereinfachung der Instanz. Ist α der größte Arbeitsfaktor bezüglich der lokalen Situationen, die wir im Folgenden identifizieren werden, so können wir die Laufzeit des Algorithmus im schlimmsten Fall durch $\tilde{\mathcal{O}}(\alpha^n)$ abschätzen. Dabei machen wir von der oben erwähnten Eppstein-Methode Gebrauch, welche es erlaubt, mittels einer geeignet gewählten Konstante ε mehrdimensionale auf eindimensionale Rekursionsgleichungen zu reduzieren, ohne das asymptotische Verhalten zu ändern. Offenbar hängt α

Arbeitsfaktor

---

[41] Die Anzahlen n_1 und n_2 treten hier nicht auf, weil Variablen mit nur einer Farbe unmittelbar und Variablen mit nur zwei Farben nach Lemma 7.13.5 eliminiert werden können.

von ε ab. Insbesondere wird ε so gewählt werden, dass α möglichst klein ist. Initial gehen wir von einer Konstante ε mit $0 < \varepsilon < 1$ aus. In der nachfolgenden Analyse verschiedener lokaler Situationen wird ε noch enger eingeschränkt werden.

Die obigen Bemerkungen sind noch etwas vage und daher vielleicht noch nicht ganz verständlich. Dies wird aber klarer werden, wenn wir uns im Folgenden konkreten lokalen Situationen in $(4,2)$-CSP-Instanzen zuwenden und erklären, wie diese in vereinfachte Instanzen umgeformt werden können und welche Auswirkungen dies auf den jeweiligen Arbeitsfaktor hat. Dazu müssen wir eine Vielzahl verschiedener Fälle betrachten. Wer sich nicht so sehr dafür interessiert, wie die einzelnen Arbeitsfaktoren in diesen Fällen zustande kommen und begründet werden, kann die folgenden Seiten überspringen und gleich auf Seite 216 bei der Laufzeitanalyse des deterministischen CSP-Algorithmus von Beigel und Eppstein weiterlesen.

Isolierte Einschränkungen

Wir kommen nun zur ersten lokalen Situation, die zur Vereinfachung einer gegebenen $(4,2)$-CSP-Instanz führen kann: *isolierte Einschränkungen*. Darunter verstehen wir Einschränkungen der Form $((u,i),(v,i))$, wobei u und v Variablen sind und i eine Farbe, sodass weder (u,i) noch (v,i) in irgendeiner anderen Einschränkung vorkommt. Kommt nur das Paar (u,i) in keiner anderen Einschränkung als dieser vor, das Paar (v,i) aber schon, dann nennen wir $((u,i),(v,i))$ eine *baumelnde Einschränkung*.

Ein Beispiel für eine isolierte Einschränkung ist $((v_1,3),(v_2,3))$ in Abb. 7.17(b). Wie wir mit solchen Einschränkungen umgehen können, zeigt das folgende Lemma. Im Folgenden gehen wir stets von einer reduzierten $(4,2)$-CSP-Instanz aus, einer Instanz also, auf die keine der Aussagen aus Lemma 7.13 mehr anwendbar ist.

Lemma 7.25 (Beigel und Eppstein [BE05]). *Sei $((u,i),(v,i))$ eine isolierte Einschränkung in einer reduzierten $(4,2)$-CSP-Instanz I und sei $\varepsilon \leq 0.545$. Dann kann I durch kleinere Instanzen mit Arbeitsfaktor höchstens $\alpha(2-\varepsilon,3-\varepsilon)$ ersetzt werden, sodass I genau dann lösbar ist, wenn mindestens eine dieser kleineren Instanzen lösbar ist.*

Beweis.   Angenommen, den beiden Variablen u und v stehen jeweils drei Farben zur Verfügung. Dann können wir gemäß der in Abb. 7.17 dargestellten Transformation die Variablen u und v in I durch eine neue Variable w mit vier Farben ersetzen, sodass die resultierende Instanz I' zu I äquivalent ist. Da wir dabei zwei 3-Farben-Variablen durch eine 4-Farben-Variable ersetzen, folgt aus (7.7), dass sich die Größe n' der Instanz I', nämlich

$$n' = (n_3 - 2) + (2 - \varepsilon)(n_4 + 1) = n_3 + (2 - \varepsilon)n_4 - \varepsilon = n - \varepsilon,$$

gegenüber der Größe $n = n_3 + (2 - \varepsilon)n_4$ von I bereits um ε verringert hat, wobei n_3 bzw. n_4 die Anzahl der Variablen in I mit 3 bzw. 4 Farben bezeichnet.

Nehmen wir nun an, dass entweder u oder v in I vier Farben zur Verfügung stehen. Wenn es in diesem Fall überhaupt eine Färbung gibt, die alle Einschränkungen

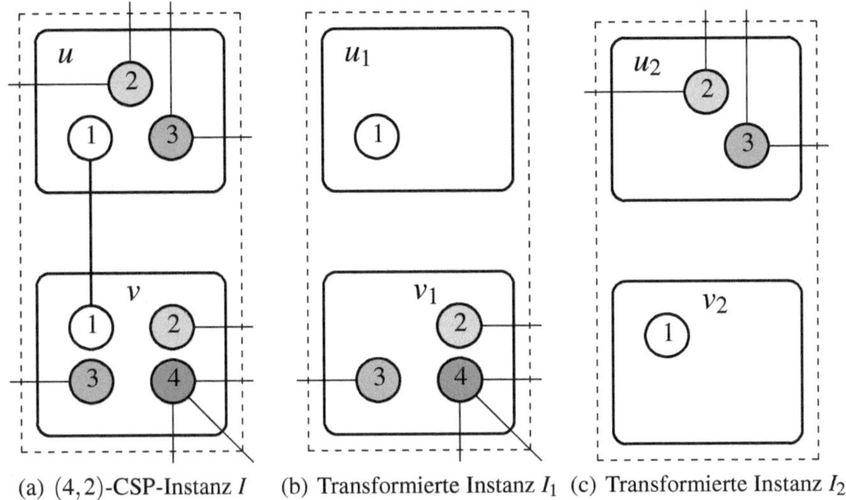

(a) $(4,2)$-CSP-Instanz I (b) Transformierte Instanz I_1 (c) Transformierte Instanz I_2

Abb. 7.18. Transformation einer isolierten Einschränkung in einer $(4,2)$-CSP-Instanz

erfüllt, dann gibt es auch eine Färbung, in der genau eine der Variablen u und v mit 1 gefärbt wird. Nehmen wir zunächst an, dass v vier Farben zur Verfügung stehen, u aber nur drei. Wie in Abb. 7.18 dargestellt, können wir I in eine von zwei Instanzen umformen, I_1 und I_2, sodass I genau dann lösbar ist, wenn I_1 oder I_2 lösbar ist. Wir betrachten dabei zwei Fälle:

1. Ist insbesondere I durch eine Färbung lösbar, in der die Variable u mit 1 gefärbt wird, so gibt es eine Färbung, die I_1 löst. Deshalb transformieren wir I in I_1.
2. Ist I hingegen durch eine Färbung lösbar, in der die Variable v mit 1 gefärbt wird, so gibt es eine Färbung, die I_2 löst. Deshalb transformieren wir I in I_2.

Im ersten Fall reduziert sich die Größe des Problems um $2 - \varepsilon$, denn die Variable u_1 kann unmittelbar von I_1 entfernt werden, während v_1 zwar eine Farbe weniger als v hat, aber nicht entfernt wird. Es ergibt sich also für die Größe n' von I_1:

$$n' = (n_3 - 1 + 1) + (2 - \varepsilon)(n_4 - 1) = n_3 + (2 - \varepsilon)n_4 - (2 - \varepsilon) = n - (2 - \varepsilon).$$

Im zweiten Fall reduziert sich die Größe des Problems sogar um $3 - \varepsilon$, denn die Variable v_2 kann unmittelbar von I_2 entfernt werden, während u_2 nur noch zwei Farben hat und deshalb nach der letzten Aussage von Lemma 7.13 entfernt werden kann. Es ergibt sich also für die Größe n'' von I_2:

$$n'' = (n_3 - 1) + (2 - \varepsilon)(n_4 - 1) = n_3 + (2 - \varepsilon)n_4 - 1 - (2 - \varepsilon) = n - (3 - \varepsilon).$$

Daraus folgt ein Arbeitsfaktor von $\alpha(2 - \varepsilon, 3 - \varepsilon)$. Denselben Arbeitsfaktor erhalten wir natürlich im symmetrischen Fall, dass u vier Farben, v aber nur drei Farben zur Verfügung stehen.

Nehmen wir schließlich an, dass sowohl u als auch v vier Farben zur Verfügung stehen, so ergibt sich ein Arbeitsfaktor von $\alpha(3-2\varepsilon, 3-2\varepsilon)$ (siehe Übung 7.26). Da dieser jedoch für $\varepsilon \leq 0.545$ kleiner als $\alpha(2-\varepsilon, 3-\varepsilon)$ ist, ist nur der letzere relevant. $\qquad\qquad\Box$

Übung 7.26. Betrachten Sie im Beweis von Lemma 7.25 den Fall, dass sowohl u als auch v vier Farben zur Verfügung stehen. Zeigen Sie, dass sich dann ein Arbeitsfaktor von

$$\alpha(3-2\varepsilon, 3-2\varepsilon)$$

ergibt.

Baumelnde Einschränkungen

In lokalen Situationen mit baumelnden Einschränkungen, wie sie im Absatz vor Lemma 7.25 definiert wurden, erhalten wir denselben Arbeitsfaktor wie für isolierte Einschränkungen.

Lemma 7.27 (Beigel und Eppstein [BE05]). *Sei $((u,i),(v,i))$ eine baumelnde Einschränkung in einer reduzierten $(4,2)$-CSP-Instanz I. Dann kann I durch kleinere Instanzen mit Arbeitsfaktor höchstens $\alpha(2-\varepsilon, 3-\varepsilon)$ ersetzt werden, sodass I genau dann lösbar ist, wenn mindestens eine dieser kleineren Instanzen lösbar ist.*

Beweis.   Durch Umbenennen der Farben (falls nötig) können wir sicherstellen, dass unsere baumelnde Einschränkung $((u,i),(v,i))$ in I die Farbe $i = 1$ enthält. Nach Definition kommt das Paar $(u,1)$ also in keiner anderen Einschränkung von I vor, aber das Paar $(v,1)$ erscheint noch in mindestens einer anderen Einschränkung, etwa in $((v,1),(w,j))$. Offenbar muss dabei $w \neq u$ gelten, denn sonst könnten wir Lemma 7.13.3 anwenden; I ist jedoch schon reduziert. Ein Beispiel ist in Abb. 7.19(a) zu sehen.

Wie in Abb. 7.19 dargestellt, können wir I in eine von zwei Instanzen umformen, I_1 und I_2, sodass I genau dann lösbar ist, wenn I_1 oder I_2 lösbar ist. Wir betrachten dabei die folgenden beiden Fälle:

1. Ist insbesondere I durch eine Färbung lösbar, in der die Variable v nicht mit 1 gefärbt wird, so gibt es eine Färbung der Variablen von I_1 (siehe Abb. 7.19(b)), die u_1 mit Farbe 1 färbt und I_1 löst. Deshalb transformieren wir I in I_1.
2. Ist I hingegen durch eine Färbung lösbar, in der die Variable v mit 1 gefärbt wird, so gibt es eine Färbung der Variablen von I_2 (siehe Abb. 7.19(c)), die die Farbe 1 für u_2 und die Farbe j für w_2 (in Abb. 7.19(c) ist $j = 1$) ausschließt und I_2 löst. Deshalb transformieren wir I in I_2.

Um den größtmöglichen Arbeitsfaktor, der sich dabei ergibt, ermitteln zu können, stellen wir zunächst fest, dass die Variable w aus der Einschränkung $((v,1),(w,j))$ im schlimmsten Fall vier Farben haben kann. Entfernen wir eine davon, so reduziert sich die Problemgröße um lediglich $1 - \varepsilon$. Da I reduziert ist, haben alle Variablen in I mindestens drei Farben. In Abhängigkeit davon, wie viele Farben u und v haben, erhalten wir unterschiedliche Arbeitsfaktoren in den folgenden vier Fällen:

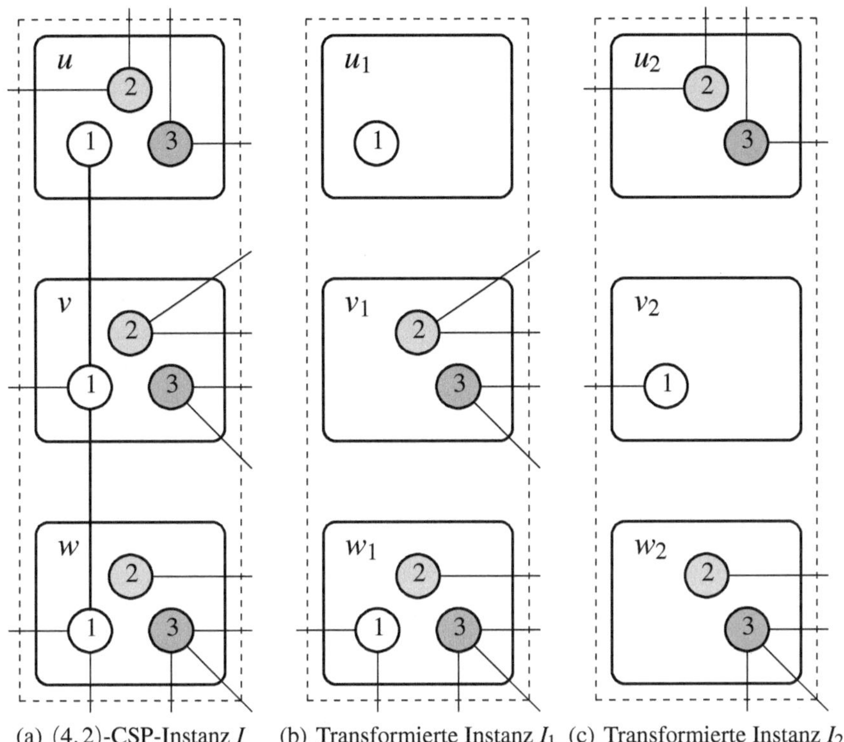

(a) $(4,2)$-CSP-Instanz I (b) Transformierte Instanz I_1 (c) Transformierte Instanz I_2

Abb. 7.19. Transformation einer baumelnden Einschränkung in einer $(4,2)$-CSP-Instanz

1. Haben sowohl u als auch v drei Farben (wie in Abb. 7.19(a)), so ergibt sich ein Arbeitsfaktor von

$$\alpha(2, 3 - \varepsilon). \tag{7.9}$$

2. Hat nur u vier Farben, v aber drei, so ist der Arbeitsfaktor

$$\alpha(3 - \varepsilon, 3 - 2\varepsilon). \tag{7.10}$$

3. Hat nur v vier Farben, u aber drei, so ist der Arbeitsfaktor

$$\alpha(2 - \varepsilon, 4 - 2\varepsilon). \tag{7.11}$$

4. Haben sowohl u als auch v vier Farben, so ergibt sich ein Arbeitsfaktor von

$$\alpha(3 - 2\varepsilon, 4 - 3\varepsilon). \tag{7.12}$$

Wir zeigen (7.9) im ersten Fall (u und v haben beide drei Farben) anhand von Abb. 7.19. Entscheiden wir uns nämlich dafür, I in I_1 zu transformieren (weil v in I nicht mit der Farbe 1 gefärbt wird, siehe Abb. 7.19(b)), so kann die einfarbige Variable u_1 unmittelbar entfernt werden, während die Variable v_1 nur noch zwei Farben hat und deshalb nach der letzten Aussage von Lemma 7.13 entfernt werden kann. In diesem Fall hat die Variable w_1 in I_1 ebenso viele Farben wie die ursprüngliche Variable w in I. Ist $n = n_3 + (2 - \varepsilon)n_4$ also die Größe der Instanz I, wobei n_3 bzw. n_4 wieder die Anzahl der Variablen in I mit 3 bzw. 4 Farben bezeichnet, so ergibt sich für die Größe n' von I_1:

$$n' = (n_3 - 2) + (2 - \varepsilon)n_4 = n - 2.$$

Entscheiden wir uns andererseits dafür, I in I_2 zu transformieren (weil v in I mit der Farbe 1 gefärbt wird, siehe Abb. 7.19(c)), so kann die einfarbige Variable v_2 unmittelbar entfernt werden, während die Variable u_2 nur noch zwei Farben hat und deshalb wieder nach der letzten Aussage von Lemma 7.13 entfernt werden kann. Die Variable w_2 schließlich trägt zur Verminderung der Problemgröße im schlimmsten Fall nur den Betrag $1 - \varepsilon$ bei, da eine von möglicherweise vier Farben entfernt wird. Insgesamt ergibt sich somit für die Größe n'' von I_2 eine obere Schranke von

$$n'' = (n_3 - 2 + 1) + (2 - \varepsilon)(n_4 - 1) = n_3 + (2 - \varepsilon)n_4 - (3 - \varepsilon) = n - (3 - \varepsilon),$$

womit der Arbeitsfaktor von $\alpha(2, 3 - \varepsilon)$ aus (7.9) gezeigt ist. Die in (7.10) bis (7.12) angegebenen Arbeitsfaktoren lassen sich in ähnlicher Weise bestimmen (siehe Übung 7.28). Alle vier Arbeitsfaktoren in (7.9) bis (7.12) werden durch

$$\alpha(2 - \varepsilon, 3 - \varepsilon)$$

dominiert.   ❏

Übung 7.28. Bestimmen Sie im Beweis von Lemma 7.27 die in (7.10) bis (7.12) angegebenen Arbeitsfaktoren.

Implikationen zwischen Färbungen

Nun betrachten wir lokale Situationen einer gegebenen $(4,2)$-CSP-Instanz, in denen mehrere Einschränkungen zwischen zwei Variablen dasselbe Paar (v,i) enthalten, beispielsweise zwei Einschränkungen der Form $((v,i),(w,j))$ und $((v,i),(w,k))$, wobei $|\{i,j,k\}| = 3$. Man kann sich (v,i) bildlich wie ein „Scharnier" vorstellen, das mit verschiedenen Farben einer anderen Variablen verbunden ist. Im Extremfall, dass (v,i) mit jeder von i verschiedenen Farbe der Variablen w durch eine Einschränkung Implikation verbunden ist, sagen wir, (v,i) *impliziert* (w,i) (kurz mit $(v,i) \Longrightarrow (w,i)$ bezeichnet). $(v,i) \Longrightarrow (w,i)$ Denn färbt man die Variable v mit i, so muss man auch w mit i färben, will man alle diese Einschränkungen erfüllen.

Eine Bemerkung noch zum Unterschied der oben beschriebenen Eigenschaft von Einschränkungen und der in Lemma 7.13.3 beschriebenen Eigenschaft. Werfen wir zum Beispiel einen Blick auf die Variablen Eva, Lisa und Lotte in Abb. 7.6 und auf die Einschränkungen $((\text{Eva},1),(\text{Lotte},1))$ und $((\text{Eva},1),(\text{Lotte},3))$, dann sieht das Paar $(\text{Eva},1)$ ebenfalls „scharnierartig" aus. Da es aber auch Einschränkungen

$((\text{Lisa}, 3), (\text{Lotte}, 1))$ und $((\text{Lisa}, 3), (\text{Lotte}, 3))$ gibt, kann eine der Farben 1 und 3 aus der Variablen Lotte gemäß Lemma 7.13.3 entfernt werden (siehe Übung 7.29). In einer reduzierten $(3,2)$-CSP- oder $(4,2)$-CSP-Instanz I kommen solche Fälle also nicht mehr vor. Jedoch kann es in I noch Einschränkungen der Form $((v,i),(w,j))$ und $((v,i),(w,k))$ geben, bei denen die Paare (w,j) und (w,k) nicht nur mit (v,i), sondern auch mit *verschiedenen* anderen Paaren durch Einschränkungen verbunden sind, sodass Lemma 7.13.3 nicht anwendbar ist. Wie wir mit solchen Fällen umgehen können, sagt uns das folgende Lemma.

Übung 7.29. Wenden Sie Lemma 7.13.3 auf die $(3,2)$-CSP-Instanz in Abb. 7.6 an.

Lemma 7.30 (Beigel und Eppstein [BE05]). *Sei I eine reduzierte $(4,2)$-CSP-Instanz, die zwei Einschränkungen der Form $((v,i),(w,j))$ und $((v,i),(w,k))$ enthält, wobei $|\{i,j,k\}| = 3$. Weiterhin sei $\varepsilon \leq 0.4$. Dann kann I durch kleinere Instanzen mit Arbeitsfaktor höchstens $\alpha(2 - \varepsilon, 3 - 2\varepsilon)$ ersetzt werden, sodass I genau dann lösbar ist, wenn mindestens eine dieser kleineren Instanzen lösbar ist.*

Beweis.   Zunächst dürfen wir annehmen, dass in I keine Farbe einer Variablen nur in einer einzigen Einschränkung vorkommt, denn eine solche Einschränkung wäre isoliert oder baumelnd und könnte mit Lemma 7.25 oder 7.27 entfernt werden.

Wir unterscheiden drei Fälle:

1. Es gibt in I zwei Einschränkungen der Form $((v,i),(w,j))$ und $((v,i),(w,k))$, mit $|\{i,j,k\}| = 3$, die aber keine Implikation der Form $(v,i) \implies (w,i)$ bilden.
2. Es gibt eine Implikation $(u,i) \implies (v,i)$ in I, sodass es keine Implikation der Form $(v,i) \implies (w,i)$ in I gibt.
3. Für jede Implikation $(u,i) \implies (v,i)$ in I gibt es in I eine Implikation der Form $(v,i) \implies (w,i)$.

Im ersten Fall müssen für w vier Farben zur Verfügung stehen, von denen genau zwei mit dem Paar (v,i) eine Einschränkung bilden. Falls nötig, benennen wir die Farben so um, dass $((v,1),(w,2))$ und $((v,1),(w,3))$ diese beiden Einschränkungen sind (siehe Abb. 7.20(a)).

Schränken wir w auf die Farben 1 und 4 ein, so transformieren wir I in I_1 und erhalten in I_1 die 2-Farben-Variable w_1 (siehe Abb. 7.20(b)), die wir nach der letzten Aussage von Lemma 7.13 entfernen können. Da dabei die 4-Farben-Variable w verschwindet und sich die 4-Farben-Variable v in eine 3-Farben-Variable v_1 verwandelt, ergibt sich aus der Größe $n = n_3 + (2 - \varepsilon)n_4$ für I die Größe

$$n' = (n_3 + 1) + (2 - \varepsilon)(n_4 - 2) = n - (3 - 2\varepsilon)$$

von I_1, wobei n_3 bzw. n_4 wieder die Anzahl der Variablen mit 3 bzw. 4 Farben bezeichnet.

Schränken wir w jedoch auf die Farben 2 und 3 ein, so transformieren wir I in I_2 und erhalten in I_2 die 2-Farben-Variable w_2 (siehe Abb. 7.20(c)), die wir ebenso nach der letzten Aussage von Lemma 7.13 entfernen können. Hier werden die Farben, die v_2 zur Verfügung stehen, allerdings nicht verringert. Es ergibt sich also die Größe

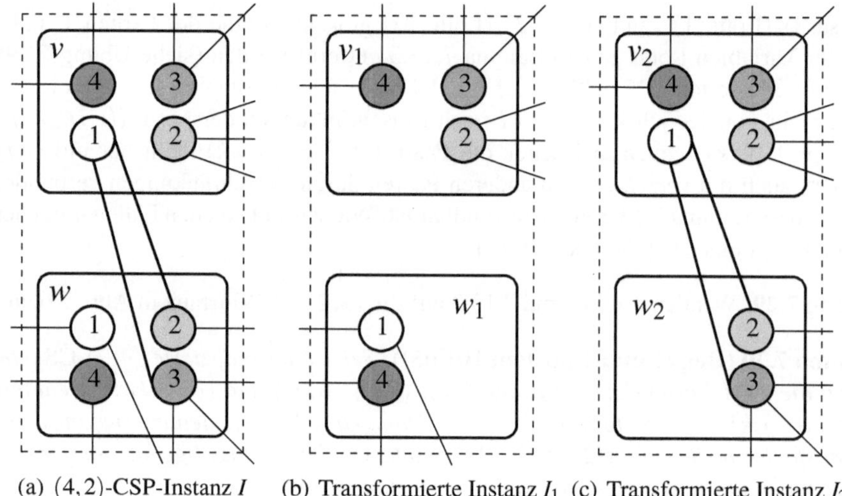

(a) $(4,2)$-CSP-Instanz I (b) Transformierte Instanz I_1 (c) Transformierte Instanz I_2

Abb. 7.20. Erste Transformation einer $(4,2)$-CSP-Instanz im Beweis von Lemma 7.30

$$n'' = n_3 + (2 - \varepsilon)(n_4 - 1) = n - (2 - \varepsilon)$$

von I_2 und somit der Arbeitsfaktor $\alpha(2 - \varepsilon, 3 - 2\varepsilon)$ im ersten Fall.

Im zweiten Fall betrachten wir Implikationen der Form $(u, i) \implies (v, i)$ in I, für die es keine Implikation der Form $(v, i) \implies (w, i)$ in I gibt. Abbildung 7.21(a) zeigt ein Beispiel.

Schließen wir die Farbe i für die Variable v aus, so zwingen uns die Einschränkungen zwischen u und v, auch für u die Farbe i auszuschließen, denn wegen der Implikation $(u, i) \implies (v, i)$ in I ist jedes Paar (v, j), $j \neq i$, mit (u, i) verbunden. Somit erhalten wir die um eine Farbe reduzierten Variablen u_1 und v_1 in der neuen Instanz I_1 (siehe Abb. 7.21(b)). Färben wir jedoch v mit i (schließen also für v alle Farben $j \neq i$ aus), so kann diese Variable entfernt werden und auch je eine Farbe in mindestens zwei anderen Variablen, und wir erhalten die neue Instanz I_2 (siehe Abb. 7.21(c)). Offenbar ist I genau dann erfüllbar, wenn I_1 oder I_2 erfüllbar ist.

Schlimmstenfalls kann die Variable u vier Farben haben. Der Arbeitsfaktor ergibt sich nun abhängig davon, wie viele Farben der Variablen v in I zur Verfügung stehen. Sind es – wie in Abb. 7.21(a) – ebenfalls vier Farben, so wandelt der Ausschluss der Farbe i für v die beiden 4-Farben-Variablen u und v in I in die 3-Farben-Variablen u_1 und v_1 in I_1 um, und I_1 hat somit die Größe

$$n' = (n_3 + 2) + (2 - \varepsilon)(n_4 - 2) = n_3 + (2 - \varepsilon)n_4 - (2 - 2\varepsilon) = n - (2 - 2\varepsilon).$$

Das Färben von v mit i hingegen eliminiert diese Variable und mindestens zwei Farben in anderen Variablen (die auch vier Farben haben können), weshalb in diesem Fall I_2 die Größe

$$n'' = (n_3 + 2) + (2 - \varepsilon)(n_4 - 3) = n_3 + (2 - \varepsilon)n_4 - (4 - 3\varepsilon) = n - (4 - 3\varepsilon)$$

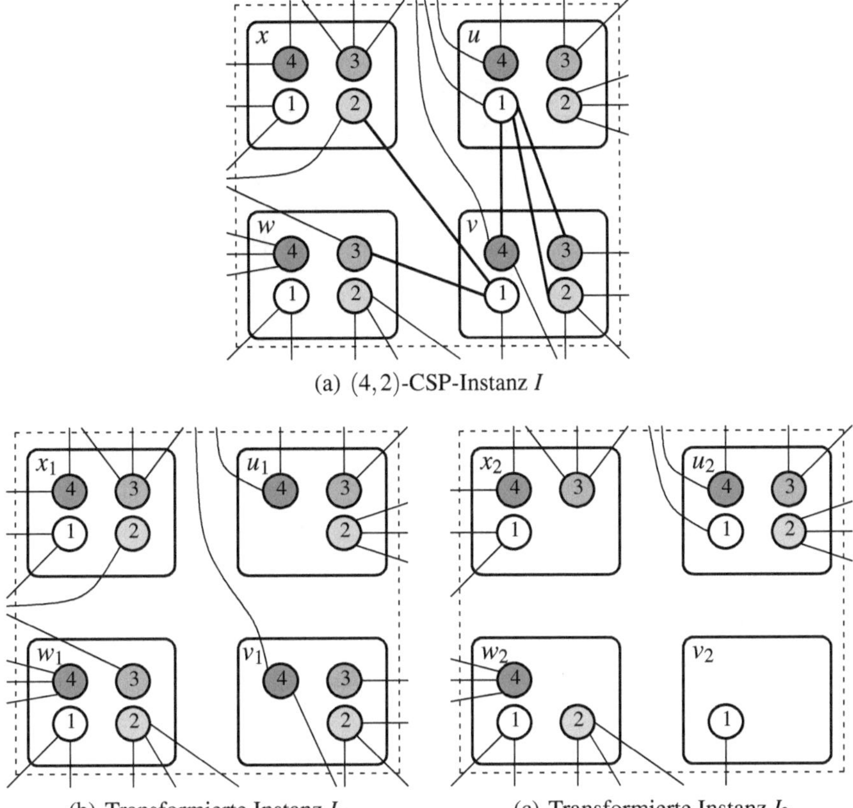

(a) $(4,2)$-CSP-Instanz I

(b) Transformierte Instanz I_1 (c) Transformierte Instanz I_2

Abb. 7.21. Zweite Transformation einer $(4,2)$-CSP-Instanz im Beweis von Lemma 7.30

hat. Also ist der Arbeitsfaktor in diesem Fall $\alpha(2-2\varepsilon,4-3\varepsilon)$.

Kann v jedoch nur aus drei Farben wählen, so überführt der Ausschluss von i für v die 4-Farben-Variable u in die 3-Farben-Variable u_1 in I_1 und die 3-Farben-Variable v in die 2-Farben-Variable v_1, die mit der letzten Aussage von Lemma 7.13 entfernt werden kann. Es ergibt sich die Größe

$$n' = (n_3 + 1 - 1) + (2-\varepsilon)(n_4 - 1) = n_3 + (2-\varepsilon)n_4 - (2-\varepsilon) = n - (2-\varepsilon)$$

von I_1. Das Färben von v mit i führt in diesem Fall dazu, dass die 3-Farben-Variable v verschwindet und ebenso zwei Farben aus anderen Variablen, wodurch zwei 4-Farben-Variablen in zwei 3-Farben-Variablen umgeformt werden können. Somit ist in diesem Fall

$$n'' = (n_3 - 1 + 2) + (2-\varepsilon)(n_4 - 2) = n_3 + (2-\varepsilon)n_4 - (3-2\varepsilon) = n - (3-2\varepsilon)$$

die Größe von I_2. Wir erhalten also einen Arbeitsfaktor von $\alpha(2-\varepsilon,3-2\varepsilon)$.

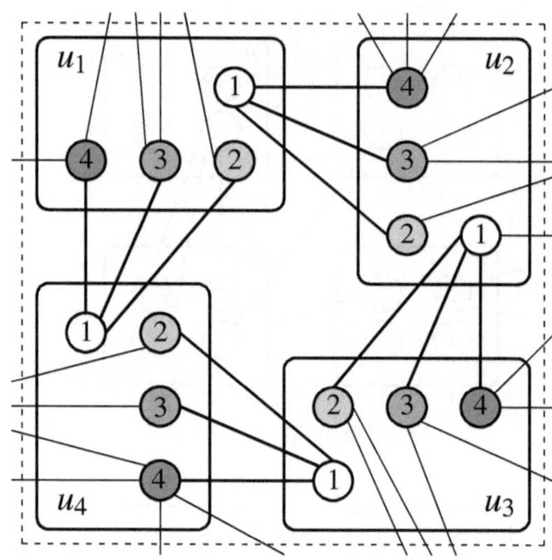

Abb. 7.22. Ein Zyklus von Implikationen in der $(4,2)$-CSP-Instanz I für Lemma 7.30

Der dritte Fall schließlich sagt, dass es für jede Implikation der Form $(u,i) \Longrightarrow$ (v,i) in I eine Implikation der Form $(v,i) \Longrightarrow (w,i)$ gibt. Dann können wir einen Zyklus von Paaren finden, sodass ein Paar das andere impliziert:

$$(u_1,i) \Longrightarrow (u_2,i), \ (u_2,i) \Longrightarrow (u_3,i), \ \ldots, (u_{k-1},i) \Longrightarrow (u_k,i), \ (u_k,i) \Longrightarrow (u_1,i).$$

Abbildung 7.22 gibt ein Beispiel für einen Zyklus mit den vier Variablen u_1, u_2, u_3 und u_4 und der Farbe $i = 1$ an. Ist dabei keines der Paare (u_j,i), $1 \leq j \leq k$, an einer Einschränkung mit anderen Variablen beteiligt, so können wir jedes u_j mit i färben und werden den gesamten Zyklus auf einen Schlag los, d. h., die Problemgröße verringert sich in diesem Fall um k Variablen. Wird jedoch eines dieser Paare (u_ℓ,i) (wie das Paar $(u_2,1)$ im Beispiel von Abb. 7.22) durch ein außerhalb des Zyklus liegendes Paar (v,h) eingeschränkt, so muss

1. jede Lösung, die u_ℓ mit i färbt, auch alle übrigen Variablen im Zyklus mit i färben, und dann kann (v,h) ausgeschlossen werden;
2. jede Lösung, die i für u_ℓ verbietet, die Farbe i auch für alle übrigen Variablen im Zyklus verbieten.

Der größte Arbeitsfaktor ist in diesem Fall $\alpha(2, 3 - \varepsilon)$, und er tritt ein, wenn der Zyklus aus genau zwei Variablen besteht, denen jeweils nur drei Farben zur Verfügung stehen.

Alle vier Arbeitsfaktoren in den oben genannten drei Fällen werden für $\varepsilon \leq 0.4$ durch

$$\alpha(2 - \varepsilon, 3 - 2\varepsilon)$$

dominiert.   □

Stark eingeschränkte Farben

Nun beschäftigen wir uns mit lokalen Situationen, in denen die Wahl einer Farbe für eine Variable viele andere Möglichkeiten, Variablen zu färben, ausschließt.

Lemma 7.31 (Beigel und Eppstein [BE05]). *Sei I eine reduzierte $(4,2)$-CSP-Instanz, ein Paar (v,i) enthält, sodass entweder*

- *(v,i) zu drei oder mehr Einschränkungen gehört und v vier Farben verfügbar sind oder*
- *(v,i) zu vier oder mehr Einschränkungen gehört und v drei Farben verfügbar sind.*

Dann kann I durch kleinere Instanzen mit Arbeitsfaktor höchstens $\alpha(1-\varepsilon,5-4\varepsilon)$ ersetzt werden, sodass I genau dann lösbar ist, wenn mindestens eine dieser kleineren Instanzen lösbar ist. **ohne Beweis**

Übung 7.32. Beweisen Sie Lemma 7.31. **Hinweis:** Sie dürfen dabei annehmen, dass jede Einschränkung, in der das Paar (v,i) aus Lemma 7.31 vorkommt, dieses Paar mit jeweils *verschiedenen* anderen Variablen verbindet. Das heißt, Einschränkungen der Form $((v,i),(w,j))$ und $((v,i),(w,k))$ müssen Sie nicht betrachten, denn diese können bereits durch Lemma 7.30 behandelt werden.

Die folgenden beiden Lemmata zeigen, wie solche Instanzen vereinfacht werden können, in denen die zwei Paare einer Einschränkung an verschieden vielen Einschränkungen beteiligt sind.

Lemma 7.33 (Beigel und Eppstein [BE05]). *Sei I eine reduzierte $(4,2)$-CSP-Instanz, auf die keines der Lemmata 7.25, 7.27, 7.30 und 7.31 anwendbar ist und die ein Paar (v,i) enthält, das in drei Einschränkungen vorkommt, und eine dieser Einschränkungen verbindet es mit einer 4-Farben-Variablen w. Weiterhin sei $\varepsilon \leq 0.3576$. Dann kann I durch kleinere Instanzen mit Arbeitsfaktor höchstens $\alpha(3-\varepsilon,4-\varepsilon,4-\varepsilon)$ ersetzt werden, sodass I genau dann lösbar ist, wenn mindestens eine dieser kleineren Instanzen lösbar ist.*

Beweis. Der Einfachheit halber nehmen wir an, dass $((v,1),(w,1))$ die im Lemma erwähnte Einschränkung ist. Wie in Abb. 7.23 dargestellt unterscheiden wir zwei Fälle:

1. $(v,1)$ und $(w,1)$ bilden kein Dreieck mit einem dritten Paar $(x,1)$ (Abb. 7.23(a));
2. $(v,1)$ und $(w,1)$ bilden ein Dreieck mit einem dritten Paar $(x,1)$ (Abb. 7.23(b)).

Im ersten Fall gibt es also die Einschränkungen $((v,1),(w,1))$ und $((w,1),(x,1))$, aber nicht die Einschränkung $((v,1),(x,1))$ (siehe Abb. 7.23(a)). Da Lemma 7.31 nicht anwendbar ist, kann v nur drei Farben zur Auswahl haben. Wir können entweder v mit 1 färben oder aber uns entscheiden, dies nicht zu tun. Färben wir v mit 1, so können wir die Variable v nach der letzten Aussage von Lemma 7.13 entfernen und auch die drei Farben in anderen Variablen, mit denen v durch die drei

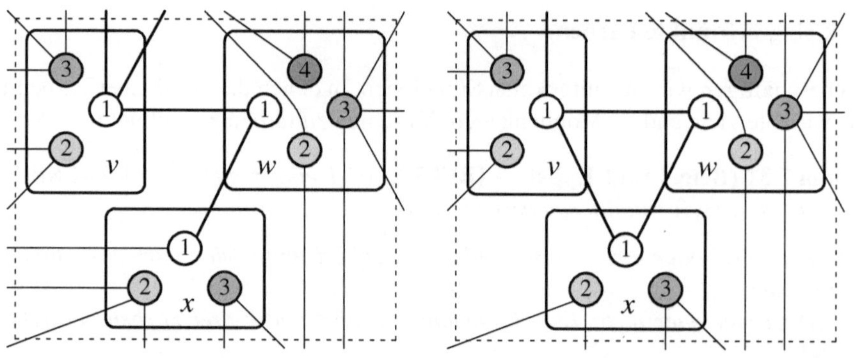

(a) $(v,1)$, $(w,1)$ und $(x,1)$ bilden kein Dreieck   (b) $(v,1)$, $(w,1)$ und $(x,1)$ bilden ein Dreieck

Abb. 7.23. Zwei Fälle im Beweis von Lemma 7.33

Einschränkungen verbunden ist. Schließen wir die Färbung $(v,1)$ jedoch aus, so entsteht – zusätzlich zur Eliminierung von v – eine baumelnde Einschränkung bei $(w,1)$, die wir nach Lemma 7.27 für eine weitere Unterteilung der Instanz in kleinere Instanzen nutzen können. Da w vier Farben zur Verfügung stehen, ergibt sich aus dem Beweis von Lemma 7.27 dabei ein Arbeitsfaktor von $\alpha(3-\varepsilon, 3-2\varepsilon)$, sodass in diesem Fall insgesamt ein Arbeitsfaktor von $\alpha(4-\varepsilon, 4-2\varepsilon, 4-3\varepsilon)$ zu Buche schlägt (siehe Übung 7.34 unten).

Wie in Abb. 7.23(b) dargestellt, gibt es im zweiten Fall die Einschränkungen $((v,1),(w,1))$, $((w,1),(x,1))$ und $((v,1),(x,1))$. Da w eine 4-Farben-Variable ist, Lemma 7.31 aber nicht anwendbar ist, kann $(w,1)$ nur an zwei Einschränkungen beteiligt sein, nämlich einer mit $(v,1)$ und einer mit $(x,1)$. Werden beide Färbungen, $(v,1)$ und $(x,1)$, ausgeschlossen, können wir also bedenkenlos w mit 1 färben. Daher unterteilen wir die gegebene Instanz I in drei kleinere Instanzen, I_1, I_2 und I_3, je eine für die Färbungen $(v,1)$, $(w,1)$ und $(x,1)$ (siehe Abb. 7.24). Offenbar ist mindestens eine der kleineren Instanzen äquivalent zu I.

Zunächst nehmen wir an, dass x eine Variable ist, der drei Farben zur Verfügung stehen. Der schlechteste Fall tritt ein, wenn $(x,1)$ nur an zwei Einschränkungen beteiligt ist, nämlich der mit $(v,1)$ und der mit $(w,1)$. Wird nun die Färbung $(v,1)$ gewählt, so werden in I_1 die mit $(v,1)$ verbundenen Farben ausgeschlossen (siehe Abb. 7.24(a)). Dann hat w_1 drei Farben, während v_1, x_1 sowie die dritte Nachbarvariable[42] von $(v,1)$ in I_1 ganz eliminiert werden können. Die Größe von I_1 reduziert sich gegenüber der Größe $n = n_3 + (2-\varepsilon)n_4$ von I demnach auf

$$n' = (n_3 - 3 + 1) + (2-\varepsilon)(n_4 - 1) = n - (4-\varepsilon),$$

wobei n_3 bzw. n_4 wieder die Anzahl der Variablen in I mit 3 bzw. 4 Farben bezeichnen. Dieselbe Reduktion der Größe um $4-\varepsilon$ erhalten wir für I_2, wenn $(w,1)$ gewählt wird (siehe Abb. 7.24(b)), wodurch v_2, w_2 und x_2 eliminiert werden. Wird dagegen

---

[42] Dieser stehen dann wie x_1 nur noch zwei Farben zur Auswahl, denn hätte sie ursprünglich in I vier Farben gehabt, könnte sie wie im ersten Fall dieses Beweises behandelt werden.

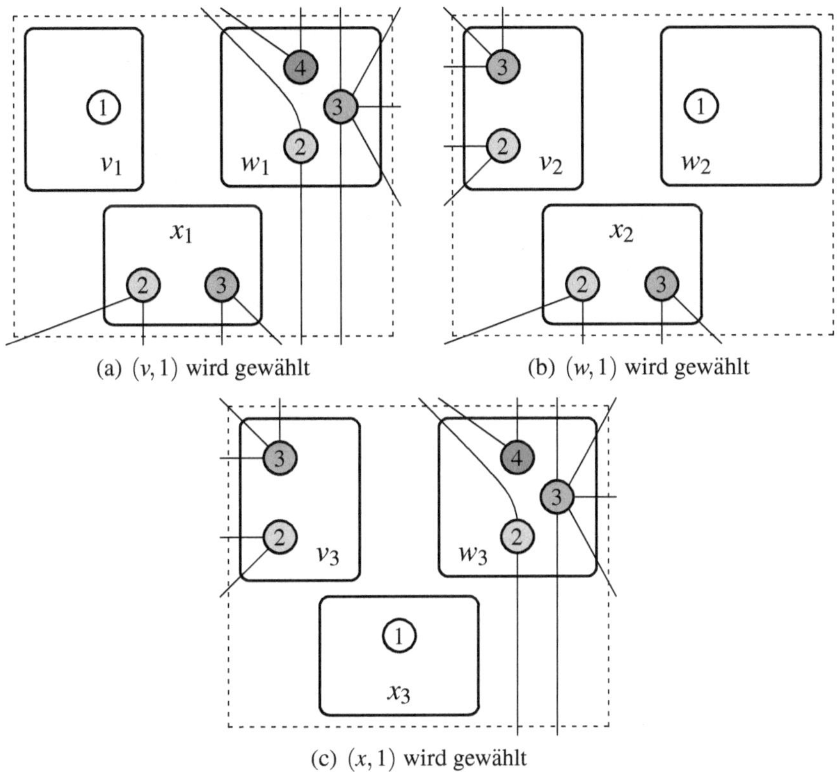

(a) $(v,1)$ wird gewählt   (b) $(w,1)$ wird gewählt

(c) $(x,1)$ wird gewählt

Abb. 7.24. Reduzierte Instanzen im zweiten Fall im Beweis von Lemma 7.33

$(x,1)$ gewählt (siehe Abb. 7.24(c)), so können wir v_3 und x_3 in I_3 eliminieren und w_3 hat drei Farben. Wir erhalten also für I_3 die Größe

$$n'' = (n_3 - 2 + 1) + (2 - \varepsilon)(n_4 - 1) = n - (3 - \varepsilon).$$

Für eine 3-Farben-Variable x in I ergibt sich also der Arbeitsfaktor $\alpha(3 - \varepsilon, 4 - \varepsilon, 4 - \varepsilon)$.

Ist x eine Variable mit vier Farben, so ergibt sich entsprechend der Arbeitsfaktor $\alpha(4 - 2\varepsilon, 4 - 2\varepsilon, 4 - 2\varepsilon)$. Für $\varepsilon \leq 0.3576$ wird dieser jedoch von $\alpha(3 - \varepsilon, 4 - \varepsilon, 4 - \varepsilon)$ dominiert.   ❑

Übung 7.34. Argumentieren Sie im Detail, wie sich der Arbeitsfaktor

$$\alpha(4 - \varepsilon, 4 - 2\varepsilon, 4 - 3\varepsilon)$$

im Beweis von Lemma 7.33 begründen lässt, falls (v,i) und (w,i) kein Dreieck mit einem dritten Paar (x,i) (Abb. 7.23(a)) bilden.

Lemma 7.35 (Beigel und Eppstein [BE05]). *Sei I eine reduzierte $(4,2)$-CSP-Instanz, auf die keines der Lemmata 7.25, 7.27, 7.30, 7.31 und 7.33 anwendbar ist und die ein Paar (v,i) enthält, das in drei Einschränkungen vorkommt, und eine dieser Einschränkungen verbindet es mit einem Paar (w,j), das in zwei Einschränkungen vorkommt. Dann kann I durch kleinere Instanzen mit Arbeitsfaktor höchstens $\max\{\alpha(1+\varepsilon,4),\alpha(3,4-\varepsilon,4)\}$ ersetzt werden, sodass I genau dann lösbar ist, wenn mindestens eine dieser kleineren Instanzen lösbar ist.*

Beweis.   Der Einfachheit halber nehmen wir $j=i=1$ an, sodass $((v,1),(w,1))$ die im Lemma erwähnte Einschränkung ist. Da keines der früheren Lemmata anwendbar ist, stehen allen Nachbarvariablen von $(v,1)$ – und insbesondere w – drei Farben zur Verfügung. Wie in Abb. 7.25 dargestellt unterscheiden wir drei Fälle:

1. $(v,1)$ und $(w,1)$ bilden kein Dreieck mit einem dritten Paar $(x,1)$ (Abb. 7.25(a));
2. $(v,1)$ und $(w,1)$ bilden ein Dreieck mit einem dritten Paar $(x,1)$, das in drei Einschränkungen vorkommt (Abb. 7.25(b)).
3. $(v,1)$ und $(w,1)$ bilden ein Dreieck mit einem dritten Paar $(x,1)$, das in zwei Einschränkungen vorkommt (Abb. 7.25(c)).

Im ersten Fall gibt es zwar die Einschränkungen $((v,1),(w,1))$ und $((w,1),(x,1))$, aber nicht die Einschränkung $((v,1),(x,1))$ (siehe Abb. 7.25(a)). Färben wir die Variable v mit der Farbe 1, so eliminieren wir vier 3-Farben-Variablen: v und die drei Nachbarvariablen von v, die mit $(v,1)$ eine Einschränkung teilen. Schließen wir dagegen die Farbe 1 für v aus, so entsteht – zusätzlich zur Eliminierung von v – eine baumelnde Einschränkung bei $(w,1)$, die wir nach Lemma 7.27 für eine weitere Unterteilung der Instanz in kleinere Instanzen nutzen können. Da sowohl w als auch x drei Farben zur Verfügung stehen, ergibt sich aus dem Beweis von Lemma 7.27 dabei ein Arbeitsfaktor von $\alpha(2,3-\varepsilon)$, sodass in diesem Fall insgesamt ein Arbeitsfaktor von $\alpha(3,4-\varepsilon,4)$ vorliegt.

Im zweiten Fall bilden $(v,1)$ und $(w,1)$ ein Dreieck mit $(x,1)$, und $(x,1)$ kommt in drei Einschränkungen vor (siehe Abb. 7.25(b)). Wie im Beweis des zweiten Falls von Lemma 7.33 können wir eines der drei Paare $(v,1)$, $(w,1)$ und $(x,1)$ wählen. Weil auch alle Nachbarvariablen von $(x,1)$ nur drei Farben haben (denn sonst wäre Lemma 7.33 auf I anwendbar gewesen), ergibt sich hier ein Arbeitsfaktor von $\alpha(3,4,4)$.

Im dritten Fall schließlich bilden $(v,1)$ und $(w,1)$ ein Dreieck mit $(x,1)$, und $(x,1)$ kommt diesmal aber nur in zwei Einschränkungen vor (siehe Abb. 7.25(c)). Wählen wir die Farbe 1 für v, so eliminieren wir wieder vier Variablen; schließen wir die Wahl von $(v,1)$ jedoch aus, so entsteht eine isolierte Einschränkung zwischen $(w,1)$ und $(x,1)$. In diesem Fall ist der Arbeitsfaktor $\alpha(1+\varepsilon,4)$.

Für alle drei Fälle ergibt sich ein Arbeitsfaktor von höchstens

$$\max\{\alpha(1+\varepsilon,4),\alpha(3,4-\varepsilon,4)\},$$

wie im Lemma behauptet.   ❑

Was haben wir bisher geschafft? Um eine Zwischenbilanz des Erreichten zu geben: Wenn keines der oben angegebenen Lemmata 7.13, 7.25, 7.27, 7.30, 7.31, 7.33

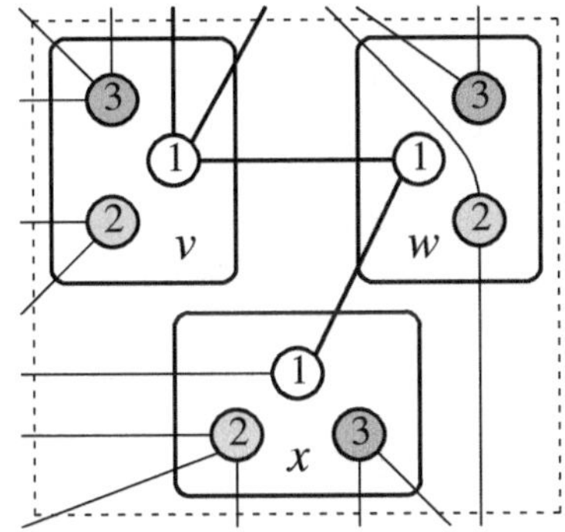

(a) $(v, 1)$, $(w, 1)$ und $(x, 1)$ bilden kein Dreieck

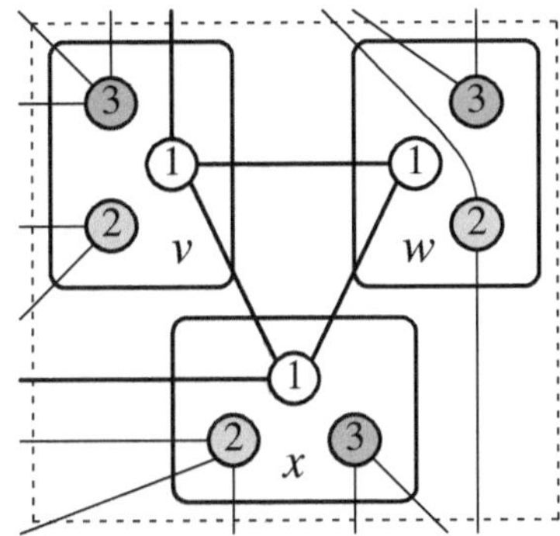 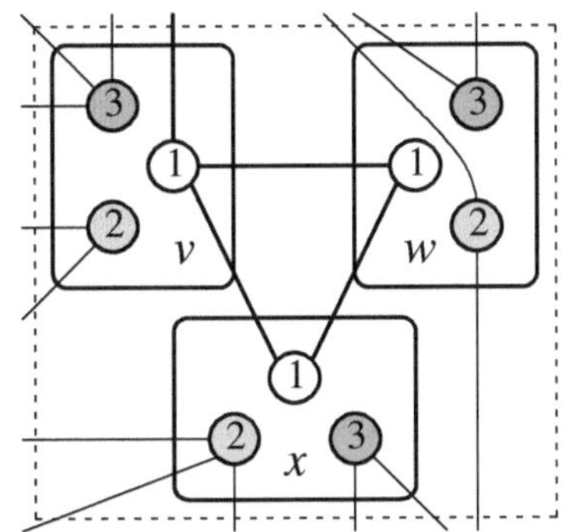

(b) $(v, 1)$, $(w, 1)$ und $(x, 1)$ bilden ein Dreieck, (c) $(v, 1)$, $(w, 1)$ und $(x, 1)$ bilden ein Dreieck, $(x, 1)$ kommt in drei Einschränkungen vor $(x, 1)$ kommt in zwei Einschränkungen vor

Abb. 7.25. Drei Fälle im Beweis von Lemma 7.35

und 7.35 auf eine gegebene $(4, 2)$-CSP-Instanz mehr anwendbar ist, dann muss jedes Paar (v, i) (wobei v eine Variable und i eine Farbe ist) an entweder zwei oder drei Einschränkungen beteiligt sein, und jedes Nachbarpaar von (v, i) muss derselben Anzahl von Einschränkungen wie (v, i) unterworfen sein.

Dreifach eingeschränkte Farben

Noch sind wir nicht mit der Beschreibung der vielen Möglichkeiten fertig, die zur Vereinfachung von $(4, 2)$-CSP-Instanzen dienen können, doch das Ende ist schon in Sicht: Wenn wir uns in den folgenden Lemmata um die oben erwähnten dreifach und zweifach eingeschränkten Farben gekümmert haben, werden alle relevanten lokalen Situationen abgearbeitet sein. Uns werden dann so einfache Instanzen vorliegen, dass wir sie mit einem einfachen Matching-Algorithmus schnell lösen können.

Wir nehmen im Folgenden an, dass keines der bisherigen Lemmata auf unsere gegebene $(4, 2)$-CSP-Instanz I mehr anwendbar ist; also ist jedes Paar (v, i) an genau so vielen Einschränkungen beteiligt wie jedes seiner Nachbarpaare. Betrachten wir

Dreierkomponente

zunächst die dreifach eingeschränkten Farben. Eine *Dreierkomponente* ist eine Menge D von Paaren (v, i), sodass jedes Paar in D zu drei Einschränkungen gehört und mit jedem anderen Paar in D durch eine Folge von Einschränkungen verbunden ist.[43] Es ist zweckmäßig, große von kleinen Dreierkomponenten zu unterscheiden. Wir sagen, eine Dreierkomponente D ist *klein*, falls nur vier Variablen an D beteiligt sind, und D ist *groß*, falls fünf oder mehr Variablen an D beteiligt sind. Dabei nehmen wir an, dass sämtlichen Variablen in jeder Dreierkomponente nur drei Farben zur Verfügung stehen (andernfalls könnten wir eines der oben angegebenen Lemmata anwenden).

kleine bzw. große Dreierkomponente

Lemma 7.36 (Beigel und Eppstein [BE05]). *Ist D eine kleine Dreierkomponente in einer $(4, 2)$-CSP-Instanz, so ist $k = |D|$ ein Vielfaches von vier, und jede in D vorkommende Variable taucht in genau $k/4$ der Paare in D auf.*   **ohne Beweis**

Übung 7.37. Beweisen Sie Lemma 7.36.

Hat eine kleine Dreierkomponente genau vier Elemente, so bezeichnen wir sie als *gut*, denn dann braucht sie nicht weiter vereinfacht zu werden. Das nächste Lemma vereinfacht solche kleinen Dreierkomponenten, die noch nicht gut sind.

gute Dreierkomponente

Lemma 7.38 (Beigel und Eppstein [BE05]). *Jede $(4, 2)$-CSP-Instanz I mit einer kleinen Dreierkomponente D, die nicht gut ist, kann durch kleinere Instanzen mit Arbeitsfaktor $\alpha(4, 4, 4)$ ersetzt werden, sodass I genau dann lösbar ist, wenn mindestens eine dieser kleineren Instanzen lösbar ist.*

Beweis.   Eine kleine Dreierkomponente D der Größe $k = 12$ braucht alle Farbwahlmöglichkeiten für sämtliche vier Variablen auf. Deshalb können wir sie unabhängig von der restlichen Instanz betrachten: Wenn möglich, färben wir diese Variablen so, dass alle beteiligten Einschränkungen erfüllt werden, und entfernen diese vier 3-Farben-Variablen; andernfalls ist die Instanz I nicht lösbar.

Andernfalls muss D genau $k = 8$ Paare enthalten, da D nicht gut ist. Man kann sich leicht überlegen, dass (bis auf Umbenennen der Farben) nur die in Abb. 7.26 dargestellten zwei Möglichkeiten für D in Frage kommen (siehe Übung 7.39 unten).

Im Fall von Abb. 7.26(a) färben wir alle vier Variablen so (entweder alle mit 2 oder alle mit 3), dass die beteiligten Einschränkungen erfüllt sind und diese vier Variablen von der Instanz entfernt werden können. Im Fall von Abb. 7.26(b) dagegen gibt es drei maximale Teilmengen von Variablen, die gefärbt werden können: entweder $\{u, v, w\}$ oder $\{u, v, x\}$ oder $\{w, x\}$. Entsprechend unterteilen wir in kleinere Instanzen, und da das Färben von Variablen in den jeweiligen Teilmengen Farben der übrigen Variablen eliminiert, können wir auch hier mit der letzten Aussage von Lemma 7.13 alle vier Variablen entfernen. Da wir in jedem Fall vier 3-Farben-Variablen eliminieren, ergibt sich ein Arbeitsfaktor von $\alpha(4, 4, 4)$.   ❏

---

[43] Dies entspricht dem Begriff der Zusammenhangskomponente in einem Graphen, welche nach Definition 3.6 dadurch gekennzeichnet ist, dass je zwei Knoten durch einen Pfad miteinander verbunden sind.

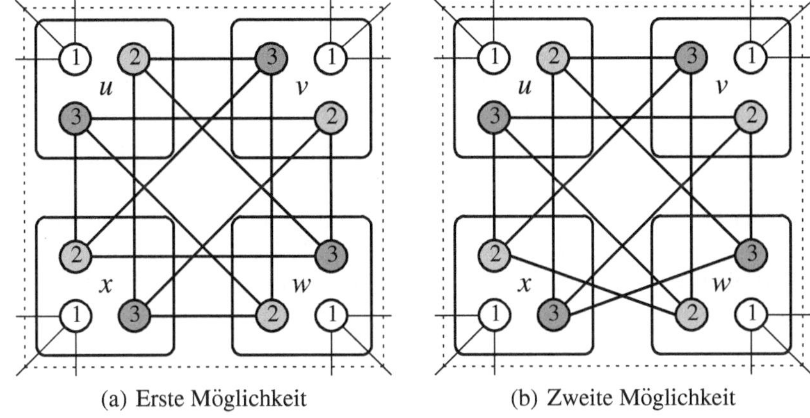

(a) Erste Möglichkeit   (b) Zweite Möglichkeit

Abb. 7.26. Die zwei möglichen kleinen Dreierkomponenten mit acht Paaren

Übung 7.39. Zeigen Sie, dass – wie im Beweis von Lemma 7.38 behauptet – für eine kleine Dreierkomponente mit acht Paaren die beiden in Abb. 7.26 dargestellten $(3,2)$-CSP-Instanzen die einzig möglichen sind.

Nun wenden wir uns den großen Dreierkomponenten zu. Die erste wichtige Beobachtung ist, dass wir in jeder großen Dreierkomponente eine bestimmte Struktur finden können, die wir als einen *Zeugen* dieser Dreierkomponente bezeichnen. Ein solcher Zeuge besteht aus fünf Paaren (v,i), (w,i), (x,i), (y,i) und (z,i), sodass gilt:

    Zeuge einer großen Dreierkomponente

1. u, v, w, x, y und z sind verschiedene Variablen,
2. es gibt die Einschränkungen $((v,i),(w,i))$, $((v,i),(x,i))$ und $((v,i),(y,i))$ und
3. mindestens eines der Paare (w,i), (x,i) und (y,i) bildet eine Einschränkung mit (z,i).

Lemma 7.40 (Beigel und Eppstein [BE05]). *Jede große Dreierkomponente in einer $(4,2)$-CSP-Instanz hat einen Zeugen.* **ohne Beweis**

Übung 7.41. Zeigen Sie, dass jede große Dreierkomponente in einer $(4,2)$-CSP-Instanz einen Zeugen hat, d. h., beweisen Sie Lemma 7.40.

Hinweis: Fassen Sie die $(4,2)$-CSP-Instanz als einen Graphen auf, dessen Knoten die Farben in den einzelnen Variablen sind (also Paare der Form (v,j)) und dessen Kanten die Einschränkungen sind. Ausgehend von einem beliebig gewählten Paar (u,i) kann nun eine Breitensuche (siehe Abschnitt 3.3.2 und Abb. 3.18) auf diesem Graphen ausgeführt werden, um einen Zeugen zu finden.

Das folgende Lemma zeigt, wie man $(4,2)$-CSP-Instanzen mit großen Dreierkomponenten vereinfachen kann.

Lemma 7.42 (Beigel und Eppstein [BE05]). *Jede $(4,2)$-CSP-Instanz I mit einer großen Dreierkomponente kann durch kleinere Instanzen mit einem Arbeitsfaktor von $\alpha(4,4,5,5)$ ersetzt werden, sodass I genau dann lösbar ist, wenn mindestens eine dieser kleineren Instanzen lösbar ist.*

Beweis.   Sei I eine $(4,2)$-CSP-Instanz mit einer großen Dreierkomponente D. Nach Lemma 7.40 gibt es einen Zeugen von D, dieser sei durch die fünf Paare $(v,1)$, $(w,1)$, $(x,1)$, $(y,1)$ und $(z,1)$ gegeben. Abhängig davon, wie viele der Paare $(w,1)$, $(x,1)$ und $(y,1)$ eine Einschränkung mit $(z,1)$ bilden, betrachten wir die folgenden Fälle:

1. Nur eines der Paare $(w,1)$, $(x,1)$ und $(y,1)$ bildet mit $(z,1)$ eine Einschränkung, etwa $((w,1),(z,1))$ (Abb. 7.27(a) und Abb. 7.27(b)).
2. Zwei der Paare $(w,1)$, $(x,1)$ und $(y,1)$ bilden mit $(z,1)$ eine Einschränkung, zum Beispiel $((w,1),(z,1))$ und $((x,1),(z,1))$ (Abb. 7.27(c)).
3. Alle drei Paare $(w,1)$, $(x,1)$ und $(y,1)$ bilden mit $(z,1)$ eine Einschränkung, nämlich $((w,1),(z,1))$, $((x,1),(z,1))$ und $((y,1),(z,1))$ (Abb. 7.27(d)).

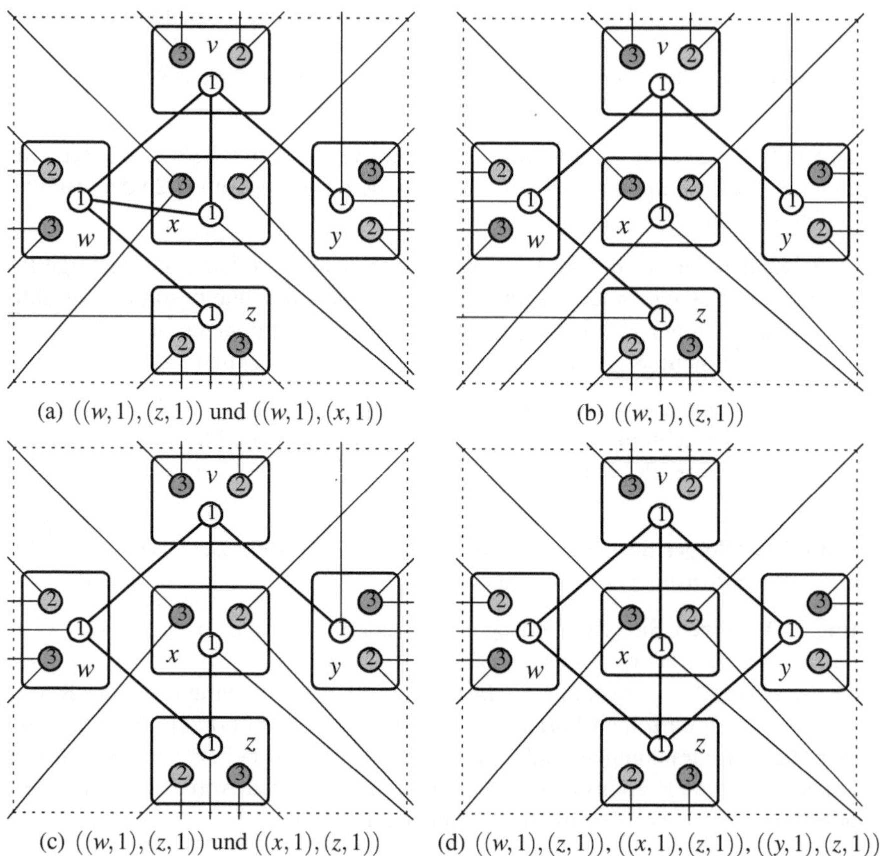

(a) $((w,1),(z,1))$ und $((w,1),(x,1))$

(b) $((w,1),(z,1))$

(c) $((w,1),(z,1))$ und $((x,1),(z,1))$

(d) $((w,1),(z,1))$, $((x,1),(z,1))$, $((y,1),(z,1))$

Abb. 7.27. Fallunterscheidung für den Zeugen einer großen Dreierkomponente in Lemma 7.42

Im ersten Fall, wenn etwa $((w,1),(z,1))$ die eine Einschränkung zwischen $(z,1)$ und einem der Paare $(w,1)$, $(x,1)$ und $(y,1)$ ist, können wir entweder z mit 1 färben oder uns dagegen entscheiden. Färben wir z mit 1, so wird z unmittelbar eliminiert. Außerdem ist dann eine von drei Farben in den drei Variablen (einschließlich w) ausgeschlossen, die mit $(z,1)$ durch eine Einschränkung verbunden sind, sodass auch diese drei Variablen mit der letzten Aussage von Lemma 7.13 entfernt werden können; insgesamt haben wir die Größe der Instanz dann also um vier 3-Farben-Variablen verringert.

Entscheiden wir uns im ersten Fall jedoch dagegen, z mit 1 zu färben, so ist das Paar $(w,1)$ nur noch an zwei Einschränkungen beteiligt. Die eine ist $((v,1),(w,1))$. Ist an der anderen Einschränkung mit $(w,1)$ eines der Paare $(x,1)$ oder $(y,1)$ beteiligt, so bildet dieses Paar mit $(v,1)$ und $(w,1)$ ein Dreieck (siehe Abb. 7.27(a)). Wir können ohne Beschränkung der Allgemeinheit davon ausgehen, dass die „noch freie" Einschränkung an $(x,1)$ bzw. $(y,1)$ (in Abb. 7.27(a) ist dies die Einschränkung an $(x,1)$, die nicht mit $(v,1)$ oder $(w,1)$ verbunden ist) nicht mit einer anderen Farbe von z verbunden ist, denn andernfalls könnten wir die Variablen v, w, x, y und z so umsortieren, dass ein Zeuge der gewünschten Form entsteht.[44]

Dieses Dreieck mit den Ecken $(v,1)$, $(w,1)$ und $(x,1)$ kann dann so wie das Dreieck aus Abb. 7.25(b) behandelt werden: Wir unterteilen in kleinere Instanzen, je nachdem, ob wir die Färbung $(v,1)$, $(w,1)$ oder $(x,1)$ auswählen. Der Arbeitsfaktor, der sich gemäß dem zweiten Fall im Beweis von Lemma 7.35 ergibt (siehe Abb. 7.25(b)), wäre $\alpha(3,4,4)$. Da zusätzlich die 3-Farben-Variable z eliminiert wird, erhalten wir hier stattdessen sogar $\alpha(4,5,5)$. Zusammen mit der oben genannten Entfernung von vier 3-Farben-Variablen, falls z mit 1 gefärbt wird, ergibt sich insgesamt ein Arbeitsfaktor $\alpha(4,4,5,5)$.

Der noch fehlende Unterfall des ersten Falls (nämlich dass wir z nicht mit 1 färben, aber $(w,1)$ weder mit $(x,1)$ noch mit $(y,1)$ eine Einschränkung bildet; siehe Abb. 7.27(b)) liefert denselben Arbeitsfaktor $\alpha(4,4,5,5)$. Übung 7.43 unten überlässt dem Leser die detaillierte Diskussion dieses Unterfalls.

Im zweiten Fall bilden zwei der Paare $(w,1)$, $(x,1)$ und $(y,1)$ mit $(z,1)$ eine Einschränkung, sagen wir, $((w,1),(z,1))$ und $((x,1),(z,1))$ (siehe Abb. 7.27(c)). Färben wir nun z mit 1, so eliminieren wir vier 3-Farben-Variablen (nämlich z, w, x und den dritten Nachbarn von $(z,1)$) und lassen $(v,1)$ folglich baumeln. Da wir nur noch 3-Farben-Variablen betrachten, ändert sich der Arbeitsfaktor $\alpha(2,3-\varepsilon)$ (siehe (7.9) im Beweis von Lemma 7.27) zu $\alpha(2,3)$, und zusammen mit den oben erwähnten vier bereits eliminierten Variablen ergibt sich $\alpha(6,7)$. Entscheiden wir uns jedoch im zweiten Fall, z nicht mit 1 zu färben, so verringern wir die Größe der Instanz lediglich um eine Variable, nämlich z. Insgesamt ergibt sich im zweiten Fall somit ein Arbeitsfaktor von $\alpha(1,6,7)$.

Im dritten Fall schließlich ist $(z,1)$ mit jedem der Paare $(w,1)$, $(x,1)$ und $(y,1)$ durch eine Einschränkung verbunden (siehe Abb. 7.27(d)). Färben wir z mit 1, so können wir nicht nur z, w, x und y eliminieren, sondern sind auch in der Lage, die Farbe 1 für v zu verwenden. Somit sind wir fünf Variablen losgeworden. Andererseits verringert das Vermeiden der Farbe 1 für z die Größe der Instanz nur um eine

---

[44] Genauer gesagt spielt w dann die Rolle von v; y die von z; und v, x und z spielen die Rolle von w, x und y.

Variable, nämlich wieder z. Es ergibt sich im dritten Fall also ein Arbeitsfaktor von $\alpha(1,5)$.

Unter den Arbeitsfaktoren in diesen drei Fällen stellt sich der erste, $\alpha(4,4,5,5)$, als der größte heraus. $\qquad\square$

Übung 7.43. Zeigen Sie, dass sich für den der Abb. 7.27(b) im Beweis von Lemma 7.42 entsprechenden Fall ebenfalls ein Arbeitsfaktor von $\alpha(4,4,5,5)$ ergibt.
Hinweis: Schließen Sie die Färbung $(z,1)$ aus und gehen Sie dann wie im ersten Fall des Beweises von Lemma 7.35 vor (siehe Abb. 7.25(a)).

Doppelt eingeschränkte Farben

Nun haben wir es fast geschafft! Die letzte Möglichkeit zur Vereinfachung von $(4,2)$-CSP-Instanzen, die hier beschrieben werden soll, betrifft solche Paare (v,i), die an genau zwei Einschränkungen beteiligt sind. Analog zu den Dreierkomponenten bezeichnen wir eine Menge solcher Paare, in der jedes Paar mit jedem anderen Paar über eine Folge von Einschränkungen verbunden ist, als eine *Zweierkomponente* der Instanz. Wieder unterscheiden wir zwischen kleinen und großen Zweierkomponenten. Zu einer *kleinen Zweierkomponente* gehören nur drei Paare; zu einer *großen Zweierkomponente* gehören vier oder mehr Paare.

Zunächst stellen wir fest, dass eine Zweierkomponente stets einen Zyklus von Paaren bilden muss. Dabei ist es möglich, dass dieselbe Variable in mehr als einem Paar des Zyklus vorkommt. Anders als bei den dreifach eingeschränkten Farben können wir hier nicht annehmen, dass allen Variablen nur drei Farben zur Auswahl stehen, denn da die Paare einer Zweierkomponente stets in zwei Einschränkungen auftreten, sind manche der früheren Lemmata (wie Lemma 7.31, Lemma 7.33 und Lemma 7.35) nicht anwendbar.

Lemma 7.44 (Beigel und Eppstein [BE05]). *Sei $\varepsilon \leq 0.287$. Jede $(4,2)$-CSP-Instanz I mit einer großen Zweierkomponente kann durch kleinere Instanzen mit Arbeitsfaktor $\alpha(3,3,5)$ ersetzt werden, sodass I genau dann lösbar ist, wenn mindestens eine dieser kleineren Instanzen lösbar ist.*

Beweis.   Für eine gegebene große Zweierkomponente D der $(4,2)$-CSP-Instanz I unterscheiden wir die folgenden drei Fälle:

1. Der D entsprechende Zyklus durchläuft fünf aufeinander folgende Paare mit verschiedenen Variablen, etwa die Paare $(v,1)$, $(w,1)$, $(x,1)$, $(y,1)$ und $(z,1)$, mit $|\{v,w,x,y,z\}| = 5$.
2. Der D entsprechende Zyklus enthält im Abstand von drei Einschränkungen zwei Paare mit derselben Variablen; beispielsweise könnte D die Paare $(v,1)$, $(w,1)$, $(x,1)$ und $(v,2)$ enthalten, und es gibt die Einschränkungen $((v,1),(w,1))$, $((w,1),(x,1))$ und $((x,1),(v,2))$.
3. Keiner der ersten beiden Fälle tritt ein.

Im ersten Fall können wir ausschließen, dass z die einzige 4-Farben-Variable unter den fünf Variablen v, w, x, y und z ist, denn andernfalls könnten wir diese fünf Variablen umbenennen und in umgekehrter Reihenfolge auflisten. Das heißt also, wenn überhaupt eine dieser fünf Variablen vier Farben zur Auswahl hat, dann ist dies auch für eine der Variablen v, w, x und y so.

Nehmen wir erst einmal an, dass allen fünf Variablen nur drei Farben zur Verfügung stehen. Jede Färbung, die alle Einschränkungen der Instanz I erfüllt, aber nicht sowohl v als auch y mit 1 färbt, kann ohne Verletzung von Einschränkungen in eine solche Lösung von I abgewandelt werden, die entweder w oder x mit 1 färbt. Somit können wir I zu einer der folgenden drei kleineren Instanzen vereinfachen:

- Färben wir w mit 1, so wird w entfernt und v und x (die beiden Nachbarn von w) werden um je eine Farbe ärmer, wodurch sie ebenfalls eliminiert werden können. Die resultierende Instanz hat also drei 3-Farben-Variablen weniger.
- Färben wir x mit 1, so können wir wieder drei 3-Farben-Variablen entfernen, nämlich w, x und y.
- Färben wir sowohl v als auch y mit 1, so werden wir auf einen Schlag alle fünf 3-Farben-Variablen los.

Der Arbeitsfaktor in diesem Fall ist also $\alpha(3,3,5)$. Verfügt mindestens eine der fünf Variablen v, w, x, y und z über vier Farben, so erhalten wir mit der entsprechenden Aufteilung einen Arbeitsfaktor von höchstens $\alpha(3-\varepsilon,4-\varepsilon,5-2\varepsilon)$, der für $\varepsilon \leq 0.287$ kleiner als $\alpha(3,3,5)$ und somit irrelevant ist.

Im zweiten Fall nehmen wir an, dass dieselbe Variable in zwei Paaren unseres Zyklus vorkommt, die drei Einschränkungen weit auseinander liegen; sagen wir, zum Zyklus gehören die Paare $(v,1)$, $(w,1)$, $(x,1)$ und $(v,2)$ mit den Einschränkungen $((v,1),(w,1))$, $((w,1),(x,1))$ und $((x,1),(v,2))$. Jede Färbung, die alle Einschränkungen von I erfüllt, kann ohne Verletzung von Einschränkungen so abgeändert werden, dass entweder w oder x mit 1 gefärbt wird. Färben wir einerseits w mit 1 bzw. andererseits x mit 1, so erhalten wir in beiden Fällen eine um höchstens $3-\varepsilon$ kleinere Instanz. Somit ist der Arbeitsfaktor im zweiten Fall höchstens $\alpha(3-\varepsilon,3-\varepsilon)$. Der schlechteste Fall tritt dabei ein, wenn nur v vier Farben zur Verfügung stehen und den anderen vier Variablen jeweils drei.

Zuletzt nehmen wir an, dass weder der erste noch der zweite Fall für unseren Zyklus eintritt. Dann muss dieser einmal, zweimal oder dreimal dieselben vier Variablen in derselben Reihenfolge durchlaufen. Wir überlassen es dem Leser, sich zu überlegen, weshalb sich in diesem Fall der Arbeitsfaktor $\alpha(4,4)$ ergibt (Übung 7.45 unten).

Für $\varepsilon \leq 0.287$ ist $\alpha(3,3,5)$ der dominante Arbeitsfaktor dieser drei Fälle.   ❑

Übung 7.45. Zeigen Sie, dass sich im dritten Fall des Beweises von Lemma 7.44 ein Arbeitsfaktor von $\alpha(4,4)$ ergibt.

Matching

Lässt sich keines der oben in den Abschnitten 7.4.1 und 7.4.3 angegebenen Lemmata (also weder Lemma 7.13 noch eines der Lemmata 7.25 bis 7.35, 7.38, 7.42 und 7.44) auf eine $(4,2)$-CSP-Instanz mehr anwenden, so muss diese eine ganz einfache Struktur haben: Jede Einschränkung muss dann nämlich entweder zu einer guten Dreierkomponente oder zu einer kleinen Zweierkomponente gehören. Zur Erinnerung: In einer guten Dreierkomponente D gibt es vier Paare der Form (v, i), wobei v eine Variable und i eine Farbe ist, sodass jedes Paar in D mit jedem anderen Paar in D durch eine Einschränkung verbunden ist. Eine kleine Zweierkomponente Z besteht aus drei Paaren, sodass jedes Paar in Z mit jedem anderen Paar in Z durch eine Einschränkung verbunden ist. Abbildung 7.28 zeigt eine $(3,2)$-CSP-Instanz mit den folgenden drei guten Dreierkomponenten:

$$
\begin{aligned}
D_1 &= \{(u_1, 1), (v_1, 1), (w_1, 1), (x_1, 1)\}, \\
D_2 &= \{(u_2, 1), (v_2, 1), (w_2, 1), (x_2, 1)\}, \\
D_3 &= \{(u_3, 1), (v_3, 1), (w_3, 1), (x_3, 1)\}
\end{aligned}
\tag{7.13}
$$

und den folgenden acht kleinen Zweierkomponenten:

$$
\begin{aligned}
Z_1 &= \{(u_1, 3), (v_1, 3), (w_1, 3)\}, & Z_2 &= \{(v_1, 2), (w_1, 2), (x_1, 2)\}, \\
Z_3 &= \{(u_2, 3), (v_2, 3), (w_2, 3)\}, & Z_4 &= \{(v_2, 2), (w_2, 2), (x_2, 2)\}, \\
Z_5 &= \{(u_3, 3), (v_3, 3), (w_3, 3)\}, & Z_6 &= \{(v_3, 2), (w_3, 2), (x_3, 2)\}, \\
Z_7 &= \{(u_1, 2), (u_2, 2), (x_1, 3)\}, & Z_8 &= \{(u_3, 2), (x_2, 3), (x_3, 3)\}.
\end{aligned}
\tag{7.14}
$$

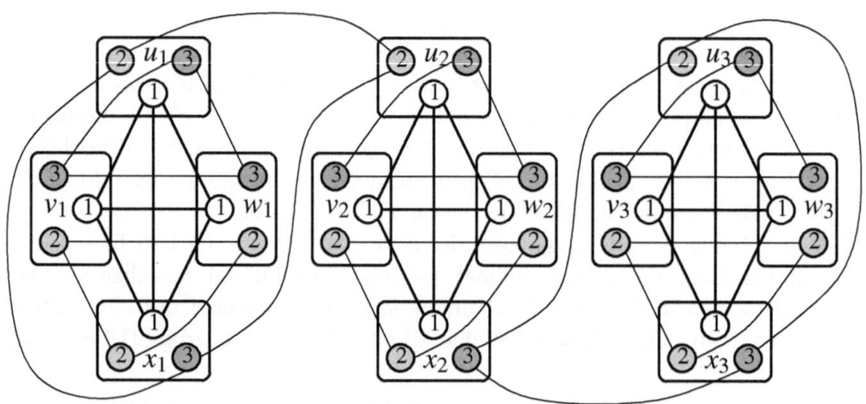

Abb. 7.28. Instanz mit drei guten Dreierkomponenten und acht kleinen Zweierkomponenten

Eine so einfach strukturierte Instanz kann nun schnell durch einen Matching-Algorithmus (siehe Abschnitt 3.3.5) gelöst werden.

Lemma 7.46 (Beigel und Eppstein [BE05]). *Für eine gegebene $(4,2)$-CSP-Instanz, in der jede Einschränkung entweder zu einer guten Dreierkomponente oder einer*

kleinen Zweierkomponente gehört, kann man in Polynomialzeit entscheiden, ob sie lösbar ist (und, falls ja, eine Lösung angeben).

Beweis.   Wir führen den Beweis anhand der Beispielinstanz I in Abb. 7.28. Zunächst definieren wir ausgehend von I einen bipartiten Graphen $G = (V,E)$ wie folgt:

- Die Knotenmenge besteht aus den Variablen von I einerseits und aus den guten Dreierkomponenten und kleinen Zweierkomponenten von I andererseits. Im Beispiel von Abb. 7.28 erhalten wir also die Knotenmenge $V = V_1 \cup V_2$, die definiert ist durch

$$V_1 = \{u_i, v_i, w_i, x_i \mid 1 \leq i \leq 3\} \text{ und}$$
$$V_2 = \{D_1, D_2, D_3\} \cup \{Z_1, Z_2, \ldots, Z_8\},$$

mit den in (7.13) und (7.14) angegebenen Dreierkomponenten D_i und Zweierkomponenten Z_j.

- Eine Kante existiert genau dann zwischen einem Variablenknoten $y \in V_1$ und einem Komponentenknoten $z \in V_2$, wenn ein Paar (y,i) in der Komponente z vorkommt. Im Beispiel von Abb. 7.28 erhalten wir also die Kantenmenge

$$\begin{aligned}
E = \ &\{\{u_i,D_i\},\{v_i,D_i\},\{w_i,D_i\},\{x_i,D_i\} \mid 1 \leq i \leq 3\} \cup \\
&\{\{u_1,Z_1\},\{v_1,Z_1\},\{w_1,Z_1\}\} \cup \{\{v_1,Z_2\},\{w_1,Z_2\},\{x_1,Z_2\}\} \cup \\
&\{\{u_2,Z_3\},\{v_2,Z_3\},\{w_2,Z_3\}\} \cup \{\{v_2,Z_4\},\{w_2,Z_4\},\{x_2,Z_4\}\} \cup \\
&\{\{u_3,Z_5\},\{v_3,Z_5\},\{w_3,Z_5\}\} \cup \{\{v_3,Z_6\},\{w_3,Z_6\},\{x_3,Z_6\}\} \cup \\
&\{\{u_1,Z_7\},\{u_2,Z_7\},\{x_1,Z_7\}\} \cup \{\{u_3,Z_8\},\{x_2,Z_8\},\{x_3,Z_8\}\}.
\end{aligned}$$

Abbildung 7.29 zeigt den bipartiten Graphen, der gemäß der oben angegebenen Konstruktion aus der in Abb. 7.28 dargestellten $(3,2)$-CSP-Instanz I entstanden ist.

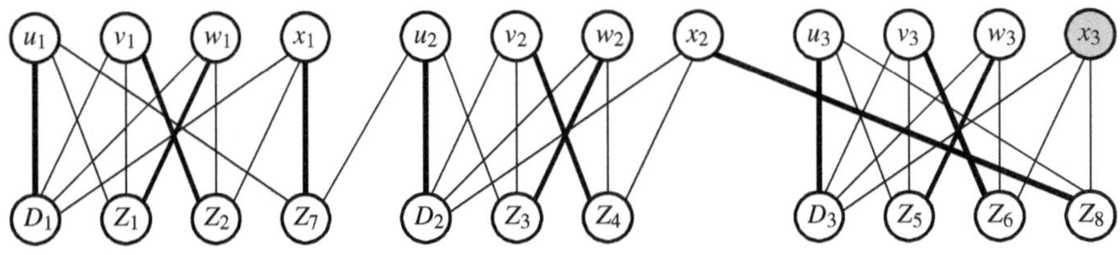

Abb. 7.29. Ein nicht perfektes Matching in einem bipartiten Graphen für Lemma 7.46

Sowohl gute Dreierkomponenten als auch kleine Zweierkomponenten haben die Eigenschaft, dass jedes in ihnen enthaltene Paar mit jedem anderen Paar derselben Komponente durch eine Einschränkung verbunden ist. Eine Lösung der Instanz ist also eine Menge solcher Paare, in der jede Variable genau einmal vorkommt und jede Komponente höchstens ein Paar enthält. Anders gesagt gibt es genau dann eine

Lösung der Instanz, wenn der oben konstruierte bipartite Graph ein perfektes Matching besitzt, eine Teilmenge M von E also, sodass je zwei Kanten in M disjunkt sind (d. h., keine zwei Kanten sind mit demselben Knoten inzident) und sodass alle Knoten des Graphen (insbesondere alle Variablenknoten) Endpunkt einer Kante in M sind.

Um zu testen, ob die gegebene $(4,2)$-CSP-Instanz I lösbar ist, wenden wir also einfach einen Polynomialzeit-Algorithmus an, der bestimmt, ob der bipartite Graph ein perfektes Matching besitzt. In Abb. 7.29 ist ein maximales Matching durch fettgedruckte Kanten angegeben, das der folgenden partiellen Färbung von I entspricht:

$$(u_1,1),\ (v_1,2),\ (w_1,3),\ (x_1,3),\ (u_2,1),\ (v_2,2),$$
$$(w_2,3),\ (x_2,3),\ (u_3,1),\ (v_3,2),\ (w_3,3).$$

Beispielsweise bewirkt die Färbung $(u_1,1)$ eine Kante zwischen u_1 und D_1 im Matching, weil $(u_1,1)$ zu D_1 gehört. Die einzige noch ungefärbte Variable, x_3, kann nun aber nicht mehr gefärbt werden, ohne eine der Einschränkungen

$$((u_3,1),(x_3,1)),\ \ ((v_3,2),(x_3,2))\ \ \text{oder}\ \ ((x_2,3),(x_3,3))$$

zu verletzen. In Abb. 7.29 entspricht dies der Tatsache, dass sämtliche mit dem schattierten Variablenknoten x_3 verbundenen Komponentenknoten bereits mit einer Kante im Matching inzident sind. Dass es in diesem bipartiten Graphen kein perfektes Matching geben kann, sieht man schon daran, dass es mehr Variablenknoten als Komponentenknoten gibt. Demgemäß ist die in Abb. 7.28 dargestellte $(4,2)$-CSP-Instanz I nicht lösbar. ❏

Laufzeit des deterministischen CSP-Algorithmus

Abbildung 7.30 stellt den deterministischen Algorithmus für das Problem $(3,2)$-CSP bzw. $(4,2)$-CSP im Überblick dar, dessen Laufzeit wir nun analysieren wollen.

Wie man sieht, kommen im ersten und dritten Schritt dieses Algorithmus keine rekursiven Aufrufe vor, wohl aber im zweiten. Abbildung 7.31 stellt einen konkreten Rekursionsbaum für diesen zweiten Schritt des Algorithmus dar. Die Wurzel des Baumes ist eine bereits gemäß Lemma 7.13 reduzierte Instanz. Seine inneren Knoten geben das jeweilige Lemma an, das sich auf die aktuelle Instanz anwenden lässt, wobei die Kinder eines inneren Knotens die gemäß diesem Lemma vereinfachten Instanzen enthalten und die Kanten zu diesen Kindern mit der jeweils erzielten Reduzierung der Instanzengröße beschriftet sind. Die Blätter des Rekursionsbaumes schließlich enthalten solche Instanzen, auf die keines der Lemmata 7.25 bis 7.35, 7.38, 7.42 und 7.44 mehr anwendbar ist. Die inneren Knoten des Rekursionsbaumes repräsentieren also die rekursiven Aufrufe des Algorithmus, während die Blätter solche Instanzen darstellen, die ohne weitere rekursive Aufrufe mit dem Matching-Algorithmus aus Lemma 7.46 gelöst werden können. Findet dieser ein perfektes Matching in dem Graphen, der der Instanz in einem der Blätter entspricht, so taucht man Schritt für Schritt aus den Rekursionen wieder auf, erhält schließlich eine

> 1. Solange die gegebene Instanz noch nicht reduziert ist, wende Lemma 7.13 an.
> 2. Solange eines der Lemmata 7.25 bis 7.35, 7.38, 7.42 und 7.44 auf die aktuelle Instanz anwendbar ist, unterteile die Instanz gemäß dem jeweiligen Lemma in die entsprechende Anzahl kleinerer Instanzen und löse diese rekursiv. Findet irgendein rekursiver Aufruf eine Lösung seiner Instanz, so übersetze diese zurück in eine Lösung der übergeordneten Instanz (von der der rekursive Aufruf ausging) und gib diese Lösung zurück. Andernfalls gib eine Meldung zurück, dass diese Instanz nicht lösbar ist.
> 3. Ist keines der Lemmata 7.25 bis 7.35, 7.38, 7.42 und 7.44 mehr auf die aktuelle Instanz anwendbar, so muss jede ihrer Einschränkungen entweder zu einer guten Dreierkomponente oder zu einer kleinen Zweierkomponente gehören. Konstruiere aus dieser Instanz einen bipartiten Graphen gemäß Lemma 7.46 und wende den dort erwähnten Polynomialzeit-Algorithmus zur Bestimmung eines maximalen Matching auf diesen Graphen an. Ist dieses Matching perfekt, übersetze es zurück in eine Färbung der Instanz. Andernfalls gib eine Meldung zurück, dass diese Instanz nicht lösbar ist.

Abb. 7.30. Deterministischer Algorithmus für $(3,2)$-CSP bzw. $(4,2)$-CSP.

Lösung der ursprünglich gegebenen Instanz und beendet die Suche. Andernfalls setzt man die Suche im Sinne einer Backtracking-Strategie an der letzten Verzweigung im Rekursionsbaum fort.

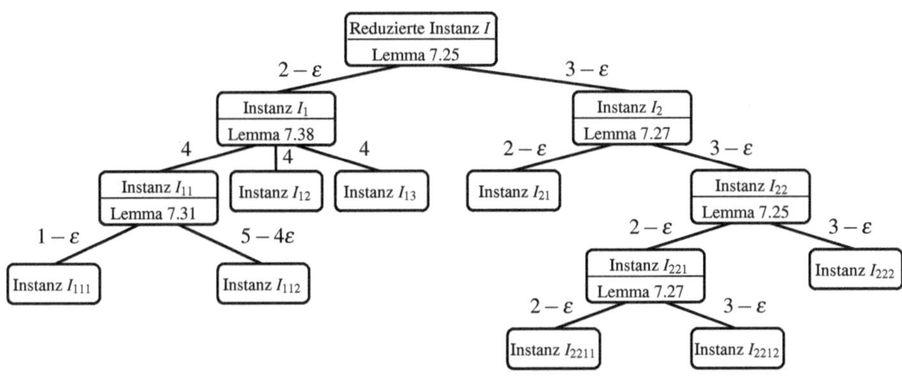

Abb. 7.31. Rekursionsbaum des deterministischen CSP-Algorithmus aus Abb. 7.30

Die Korrektheit des Algorithmus in Abb. 7.30 folgt unmittelbar aus den oben angegebenen Lemmata, denn diese zeigen, wie man eine gegebene Instanz I in kleinere Instanzen I_j überführt, von denen mindestens eine zu I äquivalent ist. Wenn I also lösbar ist, so findet man in wenigstens einem Blatt des Rekursionsbaumes eine Lösung der entsprechenden kleineren Instanz, und der Algorithmus akzeptiert seine Eingabe (und liefert als Lösung eine Färbung der Variablen, die alle Einschränkungen erfüllt). Ist I jedoch nicht lösbar, so kann keines der Blätter im Rekursionsbaum eine lösbare kleinere Instanz enthalten, und der Algorithmus muss seine Eingabe verwerfen, nachdem der gesamte Rekursionsbaum erfolglos durchsucht wurde.

Der folgende Satz analysiert die Laufzeit dieses Algorithmus.

Satz 7.47 (Beigel und Eppstein [BE05]). *Der Algorithmus in Abb. 7.30 löst*

- *das Problem* $(3,2)$-*CSP in der Zeit* $\tilde{\mathcal{O}}(1.36443^n)$ *und*
- *das Problem* $(4,2)$-*CSP in der Zeit* $\tilde{\mathcal{O}}(1.80721^n)$.

Beweis.   Die Größe einer gegebenen $(4,2)$-CSP-Instanz I ist $n = n_3 + (2-\varepsilon)n_4$ (siehe (7.7)), wobei n_3 bzw. n_4 die Anzahl der Variablen mit 3 bzw. 4 Farben in I bezeichnet. Ist I dagegen eine $(3,2)$-CSP-Instanz, so bezeichnet n einfach die Anzahl der Variablen von I, sodass sich eine als Funktion von n dargestellte Schranke für die Laufzeit des Algorithmus in Abb. 7.30 unmittelbar auf $(3,2)$-CSP bezieht.

Wir beginnen mit der Analyse der Laufzeit des Algorithmus in Abb. 7.30 für das Problem $(3,2)$-CSP. Wie zu Beginn von Abschnitt 7.4.3 erklärt wurde, ist $\tilde{\mathcal{O}}(\alpha^n)$ eine obere Schranke für diese Laufzeit, wobei α der größte Arbeitsfaktor bezüglich der lokalen Situationen ist, die wir in den obigen Lemmata identifiziert haben. Das heißt, die Anzahl der rekursiven Aufrufe wird durch α^n dominiert, und im Vergleich damit sind die polynomialzeit-beschränkten Phasen des Algorithmus vernachlässigbar, die sich etwa bei der Suche nach verwertbaren lokalen Situationen und bei der Ausführung der entsprechenden Transformationen in kleinere Instanzen sowie bei der Anwendung von Lemma 7.13 im ersten Schritt des Algorithmus und von Lemma 7.46 im dritten Schritt ergeben.

Tabelle 7.3 fasst die einzelnen Arbeitsfaktoren aus den Lemmata 7.25 bis 7.35, 7.38, 7.42 und 7.44 übersichtlich zusammen.

Tabelle 7.3. Arbeitsfaktoren der Lemmata 7.25 bis 7.35, 7.38, 7.42 und 7.44

Lemma	Arbeitsfaktor	Bedingung
7.25	$\alpha(2-\varepsilon, 3-\varepsilon)$	$0 < \varepsilon \leq 0.545$
7.27	$\alpha(2-\varepsilon, 3-\varepsilon)$	$0 < \varepsilon < 1$
7.30	$\alpha(2-\varepsilon, 3-2\varepsilon)$	$0 < \varepsilon \leq 0.4$
7.31	$\alpha(1-\varepsilon, 5-4\varepsilon)$	$0 < \varepsilon < 1$
7.33	$\alpha(3-\varepsilon, 4-\varepsilon, 4-\varepsilon)$	$0 < \varepsilon \leq 0.3576$
7.35	$\max\{\alpha(1+\varepsilon, 4), \alpha(3, 4-\varepsilon, 4)\}$	$0 < \varepsilon < 1$
7.38	$\alpha(4, 4, 4)$	$0 < \varepsilon < 1$
7.42	$\alpha(4, 4, 5, 5)$	$0 < \varepsilon < 1$
7.44	$\alpha(3, 3, 5)$	$0 < \varepsilon \leq 0.287$

Welcher dieser Arbeitsfaktoren am größten ist, hängt von ε ab. Zu beachten ist dabei, dass auch die Arbeitsfaktoren in Tabelle 7.3, in denen ε nicht explizit vorkommt, von ε abhängen. Beispielsweise ergibt sich der Arbeitsfaktor $\alpha(3,3,5)$ in Lemma 7.44 nur, wenn ε im Bereich $0 < \varepsilon \leq 0.287$ liegt, wie man im Beweis dieses Lemmas sieht. Dieser Bereich für ε ist der kleinste für alle Arbeitsfaktoren in Tabelle 7.3, und in diesem Bereich sind wir an einem optimalen Wert von ε interessiert.

Für dieses halboffene Intervall $(0, 0.287]$ ermittelten Beigel und Eppstein [BE05] mit Hilfe des Softwarepakets `Mathematica` einen numerischen Wert von $\varepsilon \approx 0.095543$, der den größten der Arbeitsfaktoren in Tabelle 7.3, in denen ε explizit vorkommt, auf ungefähr 1.36443 minimiert. Der Arbeitsfaktor $\alpha(4, 4, 5, 5)$ aus Lemma 7.42, in dem ε nicht explizit vorkommt, ergibt sich ebenfalls zu ungefähr 1.36443. Ist ε nahe bei diesem Wert, dann sind $\alpha(1 + \varepsilon, 4)$ und $\alpha(3 - \varepsilon, 4 - \varepsilon, 4 - \varepsilon)$ die zwei größten unter den Arbeitsfaktoren in Tabelle 7.3, die ε explizit enthalten. Da alle anderen Arbeitsfaktoren in Tabelle 7.3, die ε explizit enthalten, unterhalb von 1.36 liegen, muss der wirkliche Wert von ε die Gleichheit

$$\alpha(1 + \varepsilon, 4) = \alpha(3 - \varepsilon, 4 - \varepsilon, 4 - \varepsilon) \tag{7.15}$$

erfüllen. Wir zeigen nun, dass dieses wirklich optimale ε sogar

$$\alpha(1 + \varepsilon, 4) = \alpha(4, 4, 5, 5) = \alpha(3 - \varepsilon, 4 - \varepsilon, 4 - \varepsilon) \tag{7.16}$$

erfüllt. Dazu betrachten wir die folgende Unterteilung einer Instanz I der Größe n in zunächst zwei kleinere Instanzen I_1 und I_2 mit Arbeitsfaktor $\alpha(1 + \varepsilon, 4)$, d. h., es gilt $|I_1| = n - (1 + \varepsilon)$ und $|I_2| = n - 4$. Anschließend unterteilen wir I_1 weiter in drei noch kleinere Instanzen I_{11}, I_{12} und I_{13} mit Arbeitsfaktor $\alpha(3 - \varepsilon, 4 - \varepsilon, 4 - \varepsilon)$. Da diese Aufteilung von I in die vier Instanzen I_2, I_{11}, I_{12} und I_{13} die beiden Arbeitsfaktoren $\alpha(1 + \varepsilon, 4)$ und $\alpha(3 - \varepsilon, 4 - \varepsilon, 4 - \varepsilon)$ kombiniert, muss ihr Arbeitsfaktor dazwischen liegen. Aber wegen (7.15) sind $\alpha(1 + \varepsilon, 4)$ und $\alpha(3 - \varepsilon, 4 - \varepsilon, 4 - \varepsilon)$ gleich und somit auch gleich dem Arbeitsfaktor der genannten Aufteilung in vier Instanzen. Diese haben jedoch die folgenden Größen:

$$|I_2| = n - 4,$$
$$|I_{11}| = n - (1 + \varepsilon) - (3 - \varepsilon) = n - 4,$$
$$|I_{12}| = n - (1 + \varepsilon) - (4 - \varepsilon) = n - 5 \quad \text{und}$$
$$|I_{13}| = n - (1 + \varepsilon) - (4 - \varepsilon) = n - 5,$$

was genau dem Arbeitsfaktor $\alpha(4, 4, 5, 5)$ entspricht. Somit ist (7.16) gezeigt, und es ergibt sich die Schranke $\tilde{\mathcal{O}}(\alpha(4, 4, 5, 5)^n) \approx \tilde{\mathcal{O}}(1.36443^n)$ für die Laufzeit des Algorithmus in Abb. 7.30, wenn er auf das Problem $(3, 2)$-CSP angesetzt wird.

Wenden wir uns nun der Analyse der Laufzeit dieses Algorithmus für das Problem $(4, 2)$-CSP zu, so ist diese am größten, wenn sämtlichen Variablen vier Farben zur Verfügung stehen, d. h., wenn mit $n_3 = 0$ und $n = n_4$ die Größe der Instanz gemäß (7.7) und der Transformation in Abb. 7.17 durch

$$n_3 + (2 - \varepsilon)n_4 = (2 - \varepsilon)n$$

gegeben ist. Dann hat für $\alpha = \alpha(4, 4, 5, 5) \approx 1.36443$ der Algorithmus in Abb. 7.30 die Laufzeit

$$\tilde{\mathcal{O}}(\alpha^{(2-\varepsilon)n}) \approx \tilde{\mathcal{O}}(\alpha^{(2-0.095543)n}) \approx \tilde{\mathcal{O}}((1.36443^{1.904457})^n) \approx \tilde{\mathcal{O}}(1.80721^n),$$

wenn er auf das Problem $(4, 2)$-CSP angesetzt wird. $\qquad \square$

Satz 7.47 hat eine einfache Folgerung hinsichtlich eines randomisierten Algorithmus für $(d,2)$-CSP, $d > 3$, der Satz 7.22 ergänzt.

Korollar 7.48 (Beigel und Eppstein [BE05]). *Für $d > 3$ kann $(d,2)$-CSP durch einen randomisierten Algorithmus in der erwarteten Zeit $\tilde{\mathscr{O}}((0.4518 \cdot d)^n)$ gelöst werden.*

Beweis. Die Beweisidee besteht darin, für jede Variable zufällig vier Farben zu wählen und dann den Algorithmus aus Abb. 7.30 auf die resultierende $(4,2)$-CSP-Instanz anzuwenden, was für $\varepsilon \approx 0.095543$ pro Versuch die Zeit

$$\tilde{\mathscr{O}}(\alpha(4,4,5,5)^{(2-\varepsilon)n}) \approx \tilde{\mathscr{O}}(1.36443^{(2-\varepsilon)n}) \approx \tilde{\mathscr{O}}(1.8072^n)$$

erfordert. (Es gilt $1.8072 = 4 \cdot 0.4518$.)

Da die Lösbarkeit einer zufällig gewählten $(4,2)$-CSP-Instanz mit Wahrscheinlichkeit $4/d$ erhalten bleibt, ist die erwartete Anzahl der wiederholten Versuche $(d/4)^n$, und es ergibt sich insgesamt die Zeit

$$\tilde{\mathscr{O}}((4 \cdot 0.4518)^n \cdot (d/4)^n) = \tilde{\mathscr{O}}((0.4518 \cdot d)^n),$$

wie gewünscht. $\qquad\qquad\square$

Wie man im Beweis sieht, spielt der Zufall für den Spezialfall $d = 4$ in Korollar 7.48 keine Rolle, denn wenn es sowieso nur vier Farben pro Variable gibt, kann man auch nur genau diese auswählen. Das heißt, wir haben dann eine „erwartete Anzahl" von nur einem Versuch des Algorithmus aus Abb. 7.30 auszuführen und erhalten genau die Zeitschranke des deterministischen CSP-Algorithmus für $(4,2)$-CSP aus Satz 7.47.

7.5 Anwendung auf Färbbarkeitsprobleme für Graphen

Wie wir bereits aus Abschnitt 7.3 wissen, stellt das Dreifärbbarkeitsproblem einen Spezialfall des Problems $(3,2)$-CSP dar. Deshalb erhalten wir sofort eine weitere Folgerung aus Satz 7.47.

Korollar 7.49 (Beigel und Eppstein [BE05]). *Das Problem* 3-FÄRBBARKEIT *kann in der Zeit $\tilde{\mathscr{O}}(1.36443^n)$ gelöst werden.*

Es geht jedoch noch besser. Durch eine Reihe von Tricks, die zum Teil recht raffiniert und technisch aufwändig sind, kann die Zeitschranke aus Korollar 7.49 weiter gedrückt werden. Den folgenden Satz geben wir ohne Beweis an.

Satz 7.50 (Beigel und Eppstein [BE05]). *Das Problem* 3-FÄRBBARKEIT *kann in der Zeit $\tilde{\mathscr{O}}(1.3289^n)$ gelöst werden.*   **ohne Beweis**

Auch für das Kantenfärbbarkeitsproblem kann man mit dieser Methode einen verbesserten Exponentialzeit-Algorithmus erhalten. Die Kantenfärbungszahl $\chi'(G)$ eines Graphen G wurde in Abschnitt 3.4.2 als die kleinste Anzahl von unabhängigen Kantenmengen in G definiert, wobei eine Menge von Kanten in G unabhängig ist, falls keine zwei Kanten in ihr einen gemeinsamen Knoten haben. Das in Abb. 7.29 dargestellte Matching ist ein Beispiel für eine unabhängige Kantenmenge. Wir beschränken uns im Folgenden auf das Problem PARTITION IN DREI UNABHÄNGIGE KANTENMENGEN (siehe Abschnitt 3.4.2), das wir synonym auch als KANTEN-3-FÄRBBARKEIT bezeichnen. Ohne Beschränkung der Allgemeinheit können wir davon ausgehen, dass der maximale Knotengrad des Eingabegraphen drei ist; d. h., es genügt, nur kubische Graphen zu betrachten.

Ein erster Ansatz ist, den Fakt auszunutzen, dass jeder Graph mit n Knoten und nicht mehr als drei unabhängigen Kantenmengen höchstens $3n/2$ Kanten haben kann. Dann können wir das entsprechende Kanten-Dreifärbbarkeitsproblem als ein Knoten-Dreifärbbarkeitsproblem für den zugehörigen Kantengraphen[45] (siehe Abschnitt 3.4.2) betrachten, und durch die entsprechende Transformation des gegebenen Graphen in seinen Kantengraphen handeln wir uns höchstens einen Kostenfaktor von $3/2$ ein. Wenden wir nun den Algorithmus aus Satz 7.50 auf den resultierenden Kantengraphen an, so ergibt sich wegen $1.3289^{3n/2} = \left(1.3289^{3/2}\right)^{n} \approx 1.5319^{n}$ eine Zeitschranke von $\tilde{\mathcal{O}}(1.5319^{n})$.

Doch bevor wir unsere Instanz G des Kanten-Dreifärbbarkeitsproblems in den Kantengraphen $L(G)$ (und somit in eine Instanz des Knoten-Dreifärbbarkeitsproblems) umformen, ist es zweckmäßig, zunächst einige Vereinfachungen in G auszuführen. Das wird uns helfen, eine noch bessere Zeitschranke zu erhalten. Die Hauptidee besteht darin, ein Problem zu betrachten, das sozusagen zwischen dem Kanten- und dem Knoten-Dreifärbbarkeitsproblem liegt. Dieses Zwischenproblem ist wie das Kanten-Dreifärbbarkeitsproblem definiert, nur dass zusätzlich einige Einschränkungen hinzugefügt werden, die verbieten, dass bestimmte Kanten dieselbe Farbe haben. Dieses Problem bezeichnen wir als EINGESCHRÄNKTE KANTEN-3-FÄRBBARKEIT. Kanten, die in einer Instanz dieses Problems einer der hinzugefügten Einschränkungen unterworfen sind, nennen wir *eingeschränkte Kanten*. Für jede solche Einschränkung erhalten wir bei der Transformation einer Instanz G von EINGESCHRÄNKTE KANTEN-3-FÄRBBARKEIT in eine Instanz G' von 3-FÄRBBARKEIT eine zusätzliche Kante im Kantengraph von G, d. h., G' entsteht aus dem Kantengraph $L(G)$, indem diesem die den Einschränkungen von G entsprechenden Kanten hinzugefügt werden. Das Problem EINGESCHRÄNKTE KANTEN-3-FÄRBBARKEIT verallgemeinert das Problem KANTEN-3-FÄRBBARKEIT: Instanzen von KANTEN-3-FÄRBBARKEIT können als Instanzen von EINGESCHRÄNKTE KANTEN-3-FÄRBBARKEIT aufgefasst werden, in denen es keine eingeschränkten Kanten gibt.

Das folgende Lemma gibt an, wie unser Exponentialzeit-Algorithmus für das Problem KANTEN-3-FÄRBBARKEIT (siehe Abb. 7.33) nicht eingeschränkte Kan-

---

[45] Zur Erinnerung: Der Kantengraph $L(G)$ eines ungerichteten Graphen G besitzt einen Knoten für jede Kante in G, und zwei Knoten sind genau dann in $L(G)$ adjazent, wenn die entsprechenden Kanten in G inzident sind.

ten zwischen zwei Knoten vom Grad drei behandeln wird. Dabei entstehen kleinere Instanzen mit weniger Knoten und weniger Kanten, jedoch kommen dafür Einschränkungen zwischen Kanten hinzu. Dies ermöglicht eine Reduktion, die eine Instanz von KANTEN-3-FÄRBBARKEIT in viele kleinere Instanzen von EINGESCHRÄNKTE KANTEN-3-FÄRBBARKEIT überführt.

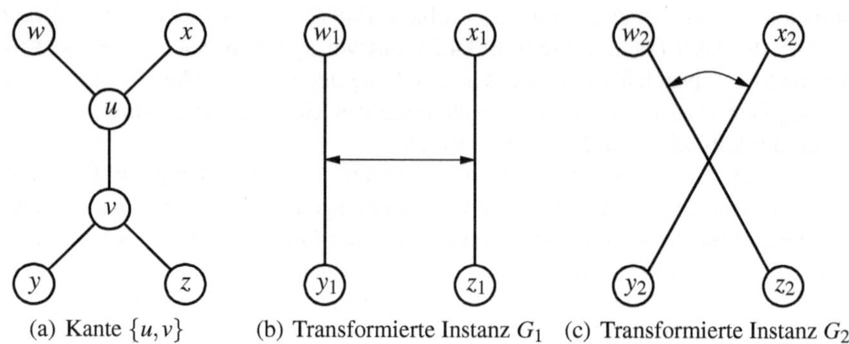

(a) Kante $\{u,v\}$ (b) Transformierte Instanz G_1 (c) Transformierte Instanz G_2

Abb. 7.32. Transformation einer uneingeschränkten Kante $\{u,v\}$

Lemma 7.51 (Beigel und Eppstein [BE05]). *Sei G eine Instanz des Problems* EINGESCHRÄNKTE KANTEN-3-FÄRBBARKEIT *mit einer nicht eingeschränkten Kante zwischen zwei Knoten vom Grad drei. Dann kann G durch kleinere Instanzen G_1 und G_2 ersetzt werden, die beide zwei Knoten und drei Kanten weniger als G haben und von denen mindestens eine zu G äquivalent ist.*

Beweis. Abbildung 7.32(a) zeigt die uneingeschränkte Kante $\{u,v\}$ zwischen den Knoten u und v vom Grad drei in einer Instanz G des Problems EINGESCHRÄNKTE KANTEN-3-FÄRBBARKEIT. Die vier Nachbarkanten dieser Kante sind $\{u,w\}$, $\{u,x\}$, $\{v,y\}$ und $\{v,z\}$. Die Kante $\{u,v\}$ kann in einer legalen Kanten-Dreifärbung nur dann gefärbt werden, wenn diese vier inzidenten Kanten insgesamt nur zwei der drei Farben verwenden. Das ist aber nur dann möglich, wenn jeweils zwei unabhängige (also nicht inzidente) Kanten dieser vier Nachbarkanten gleich gefärbt werden: Entweder haben $\{u,w\}$ und $\{v,y\}$ eine Farbe und $\{u,x\}$ und $\{v,z\}$ eine andere Farbe oder es haben $\{u,w\}$ und $\{v,z\}$ eine Farbe und $\{u,x\}$ und $\{v,y\}$ eine andere. Egal welche dieser beiden Färbungen wir verwenden, sie ist als Lösung für G äquivalent zu einer legalen Kanten-Dreifärbung als Lösung für mindestens eine der beiden kleineren Instanzen G_1 oder G_2, die in den Abb.en 7.32(b) und 7.32(c) dargestellt sind. Entscheidend ist nur, dass die Kanten $\{w_1,y_1\}$ und $\{x_1,z_1\}$ in G_1 (bzw. $\{w_2,z_2\}$ und $\{x_2,y_2\}$ in G_2) verschieden gefärbt werden, und das wird durch die als Doppelpfeil in den Abb.en dargestellte Einschränkung zwischen diesen beiden neuen Kanten ausgedrückt. Die Größe dieser Instanzen G_1 und G_2 hat sich gegenüber der Größe von G um zwei Knoten und drei Kanten verringert. ❑

Sei $m = m_3 + m_4$ die Größe einer gegebenen Instanz G des Problems KANTEN-3-FÄRBBARKEIT, wobei m_3 bzw. m_4 die Anzahl der Kanten in G mit drei bzw. vier Nachbarkanten bezeichnet. Kanten mit mehr als vier Nachbarkanten können in kubischen Graphen nicht vorkommen (da sie mindestens einen Endknoten mit Grad mindestens vier hätten und daher nicht legal kanten-dreifärbbar wären), und Kanten mit weniger als drei Nachbarkanten können natürlich kostenlos sofort entfernt werden.

Lemma 7.52 (Beigel und Eppstein [BE05]). *Sei G eine Instanz des Problems* KANTEN-3-FÄRBBARKEIT *mit n Knoten.*

1. *In Polynomialzeit kann*
    a) *entweder eine Menge M von $m_4/3$ Kanten bestimmt werden, sodass Lemma 7.51 unabhängig auf jede Kante in M angewandt werden kann,*
    b) *oder aber festgestellt werden, dass G nicht kanten-dreifärbbar ist.*
2. *Es gilt $6n = 5m_3 + 4m_4$.*

Beweis.   Um die erste Aussage zu beweisen, betrachten wir den von den Kanten in G mit vier Nachbarkanten induzierten Teilgraphen G' von G. Offenbar hat G' genau m_4 Kanten. Ist G' kanten-dreifärbbar, so partitioniert deshalb jede legale Kanten-Dreifärbung die Kantenmenge von G' in drei Teilmengen, von denen mindestens eine wenigstens $m_4/3$ Kanten enthält. Ein maximales Matching von G' hat also mindestens diese Größe. Auch wenn wir in Polynomialzeit natürlich nicht entscheiden können, ob G' kanten-dreifärbbar ist (da dieses Problem – sogar für kubische Graphen – NP-vollständig ist [Hol81]), so lässt sich der Spieß doch wie folgt herumdrehen: Findet ein Matching-Algorithmus (siehe Kapitel 3) *kein* maximales Matching der Größe mindestens $m_4/3$ in G', so kann G' nicht kanten-dreifärbbar sein. Dann ist aber auch G keine Ja-Instanz von KANTEN-3-FÄRBBARKEIT, und wir können den Algorithmus in Abb. 7.33 sofort erfolglos terminieren lassen. Findet ein Matching-Algorithmus jedoch ein maximales Matching der Größe mindestens $m_4/3$ in G', so haben wir eine Menge M der Größe $m_4/3$ in Polynomialzeit gefunden, sodass Lemma 7.51 unabhängig auf jede Kante in M angewandt werden kann. Die Anwendung von Lemma 7.51 auf irgendeine Kante in M schränkt weder irgendeine andere Kante in M ein noch führt sie dazu, dass die restlichen Kanten in M kein Matching mehr bilden.

Um die zweite Aussage des Lemmas zu zeigen, weisen wir den Knoten und Kanten des Graphen G die folgenden Kosten zu:

1. Jeder Knoten von G hat die Kosten $6/5$, die dann gleichmäßig auf alle seine inzidenten Kanten verteilt werden.
2. Zusätzlich erhält jede Kante mit vier Nachbarkanten die Kosten von $1/5$.

Demnach erhält eine Kante zwischen zwei Knoten vom Grad drei von ihren beiden Knoten jeweils zwei Fünftel der Kosteneinheit und trägt selbst ein weiteres Fünftel bei, was sich zu einer Kosteneinheit summiert. Eine Kante zwischen einem Knoten vom Grad drei und einem Knoten vom Grad zwei erhält zwei Fünftel der Kosteneinheit vom einen Knoten und drei Fünftel vom anderen, trägt selbst aber nichts bei, weshalb sie in der Summe wieder auf eine Kosteneinheit kommt. Da wir Kanten mit weniger als drei Nachbarkanten bereits entfernt haben, gibt es keine Kante zwischen zwei Knoten vom Grad höchstens zwei. (Wie bereits erwähnt, können Kanten mit mehr als vier Nachbarkanten in kubischen Graphen nicht vorkommen.) Da jede Kante Einheitskosten hat, ergeben sich für den Graphen G insgesamt die Kosten von

$$m_3 + m_4 = m. \tag{7.17}$$

Zählen wir die Kosten für G jedoch etwas anders zusammen, so kommen wir auf

$$\frac{6n}{5} + \frac{m_4}{5}, \tag{7.18}$$

da jeder der n Knoten Kosten von $6/5$ und jede der m_4 Kanten mit vier Nachbarkanten Kosten von $1/5$ beiträgt. Natürlich ist es egal, wie wir die Kosten für G ermitteln; die beiden Werte in (7.17) und (7.18) müssen gleich sein. Somit ergibt sich:

$$\frac{6n}{5} + \frac{m_4}{5} = m = m_3 + m_4,$$

und wenn wir auf beiden Seiten dieser Gleichung mit 5 multiplizieren und m_4 abziehen, erhalten wir wie gewünscht die Gleichung $6n = 5m_3 + 4m_4$.   ❑

Abbildung 7.33 zeigt einen Algorithmus für das Problem KANTEN-3-FÄRBBARKEIT.

Satz 7.53 (Beigel und Eppstein [BE05]). *Sei G ein Graph mit n Knoten. In der Zeit*

$$\tilde{\mathcal{O}}(1.4143^n)$$

kann der in Abb. 7.33 dargestellte Algorithmus entweder eine legale Kanten-Dreifärbung für G finden oder feststellen, dass G nicht kanten-dreifärbbar ist.

Beweis.   Nach der ersten Aussage von Lemma 7.52 können wir in Polynomialzeit entweder eine Menge M von $m_4/3$ Kanten bestimmen, sodass Lemma 7.51 unabhängig auf jede Kante in M angewandt werden kann, oder aber feststellen, dass G nicht kanten-dreifärbbar ist. Angenommen, G ist kanten-dreifärbbar und wir haben eine solche Menge M bestimmt. Für jede der $m_4/3$ Kanten in M gibt es zwei Möglichkeiten, sie in G zu ersetzen, entweder gemäß Abb. 7.32(b) oder gemäß Abb. 7.32(c). Somit erhalten wir $\ell = 2^{m_4/3}$ kleinere Instanzen $G_1, G_2, \ldots, G_\ell$ mit eingeschränkten Kanten, von denen jede nur m_3 Kanten hat. Diese Instanzen des Problems EINGESCHRÄNKTE KANTEN-3-FÄRBBARKEIT formen wir nun in ihre Kantengraphen um und fügen diesen für ihre Einschränkungen Kanten hinzu; wie im Algorithmus in Abb. 7.33 beschrieben, erhalten wir so einen Graphen G_i' aus G_i für jedes i, $1 \leq i \leq \ell$.

Auf die resultierenden Graphen $G_1', G_2', \ldots, G_\ell'$, die wir als Instanzen von 3-FÄRBBARKEIT auffassen, wenden wir schließlich den Algorithmus aus Satz 7.50 an, der in der Zeit $\tilde{\mathcal{O}}(1.3289^n)$ läuft. Da jeder der Graphen G_i' höchstens m_3 Knoten hat, lässt sich die Laufzeit des Algorithmus für KANTEN-3-FÄRBBARKEIT aus Abb. 7.33 insgesamt also durch

1. Bestimme den Teilgraphen G' von G, der von den Kanten in G mit vier Nachbar-kanten induziert wird, und finde mit einem Matching-Algorithmus ein maximales Matching M' in G'. Enthält M' weniger als $m_4/3$ Kanten, so gib die Meldung „G ist nicht kanten-dreifärbbar" aus und terminiere erfolglos (siehe den ersten Teil von Lemma 7.52); andernfalls sei M eine Teilmenge von M' mit $|M| = m_4/3$.
2. Wende Lemma 7.51 auf jede Kante in M an. Wie im Beweis von Satz 7.53 beschrie-ben, kann G so durch $\ell = 2^{m_4/3}$ kleinere Instanzen $G_1, G_2, \ldots, G_\ell$ mit eingeschränkten Kanten ersetzt werden, die jeweils nur m_3 Kanten haben. Bilde für jedes i, $1 \leq i \leq \ell$ aus G_i einen Kantengraphen und füge diesem für die Einschränkungen in G_i wie folgt Kanten hinzu:
    a) Für jede Kante in G_i hat G'_i einen Knoten;
    b) zwei Knoten in G'_i werden genau dann durch eine Kante verbunden, wenn die entsprechenden Kanten in G_i einen gemeinsamen Knoten haben;
    c) zusätzlich wird für jede Einschränkung zwischen zwei Kanten e_j und e_k in G_i eine Kante in G'_i zwischen den e_j und e_k entsprechenden Knoten hinzugefügt. (Beachte, dass es in G_i nur zwischen unabhängigen Kanten Einschränkungen gibt.)
3. Wende den Algorithmus aus Satz 7.50 auf die resultierenden Instanzen $G'_1, G'_2, \ldots, G'_\ell$ von 3-FÄRBBARKEIT an.

Abb. 7.33. Algorithmus für KANTEN-3-FÄRBBARKEIT.

$$\tilde{\mathscr{O}}(1.3289^{m_3} \cdot 2^{m_4/3}) \tag{7.19}$$

abschätzen. Nach der zweiten Aussage von Lemma 7.52 wissen wir, dass

$$m_3 = \frac{6n}{5} - \frac{4m_4}{5}$$

gilt; folglich lässt sich (7.19) als

$$\tilde{\mathscr{O}}\left(1.3289^{6n/5} \cdot \left(2^{1/3} \cdot 1.3289^{-4/5}\right)^{m_4}\right)$$

schreiben. Da $2^{1/3} \cdot 1.3289^{-4/5} > 1$ ist, wird diese Schranke dann am größten, wenn m_4 größtmöglich ist, was genau dann der Fall ist, wenn $m_4 = 3n/2$ und $m_3 = 0$ gilt. In diesem Fall erhalten wir aber aus (7.19) die Schranke

$$\tilde{\mathscr{O}}\left(1.3289^0 \cdot 2^{(3n/2)/3}\right) = \tilde{\mathscr{O}}\left(2^{n/2}\right) = \tilde{\mathscr{O}}\left(\left(2^{1/2}\right)^n\right), \tag{7.20}$$

und wegen $2^{1/2} < 1.4143$ ergibt sich die im Lemma genannte Laufzeit von

$$\tilde{\mathscr{O}}(1.4143^n),$$

womit der Beweis abgeschlossen ist. $\qquad\qquad\square$

7.6 Literaturhinweise

Exakte Exponentialzeit-Algorithmen für schwere Probleme werden seit einigen Jahrzehnten – und besonders intensiv in den letzten Jahren – untersucht. Unter der vernünftigen Annahme, dass $P \neq NP$ gilt, ist für keines dieser Probleme ein Polynomialzeit-Algorithmus bekannt. Das Nichtvorhandensein effizienter Algorithmen lässt die Probleme jedoch nicht einfach verschwinden. Sie sind wichtig, und man sollte deshalb keine Mühe scheuen, die vorhandenen Algorithmen weiter zu verbessern, um diese Probleme *so schnell wie möglich* lösen zu können, oder andere Möglichkeiten zu suchen, ihnen beizukommen.

Neben dem Entwurf von effizienten, jedoch nicht immer korrekten Heuristiken, von Algorithmen mit einem guten Average-case-Verhalten und von Approximationsalgorithmen (drei Ansätze, die hier nicht behandelt werden) sowie von Fest-Parameter-Algorithmen (siehe Kapitel 6) besteht ein wichtiger Ansatz für den Umgang mit schweren Problemen in der Verbesserung der *exakten Algorithmen* für diese Probleme in der *Worst-case-Analyse*. Wie in Abschnitt 7.1.5 bereits erläutert wurde, ist dies ein Ansatz, der gerade unter praktischem Aspekt von großer Bedeutung ist: Die Probleme sind für Eingaben moderater Größe in vernünftiger Zeit lösbar, auch wenn wir uns asymptotisch – für sehr große Eingaben – immer noch mit den Nachteilen der Exponentialzeit plagen müssen.

Dieser Ansatz wurde für viele Probleme recht erfolgreich verfolgt, sowohl für schwere Graphenprobleme wie etwa UNABHÄNGIGE MENGE, DOMINIERENDE MENGE, DOMATISCHE ZAHL, das TRAVELING SALESPERSON PROBLEM und verschiedene Graphfärbbarkeitsprobleme als auch für schwere Probleme aus anderen Bereichen wie das Erfüllbarkeitsproblem der Aussagenlogik, SAT, und allgemeiner das Constraint Satisfaction Problem. Wir behandeln diese Probleme hier nicht im Detail, erwähnen aber, dass es beispielsweise Algorithmen gibt, die unabhängige Mengen in einem Graphen in moderater Exponentialzeit finden (siehe z. B. [TT77, Rob86]); der derzeit beste dieser Algorithmen geht auf Robson [Rob01] zurück und erreicht die Schranke $\tilde{\mathcal{O}}(1.1892^n)$. Für eine Vielzahl weiterer Ergebnisse verweisen wir auf die Übersichtsartikel von Woeginger [Woe03], Schöning [Sch05] und Riege und Rothe [RR06].

Für schwere Graphfärbbarkeitsprobleme wurden exakte Exponentialzeit-Algorithmen in diesem Kapitel vorgestellt. Einerseits haben wir dabei ein ganz frühes solches Resultat herausgegriffen, nämlich den Algorithmus von Lawler [Law76] zur Berechnung der Färbungszahl eines gegebenen Graphen in der Zeit $\tilde{\mathcal{O}}(2.4423^n)$ (Satz 7.1),[46] der sich zu einem $\tilde{\mathcal{O}}(1.4423^n)$-Algorithmus für das Problem 3-FÄRBBARKEIT modifizieren lässt (Satz 7.3). Andererseits haben wir in den Abschnitten 7.3 bis 7.5 die Methode von Beigel und Eppstein [BE05] (siehe auch die früheren Arbeiten [BE95, Epp01]) ausführlich dargestellt, mit der sich

1. 3-FÄRBBARKEIT, aufgefasst als ein Spezialfall von $(3,2)$-CSP, durch einen einfachen randomisierten Algorithmus in der erwarteten Zeit $\tilde{\mathcal{O}}(1.4143^n)$ (siehe

---

[46] Eppstein [Epp03] verbesserte die Zeitschranke für die Berechnung der chromatischen Zahl zu $\tilde{\mathcal{O}}(2.4150^n)$ und Byskov [Bys02] weiter zu $\tilde{\mathcal{O}}(2.4023^n)$.

Satz 7.22) und deterministisch – unter der Verwendung von Eppsteins Methode der quasi-konvexen Programmierung [Epp04] – sogar in der Zeit $\tilde{\mathcal{O}}(1.36443^n)$ lösen lässt (siehe Korollar 7.49),

2. durch einigen weiteren technischen Aufwand sogar die derzeit beste Schranke von $\tilde{\mathcal{O}}(1.3289^n)$ für 3-FÄRBBARKEIT zeigen lässt (siehe Satz 7.50) und

3. KANTEN-3-FÄRBBARKEIT in der Zeit $\tilde{\mathcal{O}}(1.4143^n)$ lösen lässt (siehe Satz 7.53).

Natürlich liegen zwischen diesen beiden Meilensteinen, dem Resultat von Lawler und dem von Beigel und Eppstein, viele schrittweise Verbesserungen, die sich zahlreicher, ganz unterschiedlicher Ideen bedienen. So gelang beispielsweise Schiermeyer [Sch93] mit einem recht komplizierten Algorithmus und einer tiefschürfenden Analyse der Nachweis einer Schranke von $\tilde{\mathcal{O}}(1.415^n)$ für 3-FÄRBBARKEIT, die er später noch bis auf $\tilde{\mathcal{O}}(1.3977^n)$ drücken konnte [Sch96].

Die Methode von Beigel und Eppstein [BE05] fasst Färbbarkeitsprobleme für Graphen im Sinne von *Constraint Satisfaction* auf. Es ist nicht verwunderlich, dass in ähnlicher erfolgreicher Weise ein solcher CSP-Zugang auch für andere Probleme gelungen ist, beispielsweise bei Schönings randomisiertem Exponentialzeit-Algorithmus für k-SAT [Sch99].

Abschließend erwähnen wir noch einige weitere Resultate zu Graphfärbungsproblemen. Blum und Karger [BK97] bewiesen, dass in Polynomialzeit jeder dreifärbbare Graph mit $\tilde{\mathcal{O}}(n^{3/14})$ Farben gefärbt werden kann. Alon and Kahale [AK97] zeigten, wie man mit der so genannten Spektraltechnik dreifärbbare Zufallsgraphen in erwarteter Polynomialzeit legal mit drei Farben färben kann. Petford und Welsh [PW89] beschäftigten sich ebenfalls mit dreifärbbaren Zufallsgraphen. Sie entwarfen einen randomisierten Algorithmus, der empirischen Daten zufolge für zufällig gewählte dreifärbbare Graphen eine gute Laufzeit hat, auch wenn sie keine Schranken für die Laufzeit bewiesen. Vlasie [Vla95] zeigte, wie man systematisch eine Klasse von Graphen erzeugen kann, die – anders als zufällig gewählte dreifärbbare Graphen – schwer zu färben sind. Khanna, Linial und Safra [KLS00] untersuchten die Frage, wie schwer es ist, die chromatische Zahl eines Graphen zu approximieren. Motiviert durch diese Ergebnisse zeigten Guruswami und Khanna [GK04], dass es NP-hart ist, einen dreifärbbaren Graphen mit vier Farben zu färben. Dieses Resultat und sein Beweis wiederum waren der Schlüssel für die Lösung eines offenen Problems von Wagner [Wag87]: Rothe [Rot03] klassifizierte die Komplexität des exakten Vierfärbbarkeitsproblems, das für einen gegebenen Graphen G fragt, ob $\chi(G) = 4$ gilt. Hinsichtlich weiterer komplexitätstheoretischer Ergebnisse für Graphfärbbarkeitsprobleme verweisen wir auf [CM87, Rot00] und die darin zitierte Literatur.

Exponentialzeit-Algorithmen für TSP und DNP

Im vorigen Kapitel haben wir eine Technik kennen gelernt, mit der sich die naiven Exponentialzeit-Algorithmen für eine Vielzahl von Problemen deutlich verbessern lassen, nämlich alle die Probleme, die sich für positive natürliche Zahlen a und b als (a,b)-CSP darstellen lassen. Dies gelingt für ganz unterschiedliche Probleme, etwa das Erfüllbarkeitsproblem der Aussagenlogik und Färbbarkeitsprobleme auf Graphen, aber nicht für alle Probleme.

In diesem Kapitel befassen wir uns mit dem Problem DOMATISCHE ZAHL und dem Problem des Handelsreisenden (kurz TSP genannt), die in den Beispielen 3.56 und 3.58 in Abschnitt 3.4 eingeführt wurden, und stellen für diese Probleme Exponentialzeit-Algorithmen vor, die deren naive Algorithmen deutlich verbessern.

8.1 Das Problem des Handelsreisenden

Ein Händler muss 21 Städte in Deutschland bereisen. Da er so schnell wie möglich damit fertig sein möchte, interessiert er sich für eine kürzeste Rundreise. Das in Abschnitt 3.4 definierte Problem des Handelsreisenden ist eines der klassischen NP-vollständigen Probleme und kann deshalb vermutlich nicht in (deterministischer) Polynomialzeit gelöst werden.

8.1.1 Pseudo-Polynomialzeit und starke NP-Vollständigkeit

Anders als NP-vollständige Probleme wie 3-SAT und 3-FÄRBBARKEIT, bei denen keine Zahlen, sondern boolesche Ausdrücke bzw. ungerichtete Graphen gegeben sind, können Probleme wie TSP, deren Instanzen Zahlen enthalten,[47] oft mit dynamischer Programmierung in *Pseudo-Polynomialzeit* gelöst werden. Betrachtet man die Zeitkomplexität solcher Probleme als eine Funktion zweier Variabler (nämlich als eine Funktion, die sowohl von der Instanzengröße als auch dem größten Wert

Pseudo-Polynomialzeit

---

[47] Bei TSP-Instanzen sind dies die Entfernungen zwischen den gegebenen Städten.

F. Gurski et al., *Exakte Algorithmen für schwere Graphenprobleme*, eXamen.press,
DOI 10.1007/978-3-642-04500-4_8, © Springer-Verlag Berlin Heidelberg 2010

der gegebenen Zahlen abhängt), so kann man eine polynomielle Zeitschranke möglicherweise einfach dadurch erhalten, dass die binär dargestellten Werte der gegebenen Zahlen relativ zur eigentlichen Instanzengröße exponentiell groß sein können. Misst man die Zeitkomplexität dieser Probleme jedoch wie üblich nur in der Instanzengröße (siehe Abschnitt 2.2), so ist ein solcher Pseudo-Polynomialzeit-Algorithmus in der Regel nichts anderes als ein Exponentialzeit-Algorithmus.

Ist ein Problem, dessen Instanzen Zahlen enthält, selbst dann NP-vollständig, wenn alle diese Zahlen polynomiell in der Instanzengröße beschränkt sind (d. h., dieses Problem ist nicht in Pseudo-Polynomialzeit lösbar, außer wenn $P = NP$ gelten würde), so nennt man es *stark* NP-*vollständig*. Die starke NP-Vollständigkeit stellt einen Spezialfall der NP-Vollständigkeit gemäß Definition 5.18 dar (siehe z. B. Garey und Johnson [GJ79]).

Satz 8.1. TSP *ist stark* NP-*vollständig.*   **ohne Beweis**

Übung 8.2. (a) Sei Π ein NP-vollständiges Problem, dessen Instanzen Zahlen enthält. Betrachten Sie die folgenden beiden Varianten von Π:
1. $\Pi_{\text{unär}}$ ist genau wie Π definiert, mit dem einzigen Unterschied, dass alle Zahlen in den Instanzen von $\Pi_{\text{unär}}$ unär (und nicht binär) dargestellt sind.
2. Π_{poly} ist genau wie Π definiert, mit dem einzigen Unterschied, dass alle Zahlen in den Instanzen von Π_{poly} polynomiell in der Instanzengröße beschränkt sind.

Was können Sie über die Komplexität (als Funktion der Instanzengröße) der Probleme $\Pi_{\text{unär}}$ und Π_{poly} sagen? Diskutieren Sie diese Komplexität jeweils für solche Probleme Π, für die es einen Pseudo-Polynomialzeit-Algorithmus gibt, und für solche, die stark NP-vollständig sind.

(b) Beweisen Sie Satz 8.1. **Hinweis:** [GJ79].

(c) Betrachten Sie die folgenden beiden Probleme:

PARTITION

Gegeben: Eine Folge $a_1, a_2, \ldots, a_m$ von natürlichen Zahlen.

Frage: Gibt es eine Partition der Indizes in zwei Mengen $\{A, B\}$, $A \cup B = \{1, 2, \ldots, m\}$, $A \cap B = \emptyset$, sodass $\sum_{i \in A} a_i = \sum_{i \in B} a_i$ gilt?

BIN PACKING

Gegeben: Eine Folge $a_1, a_2, \ldots, a_m$ von natürlichen Zahlen, eine natürliche Zahl $k \geq \max_{1 \leq i \leq m} a_i$ und eine natürliche Zahl $b < m$.

Frage: Gibt es eine Partition der Indizes in b Mengen $\{A_1, A_2, \ldots, A_b\}$, $A_1 \cup A_2 \cup \cdots \cup A_b = \{1, 2, \ldots, m\}$, $A_i \cap A_j = \emptyset$, $1 \leq i < j \leq b$, sodass $\sum_{i \in A_j} a_i \leq k$ für alle j, $1 \leq j \leq b$, gilt?

Der Name BIN PACKING rührt daher, dass man bei diesem Problem testet, ob die m Gewichte $a_1, a_2, \ldots, a_m$ so auf die b Behälter (englisch: *bins*) $A_1, A_2, \ldots, A_b$ verteilt (bzw. so in diese Behälter „gepackt") werden können, dass das Fassungsvermögen k keines der Behälter überschritten wird.

Stellen Sie eine Vermutung auf, welches bzw. welche dieser Probleme stark NP-vollständig ist bzw. sind, und versuchen Sie, Ihre Vermutung zu beweisen.

8.1.2 Naiver Algorithmus

In Abschnitt 8.1.3 wollen wir einen Exponentialzeit-Algorithmus für TSP vorstellen, der den naiven Algorithmus verbessert. Zunächst betrachten wir hier den naiven Exponentialzeit-Algorithmus für TSP selbst. Dieser inspiziert für eine gegebene TSP-Instanz nacheinander in systematischer Weise alle möglichen Rundreisen, berechnet die jeweilige Länge einer jeden Rundreise (also die aufsummierten Entfernungen zwischen je zwei Städten auf dieser Tour) und bestimmt schließlich eine kürzeste dieser Rundreisen.

Wie viele verschiedene Touren müssen beim naiven TSP-Algorithmus inspiziert werden? Sind n Städte gegeben, so ist jede Tour eindeutig durch eine Anordnung von $n-1$ Städten festgelegt. Außerdem genügt es, jede Rundreise in einer der beiden möglichen Richtungen zu durchlaufen. Folglich ergeben sich

$$\frac{(n-1)!}{2}$$

zu inspizierende Touren. Bei einer TSP-Instanz mit 21 Städten gibt es demnach

$$\frac{20!}{2} = 20 \cdot 19 \cdot 18 \cdot \ldots \cdot 3$$

verschiedene Rundreisen, d. h., es sind genau $1\,216\,451\,004\,088\,320\,000$ Rundreisen zu inspizieren. Nehmen wir an, dass wir einen Rechner haben, der die Länge einer Rundreise in 10^{-9} Sekunden berechnet, dann würde dieser Rechner für alle Rundreisen insgesamt $1\,216\,451\,004$ Sekunden brauchen, was ungefähr $20\,274\,183$ Minuten bzw. $337\,903$ Stunden bzw. $14\,079$ Tage bzw. 38 Jahre sind. Für die Berechnung einer kürzesten Rundreise durch gerade einmal 21 Städte ist das ziemlich lang – schon lange vor seiner Abreise wären alle Verkaufsprodukte des Händlers verdorben oder veraltet, und seine Tochter hätte wohl inzwischen die Geschäfte übernommen.

Anmerkung 8.3.   1. Natürlich gibt es heutzutage viel schnellere Rechner, und künftige Rechnergenerationen werden noch schneller sein. Doch ist das für die Abschätzung des Zeitbedarfs eines Exponentialzeit-Algorithmus wirklich relevant? Angenommen, man hat einen Algorithmus, der in der Zeit 3^n arbeitet, und N sei die maximale Eingabegröße, die dieser in einem gerade noch vertretbaren Zeitaufwand (von, sagen wir, 24 Stunden) auf unserem Rechner bearbeiten kann. Nun wird ein neuer Rechner geliefert, der tausendmal so schnell wie der alte ist. Die maximale Größe der Eingaben, die dieser neue, schnellere Rechner in unserem gerade noch vertretbaren Zeitaufwand von 24 Stunden bearbeiten kann, ist dann etwa $N + 6.29$.

Zwar führt die Vertausendfachung der Rechengeschwindigkeit bei einem Linearzeit-Algorithmus zu einer Vertausendfachung der Größe der in vertretbarem Aufwand lösbaren Instanzen: Statt Graphen mit 100 Knoten kann man nun Graphen mit 100 000 Knoten in derselben Zeit bearbeiten. Bei einem 3^n-Algorithmus ist dieselbe Vertausendfachung der Rechengeschwindigkeit jedoch nahezu wirkungslos: Statt Graphen mit 100 Knoten kann man nun Graphen mit 106 Knoten in derselben Zeit bearbeiten.

2. Das Problem des Handelsreisenden ist in der Praxis nicht nur für LogistikUnternehmen von großer Bedeutung. Um nur ein anderes Beispiel zu nennen: Die Berechnung kürzester Rundreisen spielt auch beim Herstellen von Leiterplatten eine wichtige Rolle. Angenommen, es sind Leiterplatten mit 100 Bohrlöchern an vorgegebenen Positionen zu versehen. Dazu muss man eine möglichst kurze Rundreise von Bohrloch zu Bohrloch berechnen. Je kürzer die Strecke ist, die ein Bohrer pro Platte insgesamt zurücklegen muss, umso schneller kann er alle Löcher bohren und umso mehr Geld verdient der Leiterplattenhersteller an diesem Tag. Da vielleicht täglich andere Muster von Löchern gebohrt werden sollen, lässt sich eine kürzeste Tour nicht einfach ein für alle Mal vorberechnen, sondern sie muss jeden Morgen neu bestimmt werden.

Beispiel 8.4 (naiver Algorithmus für TSP). Um den naiven Algorithmus für das Problem des Handelsreisenden anhand der konkreten TSP-Instanz $(K_5, c, 9)$ vorzuführen, wobei $K_5 = (V, E)$ der vollständige Graph mit fünf Knoten und $c : E \to \mathbb{N}$ die zugehörige Kostenfunktion ist, betrachten wir noch einmal die Karte mit fünf Städten aus Beispiel 3.58:

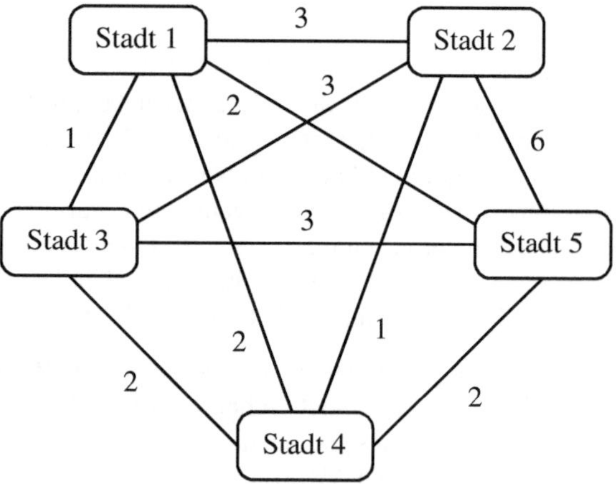

Abb. 8.1. Eine TSP-Instanz

Entfernungsmatrix   Die Entfernungen $c(\{i, j\})$ zwischen je zwei Städten i und j, mit denen die Kanten des Graphen in Abb. 8.1 beschriftet sind, können wie folgt als *Entfernungsmatrix* dargestellt werden:

$$D = \begin{pmatrix} 0 & 3 & 1 & 2 & 2 \\ 3 & 0 & 3 & 1 & 6 \\ 1 & 3 & 0 & 2 & 3 \\ 2 & 1 & 2 & 0 & 2 \\ 2 & 6 & 3 & 2 & 0 \end{pmatrix}.$$

Ein Eintrag $d(i,j) = c(\{i,j\})$ in dieser Matrix D stellt die Entfernung der Stadt i von der Stadt j dar. Da D symmetrisch ist (d. h., es gilt $d(i,j) = d(j,i)$ für alle $i, j \in \{1, 2, \ldots, 5\}$), hätte in diesem Beispiel auch die Angabe einer oberen Dreiecksmatrix genügt.[48] Um die Instanz $(K_5, c, 9)$ zu entscheiden, ist also die Frage zu beantworten, ob es eine Rundreise der Länge höchstens 9 gibt.

Wie oben erwähnt besteht der naive Algorithmus zur Berechnung einer kürzesten Rundreise im Durchprobieren aller möglichen Rundreisen. Es ergeben sich $4!/2 = 12$ verschiedene Rundreisen, die mit ihren jeweiligen Längen in Tabelle 8.1 dargestellt sind. Wir nehmen dabei an, dass die Reise immer bei der Stadt 1 beginnt und zu ihr zurückkehrt.

Tabelle 8.1. Vom naiven TSP-Algorithmus inspizierte Rundreisen für die Instanz in Abb. 8.1

Nr.	Rundreise	Länge der Rundreise
1	$1 \to 2 \to 3 \to 4 \to 5 \to 1$	$3+3+2+2+2 = 12$
2	$1 \to 2 \to 4 \to 3 \to 5 \to 1$	$3+1+2+3+2 = 11$
3	$1 \to 4 \to 2 \to 3 \to 5 \to 1$	$2+1+3+3+2 = 11$
4	$1 \to 2 \to 3 \to 5 \to 4 \to 1$	$3+3+3+2+2 = 13$
5	$1 \to 2 \to 4 \to 5 \to 3 \to 1$	$3+1+2+3+1 = 10$
6	$1 \to 4 \to 2 \to 5 \to 3 \to 1$	$2+1+6+3+1 = 13$
7	$1 \to 2 \to 5 \to 3 \to 4 \to 1$	$3+6+3+2+2 = 16$
8	$1 \to 2 \to 5 \to 4 \to 3 \to 1$	$3+6+2+2+1 = 14$
9	$1 \to 4 \to 5 \to 2 \to 3 \to 1$	$2+2+6+3+1 = 14$
10	$1 \to 5 \to 2 \to 3 \to 4 \to 1$	$2+6+3+2+2 = 15$
11	$1 \to 5 \to 2 \to 4 \to 3 \to 1$	$2+6+1+2+1 = 12$
12	$1 \to 5 \to 4 \to 2 \to 3 \to 1$	$2+2+1+3+1 = 9$

Und der Sieger ist: die 12. Rundreise! Diese durchläuft die Städte in der Reihenfolge

$$\text{Stadt } 1 \to \text{Stadt } 5 \to \text{Stadt } 4 \to \text{Stadt } 2 \to \text{Stadt } 3 \to \text{Stadt } 1$$

und hat eine Länge von 9. Die Frage, ob die gegebene Instanz $(K_5, c, 9)$ zu TSP gehört oder nicht, ist wegen dieser Lösung mit „ja" zu beantworten. Mit etwas mehr Glück (d. h. in einer anderen Durchmusterungsreihenfolge) hätte man auf diese

---

[48] Wie bereits in Abschnitt 3.4.4 erwähnt wurde, kann man auch Varianten von TSP betrachten, bei denen die Distanzmatrix nicht symmetrisch sein muss. Bei einer anderen Variante von TSP verlangt man zum Beispiel, dass die Dreiecksungleichung erfüllt ist: $d(i,j) + d(j,k) \geq d(i,k)$ für alle Städte i, j und k. Die Instanz in Abb. 8.1 erfüllt die Dreiecksungleichung nicht, da z. B. $d(2,1) + d(1,5) = 3 + 2 = 5 < 6 = d(2,5)$ gilt.

Rundreise, mit der die positive Entscheidung für die gegebene Instanz gefällt werden kann, schon eher stoßen können. Doch im schlechtesten Fall muss man sämtliche Rundreisen inspizieren, ehe man diese Entscheidung treffen kann.

Natürlich kann man mit diesem Algorithmus nicht nur das Entscheidungsproblem TSP, sondern auch das Optimierungsproblem MIN TSP (das in Abschnitt 3.6 definiert wurde) in derselben exponentiellen Zeit lösen. In der Praxis benutzt man dafür auch Approximationsalgorithmen, um in „vernünftiger" Zeit zumindest eine Näherungslösung zu berechnen. Ein Greedy-Algorithmus zum Beispiel geht wie folgt vor: Ausgehend von einem beliebigen Startpunkt, etwa der Stadt 1, wählt dieser Algorithmus eine Stadt, die am nächsten liegt, von dort wieder eine nächste Stadt und so weiter. Bereits besuchte Städte werden dabei markiert und – bis auf den Startpunkt – nicht wieder aufgesucht. So wird fortgefahren, bis man in allen Städten einmal war und zum Ausgangspunkt zurückkehrt. Gibt es unterwegs Wahlmöglichkeiten, weil zum Beispiel zwei Städte am nächsten sind, wählt man eine beliebige aus, etwa die mit dem kleinsten Namen (in der lexikographischen Ordnung).

Mit diesem Greedy-Algorithmus erhalten wir die folgende Näherungslösung für unsere Probleminstanz aus Beispiel 8.4:

$$\text{Stadt } 1 \rightarrow \text{Stadt } 3 \rightarrow \text{Stadt } 4 \rightarrow \text{Stadt } 2 \rightarrow \text{Stadt } 5 \rightarrow \text{Stadt } 1,$$

die der Tour Nr. 11 in Tabelle 8.1 (nur in umgekehrter Richtung durchlaufen) entspricht und eine Länge von $1 + 2 + 1 + 6 + 2 = 12$ hat. Diese Näherungslösung ist offenbar weit von einer kürzesten Rundreise entfernt. Der beschriebene Algorithmus ist auch als „Nächster-Nachbar-Heuristik" (englisch: *nearest neighbor heuristic*) bekannt und liefert beweisbar beliebig schlechte Lösungen [ACG+03].

In diesem Buch beschäftigen wir uns jedoch nicht mit Approximations-, sondern mit *exakten* Algorithmen für schwere Graphenprobleme. Es gibt verschiedene Ideen, mit denen man ineffiziente Algorithmen verbessern kann, ohne auf den Anspruch einer *exakten* Lösung zu verzichten, und einen solchen Ansatz stellen wir nun vor. Er beruht auf dem Prinzip der dynamischen Programmierung (siehe Abschnitt 3.5.3).

8.1.3 Algorithmus mit dynamischer Programmierung

Mit dynamischer Programmierung kann das Optimierungsproblem MIN TSP nach wie vor nicht effizient, jedoch schneller als durch den naiven Algorithmus gelöst werden. Der Algorithmus funktioniert wie folgt. Wie beim naiven Algorithmus aus Abschnitt 8.1.2 sollen alle Rundreisen von der Stadt 1 aus[49] über die $n - 1$ anderen Städte zurück zur Stadt 1 berechnet werden, und eine kürzeste dieser Reisen ist dann die gesuchte Tour. Anders als beim naiven Algorithmus sparen wir jetzt aber Zeit dadurch ein, dass wir bereits berechnete optimale Teillösungen speichern und nicht mehrmals berechnen müssen. Um also eine kürzeste Rundreise zwischen allen Städten in $\{1, 2, \ldots, n\}$ zu finden, berechnen wir einen kürzesten Weg von der Stadt 1 aus über alle Städte in $\{2, \ldots, n\} - \{i\}$ bis zur Stadt i, wobei $i \in \{2, \ldots, n\}$.

---

[49] Wir nehmen weiterhin an, dass die Reise immer bei der Stadt 1 beginnt und zu ihr zurückkehrt.

Indem man diese Idee über alle Teilmengen $S \subseteq \{2,\ldots,n\}$ mit wachsender Kardinalität immer wieder anwendet, entsteht ein rekursiver Algorithmus. Formelmäßig kann die Rekursion wie folgt beschrieben werden. Sei $f(S,i)$ die Länge eines kürzesten Weges, der bei der Stadt 1 beginnt, alle Städte der Menge $S - \{i\}$ genau einmal in beliebiger Reihenfolge besucht und in der Stadt i endet. Diese Funktion erfüllt die Rekursion

$$f(S,i) = \min_{j \in S-\{i\}} \{f(S-\{j\},j) + d(j,i)\} \tag{8.1}$$

für alle $S \subseteq \{2,\ldots,n\}$ und alle $i \in \{2,\ldots,n\}$. Offenbar gilt für alle $i \in \{2,\ldots,n\}$:

$$f(\{i\},i) = d(1,i), \tag{8.2}$$

das heißt, der kürzeste Weg von der Stadt 1 zur Stadt $i \in \{2,\ldots,n\}$, ohne einen Zwischenstopp, ist gerade der Wert $d(1,i)$ der Entfernungsmatrix D.

Beispiel 8.5 (Algorithmus mit dynamischer Programmierung für Min TSP). Wir wenden diesen Algorithmus nun auf unser Beispiel aus Abb. 8.1 an.

1. Die Entfernungen von der Stadt 1 zu allen anderen Städten entsprechen den Matrixwerten der ersten Zeile von D. Sie bilden gemäß (8.2) die unterste Ebene der Rekursion f, also $f(\{i\},i) = d(1,i)$ für $i \in \{2,\ldots,5\}$:

i	2	3	4	5
$f(\{i\},i) = d(1,i)$	3	1	2	2

Tabelle 8.2. Min TSP mit dynamischer Programmierung: Berechnung von $f(S,i)$ für $|S| = 2$

Reiseweg	$f(S,i)$ für $|S| = 2$
$1 \to 3 \to 2$	$f(\{2,3\},2) = f(\{3\},3) + d(3,2) = 1+3 = 4$
$1 \to 4 \to 2$	$f(\{2,4\},2) = f(\{4\},4) + d(4,2) = 2+1 = 3$
$1 \to 5 \to 2$	$f(\{2,5\},2) = f(\{5\},5) + d(5,2) = 2+6 = 8$
$1 \to 2 \to 3$	$f(\{2,3\},3) = f(\{2\},2) + d(2,3) = 3+3 = 6$
$1 \to 4 \to 3$	$f(\{3,4\},3) = f(\{4\},4) + d(4,3) = 2+2 = 4$
$1 \to 5 \to 3$	$f(\{3,5\},3) = f(\{5\},5) + d(5,3) = 2+3 = 5$
$1 \to 2 \to 4$	$f(\{2,4\},4) = f(\{2\},2) + d(2,4) = 3+1 = 4$
$1 \to 3 \to 4$	$f(\{3,4\},4) = f(\{3\},3) + d(3,4) = 1+2 = 3$
$1 \to 5 \to 4$	$f(\{4,5\},4) = f(\{5\},5) + d(5,4) = 2+2 = 4$
$1 \to 2 \to 5$	$f(\{2,5\},5) = f(\{2\},2) + d(2,5) = 3+6 = 9$
$1 \to 3 \to 5$	$f(\{3,5\},5) = f(\{3\},3) + d(3,5) = 1+3 = 4$
$1 \to 4 \to 5$	$f(\{4,5\},5) = f(\{4\},4) + d(4,5) = 2+2 = 4$

2. Aufbauend auf diesen Werten der untersten Rekursionsstufe kann nun $f(S,i)$ gemäß (8.1) für Teilmengen S mit $|S| = 2$ berechnet werden. Es werden alle Wege von der Stadt 1 in die Stadt i über eine beliebige andere Stadt berechnet.

Dabei muss man in diesem einfachen Fall noch keine Minima bestimmen, weil die Verbindungen von 1 und i über nur einen Zwischenstopp j, $1 \neq j \neq i$, keine verschiedenen Reisemöglichkeiten zulassen. Es ergeben sich die in Tabelle 8.2 angegebenen Werte für $f(S,i)$ mit $|S| = 2$.

3. Nun werden die kürzesten Wege von der Stadt 1 zu allen Städten $i \in \{2,\dots 5\}$ mit *zwei* Zwischenstopps berechnet, d. h., $|S| = 3$. Dabei kann man die schon berechneten kürzesten Wege über einen Zwischenstopp aus Tabelle 8.2 benutzen. Es ergeben sich die in Tabelle 8.3 angegebenen Werte für $f(S,i)$ mit $|S| = 3$.

Tabelle 8.3. MIN TSP mit dynamischer Programmierung: Berechnung von $f(S,i)$ für $|S| = 3$

Reiseweg	$f(S,i)$ für $|S| = 3$
$1 \to 3 \to 4 \to 2$ bzw. $1 \to 4 \to 3 \to 2$	$f(\{2,3,4\},2) = \min\{f(\{3,4\},3)+d(3,2), f(\{3,4\},4)+d(4,2)\}$ $= \min\{4+3,3+1\} = 4$
$1 \to 3 \to 5 \to 2$ bzw. $1 \to 5 \to 3 \to 2$	$f(\{2,3,5\},2) = \min\{f(\{3,5\},3)+d(3,2), f(\{3,5\},5)+d(5,2)\}$ $= \min\{5+3,4+6\} = 8$
$1 \to 4 \to 5 \to 2$ bzw. $1 \to 5 \to 4 \to 2$	$f(\{2,4,5\},2) = \min\{f(\{4,5\},4)+d(4,2), f(\{4,5\},5)+d(5,2)\}$ $= \min\{4+1,4+6\} = 5$
$1 \to 2 \to 4 \to 3$ bzw. $1 \to 4 \to 2 \to 3$	$f(\{2,3,4\},3) = \min\{f(\{2,4\},2)+d(2,3), f(\{2,4\},4)+d(4,3)\}$ $= \min\{3+3,4+2\} = 6$
$1 \to 2 \to 5 \to 3$ bzw. $1 \to 5 \to 2 \to 3$	$f(\{2,3,5\},3) = \min\{f(\{2,5\},2)+d(2,3), f(\{2,5\},5)+d(5,3)\}$ $= \min\{8+3,9+3\} = 11$
$1 \to 4 \to 5 \to 3$ bzw. $1 \to 5 \to 4 \to 3$	$f(\{3,4,5\},3) = \min\{f(\{4,5\},4)+d(4,3), f(\{4,5\},5)+d(5,3)\}$ $= \min\{4+2,4+3\} = 6$
$1 \to 2 \to 3 \to 4$ bzw. $1 \to 3 \to 2 \to 4$	$f(\{2,3,4\},4) = \min\{f(\{2,3\},2)+d(2,4), f(\{2,3\},3)+d(3,4)\}$ $= \min\{4+1,6+2\} = 5$
$1 \to 2 \to 5 \to 4$ bzw. $1 \to 5 \to 2 \to 4$	$f(\{2,4,5\},4) = \min\{f(\{2,5\},2)+d(2,4), f(\{2,5\},5)+d(5,4)\}$ $= \min\{8+1,9+2\} = 9$
$1 \to 3 \to 5 \to 4$ bzw. $1 \to 5 \to 3 \to 4$	$f(\{3,4,5\},4) = \min\{f(\{3,5\},3)+d(3,4), f(\{3,5\},5)+d(5,4)\}$ $= \min\{5+2,4+2\} = 6$
$1 \to 2 \to 3 \to 5$ bzw. $1 \to 3 \to 2 \to 5$	$f(\{2,3,5\},5) = \min\{f(\{2,3\},2)+d(2,5), f(\{2,3\},3)+d(3,5)\}$ $= \min\{4+6,6+3\} = 9$
$1 \to 2 \to 4 \to 5$ bzw. $1 \to 4 \to 2 \to 5$	$f(\{2,4,5\},5) = \min\{f(\{2,4\},2)+d(2,5), f(\{2,4\},4)+d(4,5)\}$ $= \min\{3+6,4+2\} = 6$
$1 \to 3 \to 4 \to 5$ bzw. $1 \to 4 \to 3 \to 5$	$f(\{3,4,5\},5) = \min\{f(\{3,4\},3)+d(3,5), f(\{3,4\},4)+d(4,5)\}$ $= \min\{4+3,3+2\} = 5$

4. Genau wie oben berechnet man nun die kürzesten Wege von der Stadt 1 zu allen Städten $i \in \{2,\dots 5\}$ über *drei* Zwischenstopps, d. h., $|S| = 4$. Die schon berechneten kürzesten Wege über zwei Zwischenstopps aus Tabelle 8.3 kann man dafür benutzen. Es ergeben sich die in Tabelle 8.4 angegebenen Werte für $f(S,i)$ mit $|S| = 4$. Dabei bezeichnen wir mit $1 \to \{j,k,\ell\} \to i$ alle Möglichkeiten, von der Stadt 1 in die Stadt i über die Städte j, k und ℓ zu gelangen, also die Reisewege

$$1 \to j \to k \to \ell \to i, \quad 1 \to j \to \ell \to k \to i, \quad 1 \to k \to j \to \ell \to i,$$
$$1 \to k \to \ell \to j \to i, \quad 1 \to \ell \to j \to k \to i, \quad 1 \to \ell \to k \to j \to i,$$

und versuchen, unter diesen einen kürzesten Weg zu finden.

Tabelle 8.4. MIN TSP mit dynamischer Programmierung: Berechnung von $f(S,i)$ für $|S| = 4$

Reiseweg	$f(S,i)$ für $|S| = 4$
$1 \to \{3,4,5\} \to 2$	$f(\{2,3,4,5\},2) = \min \begin{cases} f(\{3,4,5\},3) + d(3,2), \\ f(\{3,4,5\},4) + d(4,2), \\ f(\{3,4,5\},5) + d(5,2) \end{cases}$ $= \min\{6+3, 6+1, 5+6\} \qquad = 7$
$1 \to \{2,4,5\} \to 3$	$f(\{2,3,4,5\},3) = \min \begin{cases} f(\{2,4,5\},2) + d(2,3), \\ f(\{2,4,5\},4) + d(4,3), \\ f(\{2,4,5\},5) + d(5,3) \end{cases}$ $= \min\{5+3, 9+2, 6+3\} \qquad = 8$
$1 \to \{2,3,5\} \to 4$	$f(\{2,3,4,5\},4) = \min \begin{cases} f(\{2,3,5\},2) + d(2,4), \\ f(\{2,3,5\},3) + d(3,4), \\ f(\{2,3,5\},5) + d(5,4) \end{cases}$ $= \min\{8+1, 11+2, 9+2\} \qquad = 9$
$1 \to \{2,3,4\} \to 5$	$f(\{2,3,4,5\},5) = \min \begin{cases} f(\{2,3,4\},2) + d(2,5), \\ f(\{2,3,4\},3) + d(3,5), \\ f(\{2,3,4\},4) + d(4,5) \end{cases}$ $= \min\{4+6, 6+3, 5+2\} \qquad = 7$

5. Schließlich muss man nur noch einen kürzesten Rückweg in die Stadt 1 finden und berechnet also:

$$f(\{1,2,3,4,5\},1) = \min \begin{cases} f(\{2,3,4,5\},2) + d(2,1), \\ f(\{2,3,4,5\},3) + d(3,1), \\ f(\{2,3,4,5\},4) + d(4,1), \\ f(\{2,3,4,5\},5) + d(5,1) \end{cases}$$
$$= \min\{7+3, 8+1, 9+2, 7+2\} = 9.$$

Wenn man den Algorithmus so modifiziert, dass er sich zusätzlich zur Berechnung der jeweiligen schrittweise wachsenden kürzesten Wege merkt, *warum* er in den einzelnen Schritten schließlich zu dieser kürzesten Rundreise über alle Städte gelangt ist, dann erhält man nicht nur den optimalen Wert (in diesem Fall die Länge 9 einer kürzesten Tour), sondern kann auch eine optimale Lösung konstruieren. In unserem Beispiel ergibt sich nämlich:

- die Wegstrecke $5 \to 1$ aus $f(\{1,2,3,4,5\},1) = f(\{2,3,4,5\},5) + d(5,1) = 9$,
- die Wegstrecke $4 \to 5$ aus $f(\{2,3,4,5\},5) = f(\{2,3,4\},4) + d(4,5) = 7$,
- die Wegstrecke $2 \to 4$ aus $f(\{2,3,4\},4) = f(\{2,3\},2) + d(2,4) = 5$,
- die Wegstrecke $3 \to 2$ aus $f(\{2,3\},2) = f(\{3\},3) + d(3,2) = 4$ und
- die Wegstrecke $1 \to 3$ aus $f(\{3\},3) = d(1,3) = 1$,

insgesamt also: $1 \to 3 \to 2 \to 4 \to 5 \to 1$, die der Tour Nr. 12 in Tabelle 8.1 (nur in umgekehrter Richtung durchlaufen) entspricht.[50] Der Algorithmus löst also mittels dynamischer Programmierung nicht nur das Optimierungs-, sondern auch das Suchproblem.

Auch wenn durch die Anwendung der dynamischen Programmierung kein wirklich effizienter (also kein Polynomialzeit-)Algorithmus entsteht, wird die Rechenzeit gegenüber dem naiven Algorithmus deutlich verringert, da alle schon berechneten kleineren Teillösungen genutzt werden, wenn man sukzessive die Anzahl der Städte erhöht. Es werden also keine Wege doppelt berechnet.

Satz 8.6 (Held und Karp [HK62]). *Das Problem des Handelsreisenden (TSP) kann für n Städte in der Zeit*

$$\tilde{\mathcal{O}}(2^n)$$

gelöst werden.   **ohne Beweis**

Übung 8.7. Analysieren Sie den oben angegebenen Algorithmus mit dynamischer Programmierung und begründen Sie die in Satz 8.6 angegebene Laufzeit.

8.2 Das Domatische-Zahl-Problem

Die domatische Zahl $d(G)$ eines ungerichteten Graphen G wurde in Definition 3.55 eingeführt und bezeichnet die Größe einer größten Partition von G in dominierende Mengen. Eine dominierende Menge von $G = (V,E)$ ist dabei eine Teilmenge $D \subseteq V$ der Knotenmenge von G, sodass jeder Knoten von G entweder zu D gehört oder mit einem Knoten in D durch eine Kante verbunden ist (siehe Definition 3.54 und die Beispiele 3.15 und 3.54, insbesondere Abb. 3.9 und Abb. 3.29).

Die in Abschnitt 3.4.3 definierten Probleme DOMINIERENDE MENGE und DO-MATISCHE ZAHL sind NP-vollständig (siehe Übung 5.25(c)). Wir konzentrieren uns hier auf das Problem DOMATISCHE ZAHL: Gegeben ein Graph $G = (V,E)$ und eine natürliche Zahl $k \le |V|$, ist $d(G) \ge k$? Genauer gesagt werden wir uns nur mit der Variante dieses Problems befassen, für die der Parameter k den Wert 3 annimmt. Das heißt, in diesem Abschnitt untersuchen wir das Problem

3-DNP $\text{3-DNP} = \{G \,|\, G$ ist ein ungerichteter Graph mit $d(G) \ge 3\}.$

Wie das allgemeine Problem DOMATISCHE ZAHL ist bereits 3-DNP NP-vollständig und daher vermutlich nicht in (deterministischer) Polynomialzeit lösbar. Das analog definierte Problem 2-DNP (bei dem gefragt wird, ob die Knotenmenge eines gegebenen Graphen G in mindestens zwei dominierende Mengen partitioniert werden kann) hingegen kann deterministisch in Polynomialzeit gelöst werden.

2-DNP

---

[50] Genau die Tour Nr. 12 aus Tabelle 8.1 (nicht in umgekehrter Richtung durchlaufen) erhält man ebenfalls, da man für die letzte Wegstrecke statt $5 \to 1$ auch $3 \to 1$ nehmen könnte, denn es gilt ja ebenso $f(\{1,2,3,4,5\},1) = f(\{2,3,4,5\},3) + d(3,1) = 9$, usw.

Übung 8.8. Zeigen Sie, dass 2-DNP in P liegt.

3-DNP lässt sich als ein Constraint Satisfaction Problem im Sinne von Definition 7.5 formulieren, sofern der maximale Knotengrad durch eine Konstante beschränkt ist. Das heißt, schränkt man 3-DNP auf solche Graphen G ein, für die $\Delta(G) \leq b$ für eine feste Zahl $b \in \mathbb{N}$ gilt, so lässt sich dieses eingeschränkte Problem als $(3, b+1)$-CSP ausdrücken, wodurch die in den Abschnitten 7.3 bis 7.5 vorgestellten Techniken anwendbar werden. Hier werden wir jedoch eine andere Methode einsetzen, um für das (uneingeschränkte) Problem 3-DNP einen Exponentialzeit-Algorithmus zu beschreiben, der besser als der naive $\tilde{\mathcal{O}}(3^n)$-Algorithmus für dieses Problem ist.

Übung 8.9. (a) Zeigen Sie, dass 3-DNP deterministisch in der Zeit $\tilde{\mathcal{O}}(3^n)$ gelöst werden kann, d. h., beschreiben Sie den naiven Algorithmus für dieses Problem.
(b) Sei 3-DNP$_b$ die Einschränkung von 3-DNP auf Graphen mit einem durch $b \in \mathbb{N}$ beschränkten maximalen Knotengrad:

$$\text{3-DNP}_b = \{G \mid G \text{ ist ein ungerichteter Graph mit } \Delta(G) \leq b \text{ und } d(G) \geq 3\}.$$

Formulieren Sie 3-DNP$_b$ als $(3, b+1)$-CSP und wenden Sie die Methoden aus den Abschnitten 7.3 bis 7.5 darauf an. Welche Zeitschranke erhalten Sie in Abhängigkeit von b? Ermitteln Sie insbesondere die Zeitschranke von 3-DNP, eingeschränkt auf kubische Graphen.

8.2.1 Vorbereitungen

Zunächst führen wir noch eine nützliche Notation ein. Sei $G = (V, E)$ ein ungerichteter Graph. Für Knoten $v \in V$ wurde in Definition 3.3 die (offene) Nachbarschaft $N(v)$ von v als die Menge aller mit v adjazenten Knoten definiert. Die *geschlossene Nachbarschaft von v* ist definiert als $N[v] = \{v\} \cup N(v)$. Diese Begriffe erweitern wir auf Teilmengen $U \subseteq V$ der Knotenmenge von G wie folgt:

offene bzw. geschlossene Nachbarschaft eines Knotens bzw. einer Knotenmenge

- $N[U] = \bigcup_{u \in U} N[u]$ ist die *geschlossene Nachbarschaft von U* und
- $N(U) = N[U] - U$ ist die *offene Nachbarschaft von U*.

Eine Menge $D \subseteq V$ ist also genau dann eine dominierende Menge von $G = (V, E)$, wenn $N[D] = V$ gilt. Wir sind hier speziell an den *minimalen* dominierenden Mengen von Graphen interessiert. Wie in Beispiel 3.15 erläutert wurde, heißt eine dominierende Menge D von G minimal, falls es keine dominierende Menge D' von G mit $D' \subset D$ gibt. Fomin et al. [FGPS08] zeigten, dass ein Graph mit n Knoten höchstens 1.7159^n minimale dominierende Mengen haben kann. Daraus ergibt sich das folgende Resultat.

Satz 8.10 (Fomin, Grandoni, Pyatkin und Stepanov [FGPS08]). *Es gibt einen Algorithmus, der für einen gegebenen Graphen G mit n Knoten in der Zeit*

$$\tilde{\mathcal{O}}(1.7159^n)$$

sämtliche minimalen dominierenden Mengen von G auflistet.   **ohne Beweis**

Aus Satz 8.10 ergibt sich ein Algorithmus zur Berechnung der domatischen Zahl eines gegebenen Graphen.

Korollar 8.11 (Fomin, Grandoni, Pyatkin und Stepanov [FGPS08]). *Die domatische Zahl eines gegebenen Graphen mit n Knoten kann in der Zeit*

$$\tilde{\mathcal{O}}(2.8718^n)$$

berechnet werden.   **ohne Beweis**

Wir geben die (recht aufwändigen) Beweise von Satz 8.10 und Korollar 8.11 nicht im Einzelnen an. Stattdessen wollen wir in Abschnitt 8.2.2 das Resultat aus Satz 8.10 mit dem folgenden Resultat von Yamamoto [Yam05] kombinieren, um einen Exponentialzeit-Algorithmus für 3-DNP zu erhalten, der besser als der naive Algorithmus für dieses Problem ist. Satz 8.12 gibt eine in der Klauselanzahl einer gegebenen KNF-Formel exponentielle Zeitschranke für das Problem SAT an. Auch diesen Satz beweisen wir hier nicht.

Satz 8.12 (Yamamoto [Yam05]). *Es gibt einen Algorithmus, der das Problem* SAT *für eine gegebene Formel in KNF mit m Klauseln in der Zeit*

$$\tilde{\mathcal{O}}(1.234^m)$$

löst.   **ohne Beweis**

8.2.2 Kombination zweier Algorithmen

Aus Korollar 8.11 ergibt sich unmittelbar eine $\tilde{\mathcal{O}}(2.8718^n)$-Zeitschranke für 3-DNP. Diese kann jedoch noch verbessert werden, wenn wir den Algorithmus von Fomin et al. [FGPS08] aus Satz 8.10 mit dem Algorithmus von Yamamoto [Yam05] aus Satz 8.12 kombinieren.

Satz 8.13 (Riege, Rothe, Spakowski und Yamamoto [RRSY07]). *Es gibt einen Algorithmus, der das Problem* 3-DNP *für einen gegebenen Graphen mit n Knoten in der Zeit*

$$\tilde{\mathcal{O}}(2.6129^n)$$

löst.

Beweis.   Sei $G = (V, E)$ ein gegebener Graph mit n Knoten. Mit dem Algorithmus von Fomin et al. [FGPS08] aus Satz 8.10 listen wir alle minimalen dominierenden Mengen von G der Reihe nach auf.[51] Hat man eine solche minimale dominierende Menge von G erzeugt, sagen wir $D \subseteq V$, so definieren wir die boolesche Formel $\varphi_D(X, C)$ mit

---

[51] Es ist dabei nicht nötig, diese alle zu speichern, was exponentiellen Platz brauchen würde. Stattdessen kann man eine nach der anderen weiter bearbeiten, wie im Folgenden beschrieben wird. Wurde die aktuelle minimale dominierende Menge von G erfolglos getestet, so kann man denselben Speicherplatz für die nächste minimale dominierende Menge von G verwenden. Auf diese Weise benötigt man nur polynomiellen Speicherplatz.

- der Variablenmenge $X = \{x_v \mid v \in V - D\}$ und
- der Klauselmenge $C = \{C_v \mid v \in V\}$, wobei für jeden Knoten $v \in V$ die Klausel C_v definiert ist durch

$$C_v = (u_1 \vee u_2 \vee \cdots \vee u_k)$$

mit $\{u_1, u_2, \ldots, u_k\} = N[v] - D$.

Übung 8.14. Bestimmen Sie alle minimalen dominierenden Mengen des Graphen in Abb. 8.2 (welcher auch in Abb. 3.9 dargestellt wurde) und konstruieren Sie für jede dieser Mengen D die entsprechende boolesche Formel φ_D.

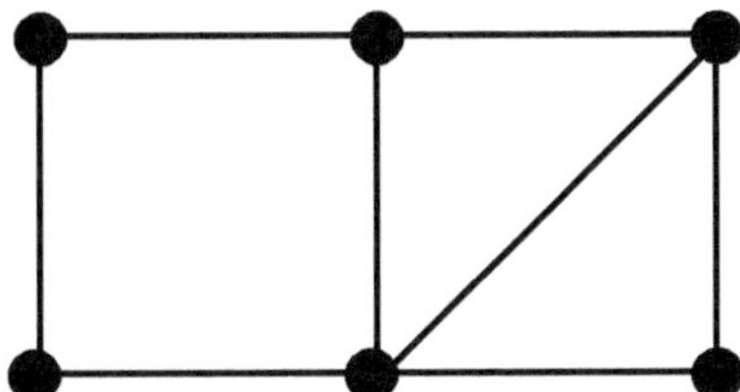

Abb. 8.2. Ein Graph für Übung 8.14

Der nächste Schritt im Beweis besteht darin, die folgende Äquivalenz zu zeigen:

$$G \in 3\text{-DNP} \quad \Longleftrightarrow \quad \varphi_D \in \text{NAE-SAT}, \tag{8.3}$$

wobei NAE-SAT die Variante von SAT ist, bei der getestet wird, ob es eine erfüllende Belegung für φ_D gibt, die in keiner Klausel sämtliche Literale erfüllt.[52] Wir zeigen nun beide Implikationen von (8.3).

Von links nach rechts: Angenommen, G ist in 3-DNP. Dann gibt es eine Partition von V in drei dominierende Mengen, und wir dürfen annehmen, dass eine dieser drei Mengen (diese heiße D) minimal ist (siehe Übung 8.16). Seien F und T die beiden anderen dominierenden Mengen in dieser Partition von V. Nach Definition gilt $N[F] = V = N[T]$, d. h., jeder Knoten von G gehört sowohl zur abgeschlossenen Nachbarschaft von F als auch zu der von T. Konstruieren wir nun eine Belegung der Variablen in X, die einer Variablen x_v den Wert **true** zuordnet, falls v in T ist, und einer Variablen x_v den Wert **false**, falls v in F ist, so folgt $\varphi_D \in \text{NAE-SAT}$.

Von rechts nach links: Angenommen, $\varphi_D \in \text{NAE-SAT}$ gilt für eine minimale dominierende Menge D von G. Sei $\beta : X \to \{\textbf{false}, \textbf{true}\}$ eine Belegung, die φ_D im Sinne von NAE-SAT erfüllt. Wir definieren die folgenden beiden Mengen:

$$F = \{v \in V - D \mid \beta(x_v) = \textbf{false}\};$$
$$T = \{v \in V - D \mid \beta(x_v) = \textbf{true}\}.$$

---

[52] Das heißt, das in Abschnitt 5.1.3 definierte Problem NAE-3-SAT ist die Einschränkung von NAE-SAT auf Formeln in 3-KNF. Wie SAT ist nach Lemma 5.24 auch NAE-3-SAT und somit ebenso NAE-SAT NP-vollständig.

Da für jeden Knoten $v \in V$ die Klausel C_v sowohl Literale enthält, die unter β wahr sind, als auch solche, die unter β falsch sind, sind F und T jeweils dominierende Mengen von G. Somit ist G in 3-DNP.

Die Äquivalenz (8.3) erlaubt es uns, die Frage „$G \in$ 3-DNP?" auf die Frage „$\varphi_D \in$ NAE-SAT?" zu reduzieren. Diese Frage wiederum kann leicht auf die Frage „$\psi_D \in$ SAT?" reduziert werden, wobei ψ_D eine boolesche Formel in KNF ist, die doppelt so viele Klauseln wie φ_D hat.

Übung 8.15. Zeigen Sie, dass eine gegebene boolesche Formel φ_D in KNF so in eine boolesche Formel ψ_D in KNF umgeformt werden kann, dass ψ_D doppelt so viele Klauseln wie φ_D hat und die folgende Äquivalenz gilt:

$$\varphi_D \in \text{NAE-SAT} \iff \psi_D \in \text{SAT}. \tag{8.4}$$

Für jede der höchstens 1.7159^n minimalen dominierenden Mengen D von G (siehe Satz 8.10) können wir den $\tilde{\mathcal{O}}(1.234^m)$-Algorithmus von Yamamoto aus Satz 8.12 auf die Formel ψ_D anwenden, um ihre Erfüllbarkeit zu testen. Da ψ_D jeweils $m = 2n = |V|$ Klauseln hat, ergibt sich insgesamt eine Laufzeit von

$$\tilde{\mathcal{O}}(1.7159^n \cdot 1.234^{2n}) = \tilde{\mathcal{O}}(2.6129^n),$$

womit der Satz bewiesen ist. $\qquad\qquad\Box$

Übung 8.16. Sei $G = (V, E)$ ein Graph in 3-DNP. Zeigen Sie, dass es unter allen Partitionen von V in drei dominierende Mengen mindestens eine gibt, die eine minimale dominierende Menge enthält.

8.3 Literaturhinweise

Die in Abschnitt 8.1.2 skizzierte Nächster-Nachbar-Heuristik zur Approximation des Problems des Handelsreisenden kann leider nicht so verbessert werden, dass man eine abschätzbar gute Lösung für das allgemeine Problem TSP erhält. Setzt man zusätzlich die Dreiecksungleichung aus Fußnote 48 für die Instanzen des TSP voraus, so bezeichnet man diese Einschränkung des Problems als Δ-TSP. Für das Δ-TSP gibt es einen Approximationsalgorithmus, der eine optimale Lösung stets bis auf einen Faktor von 1.5 annähert [ACG$^+$03]. Schränkt man das Δ-TSP noch weiter ein, indem man Punkte im $\mathbb{R}^2$ betrachtet und die Entfernungen zwischen diesen Punkten als ihren euklidischen Abstand definiert, so kann man das Problem beliebig gut approximieren, d. h., es gibt dann sogar ein so genanntes polynomielles Approximationsschema [ACG$^+$03].

Der in Abschnitt 8.1.3 vorgestellte Algorithmus mit dynamischer Programmierung für das Problem des Handelsreisenden wurde von Held und Karp [HK62] entworfen. Obwohl die Idee der dynamischen Programmierung für dieses Problem seit 1962 bekannt ist und nicht sehr schwierig wirkt, ist dieser Algorithmus noch immer der beste bekannte exakte Algorithmus für dieses Problem.

Riege und Rothe [RR05] lieferten das erste Resultat, das die triviale $\tilde{\mathcal{O}}(3^n)$-Schranke für 3-DNP verbesserte. Fomin, Grandoni, Pyatkin und Stepanov [FGPS08] gelang mit Satz 8.10 und Korollar 8.11 eine weitere Verbesserung für 3-DNP und ein allgemeineres Resultat, da sie auch die Exponentialzeit-Schranke für die Berechnung der domatischen Zahl verbesserten. Ihre Methode wird in der Übersichtsarbeit von Fomin, Grandoni und Kratsch [FGK05] als „Measure and Conquer" bezeichnet.   Measure and Conquer

Satz 8.12 wurde von Yamamoto [Yam05] bewiesen. Die in Satz 8.13 angegebene Zeitschranke von $\tilde{\mathcal{O}}(2.6129^n)$ ist etwas besser als die in der Originalarbeit von Riege, Rothe, Spakowski und Yamamoto [RRSY07] bewiesene Schranke von $\tilde{\mathcal{O}}(2.695^n)$. Das liegt aber nur daran, dass in dieser Arbeit ein älteres Resultat von Fomin et al. [FGPS05] benutzt wurde, das diese Autoren später verbesserten [FGPS08].

Björklund und Husfeldt [BH06] konnten sogar einen $\tilde{\mathcal{O}}(2^n)$-Algorithmus für das Berechnen der domatischen Zahl finden. Allerdings erfordert dieser Algorithmus exponentiellen Raum. Außerdem geben sie einen $\tilde{\mathcal{O}}(2.8805^n)$-Algorithmus für dasselbe Problem an, der in polynomialem Raum arbeitet.

Riege et al. [RRSY07] gaben auch randomisierte Algorithmen für 3-DNP an, deren Laufzeiten vom maximalen Knotengrad des Eingabegraphen abhängen und die auf dem randomisierten CSP-Algorithmus von Schöning [Sch99] beruhen, siehe auch [Sch02] sowie die Übersichtsarbeiten von Schöning [Sch05] und Woeginger [Woe03].

Teil III

Algorithmen auf speziellen Graphen

9
Bäume und Co-Graphen

Wie bereits in Kapitel 3 erläutert, gibt es zahlreiche spezielle Graphklassen. Lassen sich alle Graphen einer Klasse entlang einer Baumstruktur aufbauen, so spricht man von einer baumstrukturierten Graphklasse. Baumstrukturierte Graphen spielen in der Informatik eine wichtige Rolle, da eine unterliegende Baumstruktur sehr oft eine systematische und effiziente Analyse der entsprechenden Graphen ermöglicht. Voraussetzung für diese effiziente Analyse ist, dass die Baumstruktur der Graphen explizit gegeben ist bzw. effizient bestimmt werden kann. Die algorithmische Grundidee besteht in einer dynamischen Programmierung, bei der alle Teillösungen für die Teilgraphen berechnet werden, die durch Teilbäume der Baumstruktur repräsentiert werden. Die maximale Anzahl der Teillösungen ist oft unabhängig von der Größe der Teilgraphen (bzw. polynomiell in der Größe der Teilgraphen). In diesen Fällen können die entsprechenden Graphenprobleme auf den baumstrukturierten Graphen mit dynamischer Programmierung von unten nach oben (englisch: *bottom-up*) entlang der gegebenen Baumstruktur in linearer Zeit (bzw. in polynomieller Zeit) gelöst werden. Um dies algorithmisch zu realisieren, eignet sich die in Definition 3.12 beschriebene Bottom-up-Reihenfolge, bei der die Knoten eines (geordneten) Wurzelbaums so durchlaufen werden, dass die Kinder vor ihren Vorgängerknoten besucht werden, also zuerst einige Blätter und zuletzt die Wurzel des Baums.

Wir wollen nun den algorithmischen Nutzen spezieller Graphklassen am Beispiel von Bäumen und Co-Graphen veranschaulichen.

9.1 Algorithmen auf Bäumen

9.1.1 Definition und grundlegende Eigenschaften

Die Begriffe *Baum* und *Wurzelbaum* wurden in Definition 3.10 eingeführt. Abbildung 9.1 zeigt zwei ungerichtete Bäume. Es gibt zahlreiche äquivalente Charakterisierungen für Bäume, die leicht bewiesen werden können. So kann man Bäume zum Beispiel durch eindeutige Wege, als minimale zusammenhängende Graphen oder als

F. Gurski et al., *Exakte Algorithmen für schwere Graphenprobleme*, eXamen.press,
DOI 10.1007/978-3-642-04500-4_9, © Springer-Verlag Berlin Heidelberg 2010

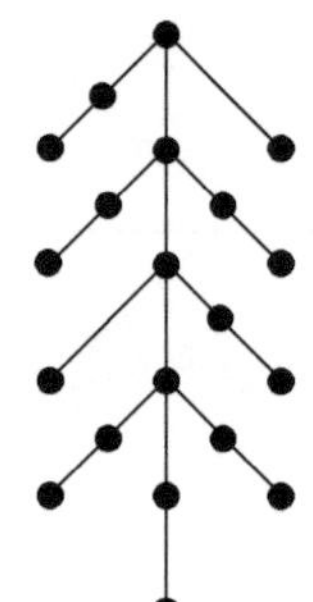 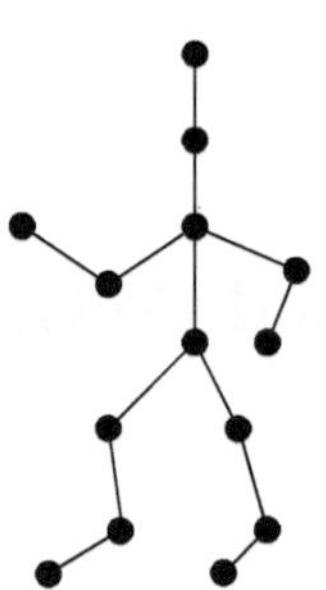

Abb. 9.1. Zwei Bäume

maximale kreisfreie Graphen charakterisieren (siehe die letzten drei Aussagen in Satz 9.1).

Satz 9.1. *Für jeden Graphen $B = (V, E)$ sind die folgenden Aussagen äquivalent:*

1. *B ist ein Baum.*
2. *B ist kreisfrei und $|E| = |V| - 1$.*
3. *B ist zusammenhängend und $|E| = |V| - 1$.*
4. *Zwischen je zwei Knoten aus B existiert genau ein Weg.*
5. *B ist zusammenhängend und jede Kante aus B ist eine Brücke.*
6. *B ist kreisfrei und durch Einfügen einer Kante zwischen zwei beliebigen nicht adjazenten Knoten entsteht ein Kreis.*   **ohne Beweis**

Übung 9.2. Beweisen Sie Satz 9.1.

Es stellt sich die Frage, wozu man diese zahlreichen Charakterisierungen für Bäume benötigt. Eine wichtige Anwendung besteht darin, dass man die folgende Aussage mit einer der angegebenen Charakterisierungen leicht zeigen kann.

Satz 9.3. *Man kann für jeden Graphen $G = (V, E)$ in der Zeit $\mathcal{O}(|V|)$ entscheiden, ob G ein Baum ist.*   **ohne Beweis**

Übung 9.4. Beweisen Sie Satz 9.3 unter Verwendung einer geeigneten Charakterisierung aus Satz 9.1.

Der Begriff des perfekten Graphen wurde in Definition 3.50 eingeführt und in Satz 3.53 wurden einige Charakterisierungen perfekter Graphen angegeben.

Lemma 9.5. *Jeder Baum ist ein perfekter Graph.*

Beweis.   Wir zeigen die Aussage unter Verwendung der dritten Charakterisierung von perfekten Graphen aus Satz 3.53: Ein Graph ist genau dann perfekt, wenn er für kein $n \geq 2$ den ungerichteten Kreis C_{2n+1} mit $2n + 1$ Knoten oder dessen Komplementgraphen $\overline{C_{2n+1}}$ als induzierten Teilgraphen enthält.

Nach Definition können Bäume keine Kreise C_n, $n \geq 3$, als Teilgraphen und somit auch keine Kreise C_{2n+1}, $n \geq 2$, als induzierte Teilgraphen enthalten.

Weiterhin kann man die Komplemente der Kreise C_{2n+1}, $n \geq 2$, wie folgt als induzierte Teilgraphen ausschließen. Da der Kreis C_5 selbstkomplementär (also isomorph zu seinem Komplementgraphen) ist, kann ein Baum keinen $\overline{C_5}$ als induzierten Teilgraphen enthalten. Außerdem enthält jeder Kreis C_n, $n \geq 6$, eine unabhängige Menge der Größe drei. Folglich enthält jedes Komplement eines Kreises C_n, $n \geq 6$, einen Kreis mit drei Knoten als induzierten Teilgraphen. Somit enthalten Bäume keine Kreise $\overline{C_{2n+1}}$, $n \geq 2$, als induzierte Teilgraphen. $\qquad\Box$

9.1.2 Algorithmen

In diesem Abschitt beschreiben wir, wie man für Bäume das in Abschnitt 3.4 definierte Problem UNABHÄNGIGE MENGE, das für allgemeine Graphen NP-vollständig ist, sehr einfach mittels dynamischer Programmierung in linearer Zeit lösen kann.

Es sei $B = (V,E)$ ein Baum. Offenbar ist jede unabhängige Menge von B auch eine unabhängige Menge in jedem Wurzelbaum $B_w = (V,E,w)$, der aus B entsteht, indem ein beliebiger Knoten w aus B als seine Wurzel ausgezeichnet wird; und umgekehrt. Damit folgt für jeden Knoten $w \in V$ die Gleichheit

$$\alpha(B) = \alpha(B_w),$$

wobei $\alpha(G)$ die Unabhängigkeitszahl eines Graphen G bezeichnet. Für $v \in V$ bezeichnen wir mit $B_v = (V',E',v)$ den Teilbaum von $B_w = (V,E,w)$ mit Wurzel v. Als Hilfsvariable benötigen wir zusätzlich noch $\alpha'(B_v)$, die Größe einer kardinalitätsmaximalen unabhängigen Menge im Teilbaum B_v, die den Wurzelknoten v *nicht* enthält. Für den Wurzelbaum $B_w = (V,E,w)$ kann die Größe einer kardinalitätsmaximalen unabhängigen Menge $\alpha(B_w)$ durch einen Durchlauf gemäß der Bottom-up-Reihenfolge (siehe Definition 3.13) der Knoten mit der folgenden Aktion auf den Knoten berechnet werden:

1. Setze für jedes Blatt v in B_w:

$$\alpha(B_v) = 1,$$
$$\alpha'(B_v) = 0.$$

2. Setze für jeden inneren Knoten v in B_w:

$$\alpha(B_v) = \max\left\{ 1 + \sum_{k \text{ ist Kind von } v} \alpha'(B_k), \sum_{k \text{ ist Kind von } v} \alpha(B_k) \right\}, \qquad (9.1)$$
$$\alpha'(B_v) = \sum_{k \text{ ist Kind von } v} \alpha(B_k).$$

Satz 9.6. *Für jeden Baum $B = (V,E)$ kann die Unabhängigkeitszahl in der Zeit $\mathcal{O}(|V|)$ berechnet werden.*

Beweis.   Es seien $B = (V,E)$ ein Baum, $w \in V$ und $B_w = (V,E,w)$ der durch w definierte Wurzelbaum. Die Laufzeitabschätzung ist leicht einzusehen, da in der Bottom-up-Reihenfolge für jeden der $|V|$ Knoten des Baums genau einmal zwei Werte ausgerechnet werden müssen und jeder Wert höchstens einmal weiterverwendet wird. Die Korrektheit folgt, da jeder Knoten v des Baums in die unabhängige Menge aufgenommen werden kann (dem entspricht der erste Term in (9.1): $1 + \sum_{k \text{ ist Kind von } v} \alpha'(B_k)$) sowie auch nicht in die unabhängige Menge aufgenommen werden kann (dem entspricht der zweite Term in (9.1): $\sum_{k \text{ ist Kind von } v} \alpha(B_k)$). ❑

Beispiel 9.7 (Unabhängigkeitszahl für Bäume). Wir wenden den Algorithmus auf den Baum in Abb. 9.2 an. Die Knoten sind hier in einer Bottom-up-Reihenfolge nummeriert, d. h., der i-te Knoten in dieser Reihenfolge wird in Abb. 9.2 mit i bezeichnet, z. B. ist 16 die Wurzel des Baums.

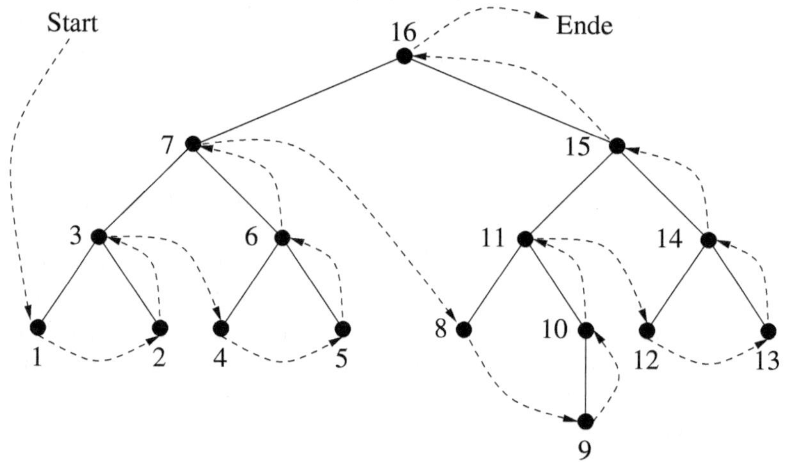

Abb. 9.2. Ein Durchlauf gemäß der Bottom-up-Reihenfolge in einem binären Wurzelbaum

i	1	2	3	4	5	6	7	8	9	10	11	12	13	14	15	16
Blatt	+	+	−	+	+	−	−	+	+	−	−	+	+	−	−	−
$\alpha(B_i)$	1	1	2	1	1	2	5	1	1	1	2	1	1	2	5	10
$\alpha'(B_i)$	0	0	2	0	0	2	4	0	0	1	2	0	0	2	4	10

Aufgrund der Beziehung zwischen der Unabhängigkeitszahl und der Knotenüberdeckungszahl in einem Graphen aus Gleichung (3.4) gilt auch die folgende Aussage.

Korollar 9.8. *Für jeden Baum $B = (V,E)$ kann die Knotenüberdeckungszahl in der Zeit $\mathcal{O}(|V|)$ berechnet werden.*

Das Problem PARTITION IN CLIQUEN lässt sich auf das Problem UNABHÄNGI-
GE MENGE zurückführen, da jeder Baum nach Lemma 9.5 ein perfekter Graph ist.

Korollar 9.9. *Für jeden Baum $B = (V, E)$ kann die Cliquenüberdeckungszahl in der
Zeit $\mathcal{O}(|V|)$ berechnet werden.*

Das Problem CLIQUE ist für Bäume sehr einfach zu lösen, da Bäume keine Clique der Größe mindestens drei mehr enthalten können. Das Problem PARTITION IN
UNABHÄNGIGE MENGEN ist ebenso einfach, da sich die Knoten eines Baums stets
in zwei unabhängige Mengen aufteilen lassen.

Übung 9.10. Wenden Sie die angegebenen Algorithmen auf die beiden Bäume in
Abb. 9.1 an, um die folgenden Werte für diese Bäume zu bestimmen:

1. die Unabhängigkeitszahl,
2. die Knotenüberdeckungszahl,
3. die Cliquenzahl,
4. die Färbungszahl und
5. die Cliquenüberdeckungszahl.

Weitere schwere Probleme, die sich in linearer Zeit auf Bäumen lösen lassen, sind
PARTITION IN UNABHÄNGIGE KANTENMENGEN und DOMINIERENDE MENGE.

9.2 Algorithmen auf Co-Graphen

9.2.1 Definition und grundlegende Eigenschaften

Zur Definition von Co-Graphen benötigen wir einige Notationen.

Definition 9.11 (disjunkte Vereinigung und disjunkte Summe). *Es seien $G_1 =
(V_1, E_1)$ und $G_2 = (V_2, E_2)$ zwei Graphen.*

1. Die disjunkte Vereinigung *von G_1 und G_2 ist definiert durch*   disjunkte Vereinigung

$$G_1 \cup G_2 = (V_1 \cup V_2, E_1 \cup E_2).$$ $G_1 \cup G_2$

2. Die disjunkte Summe *von G_1 und G_2 ist definiert durch*   disjunkte Summe

$$G_1 \times G_2 = (V_1 \cup V_2, E_1 \cup E_2 \cup \{\{v_1, v_2\} \mid v_1 \in V_1, v_2 \in V_2\}).$$ $G_1 \times G_2$

Wie schon in Definition 3.20 erwähnt ist der *Komplementgraph eines Graphen*
$G = (V, E)$ definiert durch

$$\overline{G} = (V, \{\{u, v\} \mid u, v \in V, u \neq v, \{u, v\} \notin E\}).$$ $\overline{G}$

Lemma 9.12. *Die Operationen $\cup$ und $\times$ auf Graphen sind kommutativ, und für je
zwei Graphen G_1 und G_2 gilt*

$$G_1 \times G_2 = \overline{\overline{G_1} \cup \overline{G_2}}.$$

ohne Beweis

Übung 9.13. Beweisen Sie Lemma 9.12.

Co-Graphen wurden von verschiedenen Autoren um 1970 unabhängig voneinander eingeführt. Wir wollen hier die folgende Definition verwenden.

Co-Graph

Definition 9.14 (Co-Graph). *Ein Graph $G = (V,E)$ ist ein* Co-Graph, *falls er sich mit den folgenden drei Regeln aufbauen lässt:*

1. *Der Graph mit genau einem Knoten (kurz bezeichnet mit $G = \bullet$) ist ein Co-Graph.*
2. *Für zwei Co-Graphen G_1 und G_2 ist die disjunkte Vereinigung $G_1 \cup G_2$ ein Co-Graph.*
3. *Für zwei Co-Graphen G_1 und G_2 ist die disjunkte Summe $G_1 \times G_2$ ein Co-Graph.*

Beispiel 9.15 (Co-Graph).

1. Abbildung 9.3 zeigt sechs Co-Graphen.

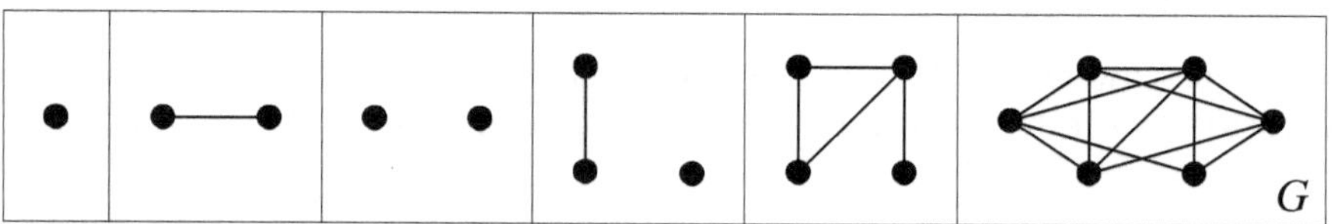

Abb. 9.3. Sechs Co-Graphen

2. Weitere Beispiele für Co-Graphen sind die vollständigen Graphen K_n und die vollständig unzusammenhängenden Graphen $\overline{K_n}$ sowie die vollständig bipartiten Graphen $K_{n,m}$ für alle n und m.

Man kann jeden Aufbau eines Co-Graphen mit den Operationen $\cup$ und $\times$ in einer Baumstruktur darstellen. Ein Co-Baum zu einem Co-Graphen ist ein binärer Wurzelbaum, dessen innere Knoten mit $\cup$ oder $\times$ markiert und dessen Blätter den Knoten des Graphen zugeordnet sind.

Definition 9.16 (Co-Baum).

Co-Baum

1. *Der* Co-Baum T zu einem Co-Graphen $G = \bullet$, der aus genau einem Knoten besteht, *hat genau einen Knoten (die Wurzel von T), der mit $\bullet$ markiert wird.*
2. *Der* Co-Baum T zur disjunkten Vereinigung zweier Co-Graphen G_1 und G_2 besteht aus der disjunkten Vereinigung der Co-Bäume T_1 und T_2 zu G_1 bzw. G_2, einem zusätzlichen Knoten r (der Wurzel von T), der mit $\cup$ markiert wird, und zwei zusätzlichen Kanten zwischen r und der Wurzel von T_1 bzw. zwischen r und der Wurzel von T_2.*
3. *Der* Co-Baum T zur disjunkten Summe zweier Co-Graphen G_1 und G_2 ist analog unter Verwendung der disjunkten Summe der Co-Bäume T_1 und T_2 zu G_1 bzw. G_2 definiert.*

Beispiel 9.17 (Co-Baum). Abbildung 9.4 zeigt den Co-Baum T_G zu dem Co-Graphen G, der ganz rechts in Abb. 9.3 dargestellt ist. (Die Zahlen an den Knoten geben eine Bottom-up-Reihenfolge an, die später in den Beispielen 9.28 und 9.31 gebraucht wird.)

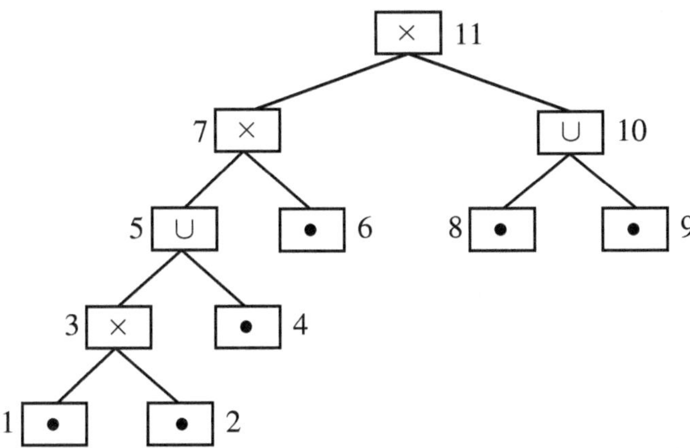

Abb. 9.4. Ein Co-Baum zu dem Co-Graphen G aus Abbildung 9.3

Übung 9.18. In der Literatur werden die Operationen $\cup$ und $\times$ auf Co-Graphen gelegentlich auch für mehr als zwei beteiligte Graphen definiert. Die dadurch entstehenden Co-Bäume sind im Allgemeinen nicht mehr binär. Zeigen Sie, dass man jeden solchen allgemeinen Co-Baum in einen binären Co-Baum transformieren kann, der denselben Co-Graphen definiert.

Übung 9.19. (a) Es sei G ein Co-Graph mit Co-Baum T. Erläutern Sie, wie man aus T einen Co-Baum für den Komplementgraphen von G konstruieren kann.
(b) Zeichnen Sie einen Co-Baum T für den Komplementgraphen des Co-Graphen G aus Abb. 9.3. Geben Sie auch den durch T definierten Co-Graphen $\overline{G}$ an.

Lemma 9.20. *Die Menge der Co-Graphen ist abgeschlossen bezüglich Komplementbildung und induzierter Teilgraphbildung, jedoch nicht abgeschlossen bezüglich Teilgraphbildung.*   **ohne Beweis**

Übung 9.21. Zeigen Sie Lemma 9.20.

Im folgenden Satz sind einige Charakterisierungen von Co-Graphen zusammengefasst.

Satz 9.22. *Für jeden Graphen G sind die folgenden Eigenschaften äquivalent.*

1. *G ist ein Co-Graph.*
2. *G enthält keinen P_4 (also keinen Weg mit vier Knoten) als induzierten Teilgraphen. (Kurz: G ist P_4-frei.)*

3. *Der Komplementgraph jedes zusammenhängenden induzierten Teilgraphen mit mindestens zwei Knoten aus G ist unzusammenhängend.*
4. *G lässt sich mit den folgenden drei Regeln aufbauen.*
   - *a) Jeder Graph mit genau einem Knoten ist ein Co-Graph.*
   - *b) Für zwei Co-Graphen G_1 und G_2 ist die disjunkte Vereinigung $G_1 \cup G_2$ ein Co-Graph.*
   - *c) Für einen Co-Graphen G_1 ist auch der Komplementgraph $\overline{G_1}$ ein Co-Graph.*

ohne Beweis

$$P_4$$

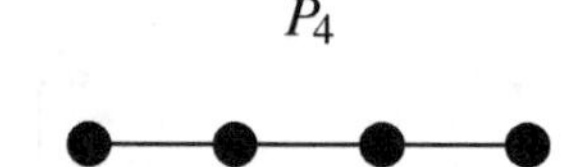

Abb. 9.5. Verbotenener induzierter Teilgraph für Co-Graphen

Übung 9.23. Beweisen Sie, dass der P_4 kein Co-Graph ist, ohne dabei die entsprechende Charakterisierung von Co-Graphen aus Satz 9.22 zu benutzen.

Das folgende Lemma kann einfach bewiesen werden.

Lemma 9.24. *Jeder Co-Graph ist ein perfekter Graph.*

Übung 9.25. Zeigen Sie Lemma 9.24.

Die folgende Aussage ist für die Algorithmen auf Co-Graphen im nächsten Abschnitt wichtig.

Satz 9.26 (Corneil, Perl und Stewart [CPS85]). *Man kann für jeden Graphen $G = (V,E)$ in der Zeit $\mathcal{O}(|V| + |E|)$ entscheiden, ob G ein Co-Graph ist und im positiven Fall auch einen Co-Baum für G bestimmen.* **ohne Beweis**

9.2.2 Algorithmen

Die folgenden Algorithmen zeigen, wie sich die Probleme UNABHÄNGIGE MENGE, CLIQUE, PARTITION IN UNABHÄNGIGE MENGEN und PARTITION IN CLIQUEN auf Co-Graphen sehr einfach lösen lassen.

Es sei G ein Co-Graph und der Wurzelbaum $T = (V_T, E_T, w)$ sei ein Co-Baum für G und habe die Wurzel w. Für einen Knoten $v \in V_T$ sei T_v der Teilbaum von T mit Wurzel v und $G[v]$ sei der durch T_v definierte Co-Graph.

Unabhängige Menge

Für einen Co-Graphen $G = (V,E)$ kann die Größe $\alpha(G) = \alpha(G[w])$ einer kardinalitätsmaximalen unabhängigen Menge mittels dynamischer Programmierung entlang des Co-Baums T durch einen Bottom-up-Durchlauf der Knoten mit der folgenden Aktion auf den Knoten berechnet werden:

1. Für jedes Blatt v in T setze $\alpha(G[v]) = 1$.
2. Setze für jeden mit $\cup$ markierten inneren Knoten v mit den Kindern v_1 und v_2 in T:
$$\alpha(G[v]) = \alpha(G[v_1]) + \alpha(G[v_2]).$$

3. Setze für jeden mit $\times$ markierten inneren Knoten v mit den Kindern v_1 und v_2 in T:
$$\alpha(G[v]) = \max\{\alpha(G[v_1]), \alpha(G[v_2])\}.$$

Satz 9.27. *Für jeden Co-Graphen $G = (V,E)$ kann die Unabhängigkeitszahl in der Zeit $\mathcal{O}(|V| + |E|)$ berechnet werden.*

Beweis. Es seien $G = (V,E)$ ein Co-Graph und T ein Co-Baum für G. Die Laufzeit ergibt sich daraus, dass T genau $|V|$ Blätter und $|V| - 1$ innere Knoten mit jeweils genau zwei Kindern hat und das Bestimmen des Co-Baums die Zeit $\mathcal{O}(|V| + |E|)$ benötigt.

Die Korrektheit im Fall eines mit $\cup$ markierten inneren Knotens v mit den Kindern v_1 und v_2 in T gilt, da der Graph $G[v]$ offensichtlich eine unabhängige Menge der Größe
$$\alpha(G[v_1]) + \alpha(G[v_2])$$
hat. Eine größere unabhängige Menge kann es im Graphen $G[v]$ nicht geben, da sonst einer der beiden beteiligten Teilgraphen eine größere unabhängige Menge als $\alpha(G[v_1])$ bzw. $\alpha(G[v_2])$ haben würde.

Die Korrektheit im Fall eines mit $\times$ markierten inneren Knotens v mit den Kindern v_1 und v_2 in T gilt, da der Graph $G[v]$ eine unabhängige Menge der Größe
$$\max\{\alpha(G[v_1]), \alpha(G[v_2])\}$$
hat. Eine größere unabhängige Menge kann es im Graph $G[v]$ nicht geben, da sonst einer der beiden beteiligten Teilgraphen eine größere unabhängige Menge als $\alpha(G[v_1])$ bzw. $\alpha(G[v_2])$ enthalten würde. $\qquad\square$

Beispiel 9.28 (Unabhängigkeitszahl für Co-Graphen). Wir wenden den Algorithmus auf den Co-Baum T_G aus Abb. 9.4 für den Co-Graphen G in Abb. 9.3 an. Die Knoten von T_G sind hier in einer Bottom-up-Reihenfolge nummeriert, d.h., i ist der i-te Knoten von T_G in dieser Reihenfolge. Damit entsprechen die Blätter in T_G den Knoten von G und der Knoten 11 entspricht der Wurzel des Co-Baums T_G. Es ergeben sich die folgenden Werte:

i	1	2	3	4	5	6	7	8	9	10	11
Blatt/$\cup$/$\times$	+	+	×	+	∪	+	×	+	+	∪	×
$\alpha(G[i])$	1	1	1	1	2	1	2	1	1	2	2

Die Unabhängigkeitszahl von G ist also $\alpha(G) = 2$.

Aufgrund der Beziehung zwischen der Unabhängigkeitszahl und der Knotenüberdeckungszahl in einem Graphen aus Gleichung (3.4) gilt auch die folgende Aussage.

Korollar 9.29. *Für jeden Co-Graphen $G = (V,E)$ kann die Knotenüberdeckungszahl in der Zeit $\mathcal{O}(|V| + |E|)$ berechnet werden.*

Clique

Für einen Co-Graphen $G = (V,E)$ kann die Größe $\omega(G) = \omega(G[w])$ einer kardinalitätsmaximalen Clique mittels dynamischer Programmierung entlang des Co-Baums T durch einen Bottom-up-Durchlauf der Knoten mit der folgenden Aktion auf den Knoten berechnet werden:

1. Für jedes Blatt v in T setze $\omega(G[v]) = 1$.
2. Setze für jeden mit $\cup$ markierten inneren Knoten v mit den Kindern v_1 und v_2 in T:
$$\omega(G[v]) = \max\{\omega(G[v_1]), \omega(G[v_2])\}.$$
3. Setze für jeden mit $\times$ markierten inneren Knoten v mit den Kindern v_1 und v_2 in T:
$$\omega(G[v]) = \omega(G[v_1]) + \omega(G[v_2]).$$

Analog zum Algorithmus für das Problem UNABHÄNGIGE MENGE ergibt sich aus dem obigen Algorithmus auch für das Problem CLIQUE die folgende Aussage.

Satz 9.30. *Für jeden Co-Graphen $G = (V,E)$ kann die Größe einer kardinalitätsmaximalen Clique in der Zeit $\mathcal{O}(|V| + |E|)$ berechnet werden.*

Beispiel 9.31 (Cliquenzahl für Co-Graphen). Wir wenden den Algorithmus auf den Co-Baum T_G aus Abb. 9.4 für den Co-Graph G in Abb. 9.3 an. Die Co-Baum-Knoten sind hier wieder in einer Bottom-up-Reihenfolge nummeriert (siehe Beispiel 9.28). Hier ergeben sich die folgenden Werte:

i	1	2	3	4	5	6	7	8	9	10	11
Blatt/$\cup$/$\times$	+	+	×	+	∪	+	×	+	+	∪	×
$\omega(G[i])$	1	1	2	1	2	1	3	1	1	1	4

Die Cliquenzahl von G ist also $\omega(G) = 4$.

Alternativ zu der angegebenen Lösung kann man zu einem gegebenen Graphen G mit Co-Baum T den Co-Baum T' für den Komplementgraphen $\overline{G}$ konstruieren und auf diesem das Problem UNABHÄNGIGE MENGE lösen, da gemäß Gleichung (3.3) $\omega(G) = \alpha(\overline{G})$ gilt.

Da Co-Graphen perfekt sind, kann man nun unmittelbar auch die beiden Probleme PARTITION IN UNABHÄNGIGE MENGEN und PARTITION IN CLIQUEN lösen.

Partition in unabhängige Mengen

Für einen Co-Graphen $G = (V,E)$ kann die Färbungszahl $\chi(G) = \chi(G[w])$ mittels dynamischer Programmierung entlang des Co-Baums T durch einen Bottom-up-Durchlauf der Knoten mit der folgenden Aktion auf den Knoten berechnet werden:

1. Für jedes Blatt v in T setze $\chi(G[v]) = 1$.
2. Setze für jeden mit $\cup$ markierten inneren Knoten v mit den Kindern v_1 und v_2 in T:
$$\chi(G[v]) = \max\{\chi(G[v_1]), \chi(G[v_2])\}.$$
3. Setze für jeden mit $\times$ markierten inneren Knoten v mit den Kindern v_1 und v_2 in T:
$$\chi(G[v]) = \chi(G[v_1]) + \chi(G[v_2]).$$

Satz 9.32. *Für jeden Co-Graphen $G = (V,E)$ kann die Färbungszahl in der Zeit $\mathcal{O}(|V| + |E|)$ berechnet werden.*

Beweis.   Die Korrektheit dieser Berechnung folgt, da Co-Graphen nach Lemma 9.24 perfekt sind, d. h., es gilt für jeden Co-Graphen G die Gleichheit $\chi(G) = \omega(G)$. $\qquad\Box$

Mit Beispiel 9.31 erhalten wir also für den Co-Graphen G aus Abb. 9.3 eine Färbungszahl von $\chi(G) = \omega(G) = 4$.

Partition in Cliquen

Für einen Co-Graphen $G = (V,E)$ kann die Cliquenpartitionszahl $\theta(G) = \theta(G[w])$ mittels dynamischer Programmierung entlang des Co-Baums T durch einen Bottom-up-Durchlauf der Knoten mit der folgenden Aktion auf den Knoten berechnet werden:

1. Für jedes Blatt v in T setze $\theta(G[v]) = 1$.
2. Setze für jeden mit $\cup$ markierten inneren Knoten v mit den Kindern v_1 und v_2 in T:
$$\theta(G[v]) = \theta(G[v_1]) + \theta(G[v_2]).$$
3. Setze für jeden mit $\times$ markierten inneren Knoten v mit den Kindern v_1 und v_2 in T:
$$\theta(G[v]) = \max\{\theta(G[v_1]), \theta(G[v_2])\}.$$

Satz 9.33. *Für jeden Co-Graphen $G = (V,E)$ kann die Cliquenpartitionszahl in der Zeit $\mathcal{O}(|V| + |E|)$ berechnet werden.*

Beweis.   Die Korrektheit dieser Berechnung folgt, da Co-Graphen nach Lemma 9.24 perfekt sind, d. h., es gilt für jeden Co-Graphen G die Gleichheit $\theta(G) = \alpha(G)$. $\qquad\Box$

Mit Beispiel 9.28 erhalten wir also für den Co-Graphen G aus Abb. 9.3 eine Cliquenpartitionszahl von $\theta(G) = \alpha(G) = 2$.

Alternativ kann man zu einem gegebenen Graphen G mit Co-Baum T den Co-Baum T' für den Komplementgraphen $\overline{G}$ konstruieren und auf diesem das Problem PARTITION IN UNABHÄNGIGE MENGEN lösen, da gemäß Gleichung (3.9) $\theta(G) = \chi(\overline{G})$ gilt.

Übung 9.34. Wenden Sie die angegebenen Algorithmen auf den Co-Graphen $G = K_{1,5} \times P_3$ an, um die folgenden Werte für G zu bestimmen:

1. die Unabhängigkeitszahl,
2. die Knotenüberdeckungszahl,
3. die Cliquenzahl,
4. die Färbungszahl und
5. die Cliquenüberdeckungszahl.

Bestimmen Sie dazu zunächst einen Co-Baum zu G.

Hingegen ist das Problem PARTITION IN UNABHÄNGIGE KANTENMENGEN auf Co-Graphen bislang ungelöst.

Wir haben gezeigt, wie man schwere Probleme einfach auf den zwei Graphklassen Bäume und Co-Graphen lösen kann. Diese beiden Graphklassen werden wir in den Kapiteln 10 und 11 verallgemeinern.

9.3 Literaturhinweise

Bäume sind eine der ältesten Graphklassen. Wurzelbäume bilden die Grundlage vieler wichtiger Datenstrukturen in der Informatik.

Co-Graphen wurden zu Beginn der 1970er Jahre von Lerchs eingeführt [Ler71] und sind anders als Bäume vorwiegend theoretisch interessant. Co-Graphen wurden von vielen weiteren Autoren unter zahlreichen Namen definiert, zum Beispiel als D^*-graphs von Jung [Jun78] oder als HD-graphs (hereditary dacey graphs) von Sumner [Sum74]. Die hier betrachteten Algorithmen auf Co-Graphen findet man bereits in der Arbeit von Corneil, Lerchs und Stewart-Burlingham [CLSB81].

Baumweitebeschränkte Graphen

Nun betrachten wir Parametrisierungen, die die Weite eines Graphen messen, wenn dieser in einer speziellen Baumstruktur repräsentiert wird. Entlang dieser Baumstruktur können viele an sich schwere Probleme auf Graphen mit beschränktem Parameter effizient im Sinne von FPT-Algorithmen gelöst werden.

10.1 Grundlagen

In diesem Abschnitt definieren wir so genannte Baumdekompositionen für Graphen. Die Güte einer solchen Dekomposition messen wir durch die Baumweite des zugehörigen Graphen. Der Begriff Baumweite (englisch: *treewidth*) wurde 1986 von Robertson und Seymour [RS86] eingeführt.

Definition 10.1 (Baumweite). *Es seien $G = (V_G, E_G)$ ein Graph, $T = (V_T, E_T)$ ein Baum und $\mathscr{X} = \{X_u \mid X_u \subseteq V_G,\ u \in V_T\}$ eine Menge von Teilmengen von V_G. Wir nennen das Paar $(\mathscr{X}, T)$ eine* Baumdekomposition *für G, wenn die folgenden drei Bedingungen erfüllt sind:*

1. $\bigcup_{u \in V_T} X_u = V_G$.
2. *Für jede Kante $\{w_1, w_2\} \in E_G$ gibt es einen Knoten $u \in V_T$, sodass $w_1 \in X_u$ und $w_2 \in X_u$.*
3. *Für jeden Knoten $w \in V_G$ ist der Teilgraph von T, der durch die Knoten $u \in V_T$ mit $w \in X_u$ induziert wird, zusammenhängend.*

Die Mengen $X_u \in \mathscr{X}$ werden als Taschen *(englisch:* bags*) bezeichnet.*
  Die Weite *einer Baumdekomposition $(\mathscr{X}, T)$ ist die Zahl*

$$\max_{u \in V_T} |X_u| - 1.$$

Die Baumweite *eines Graphen G (kurz* Baumweite(G)*) ist die geringste Weite aller möglichen Baumdekompositionen für G.*

F. Gurski et al., *Exakte Algorithmen für schwere Graphenprobleme*, eXamen.press,
DOI 10.1007/978-3-642-04500-4_10, © Springer-Verlag Berlin Heidelberg 2010

Anmerkung 10.2.   1. Die einigen Lesern vielleicht etwas merkwürdig erscheinende „-1" in der oben angegebenen Definition der Weite einer Baumdekomposition dient nur der Normierung, sodass Bäume die Baumweite 1 besitzen (siehe Satz 10.25).

2. In der Literatur findet man anstelle der dritten Bedingung in Definition 10.1 sehr häufig die folgende Bedingung:

Für alle $u, v, w \in V_T$ gilt: Wenn v auf dem Weg von u nach w in T liegt,

dann gilt $X_u \cap X_w \subseteq X_v$.   (10.1)

Beide Bedingungen sind jedoch äquivalent, sodass wir hier die in der Definition angegebene Bedingung verwenden, da diese wesentlich leichter verifiziert werden kann.

Übung 10.3. Zeigen Sie, dass die in (10.1) angegebene Bedingung äquivalent zur dritten Bedingung in Definition 10.1 ist.

Beispiel 10.4 (Baumdekomposition). Wir betrachten den Graphen G in Abb. 10.1 und eine Baumdekomposition $(\mathscr{X}, T)$ für G in Abb. 10.2. Man kann leicht überprüfen, dass die drei Bedingungen aus Definition 10.1 erfüllt sind. Da

$$\max_{u \in V_T} |X_u| - 1 = 3 - 1 = 2$$

gilt, hat die angegebene Baumdekomposition $(\mathscr{X}, T)$ die Weite 2.

Da es keine Baumdekomposition der Weite 1 für G gibt, hat G die Baumweite 2.

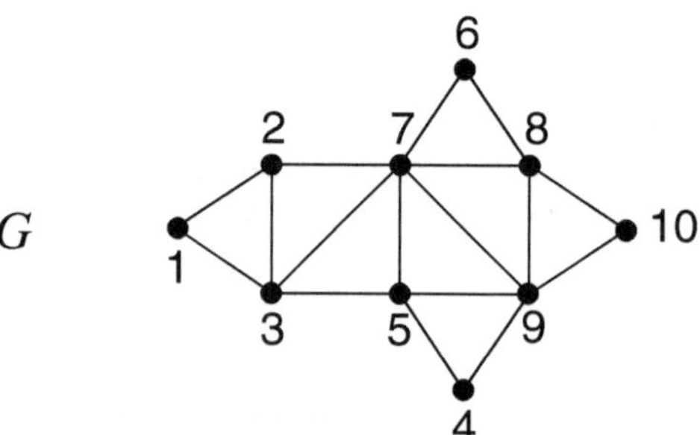

Abb. 10.1. Ein Graph für Beispiel 10.4

Durch eine Einschränkung der Baumstruktur einer Baumdekomposition zu einer Wegstruktur erhalten wir einen weiteren Graphparameter, der ebenfalls von Robertson und Seymour eingeführt wurde [RS83].

Definition 10.5 (Wegweite). *Falls der Baum T in Definition 10.1 ein Weg ist, so heißt $(\mathscr{X}, T)$ eine* Wegdekomposition. *Die* Wegweite *eines Graphen G (kurz mit* Wegweite(G) *bezeichnet) ist die geringste Weite aller möglichen Wegdekompositionen für G.*

Wegdekomposition
Wegweite

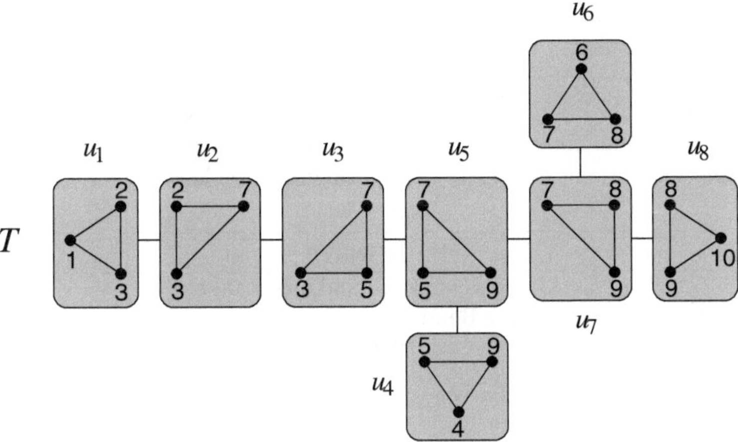

Abb. 10.2. Eine Baumdekomposition $(\mathscr{X}, T)$ der Weite 2 für den Graphen aus Abb. 10.1

Beispiel 10.6 (Wegdekomposition). Wir betrachten nochmals den Graphen G in Abb. 10.1 und eine Wegdekomposition $(\mathscr{X}, T)$ für G in Abb. 10.3. Man kann leicht überprüfen, dass die drei Bedingungen aus Definition 10.1 erfüllt sind und dass T ein Weg ist. Da

$$\max_{u \in V_T} |X_u| - 1 = 4 - 1 = 3$$

gilt, hat die angegebene Wegdekomposition $(\mathscr{X}, T)$ die Weite 3.

Da es keine Wegdekomposition der Weite 2 für G gibt, hat G die Wegweite 3.

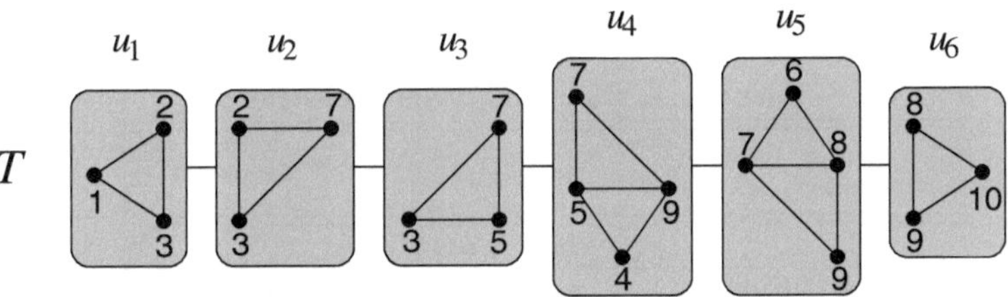

Abb. 10.3. Eine Wegdekomposition $(\mathscr{X}, T)$ der Weite 3 für den Graphen aus Abb. 10.1

Anmerkung 10.7. Jede Wegdekomposition ist offenbar auch eine Baumdekomposition. Weiterhin kann man für jeden Graphen $G = (V, E)$ durch

$$(\mathscr{X}, T) = (\{V\}, (\{u_1\}, \emptyset))$$

eine Baumdekomposition und Wegdekomposition der Weite $|V| - 1$ angeben. Damit gilt für jeden Graphen $G = (V, E)$ offensichtlich

$$\text{Baumweite}(G) \leq \text{Wegweite}(G) \leq |V| - 1.$$

Da die Baumweite bzw. die Wegweite in der Laufzeit von parametrisierten Algorithmen im Exponenten vorkommt, sind stets Baumdekompositionen und Wegdekompositionen mit möglichst geringer Weite von Interesse. Leider ist das Problem, eine solche optimale Baum- oder Wegdekompositionen zu finden, bzw. schon das Bestimmen der Weite einer solchen Dekomposition schwer. Als Entscheidungsproblem lassen sich diese Probleme folgendermaßen ausdrücken:

BAUMWEITE

BAUMWEITE
Gegeben: Ein Graph $G = (V, E)$ und eine Zahl $k \in \mathbb{N}$.
Frage: Hat G eine Baumweite von höchstens k?

WEGWEITE

Das analoge Problem für die Wegweite lautet wie folgt.

WEGWEITE
Gegeben: Ein Graph $G = (V, E)$ und eine Zahl $k \in \mathbb{N}$.
Frage: Hat G eine Wegweite von höchstens k?

Satz 10.8 (Arnborg, Corneil und Proskurowski [ACP87]). BAUMWEITE *ist* NP-*vollständig und* WEGWEITE *ist* NP-*vollständig.*   **ohne Beweis**

Die parametrisierten Problemvarianten von BAUMWEITE und WEGWEITE ergeben sich wie folgt:

p-BAUMWEITE

p-BAUMWEITE
Gegeben: Ein Graph $G = (V, E)$ und eine Zahl $k \in \mathbb{N}$.
Parameter: k.
Frage: Hat G eine Baumweite von höchstens k?

p-WEGWEITE

p-WEGWEITE
Gegeben: Ein Graph $G = (V, E)$ und eine Zahl $k \in \mathbb{N}$.
Parameter: k.
Frage: Hat G eine Wegweite von höchstens k?

Satz 10.9 (Bodlaender [Bod96]). *Es gibt ein Polynom p und einen Algorithmus, der zu einem gegebenen Graphen $G = (V, E)$ eine Baumdekomposition der Weite $k = \text{Baumweite}(G)$ in der Zeit $\mathcal{O}(|V| \cdot 2^{p(k)})$ bestimmt.*   **ohne Beweis**

Eine analoge Aussage gilt auch für die Wegweite. Die Beweise dieser Aussagen sind sehr umfangreich und die auftretenden Polynome p haben einen hohen Grad.

Korollar 10.10. p-BAUMWEITE $\in$ FPT *und* p-WEGWEITE $\in$ FPT.

Folglich sind für jedes feste $k \in \mathbb{N}$ die Probleme, ob ein gegebener Graph eine Baumweite von höchstens k bzw. eine Wegweite von höchstens k hat, in linearer Zeit entscheidbar, und im positiven Fall kann auch eine Baumdekomposition bzw. Wegdekomposition der Weite k bestimmt werden.

Wir geben nun Abschätzungen der Baumweite und Wegweite von einigen Graphen an, die bei der Bestimmung der Baumweite und Wegweite weiterer Graphen hilfreich sind. Eine untere Schranke für die Baumweite eines Graphen liefern stets vollständige Teilgraphen.

Lemma 10.11 (Bodlaender und Möhring [BM93]). *Es seien G ein Graph und $(\mathscr{X}, T)$ mit $T = (V_T, E_T)$ eine Baumdekomposition für G. Für jeden vollständigen Teilgraphen $K = (V_K, E_K)$ von G gibt es einen Knoten $u \in V_T$, sodass $V_K \subseteq X_u$ gilt.*

Beweis.   Es seien G ein Graph und $(\mathscr{X}, T)$ eine Baumdekomposition für G. Wir zeigen die Aussage induktiv über die Anzahl n der Knoten in $K = (V_K, E_K)$.

Ist $n = 1$, so gibt es einen Knoten u in T mit $V_K \subseteq X_u$ nach der Definition der Baumdekomposition.

Es seien nun $n > 1$ und $x \in V_K$. Nach Induktionsannahme gibt es einen Knoten u in T, sodass $V_K - \{x\} \subseteq X_u$. Wir suchen nun einen Knoten in T, der alle Elemente aus V_K enthält. Es sei $T' = (V', E')$ der Teilbaum von T, der durch die Knoten u' induziert wird, für die $x \in X_{u'}$ gilt.

Ist $u \in V'$, so gilt $V_K - \{x\} \subseteq X_u$ nach Induktionsannahme und $\{x\} \subseteq X_u$ nach Definition von V', also gilt $V_K \subseteq X_u$.

Wir nehmen nun an, dass $u \notin V'$ gilt, siehe Abb. 10.4. Es sei $v \in V'$ der Knoten aus T', der die kleinste Distanz zu u in T hat. Wir zeigen, dass $V_K \subseteq X_v$ gilt. Aufgrund der Definition von T' liegt x in X_v. Also müssen wir noch für jeden Knoten y aus $V_K - \{x\}$ zeigen, dass y in X_v ist. Offenbar enthält jeder Weg in T mit einem Startknoten aus T' und dem Zielknoten u stets den Knoten v. Da $x, y \in V_K$ und K eine Clique in G ist, enthält der Graph G eine Kante $\{x, y\}$, und somit gibt es einen Knoten $v' \in V'$, sodass $x, y \in X_{v'}$ gilt. Da der Knoten y auch in $V_K - \{x\} \subseteq X_u$ liegt und der Weg von v' nach u in T den Knoten v enthält, muss aufgrund der dritten Bedingung der Definition von Baumdekompositionen (siehe Definition 10.1) auch $y \in X_v$ gelten. □

Eine analoge Aussage gibt es auch für vollständig bipartite Graphen.

Lemma 10.12 (Bodlaender und Möhring [BM93]). *Es seien G ein Graph und $(\mathscr{X}, T)$ eine Baumdekomposition für G. Weiter gelte $V_1, V_2 \subseteq V$ und $\{\{v_1, v_2\} \mid v_1 \in V_1, v_2 \in V_2\} \subseteq E$. Es gibt einen Knoten $u \in V_T$, sodass $V_1 \subseteq X_u$ oder $V_2 \subseteq X_u$ gilt.*   **ohne Beweis**

Das folgende Lemma wird im Beweis einiger der folgenden Aussagen benötigt (z. B. beim Beweis von Korollar 10.15).

Lemma 10.13. *Ein Graph mit einer Baumweite von höchstens k hat stets einen Knoten vom Grad höchstens k.*

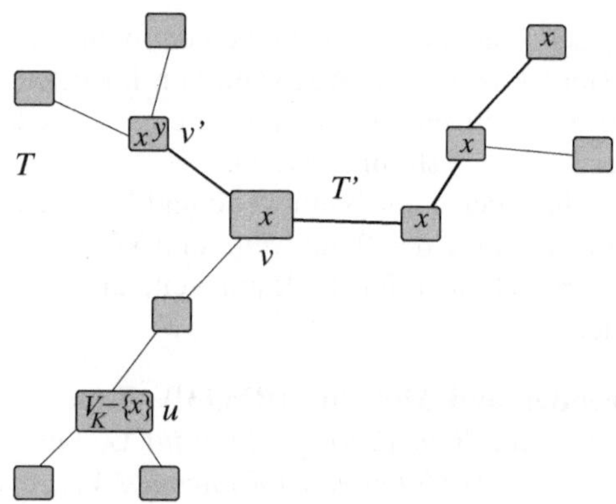

Abb. 10.4. Zum Beweis von Lemma 10.11

Beweis.   Es sei G ein Graph mit Baumweite k. Betrachte eine Baumdekomposition $(\mathscr{X}, T), T = (V_T, E_T)$, der Weite k für G, sodass $|V_T|$ minimal ist. Ein beliebiger Knoten $w \in V_T$ sei als Wurzel ausgezeichnet. Weiter sei a ein Blatt im Wurzelbaum T. Wegen der Minimalität von $|V_T|$ gibt es einen Knoten $u \in X_a$, sodass $u \notin X_b$ für alle $b \in V_T$ mit $b \neq a$ gilt. (Wenn jeder Knoten aus der Tasche X_a auch in der Tasche X_c des Vorgängers c von a in T vorkäme, so wäre a in T überflüssig, was im Widerspruch zur Minimalität von $|V_T|$ steht. Aufgrund der Zusammenhangseigenschaft von Baumdekompositionen – siehe die dritte Bedingung in Definition 10.1 – kommt der Knoten u auch in keiner anderen Tasche X_b mit $b \neq a$ vor.) Somit sind alle Nachbarn von u in G in der Tasche X_a enthalten, und da X_a höchstens $k+1$ Knoten enthält, hat u den Grad höchstens k in G. $\qquad\square$

Aus dem obigen Beweis folgt unmittelbar auch die folgende interessante Aussage über Baumdekompositionen.

Korollar 10.14. *Ist G ein Graph mit n Knoten und Baumweite k, so gibt es eine Baumdekomposition $(\mathscr{X}, T)$ der Weite k für G, sodass T ein Wurzelbaum mit höchstens n Blättern ist.*

Eine weitere einfache Folgerung aus Lemma 10.13 ist die folgende Aussage.

Korollar 10.15. *Jeder k-fach zusammenhängende Graph hat eine Baumweite von mindestens k.*

Beweis.   Ein Graph ist genau dann k-fach zusammenhängend, wenn es zwischen je zwei Knoten mindestens k Wege gibt. Folglich hat in einem k-fach zusammenhängenden Graphen jeder Knoten einen Grad von mindestens k. Mit Lemma 10.13 folgt nun die Behauptung. $\qquad\square$

Weiterhin gilt, dass Graphen der Baumweite k stets eine in der Knotenanzahl lineare Kantenanzahl besitzen.

Lemma 10.16. *Ist $G = (V, E)$ ein Graph mit einer Baumweite von höchstens k, so gilt:*

$$|E| \leq k \cdot |V| - \frac{1}{2}k(k+1).$$

Beweis.   Es sei $G = (V, E)$ ein Graph mit einer Baumweite von höchstens k. Wir zeigen die Aussage induktiv über die Knotenanzahl n von G.

Falls G weniger als $k + 1$ Knoten hat, so ist Baumweite$(G) < k$.

Falls G genau $k + 1$ Knoten hat, so ist G ein Teilgraph eines vollständigen Graphen mit $k + 1$ Knoten und hat somit höchstens

$$\frac{1}{2}k(k+1) = k(k+1) - \frac{1}{2}k(k+1) = k|V| - \frac{1}{2}k(k+1)$$

Kanten.

Es seien nun G ein Graph mit mehr als $k + 1$ Knoten und $(\mathscr{X}, T)$ eine Baumdekomposition der Weite k für G. Nach Lemma 10.13 gibt es in G einen Knoten u mit einem Grad von höchstens k. Der Graph

$$G - u = (V', E') = (V - \{u\}, E - \{\{u, z\} \in E \mid z \in V\})$$

hat eine Baumweite von höchstens k. Somit gilt:

$$\begin{aligned}
|E| &\leq |E'| + k \\
&\leq k \cdot (n - 1) - \frac{1}{2}k(k+1) + k \\
&= k \cdot n - \frac{1}{2}k(k+1).
\end{aligned}$$

Damit ist das Lemma gezeigt.   ❑

Für einige spezielle Graphen ist die Baumweite bekannt.

Lemma 10.17.   *1. Für jedes $n \geq 1$ hat der vollständige Graph K_n die Baumweite $n - 1$.*

2. Für alle $n, m \geq 0$ hat der vollständig bipartite Graph $K_{n,m}$ die Baumweite $\min\{n, m\}$.

3. Für alle $n, m \geq 0$ hat der Gittergraph $G_{n,m}$ die Baumweite $\min\{n, m\}$.

Beweis.

1. Wir haben bereits in Anmerkung 10.7 festgehalten, dass jeder Graph mit n Knoten eine Baumweite von höchstens $n - 1$ besitzt. Folglich gilt dies auch für den K_n.

   Angenommen, die Baumweite des K_n wäre echt kleiner als $n - 1$. Dann hätte der K_n nach Lemma 10.13 einen Knoten vom Grad höchstens $n - 2$, was jedoch offensichtlich ein Widerspruch ist.

2. Es sei $n \geq m$ und die Knoten in der Partition des $K_{n,m}$ seien mit $\{u_1,\ldots,u_n\}$ bzw. $\{w_1,\ldots,w_m\}$ bezeichnet. Dann liefert

$$(\{X_{q_1},\ldots,X_{q_n}\},(\{q_1,\ldots,q_n\},\{\{q_1,q_2\},\ldots,\{q_{n-1},q_n\}\}))$$

mit $X_{q_1} = \{w_1,\ldots,w_m,u_1\},\ \ldots,\ X_{q_n} = \{w_1,\ldots,w_m,u_n\}$ eine Baumdekomposition der Weite

$$\max_{q\in\{q_1,\ldots,q_n\}} |X_q| - 1 = m+1-1 = m = \min\{n,m\}$$

für $K_{n,m}$, und somit ist die Baumweite des $K_{n,m}$ höchstens $\min\{n,m\}$.

Die untere Schranke folgt wieder aus Lemma 10.13. Hätte der $K_{n,m}$ eine Baumweite von $\min\{n,m\} - 1$ oder kleiner, so hätte der $K_{n,m}$ einen Knoten vom Grad höchstens $\min\{n,m\} - 1$, was jedoch offensichtlich ein Widerspruch ist.

3. Die obere Schranke ist einfach (siehe Übung 10.18) und die untere Schranke etwas aufwändiger zu zeigen.   ❑

Übung 10.18. Zeigen Sie, dass Gittergraphen $G_{n,m}$ für $n,m \geq 0$ eine Baumweite von höchstens $\min\{n,m\}$ haben.

Der folgende Satz liefert einige Zusammenhänge zwischen der Baumweite eines Graphen und den Baumweiten seiner Teilgraphen.

Satz 10.19. *Es sei G ein Graph.*

1. *Die Baumweite eines jeden Teilgraphen von G ist durch die Baumweite von G nach oben beschränkt.*
2. *Die Baumweite von G ist gleich dem Maximum der Baumweiten der Zusammenhangskomponenten von G.*
3. *Die Baumweite von G ist gleich dem Maximum der Baumweiten der zweifachen Zusammenhangskomponenten von G.*

Beweis.

1. Es seien $G = (V,E)$ ein Graph, $(\mathscr{X},T)$ eine Baumdekomposition für G der Weite k und $G' = (V',E)$ ein Teilgraph von G. Entfernt man alle Knoten aus $V - V'$ aus den Taschen X_u, $u \in V_T$, so erhält man eine Baumdekomposition für G' mit einer Weite von höchstens k.
2. Nach der ersten Aussage des Satzes ist die Baumweite jeder Zusammenhangskomponente von G höchstens so groß wie die Baumweite von G, und somit ist auch auch das Maximum der Baumweiten der Zusammenhangskomponenten von G höchstens so groß wie die Baumweite von G.

   Es seien $(\mathscr{X}_1,T_1),\ldots,(\mathscr{X}_r,T_r)$ die Baumdekompositionen für die r Zusammenhangskomponenten von G. Eine Baumdekomposition $(\mathscr{X},T)$ für G erhält man durch die disjunkte Vereinigung der r Bäume $T_1,\ldots,T_r$, in die $r-1$ Kanten eingefügt werden, sodass ein Baum T einsteht. Die Menge $\mathscr{X}$ ist die Vereinigung der Taschen aus allen $\mathscr{X}_1,\ldots,\mathscr{X}_r$. Somit ist auch die Baumweite von G höchstens so groß wie das Maximum der Baumweiten der r Zusammenhangskomponenten von G.

3. Nach der ersten Aussage des Satzes ist die Baumweite jeder zweifachen Zusammenhangskomponente von G höchstens so groß wie die Baumweite von G, und somit ist auch auch das Maximum der Baumweiten der zweifachen Zusammenhangskomponenten von G höchstens so groß wie die Baumweite von G.

Es sei $G = (V, E)$ ein Graph. Wir nehmen an, dass G zusammenhängend ist (sonst wenden wir die zweite Aussage des Satzes an). Es sei $A \subseteq V$ die Menge der Artikulationspunkte von G. Weiter seien $(\mathscr{X}_1, T_1), \ldots, (\mathscr{X}_r, T_r)$ die Baumdekompositionen für die r zweifachen Zusammenhangskomponenten $Z_1, \ldots, Z_r$ von G. Es seien T die disjunkte Vereinigung der r Bäume $T_1, \ldots, T_r$ und $\mathscr{X}$ die Vereinigung der Taschen aus allen $\mathscr{X}_1, \ldots, \mathscr{X}_r$. Für jeden Artikulationspunkt $x \in A$ fügen wir einen weiteren Knoten u_x zu T hinzu und definieren $X_{u_x} = \{x\}$. Für jede zweifache Zusammenhangskomponente Z_j, die den Knoten x enthält, fügen wir eine Kante zwischen dem Knoten u_x und einem Knoten aus dem Baum T_j mit $x \in X_v$ hinzu. So erhalten wir eine Baumdekomposition für den Graphen G. Somit ist die Baumweite von G höchstens so groß wie das Maximum der Baumweiten der r zweifachen Zusammenhangskomponenten von G.   □

Die erste Aussage aus Satz 10.19 impliziert, dass für jede natürliche Zahl k die Menge der Graphen mit einer Baumweite von höchstens k abgeschlossen bezüglich Teilgraphenbildung (und somit natürlich auch bezüglich der Bildung induzierter Teilgraphen) ist.

Die ersten beiden Aussagen aus Satz 10.19 gelten auch für die Wegweite.

Satz 10.20. *Es sei G ein Graph.*

1. Die Wegweite eines jeden Teilgraphen von G ist durch die Wegweite von G nach oben beschränkt.

2. Die Wegweite von G ist gleich dem Maximum der Wegweiten der Zusammenhangskomponenten von G.

ohne Beweis

Wir übertragen nun die oben für Graphen definierten Begriffe Baumweite und Wegweite auf Graphklassen.

Definition 10.21 (Baumweite und Wegweite von Graphklassen). *Eine Graphklasse $\mathscr{G}$ hat eine* beschränkte Baumweite (bzw. Wegweite), *falls es eine natürliche Zahl k gibt, sodass alle Graphen in $\mathscr{G}$ eine Baumweite (bzw. Wegweite) von höchstens k haben. Wenn k die kleinste Zahl mit dieser Eigenschaft ist, so heißt k die* Baumweite (bzw. Wegweite) *von $\mathscr{G}$.*

Als Beispiele für Graphklassen mit beschränkter Baumweite betrachten wir nun die Klasse der serienparallelen Graphen und die Klasse der Halingraphen. Serienparallele Graphen sind spezielle Multigraphen, d. h. Graphen, die zwischen zwei Knoten auch mehr als eine Kante haben können.

serienparalleler Graph

Definition 10.22 (serienparalleler Graph). *Ein* serienparalleler Graph *ist ein Tripel* (G,s,t), *wobei* $G = (V,E)$ *ein Graph mit* $s,t \in V$ *ist, der sich mit den folgenden drei Regeln aufbauen lässt:*

1. *Der Graph* (G,s,t) *mit* $G = (\{s,t\},\{\{s,t\}\})$ *ist ein serienparalleler Graph. Der Knoten* s *wird als* Startknoten *von* G *und der Knoten* t *als* Zielknoten *von* G *bezeichnet.*

Abb. 10.5. Ein serienparalleler Graph

2. *Es seien* (G_1,s_1,t_1) *und* (G_2,s_2,t_2) *zwei serienparallele Graphen mit Start- und Zielknoten* s_1 *und* t_1 *bzw.* s_2 *und* t_2. *Dann liefern die folgenden beiden Operationen wieder einen serienparallelen Graphen.*

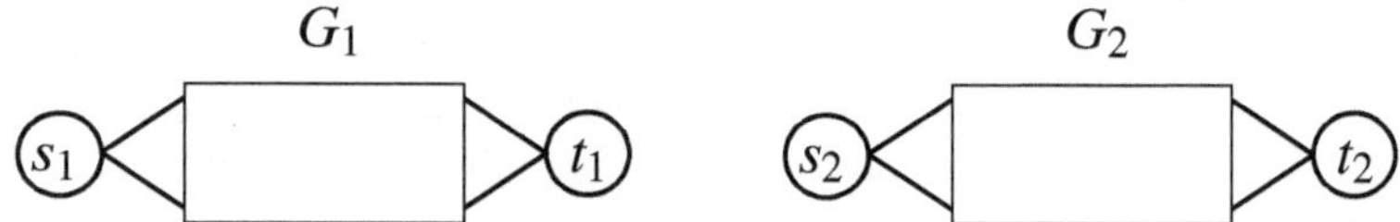

Abb. 10.6. Zwei serienparallele Graphen, G_1 und G_2

a) *(serielle Kombination) Der Graph* (G,s_1,t_2), *der durch Identifikation der Knoten* t_1 *und* s_2 *entsteht, ist ein serienparalleler Graph. Der Startknoten von* G *ist* s_1 *und der Zielknoten von* G *ist* t_2.

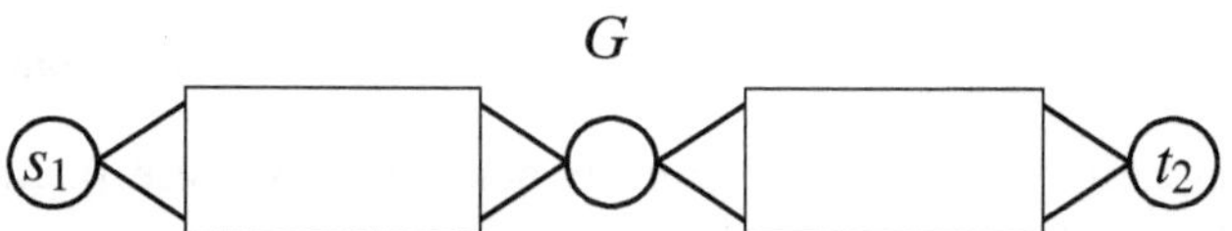

Abb. 10.7. Serielle Kombination serienparalleler Graphen

b) *(parallele Kombination) Der Graph* (G,s,t), *der durch Identifikation der Knoten* s_1 *und* s_2 *zu* s *sowie der Knoten* t_1 *und* t_2 *zu* t *entsteht, ist ein serienparalleler Graph. Der Startknoten von* G *ist* s *und der Zielknoten von* G *ist* t.

Halingraph

Definition 10.23 (Halingraph). *Ein Halingraph* $G = (V, E_T \cup E_C)$ *besteht aus einem Baum* (V, E_T), *in dem alle Knoten in* $V - V_B$ *(wobei* $V_B \subseteq V$ *die Menge der Blätter von* (V, E_T) *ist) den Grad mindestens drei haben, und aus einem Kreis* (V_B, E_C).

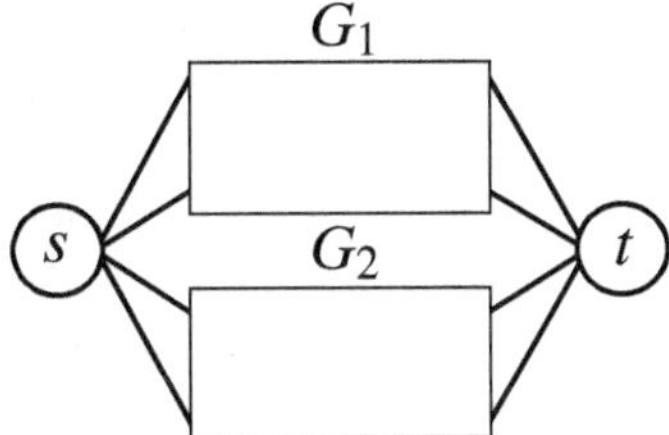

Abb. 10.8. Parallele Kombination serienparalleler Graphen

Mit anderen Worten, ein Halingraph ist ein Graph, der aus einer Einbettung eines Baums ohne Knoten vom Grad 2 in der Ebene entsteht, wobei die Knoten vom Grad 1 des Baums durch einen Kreis verbunden werden, der keine der Baumkanten schneidet.

Beispiel 10.24 (Halingraph). In Abb. 10.1 zeigen wir drei Beispiele für Halingraphen. Die Baumkanten sind schwarz und die Kreiskanten grau gezeichnet.

 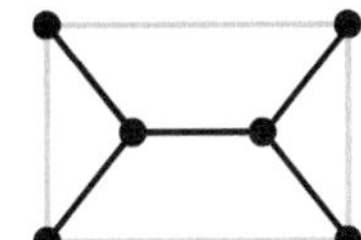 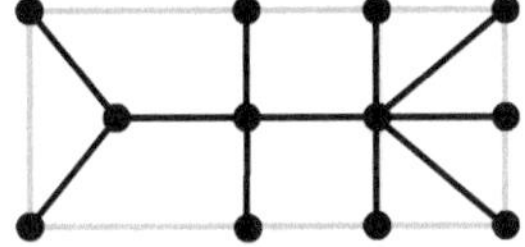

Abb. 10.9. Drei Halingraphen

Bekannte Beispiele für Graphklassen mit einer beschränkten Baumweite fassen wir im folgenden Satz zusammen. Die Beweise sind einfach (siehe Übung 10.26).

Satz 10.25.   *1. Ein Graph G hat genau dann die Baumweite 0, wenn G keine Kanten enthält.*
 2. Ein Graph G hat genau dann die Baumweite 1, wenn G ein Wald ist, d. h. genau dann, wenn jede Zusammenhangskomponente von G ein Baum ist.
 3. Serienparallele Graphen haben eine Baumweite von höchstens 2.
 4. Halingraphen haben eine Baumweite von höchstens 3.

ohne Beweis

Unbeschränkte Baumweite haben nach Lemma 10.17 hingegen

- die Klasse aller vollständigen Graphen, $\{K_n \mid n \in \mathbb{N}\}$,
- die Klasse aller vollständig bipartiten Graphen, $\{K_{n,m} \mid n,m \in \mathbb{N}\}$, und
- die Klasse aller Gittergraphen, $\{G_{n,m} \mid n,m \in \mathbb{N}\}$.

Übung 10.26.   1. Zeigen Sie, dass Wälder eine Baumweite von höchstens 1 haben.
  2. Zeigen Sie, dass serienparallele Graphen eine Baumweite von höchstens 2 haben.
  Hinweis: Stellen Sie den Aufbau eines serienparallelen Graphen in einer binären Baumstruktur dar und transformieren Sie diese in eine Baumdekomposition. (Somit haben die Kreise C_n offenbar auch die Baumweite 2.)
  3. Zeigen Sie, dass Halingraphen eine Baumweite von höchstens 3 haben.
  Hinweis: Nutzen Sie die zugrunde liegende Baumstruktur (also den Graphen ohne die Kanten zwischen den Blättern), um eine Baumdekomposition zu definieren. Lösen Sie die Aufgabe zunächst für eine binäre Baumstruktur und versuchen Sie anschließend, Ihre Lösung zu verallgemeinern.

Die Wegweite stellt im Vergleich zur Baumweite eine echte Einschränkung dar. Zum Beispiel hat ein vollständiger binärer Baum der Höhe $h \geq 2$ (und mit $2^{h+1} - 1$ Knoten) die Baumweite 1 und die Wegweite $h - 1$.

Übung 10.27. Zeigen Sie, dass ein vollständiger binärer Baum der Höhe $h \geq 2$ (mit $2^{h+1} - 1$ Knoten) eine Wegweite von höchstens $h - 1$ hat.

Zwei mit der Baumweite sehr eng verwandte Parameter betrachten wir in den folgenden beiden Definitionen.

k-Baum **Definition 10.28 (k-Baum und partieller k-Baum).** *Die Klasse der k-Bäume enthält genau die Graphen, die wie folgt konstruiert werden können:*

  1. *Für jedes $k \geq 0$ ist der vollständige Graph K_k ein k-Baum.*
  2. *Sind $G = (V,E)$ ein k-Baum, $v \notin V$ ein Knoten und $G' = (V',E')$ ein vollständiger Teilgraph mit k Knoten von G, so ist auch der Graph $(V \cup \{v\}, E \cup \{\{v,v'\} \mid v' \in V'\})$ ein k-Baum.*

partieller k-Baum   *Ein Graph $G = (V,E)$ heißt* partieller k-Baum, *falls es einen k-Baum $\hat{G} = (V,\hat{E})$ mit $E \subseteq \hat{E}$ gibt.*

Satz 10.29. *Die Klasse der partiellen k-Bäume ist gleich der Klasse der Graphen mit einer Baumweite von höchstens k.*   **ohne Beweis**

Übung 10.30. Zeigen Sie Satz 10.29.

Nach der Baumweite und der Wegweite führen wir nun noch einen dritten Parameter ein, die Verzweigungsweite.

Verzweigungs-
dekomposition
Ordnung einer Kante   **Definition 10.31 (Verzweigungsweite).** *Eine* Verzweigungsdekomposition *eines Graphen G besteht aus einem Paar (T,f), sodass T ein binärer Baum ist und f eine Bijektion zwischen den Kanten von G und den Blättern von T. Die* Ordnung einer Kante *e im Baum T ist die Anzahl der Knoten in G, die mit zwei Kanten aus G, etwa e_1 und e_2, inzident sind, sodass der einfache Weg zwischen den Blättern $f(e_1)$ und $f(e_2)$ in T die Kante e enthält. Die* Weite einer Verzweigungsdekomposition *ist die maximale Ordnung aller Kanten in T.*

Weite einer Verzwei-
gungsdekomposition
Verzweigungsweite   *Die* Verzweigungsweite *eines Graphen G ist die minimale Weite aller Verzweigungsdekompositionen für G.*

Satz 10.32. *Für jeden Graphen G gilt der folgende Zusammenhang zwischen seiner Baumweite (kurz $\mathrm{BW}(G)$) und seiner Verzweigungsweite (kurz $\mathrm{VW}(G)$):*

$$\max\{\mathrm{VW}(G), 2\} \leq \mathrm{BW}(G) + 1 \leq \max\left\{\left\lfloor \frac{3}{2} \cdot \mathrm{VW}(G) \right\rfloor, 2\right\}.$$

ohne Beweis

Übung 10.33. Zeigen Sie Satz 10.32.

Um Baumdekompositionen algorithmisch nutzen zu können, ist es sinnvoll, Baumdekompositionen $(\mathscr{X}, T)$ zu betrachten, in denen T ein spezieller binärer Wurzelbaum ist. Solche Baumdekompositionen nennen wir schön und definieren sie wie folgt.

Definition 10.34 (schöne Baumdekomposition). *Eine Baumdekomposition $(\mathscr{X}, T)$ mit binärem Wurzelbaum $T = (V, E, r)$ und $\mathscr{X} = \{X_u \mid u \in V\}$ der Weite k heißt* schöne Baumdekomposition, *falls die folgenden Bedingungen erfüllt sind:*

1. Hat ein Knoten u in T zwei Kinder v und w, so gilt $X_u = X_v = X_w$. Hier wird u ein Join-Knoten *genannt.*

2. Hat ein Knoten u in T genau ein Kind v, so gilt eine der beiden folgenden Bedingungen:

    a) $|X_u| = |X_v| + 1$ und $X_v \subset X_u$. Hier wird u ein Introduce-Knoten *genannt.*

    b) $|X_u| = |X_v| - 1$ und $X_u \subset X_v$. Hier wird u ein Forget-Knoten *genannt.*

3. Ist ein Knoten u ein Blatt von T, so gilt $|X_u| = 1$.

Satz 10.35 (Kloks [Klo94]). *Es sei G ein Graph mit n Knoten und Baumweite k. Dann gibt es eine schöne Baumdekomposition $(\mathscr{X}, T)$ der Weite k für G, sodass die Knotenanzahl von T in $\mathcal{O}(k \cdot n)$ liegt.*

Beweis. Es seien $G = (V, E)$ ein Graph mit n Knoten und Baumweite k und $(\mathscr{X}, T)$ eine Baumdekomposition der Weite k für G. Wir wählen einen beliebigen Knoten w aus $T = (V_T, E_T)$ aus, sodass $T = (V_T, E_T, w)$ ein Wurzelbaum ist. Wir zeigen nun, wie man $(\mathscr{X}, T)$ in eine schöne Baumdekomposition $(\mathscr{X}', T')$ der Weite k für G transformieren kann. Dazu ersetzen wir die Knoten aus T wie folgt.

Falls ein Knoten u aus T mehr als ein Kind hat, etwa die Kinder $u_1, \ldots, u_d, d > 1$, dann ersetzen wir u durch $d - 1$ Knoten $u'_1, \ldots, u'_{d-1}$ und d Knoten $v'_1, \ldots, v'_d$. Der Vorgänger von u'_1 ist der Vorgänger von u in T. Die Knoten u'_i, $i \in \{1, \ldots, d-1\}$, haben als ein Kind jeweils den Knoten v'_i. Die Knoten u'_i für $i \in \{1, \ldots, d-2\}$ haben als ein weiteres Kind jeweils den Knoten u'_{i+1}. Der Knoten u'_{d-1} hat als zweites Kind (neben v'_{d-1}) den Knoten v'_d. Die Knoten v'_i, $i \in \{1, \ldots, d\}$, haben als einziges Kind jeweils den Knoten u_i, d. h. die ursprünglichen Kinder von u. Weiterhin sind die Taschen definiert durch $X_{u'_i} = X_u$, $i \in \{1, \ldots, d-1\}$, und $X_{v'_i} = X_u$, $i \in \{1, \ldots, d\}$, siehe Abb. 10.10.

Falls u genau ein Kind v hat und sich die Taschen X_u und X_v nicht nur um genau einen Knoten unterscheiden, d. h., falls u kein Introduce- oder Forget-Knoten ist, so ersetzen wir die Kante $\{v, u\}$ in T durch einen Weg

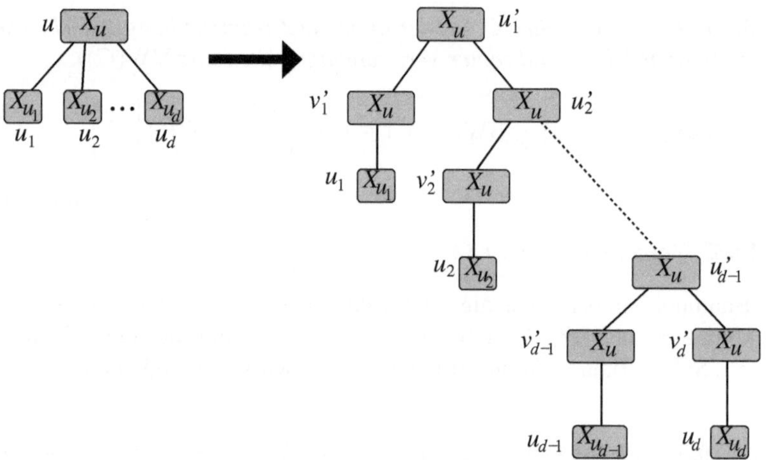

Abb. 10.10. Eine schöne Baumdekomposition für Knoten mit mehr als einem Kind

$$\big(v,\underbrace{v_1,\dots,v_{|X_v|-|X_u\cap X_v|}}_{\text{Forget-Knoten}},\underbrace{u_1,\dots,u_{|X_u|-|X_u\cap X_v|-1}}_{\text{Introduce-Knoten}},u\big),$$

auf dem Forget-Knoten gefolgt von Introduce-Knoten liegen. Genauer gesagt werden zuerst durch $|X_v|-|X_u\cap X_v|$ Forget-Knoten alle Knoten aus der Tasche X_v entfernt, die nicht in der Tasche X_u liegen, bis dem letzten Forget-Knoten $v_{|X_v|-|X_u\cap X_v|}$ die Tasche $X_{v_{|X_v|-|X_u\cap X_v|}}=X_u\cap X_v$ zugeordnet ist. Dann werden mittels einzelner Introduce-Knoten ausgehend von $X_u\cap X_v$ alle Knoten aus X_u-X_v aufgenommen, bis schließlich die Tasche X_u wieder aufgebaut ist, siehe Abb. 10.11.

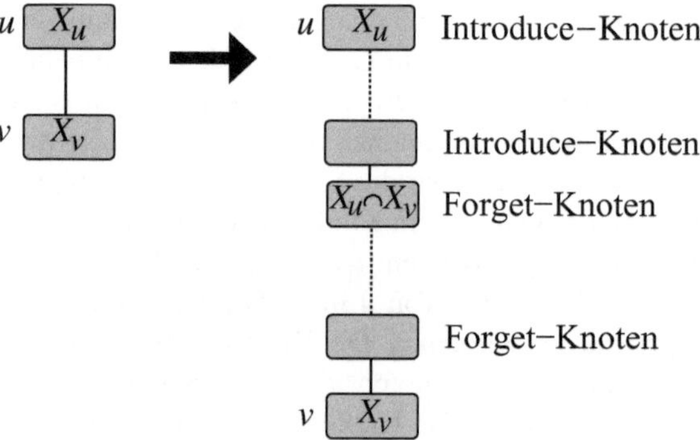

Abb. 10.11. Eine schöne Baumdekomposition für Knoten mit genau einem Kind

Falls u ein Blatt in dem so erhaltenen Baum T ist und die zugehörige Tasche X_u mehr als einen Knoten enthält (d. h., falls $|X_u|=d>1$ gilt), so ersetzen wir das Blatt

u durch einen Weg mit d Introduce-Knoten, damit das neue Blatt u' einer Tasche $X_{u'}$ entspricht, die $|X_{u'}| = 1$ erfüllt.

Man macht sich leicht klar, dass die angegebene Konstruktion eine schöne Baumdekomposition $(\mathscr{X}', T')$ der Weite k für G liefert. Die Knotenanzahl des so erhaltenen Baums T' kann wie folgt abgeschätzt werden. Offenbar kann man jedem Forget-Knoten von $(\mathscr{X}', T')$ einen Knoten des Graphen zuordnen. Somit kann es aufgrund der dritten Bedingung in der Definition von Baumdekompositionen (siehe Definition 10.1) nicht mehr als n Forget-Knoten geben. Da der ursprüngliche Baum T nach Korollar 10.14 höchstens n Blätter besitzt, hat auch der Baum T' höchstens n Blätter. Da T' ein binärer Baum ist, gibt es bei n Blättern höchstens $n-1$ Join-Knoten. Die Introduce-Knoten wurden in unserer Transformation zur Ersetzung der Blätter und der Knoten mit genau einem Kind benötigt. Da es von beiden Arten von Knoten höchstens n in T gibt und da jede Menge X_u mit $u \in V_T$ höchstens $k+1$ Knoten enthält, liegt die Knotenanzahl von T' in $\mathscr{O}(k \cdot n)$. $\qquad\Box$

Anmerkung 10.36. Falls die ursprüngliche Baumdekomposition $(\mathscr{X}, T)$ im Beweis von Satz 10.35 eine Wegdekomposition ist, ist die in diesem Beweis konstruierte schöne Baumdekomposition $(\mathscr{X}', T')$ ebenfalls eine Wegdekomposition.

Übung 10.37. Transformieren Sie die Baumdekomposition aus Abb. 10.2 bezüglich der Wurzel u_1 in eine schöne Baumdekomposition.

Übung 10.38. Transformieren Sie die Wegdekomposition aus Abb. 10.3 bezüglich der Wurzel u_1 in eine schöne Baumdekomposition. (Wie in Anmerkung 10.36 erwähnt wurde, stellt die so erhaltene schöne Baumdekomposition natürlich wieder eine Wegdekomposition dar.)

Anmerkung 10.39. Wir parametrisieren im Folgenden Entscheidungsprobleme in der Baumweite des Eingabegraphen. Streng genommen ist dies nach unserer Definition kein zulässiger Parameter, da sich der Parameter „Baumweite des Eingabegraphen" nach Satz 10.8 nicht in polynomieller Zeit aus dem Eingabegraphen bestimmen lässt (es sei denn, es würde P = NP gelten). Da der Parameter jedoch durch einen FPT-Algorithmus bestimmt werden kann, verwenden wir für diese allgemeinere und ebenfalls gebräuchliche Definition der Parametrisierung den Zusatz p^* in der Problembezeichnung.

Alternativ erhält man eine in Polynomialzeit berechenbare Parametrisierung eines eingeschränkten Problems, wenn man die Eingabe auf Graphen mit einer Baumweite von höchstens k einschränkt und k als Parameter wählt.

10.2 Unabhängige Menge und Knotenüberdeckung

Unser erstes Problem besteht darin, die Größe einer möglichst großen unabhängigen Menge in einem gegebenen Graphen zu bestimmen. Als Parametrisierung wählen wir hier die Baumweite des Eingabegraphen (siehe Anmerkung 10.39).

<table>
<tr><td colspan="2" align="center">p*-tw-UNABHÄNGIGE MENGE</td></tr>
<tr><td>Gegeben:</td><td>Ein Graph $G = (V, E)$ und eine Zahl $s \in \mathbb{N}$.</td></tr>
<tr><td>Parameter:</td><td>Baumweite(G).</td></tr>
<tr><td>Frage:</td><td>Gibt es in G eine unabhängige Menge der Größe mindestens s?</td></tr>
</table>

p^*-tw-UNAB-
HÄNGIGE MENGE

Die folgende Lösung beruht auf einer dynamischen Programmierung entlang einer schönen Baumdekomposition für den Eingabegraphen. Dazu benötigen wir einige Notationen. Es seien $G = (V_G, E_G)$ ein Graph mit Baumweite k und $(\mathscr{X}, T)$ mit Wurzelbaum $T = (V_T, E_T, r)$ und $\mathscr{X} = \{X_u \mid u \in V_T\}$ eine Baumdekomposition der Weite k für G. Für einen Knoten $u \in V_T$ definieren wir $T_u = (V_u, E_u)$ als den Teilbaum von T mit Wurzel u und $\mathscr{X}_u$ als die Menge aller Taschen X_v, $v \in V_u$. Weiterhin sei G_u der Teilgraph von G, der durch die Baumdekomposition $(\mathscr{X}_u, T_u)$ definiert wird.

Die Idee beim Algorithmenentwurf entlang von Baumdekompositionen beruht häufig auf der Eigenschaft, dass für jeden Knoten u in T nur die $k + 1$ Knoten der Tasche X_u aus dem durch G_u definierten Teilgraphen noch eine Verbindung zu einem Knoten im Restgraphen bekommen können. Hingegen können Knoten aus G_u, die nicht in X_u liegen, keine weiteren inzidenten Kanten in der Tasche X_u oder in einer Tasche X_w mit $w \notin V_u$ erhalten. Somit kann man sich bei Lösungsansätzen mittels dynamischer Programmierung entlang einer Baumdekomposition bei der Bestimmung von Teillösungen häufig auf die höchstens $k + 1$ Knoten der aktuellen Tasche beschränken.

Zur Lösung von p^*-tw-UNABHÄNGIGE MENGE verwenden wir für jeden Knoten u von T eine Datenstruktur $F(u)$. Für jeden Knoten $u \in V_T$ ist $F(u)$ ein 2^{k+1}-Tupel, das für jede Teilmenge $X \subseteq X_u$ eine natürliche Zahl a_X enthält, d. h.,

$$F(u) = (a_X \mid X \subseteq X_u).$$

Der Wert von a_X ist die Größe einer größten unabhängigen Menge $U \subseteq V_{G_u}$ im Graphen G_u, sodass $U \cap X_u = X$. Das heißt, a_X ist die Größe einer größten unabhängigen Menge U im Graphen G_u, sodass alle Knoten aus X zu U gehören und alle Knoten aus $X_u - X$ nicht zu U gehören. Falls keine solche unabhängige Menge existiert (insbesondere also, falls es in X zwei adjazente Knoten gibt), setzen wir $a_X = -\infty$.

Beispiel 10.40 (Datenstruktur $F(u)$). Es seien $k = 2$ und G_u der in Abb. 10.12 dargestellte Graph mit $X_u = \{x, y, z\}$.

Dann ist $F(u) = (a_\emptyset, a_{\{x\}}, a_{\{y\}}, a_{\{z\}}, a_{\{x,y\}}, a_{\{x,z\}}, a_{\{y,z\}}, a_{\{x,y,z\}})$, wobei die Werte a_X, $X \subseteq X_u = \{x, y, z\}$, wie folgt lauten:

X	$\emptyset$	$\{x\}$	$\{y\}$	$\{z\}$	$\{x,y\}$	$\{x,z\}$	$\{y,z\}$	$\{x,y,z\}$
a_X	1	2	2	2	$-\infty$	$-\infty$	3	$-\infty$

Somit lässt sich unser Algorithmus für p^*-tw-UNABHÄNGIGE MENGE folgendermaßen formulieren:

1. Bestimme eine Baumdekomposition für den Eingabegraphen $G = (V_G, E_G)$ (siehe Satz 10.9).

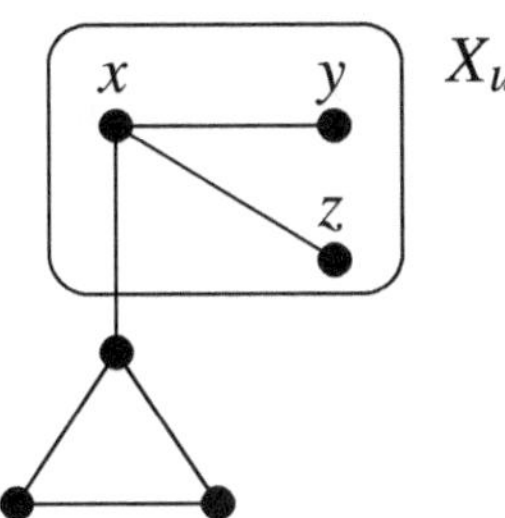

Abb. 10.12. Ein Beispiel zur Datenstruktur für p^*-tw-UNABHÄNGIGE MENGE

2. Transformiere diese Baumdekomposition in eine schöne Baumdekomposition $(\mathscr{X}, T)$ für G (siehe Satz 10.35).
3. Mittels dynamischer Programmierung entlang des Baums T mit der Wurzel r kann $F(r)$ durch einen Durchlauf in Bottom-up-Reihenfolge der Knoten mit der folgenden Aktion auf den Knoten berechnet werden:

a) Falls u ein Blatt in T ist, sodass $X_u = \{v_1\}$ für ein $v_1 \in V_G$ ist, definieren wir

$$F(u) = (a_\emptyset, a_{\{v_1\}}) = (0, 1).$$

b) Falls u ein Join-Knoten mit den Kindern v und w in T ist, sind $F(v) = (a_X \mid X \subseteq X_v)$ und $F(w) = (b_X \mid X \subseteq X_w)$ bereits bekannt. Weiterhin bestimmen wir den Wert i_X als die Größe einer kardinalitätsmaximalen unabhängigen Menge in $X \subseteq X_u$ und definieren

$$F(u) = (c_X \mid X \subseteq X_u) \quad \text{mit} \quad c_X = a_X + b_X - i_X$$

für alle $X \subseteq X_u$.

c) Falls u ein Introduce-Knoten mit einem Kind v in T ist, sind $X_u - X_v = \{v'\}$ für ein $v' \in V_G$ und $F(v) = (a_X \mid X \subseteq X_v)$ bereits bekannt. Dann definieren wir

$$F(u) = (b_X \mid X \subseteq X_u)$$

mit $b_X = a_X$ und

$$b_{X \cup \{v'\}} = \begin{cases} a_X + 1, & \text{falls } v' \text{ zu keinem Knoten aus } X \text{ adjazent ist,} \\ -\infty & \text{sonst} \end{cases}$$

für alle $X \subseteq X_v$.

d) Falls u ein Forget-Knoten mit einem Kind v in T ist, sind $X_v - X_u = \{v'\}$ für ein $v' \in V_G$ und $F(v) = (a_X \mid X \subseteq X_v)$ bereits bekannt. Dann definieren wir

$$F(u) = (b_X \mid X \subseteq X_u) \quad \text{mit} \quad b_X = \max\{a_X, a_{X \cup \{v'\}}\}$$

für alle $X \subseteq X_u$. Da $v' \in X_v - X_u$ ist und da die Graphen G_u und G_v identisch sind, wird dabei über die Größen der unabhängigen Mengen, die v' nicht enthalten, und denen, die v' enthalten, maximiert.

4. Mit dem Tupel $F(r)$ für die Wurzel r von T können wir die Größe einer kardinalitätsmaximalen unabhängigen Menge im durch $(\mathscr{X},T)$ definierten Graphen G bestimmen durch

$$\alpha(G) = \max_{a\in F(r)} a.$$

Satz 10.41. *Die Unabhängigkeitszahl eines Graphen $G = (V,E)$ mit einer Baumweite von höchstens k kann bei gegebener Baumdekomposition in der Zeit*

$$\mathscr{O}(|V| \cdot k \cdot 2^{k+1})$$

berechnet werden.

Beweis. In einer schönen Baumdekomposition $(\mathscr{X},T)$ hat $T = (V_T,E_T)$ höchstens $\mathscr{O}(k \cdot |V|)$ Knoten und für jeden Knoten $u \in V_T$ kann $F(u)$ in der Zeit $\mathscr{O}(2^{k+1})$ initialisiert bzw. aus den Tupeln des Kindes bzw. der Kinder von u bestimmt werden. $\qquad\Box$

Korollar 10.42. *Das Problem p^*-tw-*UNABHÄNGIGE MENGE *ist fest-Parameter-berechenbar.*

Korollar 10.43. *Das Problem* UNABHÄNGIGE MENGE *kann für jeden Graphen $G = (V,E)$ einer Graphklasse mit beschränkter Baumweite (z. B. der Klasse der Bäume, der serienparallelen Graphen, der Halingraphen usw.) in der Zeit $\mathscr{O}(|V|)$ gelöst werden.*

Es gilt die folgende interessante Beziehung zwischen der Baumweite und der Unabhängigkeitszahl von Graphen.

Satz 10.44 (Chlebikova [Chl02]). *Für jeden Graphen $G = (V,E)$ gilt*

$$\alpha(G) \leq |V| - \text{Baumweite}(G).$$

Beweis. Es sei $G = (V,E)$ ein Graph. Gilt $\alpha(G) = |V|$, so enthält G keine Kanten und die Aussage ist klar. Andernfalls teilen wir die Knotenmenge V in $r \geq 2$ Teilmengen $V_1,\dots,V_r$ auf. Dabei ist die Menge V_1 eine unabhängige Menge maximaler Größe, d. h., $|V_1| = \alpha(G)$, und die restlichen $|V| - \alpha(G)$ Mengen V_i, $2 \leq i \leq r$, enthalten genau einen Knoten, d. h., $|V_i| = 1$. Somit ist G ein Teilgraph des vollständigen $(|V| - \alpha(G) + 1)$-partiten Graphen $K_{\alpha(G),1,\dots,1}$. Nach Satz 10.19 folgt

$$\text{Baumweite}(G) \leq \text{Baumweite}(K_{\alpha(G),1,\dots,1}) = |V| - \alpha(G).$$

Die Abschätzung $\text{Baumweite}(K_{\alpha(G),1,\dots,1}) \leq |V| - \alpha(G)$ kann man durch Angabe einer Baumdekomposition der Weite $|V| - \alpha(G)$ leicht nachweisen und die Abschätzung $\text{Baumweite}(K_{\alpha(G),1,\dots,1}) \geq |V| - \alpha(G)$ folgt, da der Graph $K_{\alpha(G),1,\dots,1}$ einen vollständigen Teilgraphen der Größe $|V| - \alpha(G) + 1$ enthält. $\qquad\Box$

Das Problem KNOTENÜBERDECKUNG lässt sich mittels der Gleichung (3.4) von Gallai sehr leicht auf das Problem UNABHÄNGIGE MENGE zurückführen. Dies nutzen wir aus, um die folgende parametrisierte Variante von KNOTENÜBERDECKUNG auf baumweitebeschränkten Graphklassen durch einen effizienten Fest-Parameter-Algorithmus zu lösen.

p^*-tw-KNOTEN-
ÜBERDECKUNG

	p^*-tw-KNOTENÜBERDECKUNG
Gegeben:	Ein Graph $G = (V,E)$ und eine Zahl $s \in \mathbb{N}$.
Parameter:	Baumweite(G).
Frage:	Gibt es in G eine Knotenüberdeckung der Größe höchstens s?

Korollar 10.45. *Die Größe einer kardinalitätsminimalen Knotenüberdeckung eines Graphen $G = (V,E)$ mit einer Baumweite von höchstens k kann bei gegebener Baumdekomposition in der Zeit $\mathcal{O}(|V| \cdot k \cdot 2^{k+1})$ berechnet werden.*

Korollar 10.46. *Das Problem p^*-tw-KNOTENÜBERDECKUNG ist fest-Parameter-berechenbar.*

Es gilt die folgende Beziehung zwischen der Baumweite und der Knotenüberdeckungszahl von Graphen.

Satz 10.47. *Für jeden Graphen G gilt:*

$$\text{Baumweite}(G) \leq \tau(G).$$

Beweis.   Die Abschätzung folgt leicht aus Satz 10.44 und Gleichung (3.4).   ❑

Übung 10.48. Geben Sie jeweils eine unendliche Graphklasse $\mathscr{G}$ an, für die die folgende Bedingung erfüllt ist:

1. Für jeden Graphen $G \in \mathscr{G}$ gilt: $\alpha(G) < \text{Baumweite}(G)$.
2. Für jeden Graphen $G \in \mathscr{G}$ gilt: $\omega(G) < \text{Baumweite}(G)$.

Übung 10.48 zeigt somit, dass der Parameter τ in Satz 10.47 offenbar nicht durch α oder ω ersetzt werden kann.

Somit können wir nun einen alternativen Beweis für die schon in Satz 5.48 erwähnte Aussage angeben.

Korollar 10.49. *Das Problem p-KNOTENÜBERDECKUNG liegt in* FPT.

Beweis.   Nach Korollar 10.45 kann die Größe einer kardinalitätsminimalen Knotenüberdeckung eines Graphen $G = (V,E)$ mit einer Baumweite von höchstens k in der Zeit $\mathcal{O}(|V| \cdot k \cdot 2^{k+1})$ berechnet werden. Nach Satz 10.47 liegt diese Laufzeit in $\mathcal{O}(|V| \cdot s \cdot 2^{s+1})$.   ❑

Anmerkung 10.50. Es stellt sich nun die Frage, ob auch das Problem p-UNAB-HÄNGIGE MENGE fest-Parameter-berechenbar bezüglich des Parameters s ist.

Da die Baumweite eines Graphen die Unabhängigkeitszahl des Graphen deutlich überschreiten kann (siehe Übung 10.48), lässt sich eine Beziehung wie in Satz 10.47 für α statt τ nicht zeigen. Dies ist auch nicht verwunderlich, da ein solches Ergebnis implizieren würde, dass das Problem p-UNABHÄNGIGE MENGE fest-Parameter-berechenbar bezüglich des Parameters s wäre. Dies wäre unter der Annahme, dass FPT $\neq$ W[1] gilt, ein Widerspruch zu der Tatsache, dass p-UNABHÄNGIGE MENGE W[1]-vollständig ist.

Die angegebene Lösung für p^*-tw-UNABHÄNGIGE MENGE kann leicht zu einer Lösung für die folgende gewichtete Problemvariante erweitert werden.

p^*-tw-GEWICHTETE UNABHÄNGIGE MENGE

p^*-tw-GEWICHTETE UNABHÄNGIGE MENGE
Gegeben: Ein Graph $G = (V, E)$, eine Gewichtsfunktion $c : V \to \mathbb{N}$ und eine Zahl $s \in \mathbb{N}$.
Parameter: Baumweite(G).
Frage: Gibt es in G eine unabhängige Menge $V' \subseteq V$ mit $\sum_{v \in V'} c(v) \geq s$?

Übung 10.51. Geben Sie analog zur Lösung für p^*-tw-UNABHÄNGIGE MENGE eine Lösung für p^*-tw-GEWICHTETE UNABHÄNGIGE MENGE an.

10.3 Clique

Unser nächstes Problem besteht darin, die Größe einer möglichst großen Clique in einem gegebenen Graphen zu bestimmen. Als Parametrisierung wählen wir wieder die Baumweite des Eingabegraphen (siehe Anmerkung 10.39).

p^*-tw-CLIQUE

p^*-tw-CLIQUE
Gegeben: Ein Graph $G = (V, E)$ und eine Zahl $s \in \mathbb{N}$.
Parameter: Baumweite(G).
Frage: Gibt es in G eine Clique der Größe mindestens s?

Es seien $G = (V_G, E_G)$ ein Graph der Baumweite k und $(\mathscr{X}, T)$ eine Baumdekomposition der Weite k, mit dem Wurzelbaum $T = (V_T, E_T, r)$ und der Menge $\mathscr{X} = \{X_u \mid u \in V_T\}$ der Taschen. Um die Größe einer kardinalitätsmaximalen Clique in G zu bestimmen, kann man offensichtlich eine analoge Lösung wie für das Problem p^*-tw-UNABHÄNGIGE MENGE angeben.

Übung 10.52. Bestimmen Sie die Größe einer kardinalitätsmaximalen Clique in einem gegebenen Graphen G analog zur Lösung für das Problem p^*-tw-UNABHÄNGIGE MENGE.

Weiterhin liefert Satz 10.11 über Cliquen und Baumdekompositionen eine einfache Möglichkeit, das Problem p^*-tw-CLIQUE auf baumweitebeschränkten Graphklassen zu lösen. Für einen Graphen G der Baumweite k kann der Wert $\omega(G)$ berechnet werden durch

$$\omega(G) = \max_{u \in V_T} \max_{\substack{C \subseteq X_u \\ G[C] \text{ ist eine Clique}}} |C|.$$

Satz 10.53. *Die Cliquenzahl eines Graphen $G = (V,E)$ mit einer Baumweite von höchstens k kann bei gegebener Baumdekomposition in der Zeit*

$$\mathcal{O}(|V| \cdot (k+1)^2 \cdot 2^{k+1})$$

bestimmt werden.

Beweis.   In einer Baumdekomposition $(\mathcal{X}, T)$ für einen Graphen $G = (V,E)$ hat T nach Korollar 10.14 höchstens $\mathcal{O}(|V|)$ Knoten. Für jeden Knoten u in T enthält die Tasche X_u höchstens $k + 1$ Elemente, womit sich höchstens 2^{k+1} Teilmengen von X_u ergeben. Das Testen einer Teilmenge benötigt höchstens $(k+1)^2$ Schritte.   ❑

Korollar 10.54. *Das Problem p^*-tw-CLIQUE ist fest-Parameter-berechenbar.*

Korollar 10.55. *Das Problem CLIQUE kann für jeden Graphen $G = (V,E)$ einer Graphklasse mit beschränkter Baumweite (z. B. der Klasse der Bäume, der serienparallelen Graphen, der Halingraphen usw.) in der Zeit $\mathcal{O}(|V|)$ gelöst werden.*

Aus Lemma 10.11 und Satz 10.19 folgt offenbar die folgende Beziehung zwischen der Baumweite und der Cliquenzahl von Graphen.

Korollar 10.56. *Für jeden Graphen $G = (V,E)$ gilt:*

$$\text{Baumweite}(G) \geq \omega(G) - 1.$$

10.4 Partition in unabhängige Mengen

Nun betrachen wir das Problem, die Knotenmenge in einem gegebenen Graphen G in möglichst wenige unabhängige Mengen zu partitionieren, d. h., wir bestimmen die Färbungszahl $\chi(G)$. Als Parametrisierung wählen wir erneut die Baumweite des Eingabegraphen (siehe Anmerkung 10.39).

p*-tw-PARTITION IN UNABHÄNGIGE MENGEN

p^*-tw-PARTITION IN UNABHÄNGIGE MENGEN	
Gegeben:	Ein Graph $G = (V,E)$ und eine Zahl $s \in \mathbb{N}$.
Parameter:	Baumweite(G).
Frage:	Gibt es eine Partition von V in s unabhängige Mengen?

Es seien $G = (V_G, E_G)$ ein Graph der Baumweite k und $(\mathscr{X}, T)$ eine Baumdekomposition der Weite k für G, mit dem Wurzelbaum $T = (V_T, E_T, r)$ und der Menge $\mathscr{X} = \{X_u \mid u \in V_T\}$ der Taschen.

Zur Lösung von p^*-tw-PARTITION IN UNABHÄNGIGE MENGEN verwenden wir für jeden Knoten u von T eine Datenstruktur $F(u)$. Für jeden Knoten $u \in V_T$ enthält $F(u)$ für jede Partition von V_{G_u} in unabhängige Mengen $V_1, \ldots, V_s$ ein 2^{k+1}-Tupel $t = (\ldots, a_X, \ldots, a)$, das für jede nicht leere Teilmenge $X \subseteq X_u$ einen booleschen Wert $a_X \in \{0, 1\}$ und eine natürliche Zahl a enthält. Für die Partition $V_1, \ldots, V_s$ von V_{G_u} in unabhängige Mengen sei genau dann $a_X = 1$, wenn $V_i \cap X_u = X$ für ein $1 \leq i \leq s$ gilt. Der Wert a im Tupel $t = (\ldots, a_X, \ldots, a)$ gibt die Anzahl der für den Teilgraphen G_u benötigten unabhängigen Mengen an.

Die Größe von $F(u)$, $u \in V_T$, ist polynomiell in der Größe von G beschränkt, da jedes Element von $F(u)$ genau 2^{k+1} Einträge hat, wobei $2^{k+1} - 1$ der Einträge einen Wert aus $\{0, 1\}$ haben und einer einen Wert aus $\{1, \ldots, |V_G|\}$. Es gilt:

$$|F(u)| \leq 2^{2^{k+1}-1} \cdot |V_G|.$$

Somit lässt sich unsere Lösung für p^*-tw-PARTITION IN UNABHÄNGIGE MENGEN wie folgt formulieren:

1. Bestimme eine Baumdekomposition für den Eingabegraphen $G = (V_G, E_G)$ (siehe Satz 10.9).
2. Transformiere diese Baumdekomposition in eine schöne Baumdekomposition $(\mathscr{X}, T)$ für G (siehe Satz 10.35).
3. Mittels dynamischer Programmierung entlang des Baums T mit der Wurzel r kann $F(r)$ durch einen Durchlauf in Bottom-up-Reihenfolge der Knoten mit der folgenden Aktion auf den Knoten berechnet werden:
    a) Falls u ein Blatt in T ist, sodass $X_u = \{v_1\}$ für ein $v_1 \in V_G$ ist, definieren wir

$$F(u) = \{(a_{\{v_1\}}, a)\} = \{(1, 1)\}.$$

    b) Falls u ein Join-Knoten mit den Kindern v und w in T ist, sind $F(v)$ und $F(w)$ bereits bekannt. Wir nehmen in $F(u)$ also genau die Tupel $(\ldots, a_X, \ldots, \max\{a, b\})$ auf, für die $(\ldots, a_X, \ldots, a) \in F(v)$, $(\ldots, b_X, \ldots, b) \in F(w)$ und $a_X = b_X$ für alle $X \subseteq X_u$ gilt.
    c) Falls u ein Introduce-Knoten mit einem Kind v in T ist, sind $F(v)$ und $X_u - X_v = \{v'\}$ für ein $v' \in V_G$ bereits bekannt.
    Wir betrachten nun jede Partition von X_v in unabhängige Mengen, um eine neue unabhängige Menge aufzunehmen, die nur aus dem Knoten v' besteht, und um eine bereits existierende unabhängige Menge einer Partition von X_v gegebenenfalls um den Knoten v' zu erweitern.
    Formal definieren wir $F(u)$ wie folgt:
        i. Für jedes Tupel $t = (\ldots, a_X, \ldots, a) \in F(v)$ fügen wir ein Tupel der Form $t' = (\ldots, b_X, \ldots, b)$ zu $F(u)$ hinzu, das die Werte aus t enthält, d. h., $b_X = a_X$ für $X \subseteq X_v$. Zusätzlich enthält t' die Werte $b_{\{v'\}} = 1$ und $b_X = 0$ für alle restlichen $X \subseteq X_u$, d. h. für alle Mengen $X \subseteq X_u$ mit mindestens

zwei Elementen, die v' enthalten. Weiterhin setzen wir in t' den Wert $b = \max\{a, \sum_{X \subseteq X_u} b_X\}$.

    ii. Dann fügen wir für jedes Tupel $t = (\ldots, a_X, \ldots, a) \in F(v)$ und jedes $X \subseteq X_v$, sodass $a_X = 1$ in $F(v)$ und $X \cup \{v'\}$ eine unabhängige Menge im Graphen G ist, ein Tupel $t' = (\ldots, b_X, \ldots, b)$ zu $F(u)$ hinzu, das die gleichen Werte wie das Tupel t enthält, für das jedoch $b_X = 0$ und zusätzlich $b_{X \cup \{v'\}} = 1$ gilt. Für alle noch nicht definierten b_Y mit $Y \subseteq X_u$ setzen wir $b_Y = 0$. Schließlich definieren wir $b = a$.

d) Falls u ein Forget-Knoten mit einem Kind v in T ist, sind $F(v)$ und $X_v - X_u = \{v'\}$ für ein $v' \in V_G$ bereits bekannt.

    Hier gibt es in jeder Partition von X_v genau eine unabhängige Menge X, die den Knoten v' enthält. Falls X nur den Knoten v' enthält, so bleibt von X in X_u kein Knoten mehr übrig, und andernfalls wissen wir, dass $X - \{v'\}$ weiterhin eine unabhängige Menge mit mindestens einem Knoten aus X_u ist. Formal definieren wir $F(u)$ wie folgt. Für jedes Tupel $t = (\ldots, a_X, \ldots, a) \in F(v)$ fügen wir ein Tupel $t' = (\ldots, b_X, \ldots, b)$ in $F(u)$ ein, das wie folgt definiert ist. Für jedes $X \subseteq X_v, X \neq \{v'\}$, setzen wir die Werte $b_{X - \{v'\}} = a_X$ und $b = a$.

In allen vier Fällen enthält die Menge $F(u)$ genau $2^{|X_u|}$ Einträge.

4. Mittels der Menge $F(r)$ für die Wurzel r von T können wir die Färbungszahl im durch $(\mathscr{X}, T)$ definierten Graphen G bestimmen durch

$$\chi(G) = \min_{(\ldots, a_X, \ldots, a) \in F(r)} a.$$

Satz 10.57. *Die Färbungszahl eines Graphen $G = (V, E)$ mit einer Baumweite von höchstens k kann bei gegebener Baumdekomposition in der Zeit*

$$\mathcal{O}(f(k) \cdot |V|)$$

für eine berechenbare Funktion f bestimmt werden.

Übung 10.58. Geben Sie die in Satz 10.57 erwähnte berechenbare Funktion f in Abhängigkeit von k an.

Korollar 10.59. *Das Problem p^*-tw-*PARTITION IN UNABHÄNGIGE MENGEN *ist fest-Parameter-berechenbar.*

Es gilt die folgende interessante Beziehung zwischen der Baumweite und der Färbungszahl von Graphen.

Satz 10.60 (Chlebikova [Chl02]). *Für jeden Graphen $G = (V, E)$ gilt:*

$$\chi(G) \leq \text{Baumweite}(G) + 1.$$

Beweis. Wir zeigen die Ungleichung induktiv über die Anzahl n der Knoten in G. Die Aussage gilt offenbar für alle Graphen mit $n \leq 2$ Knoten. Es sei G ein Graph mit $n + 1$ Knoten. Nach Lemma 10.13 gibt es in G einen Knoten v in G mit $\deg(v) \leq$

Baumweite(G). Nach Induktionnsannahme bzw. der ersten Aussage von Satz 10.19 gilt:

$$\chi(G-v) \leq \text{Baumweite}(G-v) + 1 \leq \text{Baumweite}(G) + 1.$$

Da $\deg(v) \leq$ Baumweite(G) gilt, gibt es unter den Baumweite$(G)+1$ möglichen unabhängigen Mengen einer Partition von $G-v$ mindestens eine unabhängige Menge, mit der v nicht verbunden ist und der v somit zugeordnet werden kann. Also folgt auch

$$\chi(G) \leq \text{Baumweite}(G) + 1,$$

und der Beweis ist abgeschlossen.   ❑

10.5 Partition in Cliquen

Das Problem, die Knotenmenge in einem gegebenen Graphen G in möglichst wenige Cliquen zu partitionieren, d. h., die Cliquenüberdeckungszahl $\theta(G)$ zu bestimmen, kann bezüglich der Parametrisierung Baumweite des Eingabegraphen fast analog zum letzten Abschnitt gelöst werden.

p^*-tw-PARTITION IN CLIQUEN

p^*-tw-PARTITION IN CLIQUEN
Gegeben: Ein Graph $G = (V,E)$ und eine Zahl $s \in \mathbb{N}$.
Parameter: Baumweite(G).
Frage: Gibt es eine Partition von V in s Cliquen?

Es seien $G = (V_G, E_G)$ ein Graph der Baumweite k und $(\mathscr{X}, T)$ eine Baumdekomposition der Weite k für G, mit dem Wurzelbaum $T = (V_T, E_T, r)$ und der Menge $\mathscr{X} = \{X_u \mid u \in V_T\}$ der Taschen.

Zur Lösung von p^*-tw-PARTITION IN CLIQUEN muss die Datenstruktur F aus Abschnitt 10.4 nur geringfügig modifiziert werden. Für Knoten $u \in V_T$ enthält $F(u)$ nun für jede Partition von V_{G_u} in Cliquen $V_1, \ldots, V_s$ ein 2^{k+1}-Tupel $t = (\ldots, a_X, \ldots, a)$, das für jede nicht leere Teilmenge $X \subseteq X_u$ einen booleschen Wert $a_X \in \{0, 1\}$ und eine natürliche Zahl a enthält. Für die Partition $V_1, \ldots, V_s$ von V_{G_u} in Cliquen ist genau dann $a_X = 1$, wenn $V_i \cap X_u = X$ für ein $1 \leq i \leq s$ gilt. Der Wert a gibt die Anzahl der für den Teilgraphen G_u benötigten Cliquen an.

Offensichtlich kann $F(r)$ entlang des Baums T, ähnlich zu den in Abschnitt 10.4 angegebenen Operationen, berechnet und aus $F(r)$ leicht die Cliquenüberdeckungszahl $\theta(G)$ bestimmt werden.

Satz 10.61. *Die Cliquenüberdeckungszahl eines Graphen $G = (V,E)$ mit einer Baumweite von höchstens k kann bei gegebener Baumdekomposition in der Zeit*

$$\mathcal{O}(f(k) \cdot |V|)$$

für eine berechenbare Funktion f bestimmt werden.

Korollar 10.62. *Das Problem p^*-tw-PARTITION IN CLIQUEN ist fest-Parameterberechenbar.*

10.6 MSO$_2$-definierbare Grapheigenschaften

Es gibt eine Vielzahl von weiteren Graphenproblemen, die bezüglich der Parametrisierung „Baumweite des Eingabegraphen" mit FPT-Algorithmen gelöst werden können. Eines der grundlegendsten Resultate über die Existenz effizienter Algorithmen für Graphen mit beschränkter Baumweite ist das folgende Ergebnis von Courcelle [Cou92]. Alle Grapheigenschaften, die sich in monadischer Logik zweiter Ordnung (siehe Definition 4.39) auf relationale Graphenstrukturen $\lceil G \rceil$ über der Signatur $\{\overleftarrow{E}, \overrightarrow{E}\}$ (siehe Beispiel 4.42) definieren lassen, sind auf Graphen mit beschränkter Baumweite in linearer Zeit entscheidbar. Dies gilt auch für eine *erweiterte monadische Logik zweiter Ordnung*, die so genannte EMSO$_2$ (englisch: *extended monadic second order logic*), siehe auch Arnborg, Lagergren und Seese [ALS91]. Zu der Erweiterung gehört zum Beispiel auch die *Zähllogik* CMSO$_2$ (englisch: *counting monadic second order logic*) mit dem Mengenprädikat Card$_{p,q}(X)$, siehe Abschnitt 4.7. Dieses Resultat von Courcelle besagt, dass es für jede positive Zahl $k \in \mathbb{N}$ und jede Grapheigenschaft Π aus MSO$_2$ einen Algorithmus gibt, der für Graphen $G = (V, E)$ mit einer Baumweite von höchstens k in der Zeit $\mathcal{O}(f(k) \cdot |V|)$ entscheidet, ob G die Eigenschaft Π erfüllt. Der Wert $f(k)$ ist selbstverständlich sehr groß bezüglich k, aber eben unabhängig von der Größe von G. Alle Grapheigenschaften aus MSO$_2$ sind deshalb fest-Parameter-berechenbar bezüglich dem Parameter „Baumweite des Eingabegraphen". Dies gilt zum Beispiel auch für die Grapheigenschaften „Hamilton-Kreis", siehe Behauptung 4.43. Da MSO$_1$ eine Teilmenge von MSO$_2$ ist (siehe Abschnitt 4.7), sind auch alle Grapheigenschaften aus MSO$_1$ fest-Parameter-berechenbar bezüglich dem Parameter „Baumweite des Eingabegraphen".

EMSO$_2$

p^*-tw-HAMILTON-KREIS

---

p^*-tw-HAMILTON-KREIS
Gegeben: Ein Graph $G = (V, E)$.
Parameter: Baumweite(G).
Frage: Gibt es einen Hamilton-Kreis in G?

Satz 10.63. *Das Problem p^*-tw-HAMILTON-KREIS ist fest-Parameter-berechenbar.*

10.7 Literaturhinweise

Das Konzept der Baumweite wurde bereits 1976 von Halin [Hal76] eingeführt. Die Definition von Robertson und Seymour [RS86], an die wir uns hier halten, ist die bekannteste. Die eng mit der Baumweite verwandten Begriffe der partiellen k-Bäume und der Verzweigungsweite wurden von Rose [Ros74] bzw. von Robertson und Seymour [RS91] eingeführt.

Fomin, Kratsch, Todinca und Villanger [FKTV08] zeigten, dass die Baumweite eines Graphen mit n Koten in der Zeit $\tilde{\mathcal{O}}(1,8899^n)$ berechnet werden kann. Weitere Ergebnisse über Graphklassen mit beschränkter Baumweite können zum Beispiel in den Arbeiten von Bodlaender [Bod86, Bod88, Bod98] nachgelesen werden. Auf Graphklassen mit beschränkter Baumweite eingeschränkte Algorithmen findet man beispielsweise in den Arbeiten [Arn85, AP89, Hag00, INZ03, KZN00, ZFN00].

Interessante Übersichtsarbeiten zur Baumweite und eng damit verknüpfter Parameter sind Bodlaender [Bod98] und Bodlaender und Koster [BK08] zu verdanken.

Cliquenweitebeschränkte Graphen

In diesem Kapitel werden wir einen zweiten Ansatz zur Lösung schwieriger Graphenprobleme auf speziellen Baumstrukturen kennen lernen. Im Gegensatz zum Ansatz über die Baumweite wird es im folgenden Ansatz auch möglich sein, im Sinne der Fest-Parameter-Algorithmik solche Instanzen effizient zu lösen, die beliebig dichte Graphen (z. B. vollständige Graphen oder vollständig bipartite Graphen) enthalten. Dazu werden wir den Graphparameter Cliquenweite und seinen algorithmischen Nutzen vorstellen.

11.1 Grundlagen

Der Begriff der Cliquenweite (englisch: *clique-width*) von Graphen wurde um 1994 von Courcelle und Olariu eingeführt. Die Cliquenweite basiert auf rekursiven Operationen auf Graphen mit Knotenmarkierungen. Zur Erinnerung: Für eine natürliche Zahl k bezeichnen wir mit $[k]$ die k-elementige Menge $\{1,\ldots,k\}$ von natürlichen Zahlen. Ein *k-markierter Graph* $G = (V_G, E_G, \mathrm{lab}_G)$ ist ein Graph $G = (V_G, E_G)$, dessen Knoten mit einer Markierungsabbildung $\mathrm{lab}_G : V_G \to [k]$ markiert werden. Ein Graph, der aus genau einem mit $i \in [k]$ markierten Knoten besteht, wird im Folgenden kurz mit $\bullet_i$ bezeichnet.

$\bullet_i$

Definition 11.1 (Cliquenweite für knotenmarkierte Graphen).

- *Die Graphklasse* CW_k *ist rekursiv wie folgt definiert:*
    1. *Der k-markierte Graph $\bullet_i$ ist für $i \in [k]$ in CW_k.*
    2. *Es seien $G = (V_G, E_G, \mathrm{lab}_G) \in \mathrm{CW}_k$ und $J = (V_J, E_J, \mathrm{lab}_J) \in \mathrm{CW}_k$ zwei knotendisjunkte k-markierte Graphen. Dann ist der k-markierte Graph $G \oplus J = (V', E', \mathrm{lab}')$ in CW_k, der definiert ist durch $V' = V_G \cup V_J$, $E' = E_G \cup E_J$ und*

CW_k

k-markierter Graph $\bullet_i$

k-markierter Graph $G \oplus J$

$$lab'(u) = \begin{cases} lab_G(u), & \text{falls } u \in V_G, \\ lab_J(u), & \text{falls } u \in V_J, \end{cases}$$

für alle $u \in V'$.

F. Gurski et al., *Exakte Algorithmen für schwere Graphenprobleme*, eXamen.press,
DOI 10.1007/978-3-642-04500-4_11, © Springer-Verlag Berlin Heidelberg 2010

3. Es seien $i, j \in [k]$ zwei verschiedene natürliche Zahlen und $G = (V_G, E_G, lab_G) \in \mathrm{CW}_k$ ein k-markierter Graph. Dann ist

k-markierter
Graph $\rho_{i \to j}(G)$

a) der k-markierte Graph $\rho_{i \to j}(G) = (V_G, E_G, lab')$ in CW_k, mit

$$lab'(u) = \begin{cases} lab_G(u), & \text{falls } lab_G(u) \neq i, \\ j, & \text{falls } lab_G(u) = i, \end{cases}$$

für alle $u \in V_G$, und

k-markierter
Graph $\eta_{i,j}(G)$

b) es ist der k-markierte Graph $\eta_{i,j}(G) = (V_G, E', lab_G)$ mit

$$E' = E_G \cup \{\{u,v\} \mid lab(u) = i,\ lab(v) = j\}$$

in CW_k.

- *Einen Ausdruck X mit den Operationen $\bullet_i$, $\oplus$, $\rho_{i \to j}$ und $\eta_{i,j}$ für $i, j \in [k]$ nennen*

Cliquenweite-k-
Ausdruck

wir Cliquenweite-k-Ausdruck *oder kurz k-Ausdruck.*
- *Ein k-markierter Graph G hat eine* Cliquenweite *von höchstens k, falls G in CW_k ist.*

Cliquenweite eines
markierten Graphen

- *Die* Cliquenweite *eines markierten Graphen G (kurz Cliquenweite(G)) ist die kleinste natürliche Zahl k, sodass G in CW_k ist.*

Beispiel 11.2 (Cliquenweite-2-Ausdruck). In Tabelle 11.1 werden einige Cliquenweite-2-Ausdrücke und die definierten markierten Graphen angegeben.

Tabelle 11.1. Cliquenweite-2-Ausdrücke und die definierten 2-markierten Graphen

Graph	Cliquenweite-2-Ausdruck
G_1: ①	$\bullet_1$
G_2: ②	$\bullet_2$
G_3: ① ②	$G_1 \oplus G_2$
G_4:  ①—②	$\eta_{1,2}(G_3)$
G_5:  ①—①	$\rho_{2 \to 1}(G_4)$
G_6: 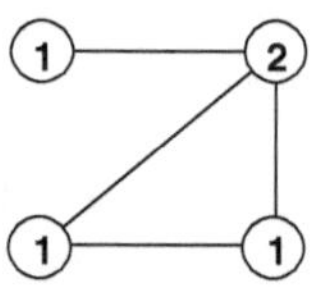 ①—② mit ①—① (Dreieck)	$\eta_{1,2}(G_5 \oplus G_3)$

In Definition 11.1 wurde der Begriff der Cliquenweite für Graphen mit Knotenmarkierungen eingeführt. Für Graphen ohne Knotenmarkierungen wollen wir dies wie folgt auf die obige Definition zurückführen.

Definition 11.3 (Cliquenweite für Graphen ohne Knotenmarkierungen). *Die* Cliquenweite *eines Graphen* $G = (V, E)$ *(wir schreiben auch kurz* Cliquenweite(G)*) ist die kleinste natürliche Zahl* k*, für die es eine Abbildung* $\ell : V \to [k]$ *gibt, sodass der* k*-markierte Graph* (V, E, ℓ) *eine Cliquenweite von höchstens* k *hat.*

Cliquenweite

Alle vollständigen Graphen bzw. Wege haben eine Cliquenweite von höchstens 2 bzw. 3, wie das folgende Beispiel zeigt.

Beispiel 11.4 (Cliquenweite).

1. Jeder vollständige Graph K_n mit $n \geq 1$ Knoten kann wie folgt mit Hilfe der Operationen der Cliquenweite aufgebaut werden:

$$
\begin{aligned}
X_{K_1} &= \bullet_1, \\
X_{K_2} &= \eta_{1,2}(\bullet_1 \oplus \bullet_2), \\
X_{K_n} &= \eta_{1,2}(\rho_{2 \to 1}(X_{K_{n-1}}) \oplus \bullet_2), \quad \text{falls } n \geq 3.
\end{aligned}
$$

Somit hat jeder vollständige Graph K_n, $n \geq 1$, eine Cliquenweite von höchstens 2.

2. Jeder Weg P_n mit $n \geq 1$ Knoten kann wie folgt mit Hilfe der Operationen der Cliquenweite aufgebaut werden:

$$
\begin{aligned}
X_{P_1} &= \bullet_1, \\
X_{P_2} &= \eta_{1,2}(\bullet_1 \oplus \bullet_2), \\
X_{P_3} &= \eta_{2,3}(\eta_{1,2}(\bullet_1 \oplus \bullet_2) \oplus \bullet_3), \\
X_{P_n} &= \eta_{2,3}(\rho_{3 \to 2}(\rho_{2 \to 1}(X_{P_{n-1}})) \oplus \bullet_3), \quad \text{falls } n \geq 4.
\end{aligned}
$$

Somit hat jeder Weg P_n, $n \geq 1$, eine Cliquenweite von höchstens 3.

Übung 11.5. Zeigen Sie die folgenden Aussagen durch Angabe eines geeigneten Cliquenweite-3-Ausdrucks:

- Der Weg P_5 (mit 5 Knoten) hat eine Cliquenweite von höchstens 3.
- Der Kreis C_6 (mit 6 Knoten) hat eine Cliquenweite von höchstens 3.
- Der Gittergraph (bzw. „Domino") $G_{2,3}$ hat eine Cliquenweite von höchstens 3.

Übung 11.6. Geben Sie jeweils möglichst große n an, sodass

- der Weg P_n mit n Knoten eine Cliquenweite von höchstens 2 hat,
- der Kreis C_n mit n Knoten eine Cliquenweite von höchstens 2 hat,
- der Kreis C_n mit n Knoten eine Cliquenweite von höchstens 3 hat.

Begründen Sie Ihre Angaben kurz.

Übung 11.7. Beweisen oder widerlegen Sie die folgenden Aussagen:

1. Für jeden Graphen G gilt: $\alpha(G) <$ Cliquenweite(G).
2. Für jeden Graphen G gilt: $\tau(G) <$ Cliquenweite(G).
3. Für jeden Graphen G gilt: $\omega(G) <$ Cliquenweite(G).
4. Für jeden Graphen G gilt: $\chi(G) <$ Cliquenweite(G).
5. Für jeden Graphen G gilt: $\theta(G) <$ Cliquenweite(G).

Genau wie die Baumweite hat auch die Cliquenweite wichtige algorithmische Anwendungen. Über die rekursive Definition der Cliquenweite-Ausdrücke erkennt man leicht, dass jeder Cliquenweite-Ausdruck X für einen Graphen G auch eine Baumstruktur für G liefert. Wir bezeichnen diesen Baum als *Cliquenweite-k-Ausdrucksbaum*. Der Cliquenweite-k-Ausdrucksbaum $T = (V_T, E_T, \mathrm{lab}_T)$ zu einem Cliquenweite-k-Ausdruck X ist ein binärer Wurzelbaum, dessen Knoten mit den Operationen des zugehörigen k-Ausdrucks markiert sind.

Definition 11.8 (Cliquenweite-k-Ausdrucksbaum).

Cliquenweite-k-Ausdrucksbaum zu $\bullet_i$

Cliquenweite-k-Ausdrucksbaum zu $X_1 \oplus X_2$

- *Der* Cliquenweite-k-Ausdrucksbaum T zum k-Ausdruck $\bullet_i$ *besteht aus genau einem Knoten r (der Wurzel von T), der mit $\bullet_i$ markiert wird.*
- *Der* Cliquenweite-k-Ausdrucksbaum T zum k-Ausdruck $X_1 \oplus X_2$ *besteht aus der disjunkten Vereinigung der Cliquenweite-k-Ausdrucksbäume T_1 und T_2 von X_1 bzw. X_2, einem zusätzlichen Knoten r (der Wurzel von T), der mit $\oplus$ markiert wird, und zwei zusätzlichen Kanten zwischen dem Knoten r und der Wurzel von T_1 bzw. der Wurzel von T_2.*

Cliquenweite-k-Ausdrucksbaum zu $\rho_{i \to j}(X)$ bzw. $\eta_{i,j}(X)$

- *Der* Cliquenweite-k-Ausdrucksbaum T zu den beiden k-Ausdrücken $\rho_{i \to j}(X)$ bzw. $\eta_{i,j}(X)$ *besteht aus dem Cliquenweite-k-Ausdrucksbaum T' zum Ausdruck X, einem zusätzlichen Knoten r (der Wurzel von T), der mit $\rho_{i \to j}$ bzw. mit $\eta_{i,j}$ markiert wird, und einer zusätzlichen Kante zwischen der Wurzel von T' und dem Knoten r.*
- *In einem Cliquenweite-k-Ausdrucksbaum T nennen wir*

Blatt
Vereinigungsknoten
Ummarkierungsknoten
Kanteneinfügeknoten

  - *einen mit $\bullet_i$ markierten Knoten ein* Blatt,
  - *einen mit $\oplus$ markierten Knoten einen* Vereinigungsknoten,
  - *einen mit $\rho_{i \to j}$ markierten Knoten einen* Ummarkierungsknoten *und*
  - *einen mit $\eta_{i,j}$ markierten Knoten einen* Kanteneinfügeknoten.

Beispiel 11.9 (Cliquenweite-k-Ausdrucksbaum). Für den Graphen G_6 aus Beispiel 11.2 zeigt Abb. 11.1 einen Cliquenweite-2-Ausdrucksbaum.

Anmerkung 11.10. Betrachtet man einen Cliquenweite-k-Ausdrucksbaum T zu einem Graphen $G = (V, E)$ etwas genauer, so sieht man leicht, dass T genau $|V|$ Blätter und somit genau $|V| - 1$ Vereinigungsknoten besitzt. Die Anordnung der Ummarkierungsknoten und Kanteneinfügeknoten zwischen zwei Vereinigungsknoten ist zunächst einmal beliebig und schwer abschätzbar.

Normalform für Cliquenweite-Ausdrücke

Espelage, Gurski und Wanke [EGW03] haben jedoch eine so genannte *Normalform für Cliquenweite-Ausdrücke* gefunden, die u. a. besagt, dass nach einer disjunkten Vereinigung zunächst eine Folge von Kanteneinfügeknoten folgt und dann eine Folge von Ummarkierungsknoten. Das heißt insbesondere, dass es zwischen zwei

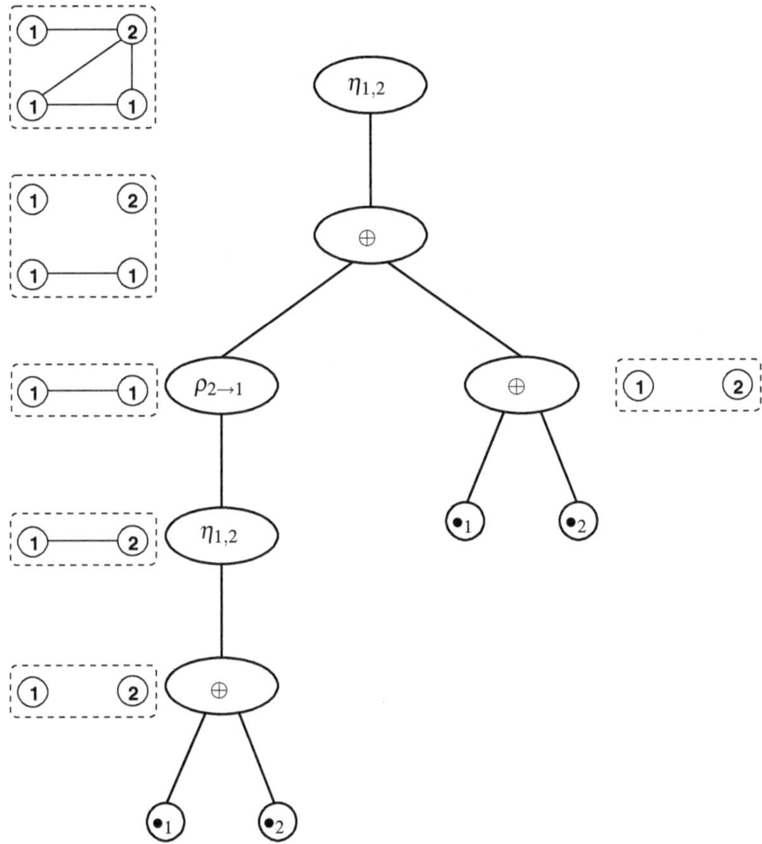

Abb. 11.1. Ein Cliquenweite-2-Ausdrucksbaum für den Graphen G_6 aus Beispiel 11.2

disjunkten Vereinigungen keine Ummarkierung vor einer Kanteneinfügung gibt. Somit gibt es zwischen zwei Vereinigungsknoten offenbar höchstens $k-1$ Ummarkierungsknoten und höchstens $k(k-1)/2$ Kanteneinfügeknoten, also insgesamt höchstens $(|V|-1)(k-1)$ Ummarkierungsknoten und höchstens $(|V|-1)(k(k-1)/2)$ Kanteneinfügeknoten.

Es ist bekannt, dass sich die Cliquenweite des Komplementgraphen stets in der Cliquenweite des Ursprungsgraphen beschränken lässt (eine Aussage, die offenbar für die Baumweite nicht gilt).

Satz 11.11 (Courcelle und Olariu [CO00]). *Für jeden Graphen G gilt:*

$$\text{Cliquenweite}(\overline{G}) \leq 2 \cdot \text{Cliquenweite}(G).$$

ohne Beweis

In den folgenden Sätzen vergleichen wir die Baumweite mit der Cliquenweite von Graphen. Es gibt mehrere Schranken für die Cliquenweite eines Graphen in Abhängigkeit von seiner Baumweite. Die beste bekannte Schranke ist im folgenden Satz angegeben.

Satz 11.12 (Corneil und Rotics [CR05]). *Für jeden Graphen G gilt:*

$$\text{Cliquenweite}(G) \le 3 \cdot 2^{Baumweite(G)-1}.$$

ohne Beweis

Umgekehrt hingegen lässt sich die Baumweite eines Graphen nicht durch einen Ausdruck in seiner Cliquenweite beschränken, wie man sich leicht am Beispiel vollständiger Graphen überlegt. Betrachtet man jedoch nur Graphen, die keine beliebig großen vollständig bipartiten Graphen als Teilgraphen enthalten, so kann man auch die Baumweite eines Graphen durch einen Ausdruck in seiner Cliquenweite beschränken.

Satz 11.13 (Gurski und Wanke [GW00]). *Ist G ein Graph, der den $K_{n,n}$ nicht als Teilgraphen enthält, so gilt:*

$$\text{Baumweite}(G) \le 3 \cdot (n-1) \cdot \text{Cliquenweite}(G) - 1.$$

ohne Beweis

Es gibt zahlreiche Graphen, die die Voraussetzung von Satz 11.13 erfüllen und für die sich somit aus einer Schranke für die Cliquenweite auch eine Schranke für die Baumweite herleiten lässt.

Korollar 11.14. *Es sei G ein Graph mit einer Cliquenweite von höchstens k.*

1. Ist G planar, so hat G eine Baumweite von höchstens $6k - 1$.
2. Hat jeder Knoten in G einen Grad von höchstens d, so hat G eine Baumweite von höchstens $3kd - 1$.

ohne Beweis

Während die Klasse der Graphen mit einer Baumweite von höchstens k bezüglich Teilgraphenbildung abgeschlossen ist (siehe Satz 10.19), ist dies für die Cliquenweite nicht der Fall. Am Beispiel vollständiger Graphen überlegt man sich sehr leicht ein Gegenbeispiel. Es gilt jedoch auch für die Cliquenweite noch der Abschluss bezüglich der Bildung induzierter Teilgraphen.

Satz 11.15. *Es sei G ein Graph. Die Cliquenweite eines jeden induzierten Teilgraphen von G ist durch die Cliquenweite von G nach oben beschränkt.* **ohne Beweis**

Wir definieren nun den Begriff der Cliquenweite von Graphklassen.

Definition 11.16. *Eine Graphklasse $\mathscr{G}$ hat eine* beschränkte Cliquenweite, *falls es eine natürliche Zahl k gibt, sodass alle Graphen in $\mathscr{G}$ eine Cliquenweite von höchstens k haben. Ist k die kleinste Zahl mit dieser Eigenschaft, so heißt k die* Cliquenweite *von $\mathscr{G}$.*

Graphklasse beschränkter Cliquenweite

Cliquenweite einer Graphklasse

Im folgenden Satz sind einige Mengen von Graphen mit beschränkter Cliquenweite zusamengefasst. Zunächst benötigen wir den folgenden Begriff.

Definition 11.17 (distanzerhaltender Graph). *Ein Graph G ist* distanzerhaltend, *falls in jedem zusammenhängenden induzierten Teilgraphen H von G die Distanz[53] zweier Knoten in H gleich der Distanz der beiden Knoten in G ist.*

distanzerhaltender Graph

Beispielsweise sind Bäume und Co-Graphen distanzerhaltend. Nicht distanzerhaltend sind hingegen zum Beispiel die Kreise C_n für $n \geq 5$.

Satz 11.18 (Courcelle und Olariu [CO00], Golumbic und Rotics [GR00]).

1. *Ein Graph hat genau dann die Cliquenweite 1, wenn er keine Kanten enthält.*
2. *Ein Graph hat genau dann eine Cliquenweite von höchstens 2, wenn er ein Co-Graph ist.*
3. *Distanzerhaltende Graphen haben eine Cliquenweite von höchstens 3.*

ohne Beweis

Dagegen hat die Menge aller Gittergraphen $\{G_{n,m} \mid n,m \in \mathbb{N}\}$ – und somit auch die Menge aller planaren Graphen – eine unbeschränkte Cliquenweite.

Übung 11.19. Zeigen Sie die folgenden Aussagen.

(1) Alle Bäume haben eine Cliquenweite von höchstens 3.
(2) Alle Kreise haben eine Cliquenweite von höchstens 4.

Übung 11.20. Zeigen Sie, dass jeder Co-Graph eine Cliquenweite von höchstens 2 hat und dass jeder Graph mit einer Cliquenweite von höchstens 2 ein Co-Graph ist.

Interessant sind stets Cliquenweite-Ausdrücke mit möglichst geringer Weite. Leider ist das Problem, solche optimalen Ausdrücke zu finden, bzw. schon das Bestimmen der Weite eines solchen Ausdrucks schwierig. Als Entscheidungsproblem lässt sich dies folgendermaßen ausdrücken:

CLIQUENWEITE

<table>
<tr><td colspan="2" align="center">CLIQUENWEITE</td></tr>
<tr><td>*Gegeben:*</td><td>Ein Graph $G = (V,E)$ und eine Zahl $k \in \mathbb{N}$.</td></tr>
<tr><td>*Frage:*</td><td>Hat G eine Cliquenweite von höchstens k?</td></tr>
</table>

Satz 11.21 (Fellows, Rosamond, Rotics und Szeider [FRRS06]). *Das Problem* CLIQUENWEITE *ist* NP-*vollständig.*   **ohne Beweis**

---

[53] Die Distanz zweier Knoten wurde in Definition 3.3 eingeführt.

Für jede feste natürliche Zahl $k \leq 3$ kann man in polynomieller Zeit entscheiden, ob ein gegebener Graph eine Cliquenweite von höchstens k hat, und im positiven Fall kann man auch einen Cliquenweite-Ausdruck angeben. Für $k = 1$ und $k = 2$ ist dies nach Satz 11.18 klar. Die Lösung für $k = 3$ ist deutlich aufwändiger (siehe die Arbeit von Corneil, Habib, Lanlignel, Reed und Rotics [CHL$^+$00]). Hingegen ist für jede feste natürliche Zahl $k \geq 4$ die Zeitkomplexität des Problems, zu entscheiden, ob ein gegebener Graph eine Cliquenweite von höchstens k hat, noch offen.

Falls man sich auf Graphklassen mit beschränkter Baumweite einschränkt, so kann man für jede feste natürliche Zahl k in linearer Zeit entscheiden, ob ein gegebener Graph eine Cliquenweite von höchstens k hat (Espelage, Gurski und Wanke [EGW03]). Aufgrund von Satz 11.12 kann man somit offenbar die Cliquenweite eines gegebenen Graphen mit beschränkter Baumweite in linearer Zeit berechnen.

p-CLIQUENWEITE

p-CLIQUENWEITE	
Gegeben:	Ein Graph $G = (V, E)$ und eine Zahl $k \in \mathbb{N}$.
Parameter:	k.
Frage:	Hat G eine Cliquenweite von höchstens k?

Es ist ein offenes Problem, ob das parametrisierte Problem p-CLIQUENWEITE fest-Parameter-berechenbar ist. Zum Problem, Cliquenweite-Ausdrücke für einen gegebenen Graphen zu finden, gibt es bislang nur die folgende Aussage.

Satz 11.22 (Oum [Oum08]). *Für jede natürliche Zahl k gibt es einen Algorithmus, der zu einem gegebenen Graphen $G = (V, E)$ in der Zeit $\mathcal{O}(|V|^3)$ entweder einen Cliquenweite-$(8^k - 1)$-Ausdruck liefert oder aber entscheidet, dass G eine Cliquenweite größer als k hat.* **ohne Beweis**

Einige eng mit der Cliquenweite verwandte Parameter betrachten wir in den Definitionen 11.23, 11.26, 11.29 und 11.32.

Definition 11.23 (NLC-Weite).

NLC_k
k-markierter Graph $\bullet_i$

- *Die Graphklasse NLC_k ist rekursiv wie folgt definiert:*
  1. *Der k-markierte Graph $\bullet_i$ ist für $i \in [k]$ in NLC_k.*
  2. *Es seien $G = (V_G, E_G, lab_G) \in \text{NLC}_k$ und $J = (V_J, E_J, lab_J) \in \text{NLC}_k$ zwei knotendisjunkte k-markierte Graphen und $S \subseteq [k]^2$ eine Relation. Dann ist auch der k-markierte Graph*

k-markierter
Graph $G \times_S J$

$$G \times_S J = (V', E', lab')$$

in NLC_k, der definiert ist durch

$$V' = V_G \cup V_J,$$
$$E' = E_G \cup E_J \cup \{\{u, v\} \mid u \in V_G,\, v \in V_J,\, (lab_G(u), lab_J(v)) \in S\} \quad und$$
$$lab'(u) = \begin{cases} lab_G(u), & \text{falls } u \in V_G, \\ lab_J(u), & \text{falls } u \in V_J, \end{cases}$$

für alle $u \in V'$.

3. Es seien $G = (V_G, E_G, lab_G) \in \mathrm{NLC}_k$ ein k-markierter Graph und $R : [k] \to [k]$ eine totale Funktion. Dann ist auch der k-markierte Graph

$$\circ_R(G) = (V_G, E_G, lab')$$

in NLC_k, *dessen Markierungsfunktion definiert ist durch* $lab'(u) = R(lab(u))$ *für alle* $u \in V_G$.

- *Die* NLC-*Weite eines markierten Graphen G ist die kleinste natürliche Zahl k, sodass G in* NLC_k *ist.*
- *Die* NLC-*Weite eines Graphen $G = (V, E)$ (kurz* NLC-*Weite(G)) ist die kleinste natürliche Zahl k, für die es eine Abbildung $\ell : V \to [k]$ gibt, sodass der k-markierte Graph (V, E, ℓ) eine* NLC-*Weite von höchstens k hat.*

k-markierter Graph $\circ_R(G)$

NLC-Weite eines markierten Graphen
NLC-Weite eines Graphen

Der folgende Satz stellt einen Zusammenhang zwischen der Cliquenweite und der NLC-Weite von Graphen her.

Satz 11.24. *Für jeden Graphen G gilt:*

$$\text{NLC-Weite}(G) \leq \text{Cliquenweite}(G) \leq 2 \cdot \text{NLC-Weite}(G).$$

ohne Beweis

Übung 11.25. Zeigen Sie Satz 11.24.

Definition 11.26 (Rangweite).

- *Eine* Rangdekomposition *eines Graphen G ist ein Paar (T, f), wobei T ein binärer Wurzelbaum ist und f eine Bijektion zwischen den Knoten in G und den Blättern in T.*
- *Der* Rang *einer Kante e aus T ist der Rang der 0-1-Adjazenzmatrix $M_e = M_{A,B}$, wobei A und B über die Blätter der beiden Teilbäume $T - \{e\}$ bestimmt sind, d. h., $T - \{e\}$ sind die beiden Teilbäume von T, die durch Entfernen der Kante e aus T entstehen.*
- *Die* Weite *einer Rangdekomposition (T, f) ist der maximale Rang aller Kanten in T.*
- *Die* Rangweite *eines Graphen G, kurz* Rangweite(G), *ist die minimale Weite aller Rangdekompositionen für G.*

Rangdekomposition

Rang einer Kante

Weite einer Rangdekomposition
Rangweite eines Graphen

Der folgende Satz stellt einen Zusammenhang zwischen der Cliquenweite und der Rangweite von Graphen her.

Satz 11.27. *Für jeden Graphen G gilt:*

$$\text{Rangweite}(G) \leq \text{Cliquenweite}(G) \leq 2^{\text{Rangweite}(G)+1} - 1.$$

ohne Beweis

Übung 11.28. Zeigen Sie Satz 11.27.

Nun führen wir den Begriff der modularen Weite von Graphen ein.

Definition 11.29 (modulare Weite).

k-Modul
homogene k-Menge

- *Sei $G = (V, E)$ ein Graph. Eine Knotenmenge $S \subseteq V$ heißt k-Modul (bzw. homogene k-Menge), falls S in höchstens k Mengen $S_1, \ldots, S_k$ eingeteilt werden kann, sodass jede Menge S_i, $i \in [k]$, ein Modul[54] im Graphen $G[(V - S) \cup S_i]$ bildet.*

k-modulare
Dekomposition

- *Eine k-modulare Dekomposition für einen Graphen G ist ein binärer Wurzelbaum T, sodass die Blätter von T den Knoten von G zugeordnet werden können und für jeden Knoten v in T die Blätter im Teilbaum mit der Wurzel v ein k-Modul von G bilden.*

modulare Weite

- *Die modulare Weite eines Graphen G, kurz Mod-Weite(G), ist definiert als die kleinste natürliche Zahl k, sodass es eine k-modulare Dekomposition für G gibt.*

Der folgende Satz stellt einen Zusammenhang zwischen der Cliquenweite, der NLC-Weite und der modularen Weite von Graphen her.

Satz 11.30. *Für jeden Graphen G gilt:*

$$\text{Mod-Weite}(G) \leq \text{NLC-Weite}(G) \leq \text{Cliquenweite}(G) \leq 2 \cdot \text{Mod-Weite}(G).$$

ohne Beweis

Übung 11.31. Zeigen Sie Satz 11.30.

Definition 11.32 (boolesche Weite).

boolesche
Dekomposition

- *Eine boolesche Dekomposition für einen Graphen G ist ein Paar (T, f), wobei T ein binärer Wurzelbaum ist und f eine Bijektion zwischen den Knoten in G und den Blättern in T.*

- *Offenbar definiert jede Kante e in T eine disjunkte Partition der Knoten von G in genau zwei Mengen, $\{A_e, \overline{A_e}\}$, die sich über f aus den Blättern von T ergeben, falls e aus T entfernt wird. Die* Weite einer Kante

Weite einer Kante

  e aus T definieren wir als

$$Weite(e) = \log_2(|\{S \subseteq \overline{A_e} \mid \text{es gibt eine Menge } X \subseteq A_e \text{ mit } S = \overline{A_e} \cap \bigcup_{x \in X} N(x)\}|).$$

Weite einer booleschen
Dekomposition

- *Die Weite einer booleschen Dekomposition (T, f) ist die maximale Weite aller Kanten in T.*

boolesche Weite

- *Die boolesche Weite eines Graphen G, kurz Boole-Weite(G), ist die minimale Weite aller booleschen Dekompositionen für G.*

Der folgende Satz stellt einen Zusammenhang zwischen der Cliquenweite und der booleschen Weite von Graphen her.

Modul eines Graphen

[54] Für einen Graphen $G = (V, E)$ heißt eine Knotenmenge $M \subseteq V$ *Modul von G*, falls für alle $(v_1, v_2) \in M \times M$ die Bedingung $N(v_1) - M = N(v_2) - M$ gilt, d. h., falls je zwei Knoten v_1 und v_2 die gleiche Nachbarschaft außerhalb von M haben.

Satz 11.33. *Für jeden Graphen G gilt:*

$$\text{Boole-Weite}(G) \leq \text{Cliquenweite}(G) \leq 2^{\text{Boole-Weite}(G)+1}.$$

ohne Beweis

Übung 11.34. Zeigen Sie Satz 11.33.

Anmerkung 11.35. Im Folgenden parametrisieren wir unsere Entscheidungsprobleme wie UNABHÄNGIGE MENGE und CLIQUE in der Cliquenweite des Eingabegraphen. Streng genommen ist dies kein zulässiger Parameter, da sich der Parameter „Cliquenweite des Eingabegraphen" nicht in polynomieller Zeit aus dem Eingabegraphen bestimmen lässt (es sei denn, es würde P = NP gelten). Deshalb verwenden wir hier wieder den Zusatz p^* in der Problembezeichnung.

Alternativ erhält man eine in Polynomialzeit berechenbare Parametrisierung eines eingeschränkten Problems, wenn man die Eingabe auf Graphen mit einer Cliquenweite von höchstens k einschränkt und k als Parameter wählt.

11.2 Unabhängige Menge und Knotenüberdeckung

Als Erstes betrachten wir das Problem, in einem gegebenen Graphen G die Größe einer kardinalitätsmaximalen unabhängigen Menge zu bestimmen, d. h., wir bestimmen die Unabhängigkeitszahl $\alpha(G)$. Als Parametrisierung wählen wir hier die Cliquenweite des Eingabegraphen.

p^*-cw-UNAB-
HÄNGIGE MENGE

---

p^*-cw-UNABHÄNGIGE MENGE		
Gegeben:	Ein Graph $G = (V,E)$ und eine Zahl $s \in \mathbb{N}$.	
Parameter:	Cliquenweite(G).	
Frage:	Gibt es in G eine unabhängige Menge der Größe mindestens s?	

Die Lösungsidee beruht auf einer dynamischen Programmierung entlang eines Cliquenweite-k-Ausdrucksbaums für den Eingabegraphen. Dazu benötigen wir einige Notationen. Es sei $G = (V_G, E_G)$ ein Graph mit einer Cliquenweite von höchstens k und $T = (V_T, E_T)$ ein Cliquenweite-k-Ausdrucksbaum mit Wurzel r für G. Für einen Knoten $u \in V_T$ definieren wir T_u als den Teilbaum von T mit Wurzel u. Offenbar ist für jeden Knoten $u \in V_T$ der Baum T_u ein Cliquenweite-k-Ausdrucksbaum. Weiterhin sei G_u der durch den Ausdrucksbaum T_u definierte Teilgraph von G.

Die Idee beim Algorithmenentwurf entlang von Cliquenweite-k-Ausdrucksbäumen T beruht häufig auf der Eigenschaft, dass sich für jeden Knoten u in T die Knoten im durch den Ausdrucksbaum T_u definierten Teilgraphen G_u in k Mengen einteilen lassen, sodass alle Knoten einer Menge die gleichen Nachbarn im noch folgenden Aufbau des Gesamtgraphen erhalten. Somit kann man sich bei Lösungsansätzen mittels dynamischer Programmierung entlang von Cliquenweite-k-Ausdrucksbäumen bei der Bestimmung von Teillösungen häufig auf die höchstens k Markierungen der Knoten des bisher aufgebauten Teilgraphen beschränken.

Zur Lösung von p^*-cw-UNABHÄNGIGE MENGE verwenden wir für jeden Knoten u von T eine Datenstruktur $F(u)$, nämlich ein $(2^k - 1)$-Tupel

$$F(u) = (a_{\{1\}}, \ldots, a_{\{1,\ldots,k\}}).$$

Jedes dieser Tupel enthält für jede Teilmenge $L \subseteq [k]$, $L \neq \emptyset$, eine positive Zahl a_L, die die Größe einer größten unabhängigen Menge I im Graphen G_u beschreibt, sodass $\{\mathrm{lab}_{G_u}(i) \mid i \in I\} = L$ gilt.

Beispiel 11.36 (Datenstruktur $F(u)$). Es sei G_u der in Abb. 11.2 dargestellte 3-markierte Graph.

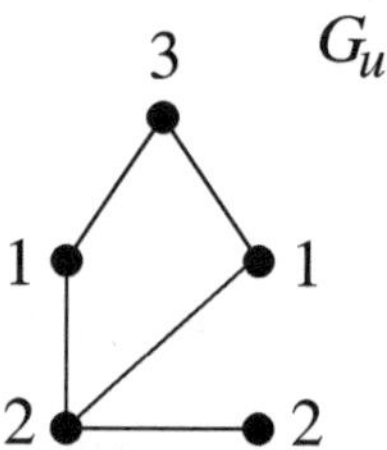

Abb. 11.2. Ein Beispiel zur Datenstruktur für p^*-cw-UNABHÄNGIGE MENGE

Dann ist $F(u) = (a_{\{1\}}, a_{\{2\}}, a_{\{3\}}, a_{\{1,2\}}, a_{\{1,3\}}, a_{\{2,3\}}, a_{\{1,2,3\}})$ mit der folgenden Zuordnung (L, a_L):

L	$\{1\}$	$\{2\}$	$\{3\}$	$\{1,2\}$	$\{1,3\}$	$\{2,3\}$	$\{1,2,3\}$
a_L	2	1	1	3	0	2	0

Es ist offensichtlich, dass für jeden Knoten $u \in V_T$ die Größe der Mengen $F(u)$ unabhängig von der Größe des Graphen G_u in k beschränkt werden kann, da $F(u)$ aus genau $2^k - 1$ Zahlen besteht.

Somit lässt sich unser Algorithmus für p^*-cw-UNABHÄNGIGE MENGE wie folgt formulieren:

1. Bestimme einen Cliquenweite-Ausdruck X für den Eingabegraphen $G = (V, E)$ (siehe Satz 11.22).
2. Transformiere diesen Ausdruck X in einen Cliquenweite-Ausdrucksbaum T mit Wurzel r.
3. Mittels dynamischer Programmierung entlang des Baums T mit der Wurzel r kann $F(r)$ durch einen Durchlauf in Bottom-up-Reihenfolge mit der folgenden Aktion auf den Knoten berechnet werden:
   a) Falls u ein mit $\bullet_i$, $i \in [k]$, markiertes Blatt in T ist, definieren wir

$$F(u) = (a_{\{1\}}, \ldots, a_{\{1,\ldots,k\}}),$$

wobei für alle nicht leeren Mengen $L \subseteq [k]$ gilt:

$$a_L = \begin{cases} 1, & \text{falls } L = \{i\}, \\ 0, & \text{falls } L \neq \{i\}. \end{cases}$$

b) Falls u ein Vereinigungsknoten mit den Kindern v und w in T ist, sind $F(v) = (a_{\{1\}}, \ldots, a_{\{1,\ldots,k\}})$ und $F(w) = (b_{\{1\}}, \ldots, b_{\{1,\ldots,k\}})$ bereits bekannt. Wir definieren

$$F(u) = (c_{\{1\}}, \ldots, c_{\{1,\ldots,k\}}),$$

wobei

$$c_L = \max_{L = L_1 \cup L_2} a_{L_1} + b_{L_2}$$

für $L_1, L_2 \subseteq [k]$ gilt.

c) Falls u ein mit $\eta_{i,j}$ markierter Kanteneinfügeknoten mit dem Kind v in T ist, ist $F(v) = (a_{\{1\}}, \ldots, a_{\{1,\ldots,k\}})$ bereits bekannt. Wir definieren

$$F(u) = (b_{\{1\}}, \ldots, b_{\{1,\ldots,k\}}),$$

wobei für alle nicht leeren Mengen $L \subseteq [k]$ gilt:

$$b_L = \begin{cases} a_L, & \text{falls } \{i, j\} \not\subseteq L, \\ 0, & \text{falls } \{i, j\} \subseteq L. \end{cases}$$

Falls sowohl i als auch j in der Markierungsmenge L einer unabhängigen Menge liegen, ist diese Menge nach der Kanteneinfügung nicht mehr unabhängig. Falls höchstens ein Element aus $\{i, j\}$ in L liegt, bleibt L unabhängig.

d) Falls u ein mit $\rho_{i \to j}$ markierter Ummarkierungsknoten mit dem Kind v in T ist, ist $F(v) = (a_{\{1\}}, \ldots, a_{\{1,\ldots,k\}})$ bereits bekannt. Wir definieren in diesem Fall

$$F(u) = (b_{\{1\}}, \ldots, b_{\{1,\ldots,k\}}),$$

wobei für alle nicht leeren Mengen $L \subseteq [k]$ gilt:

$$b_L = \begin{cases} a_L, & \text{falls } i \notin L \text{ und } j \notin L, \\ \max\{a_L, a_{L \cup \{i\}}, a_{(L \cup \{i\}) - \{j\}}\}, & \text{falls } i \notin L \text{ und } j \in L, \\ 0, & \text{falls } i \in L. \end{cases}$$

Falls $i \notin L$ und $j \notin L$ gilt, hat sich die Menge der Knoten in G_u mit einer Markierung aus L nicht verändert, d. h., es gilt $b_L = a_L$.

Falls $i \notin L$ und $j \in L$ gilt, kann ein j-markierter Knoten in G_u vor der Ummarkierung in G_v schon mit j markiert gewesen sein oder aus einem mit i markierten Knoten in G_v entstehen. Im zweiten Fall können die schon in G_v

mit j markierten Knoten mit in L betrachtet werden oder nicht. Somit ergibt sich

$$b_L = \max\{a_L, a_{L\cup\{i\}}, a_{(L\cup\{i\})-\{j\}}\}.$$

Falls $i \in L$ gilt, gibt es in G_u offensichtlich keinen Knoten, der mit i markiert ist, d. h., es gilt $b_L = 0$.

4. Mittels $F(r)$ können wir die Unabhängigkeitszahl des durch T_r definierten Graphen G bestimmen durch

$$\alpha(G) = \max_{a\in F(r)} a.$$

Satz 11.37. *Die Unabhängigkeitszahl eines Graphen $G = (V,E)$ mit einer Cliquenweite von höchstens k kann für eine berechenbare Funktion f in der Zeit*

$$\mathcal{O}(|V| \cdot f(k))$$

bestimmt werden, falls G durch einen Cliquenweite-k-Ausdruck gegeben ist.

Beweis.   Es seien $G = (V,E)$ ein Graph mit einer Cliquenweite von höchstens k und X ein zugehöriger Cliquenweite-Ausdruck, der einen Ausdrucksbaum T definiert. In Anmerkung 11.10 haben wir bereits erläutert, dass es in (der Normalform von) T genau $|V|$ Blätter, $|V| - 1$ Vereinigungsknoten, höchstens $(|V| - 1)(k - 1)$ Ummarkierungsknoten und höchstens $(|V| - 1)(k(k-1)/2)$ Kanteneinfügeknoten gibt.

Da die Mengen $F(u)$ in der Zeit $\mathcal{O}(2^{k+1})$ initialisiert bzw. aus den Tupeln des Kindes bzw. der Kinder von u bestimmt werden können, folgt die Behauptung.   ❑

Korollar 11.38. *Das Problem p^*-cw-*UNABHÄNGIGE MENGE *ist fest-Parameter-berechenbar.*

Korollar 11.39. *Das Problem* UNABHÄNGIGE MENGE *kann für jeden Graphen $G = (V,E)$ einer Graphklasse mit beschränkter Cliquenweite (z. B. der Klasse der Co-Graphen, der distanzerhaltenden Graphen usw.) in der Zeit $\mathcal{O}(|V|)$ gelöst werden.*

Das Problem KNOTENÜBERDECKUNG lässt sich mittels der Gleichung (3.4) von Gallai sehr leicht auf das Problem UNABHÄNGIGE MENGE zurückführen.

p^*-cw-KNOTEN-
ÜBERDECKUNG

p^*-cw-KNOTENÜBERDECKUNG	
Gegeben:	Ein Graph $G = (V,E)$ und eine Zahl $s \in \mathbb{N}$.
Parameter:	Cliquenweite(G).
Frage:	Gibt es in G eine Knotenüberdeckung der Größe höchstens s?

Korollar 11.40. *Die Größe einer kardinalitätsminimalen Knotenüberdeckung eines Graphen $G = (V,E)$ mit einer Cliquenweite von höchstens k kann in der Zeit*

$$\mathcal{O}(|V| \cdot f(k))$$

für eine berechenbare Funktion f bestimmt werden.

Korollar 11.41. *Das Problem p^*-cw-*KNOTENÜBERDECKUNG *ist fest-Parameter-berechenbar.*

Übung 11.42. Modifizieren Sie die in Abschnitt 11.2 angegebene Lösung für das Problem p^*-cw-UNABHÄNGIGE MENGE, um eine Lösung für das folgende gewichtete Problem zu erhalten:

p^*-cw-GEWICHTETE UNABHÄNGIGE MENGE

p^*-cw-GEWICHTETE UNABHÄNGIGE MENGE	
Gegeben:	Ein Graph $G = (V,E)$, eine Gewichtsfunktion $c : V \to \mathbb{N}$ und eine Zahl $s \in \mathbb{N}$.
Parameter:	Cliquenweite(G).
Frage:	Gibt es in G eine unabhängige Menge $V' \subseteq V$ mit $\sum_{v \in V'} c(v) \geq s$?

11.3 Clique

Als Nächstes betrachten wir das Problem, in einem gegebenen Graphen G die Größe einer kardinalitätsmaximalen Clique zu bestimmen, d. h., wir bestimmen die Cliquenzahl $\omega(G)$. Wieder ist die Cliquenweite des Eingabegraphen unsere Parametrisierung.

p^*-cw-CLIQUE

p^*-cw-CLIQUE	
Gegeben:	Ein Graph $G = (V,E)$ und eine Zahl $s \in \mathbb{N}$.
Parameter:	Cliquenweite(G).
Frage:	Gibt es in G eine Clique der Größe mindestens s?

Satz 11.43. *Die Cliquenzahl eines Graphen $G = (V,E)$ mit einer Cliquenweite von höchstens k kann für eine berechenbare Funktion f in der Zeit*

$$\mathcal{O}(|V| \cdot f(k))$$

bestimmt werden, falls G durch einen Cliquenweite-k-Ausdruck gegeben ist.

Beweis.   Falls G eine Cliquenweite von höchstens k hat, konstruieren wir den Komplementgraphen von G, der nach Satz 11.11 eine Cliquenweite von höchstens $2k$ hat, und wenden auf diesen den Algorithmus aus Abschnitt 11.2 an. Die Korrektheit folgt aus Gleichung (3.3).   ❑

Korollar 11.44. *Das Problem p^*-cw-*CLIQUE *ist fest-Parameter-berechenbar.*

Korollar 11.45. *Das Problem* CLIQUE *kann für jeden Graphen $G = (V,E)$ einer Graphklasse mit beschränkter Cliquenweite (z. B. der Klasse der Co-Graphen, der distanzerhaltenden Graphen usw.) in der Zeit $\mathcal{O}(|V|)$ gelöst werden.*

11.4 Partition in unabhängige Mengen

Weiterhin betrachten wir das Problem, die Knotenmenge in einem gegebenen Graphen G in möglichst wenige unabhängige Mengen zu partitionieren, d. h., wir bestimmen die Färbungszahl $\chi(G)$. Als Parametrisierung wählen wir erneut die Cliquenweite des Eingabegraphen.

p^*-cw-Partition in unabhängige Mengen

p^*-cw-Partition in unabhängige Mengen
Gegeben: Ein Graph $G = (V,E)$ und eine Zahl $s \in \mathbb{N}$.
Parameter: Cliquenweite(G).
Frage: Gibt es eine Partition von V in s unabhängige Mengen?

Multimenge

In der Datenstruktur zur Lösung des Problems verwenden wir *Multimengen*, d. h. Mengen, die mehrere gleiche Elemente enthalten können. Für eine Multimenge $\mathcal{M}$ mit den Elementen $x_1,\ldots,x_n$ schreiben wir

$$\mathcal{M} = \langle x_1,\ldots,x_n\rangle.$$

Beispielsweise hat die Multimenge $\langle 1,2,2,3,4,4,4\rangle$ sieben Elemente und nicht vier.

Die Elemente von $\mathcal{M}$ haben keine Ordnung. Die Häufigkeit eines Elements x in einer Multimenge $\mathcal{M}$ wird mit $\psi(\mathcal{M},x)$ bezeichnet, z. B. ist

$$\psi(\langle 1,2,2,3,4,4,4\rangle,4) = 3.$$

Zwei Multimengen $\mathcal{M}_1$ und $\mathcal{M}_2$ heißen *gleich*, falls für jedes Element $x \in \mathcal{M}_1 \cup \mathcal{M}_2$ gilt:

$$\psi(\mathcal{M}_1,x) = \psi(\mathcal{M}_2,x);$$

andernfalls heißen sie *verschieden*. Die leere Multimenge bezeichnen wir mit $\langle\rangle$.

Zur Lösung von p^*-cw-Partition in unabhängige Mengen für einen Graphen G mit Cliquenweite-Ausdrucksbaum T verwenden wir für jeden Knoten u in T eine Datenstruktur $F(u)$. Für jede Partition der Knotenmenge von G_u in unabhängige Mengen $V_1,\ldots,V_r$, $1 \le r \le |V|$, enthält $F(u)$ die Multimenge $\langle \mathrm{lab}(V_1),\ldots,\mathrm{lab}(V_r)\rangle$.

Anschaulich kann man die Anzahl der möglichen verschiedenen Multimengen in $F(u)$ wie folgt darstellen. Jede Multimenge $\mathcal{M}$ enthält Teilmengen von $[k]$, die in der ersten Zeile der folgenden Tabelle angegeben sind. Die Zeile darunter gibt jeweils Anzahl an, wie oft eine Teilmenge in $\mathcal{M}$ vorkommt.

$\{1\}$	$\cdots$	$\{k\}$	$\{1,2\}$	$\cdots$	$\{k-1,k\}$	$\cdots$	$\{1,\ldots,k\}$
0		0	0		0		0
$\vdots$	$\vdots$	$\vdots$	$\vdots$	$\vdots$	$\vdots$	$\vdots$	$\vdots$
$|V|$		$|V|$	$|V|$		$|V|$		$|V|$
$(|V|+1)$	$\cdots$	$(|V|+1)$	$(|V|+1)$	$\cdots$	$(|V|+1)$	$\cdots$	$(|V|+1)$

$$= (|V|+1)^{2^k-1}$$

$$\underbrace{\qquad\qquad\qquad\qquad\qquad\qquad}_{2^k-1}$$

Somit enthält $F(u)$ höchstens

$$(|V|+1)^{2^k-1}$$

paarweise verschiedene Multimengen, weshalb die Größe von $F(u)$ durch ein Polynom in der Größe von G beschränkt werden kann.

Beispiel 11.46 (Datenstruktur $F(u)$). Abbildung 11.3 zeigt eine Partition eines Graphen G_u in drei unabhängige Mengen und die dazugehörige Multimenge $\mathscr{M} \in F(u)$.

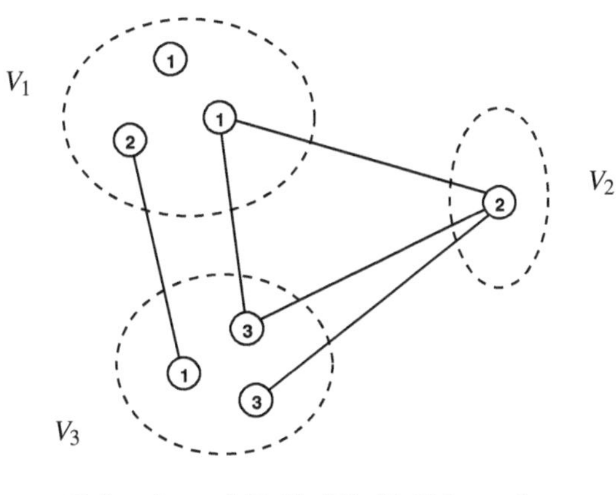

$$F(u) = \{\ \dots\ ,\ \langle\ \{1,2\},\{2\},\{1,3\}\ \rangle,\ \dots\ \}$$

Abb. 11.3. Ein Beispiel zur Datenstruktur für p^*-cw-PARTITION IN UNABHÄNGIGE MENGEN. Die Knotenmenge des Graphen G ist in drei unabhängige Mengen V_1, V_2 und V_3 aufgeteilt. $F(u)$ enthält die dazugehörige Multimenge $\langle \mathrm{lab}(V_1), \mathrm{lab}(V_2), \mathrm{lab}(V_3) \rangle$.

Somit lässt sich unser Algorithmus für p^*-cw-PARTITION IN UNABHÄNGIGE MENGEN wie folgt formulieren:

1. Bestimme einen Cliquenweite-Ausdruck X für den Eingabegraphen $G = (V, E)$ (siehe Satz 11.22).
2. Transformiere diesen Ausdruck X in einen Cliquenweite-Ausdrucksbaum T mit Wurzel r.
3. Mittels dynamischer Programmierung entlang des Baums T mit der Wurzel r kann $F(r)$ durch einen Durchlauf in Bottom-up-Reihenfolge mit der folgenden Aktion auf den Knoten berechnet werden:
   a) Falls u ein mit $\bullet_i$, $i \in [k]$, markiertes Blatt in T ist, definieren wir

   $$F(u) = \{\langle\{i\}\rangle\}.$$

   b) Falls u ein Vereinigungsknoten mit den Kindern v und w in T ist, sind $F(v)$ und $F(w)$ bereits bekannt.

Ausgehend von der Menge $D = \{\langle\rangle\} \times F(v) \times F(w)$ wird D um alle Tripel erweitert, die man aus einem Tripel $(\mathcal{M}, \mathcal{M}', \mathcal{M}'') \in D$ erhalten kann, indem man entweder eine Menge L' aus $\mathcal{M}'$ oder eine Menge L'' aus $\mathcal{M}''$ entfernt und die Menge L' bzw. L'' in $\mathcal{M}$ einfügt oder indem man eine Menge L' aus $\mathcal{M}'$ und eine Menge L'' aus $\mathcal{M}''$ entfernt und die Menge $L' \cup L''$ in $\mathcal{M}$ einfügt. D enthält höchstens

$$(|V| + 1)^{3(2^k - 1)}$$

Tripel und ist somit in polynomieller Zeit berechenbar. Demgemäß definieren wir

$$F(u) = \{\mathcal{M} \mid (\mathcal{M}, \langle\rangle, \langle\rangle) \in D\}.$$

c) Falls u ein mit $\eta_{i,j}$ markierter Kanteneinfügeknoten mit einem Kind v in T ist, ist $F(v)$ bereits bekannt. Wir definieren

$$F(u) = \{\langle L_1, \ldots, L_r\rangle \in F(v) \mid \{i, j\} \not\subseteq L_t \text{ für alle } t \in \{1, \ldots, r\}\}.$$

Falls sowohl i als auch j in der Markierungsmenge L mindestens einer unabhängigen Menge einer Partition der Knotenmenge von G_u liegen, ist diese Menge nach der Kanteneinfügung nicht mehr unabhängig, und deshalb werden die entsprechenden Partitionen nicht in $F(u)$ aufgenommen.

d) Falls u ein mit $\rho_{i \to j}$ markierter Ummarkierungsknoten mit einem Kind v in T ist, ist $F(v)$ bereits bekannt. Wir definieren

$$F(u) = \{\langle \rho_{i \to j}(L_1), \ldots, \rho_{i \to j}(L_r)\rangle \mid \langle L_1, \ldots, L_r\rangle \in F(v)\}.$$

4. Mittels $F(r)$ können wir die Färbungszahl des durch T_r definierten Graphen G bestimmen durch

$$\chi(G) = \min_{\mathcal{M} \in F(r)} |\mathcal{M}|.$$

Satz 11.47. *Die Färbungszahl eines Graphen $G = (V, E)$ mit einer Cliquenweite von höchstens k kann für eine berechenbare Funktion f in der Zeit*

$$\mathcal{O}(|V|^{f(k)})$$

bestimmt werden, falls G durch einen Cliquenweite-k-Ausdruck gegeben ist.

Beweis. Es seien $G = (V, E)$ ein Graph mit einer Cliquenweite von höchstens k und X ein zugehöriger Cliquenweite-Ausdruck, der einen Ausdrucksbaum T definiert. In Anmerkung 11.10 haben wir bereits erläutert, dass es in (der Normalform von) T genau $|V|$ Blätter, $|V| - 1$ Vereinigungsknoten, höchstens $(|V| - 1)(k - 1)$ Ummarkierungsknoten und höchstens $(|V| - 1)(k(k-1)/2)$ Kanteneinfügeknoten gibt.

Da die Mengen $F(u)$ in der Zeit $\mathcal{O}(|V|^{f(k)})$ initialisiert bzw. aus den Tupeln des Kindes bzw. der Kinder von u bestimmt werden können, folgt die Behauptung. $\qquad\square$

Übung 11.48. Geben Sie die in Satz 11.47 erwähnte berechenbare Funktion f in Abhängigkeit von k an.

Korollar 11.49. *Das Problem p^*-cw-*PARTITION IN UNABHÄNGIGE MENGEN *ist in* XP.

Korollar 11.50. *Das Problem* PARTITION IN UNABHÄNGIGE MENGEN *kann für jeden Graphen $G = (V,E)$ einer Graphklasse mit beschränkter Cliquenweite (z. B. der Klasse der Co-Graphen, der distanzerhaltenden Graphen usw.) in der Zeit $\mathcal{O}(|V|^{\mathcal{O}(1)})$ gelöst werden.*

Es stellt sich die Frage, ob p^*-cw-PARTITION IN UNABHÄNGIGE MENGEN sogar in FPT liegt. Dies gilt jedoch nicht, es sei denn, es würde $W[1] = \text{FPT}$ gelten.

Satz 11.51 (Fomin, Golovach, Lokshtanov und Saurabh [FGLS09]). *Das Problem p^*-cw-*PARTITION IN UNABHÄNGIGE MENGEN *ist* $W[1]$*-schwer.* **ohne Beweis**

11.5 Partition in Cliquen

Schließlich betrachten wir das Problem, die Knotenmenge in einem gegebenen Graphen G in möglichst wenige Cliquen zu partitionieren, d. h., wir bestimmen die Cliquenüberdeckungszahl $\theta(G)$. Wieder wählen wir die Cliquenweite des Eingabegraphen als Parametrisierung.

p^*-cw-PARTITION IN CLIQUEN

	p^*-cw-PARTITION IN CLIQUEN
Gegeben:	Ein Graph $G = (V,E)$ und eine Zahl $s \in \mathbb{N}$.
Parameter:	Cliquenweite(G).
Frage:	Gibt es eine Partition von V in s Cliquen?

Satz 11.52. *Die Cliquenüberdeckungszahl eines Graphen $G = (V,E)$ mit einer Cliquenweite von höchstens k kann für eine berechenbare Funktion f in der Zeit*

$$\mathcal{O}(|V|^{f(k)})$$

bestimmt werden, falls G durch einen Cliquenweite-k-Ausdruck gegeben ist.

Beweis. Falls G eine Cliquenweite von höchstens k hat, konstruieren wir den Komplementgraphen von G, der nach Satz 11.11 eine Cliquenweite von höchstens $2k$ hat, und wenden auf diesen den Algorithmus aus Abschnitt 11.4 an. Die Korrektheit folgt aus Gleichung (3.9). $\qquad\square$

Korollar 11.53. *Das Problem p^*-cw-*PARTITION IN CLIQUEN *ist in* XP.

Korollar 11.54. *Das Problem* PARTITION IN CLIQUEN *kann für jeden Graphen* $G = (V, E)$ *einer Graphklasse mit beschränkter Cliquenweite (z. B. der Klasse der Co-Graphen, der distanzerhaltenden Graphen usw.) in der Zeit* $\mathcal{O}(|V|^{\mathcal{O}(1)})$ *gelöst werden.*

Es stellt sich wieder die Frage, ob p^*-cw-PARTITION IN CLIQUEN sogar in FPT liegt. Dies gilt jedoch nicht, es sei denn, W[1] = FPT würde gelten.

Korollar 11.55. *Das Problem* p^*-cw-PARTITION IN CLIQUEN *ist* W[1]-*schwer.*

Beweis. Wenn das Problem p^*-cw-PARTITION IN CLIQUEN in FPT liegt, dann bedeutet dies, dass es einen FPT-Algorithmus A für p^*-cw-PARTITION IN CLIQUEN gibt, sodass A eine Laufzeit von $\mathcal{O}(f(k) \cdot |I|^{\mathcal{O}(1)})$ hat. Aufgrund von Gleichung (3.9) könnte man durch A, angewandt auf den Komplementgraphen der Eingabe, auch das Problem p^*-cw-PARTITION IN UNABHÄNGIGE MENGEN durch einen FPT-Algorithmus lösen. $\qquad\square$

11.6 MSO$_1$-definierbare Grapheigenschaften

Ähnlich wie in Abschnitt 10.6 gibt es auch eine grundlegende Aussage über die Existenz effizienter Algorithmen für Graphen mit beschränkter Cliquenweite. Courcelle, Makowsky und Rotics [CMR00] zeigten, dass alle Grapheigenschaften, die sich in monadischer Logik zweiter Ordnung (siehe Definition 4.39) auf relationalen Graphenstrukturen $\lfloor G \rfloor$ über der Signatur $\{E\}$ (siehe Beispiel 4.30) definieren lassen, auf Graphen G mit beschränkter Cliquenweite k in der Zeit $\mathcal{O}(f(k) \cdot |V|)$ entscheidbar sind, wenn ein Cliquenweite-k-Ausdruck für G gegeben ist. Die monadische Logik zweiter Ordnung lässt sich hier ebenfalls erweitern, sodass auch Optimierungsprobleme mit linearen Optimierungsfunktionen definiert werden können, und wird mit LinEMSO$_1$ LinEMSO$_1$ (englisch: *linear extended monadic second order logic*) bezeichnet.

Die oben genannte Aussage von Courcelle et al. [CMR00] unterscheidet sich jedoch in den beiden folgenden Punkten von der Aussage aus Abschnitt 10.6 über FPT-Algorithmen für Graphen mit beschränkter Baumweite.

Für Graphen mit beschränkter Cliquenweite werden Grapheigenschaften betrachtet, die sich auf den relationalen Graphenstrukturen $\lfloor G \rfloor$ über der Signatur $\{E\}$ definieren lassen, also MSO$_1$-Grapheigenschaften. In Abschnitt 10.6 sind es dagegen MSO$_2$-Grapheigenschaften. Viele interessante MSO$_2$-Grapheigenschaften sind leider nicht MSO$_1$-definierbar. Hierzu gehören zum Beispiel die Grapheigenschaften, die testen, ob ein Graph einen Hamilton-Kreis oder ein perfektes Matching besitzt, siehe Behauptung 4.41. Diese Graphenprobleme lassen sich trotzdem auf Graphen mit beschränkter Cliquenweite in polynomieller Zeit lösen, wenn ein Cliquenweite-k-Ausdruck gegeben ist, siehe [EGW01].

Ein weiterer wichtiger Unterschied ist dadurch gegeben, dass bis heute leider kein effizienter Algorithmus bekannt ist, der für einen gegebenen Graphen mit einer Cliquenweite von k einen Cliquenweite-k-Ausdruck berechnet. Es gibt jedoch für jedes k einen Approximationsalgorithmus A_k, der für einen gegebenen Graphen $G = (V,E)$ in der Zeit $\mathcal{O}(|V|^3)$ entweder einen Cliquenweite-k'-Ausdruck berechnet, mit $k' \leq 8^k - 1$, oder rückmeldet, dass die Cliquenweite von G größer als k ist (siehe Satz 11.22). Der Cliquenweite-k'-Ausdruck ist ausreichend für einen Polynomialzeit-Algorithmus zur Entscheidung einer MSO_1-Grapheigenschaft auf G. Der Approximationsalgorithmus A_k entscheidet nicht, ob ein gegebener Graph eine Cliquenweite von höchstens k hat, da er auch für Graphen mit einer Cliquenweite größer als k einen Cliquenweite-k'-Ausdruck ausgeben kann.

Es sind auch Probleme bekannt, die bezüglich des Parameters „Cliquenweite des Eingabegraphen" nicht fest-Parameter-berechenbar sind (falls $\mathrm{FPT} \neq \mathrm{W}[1]$ gilt). Zwei dieser Probleme, p^*-cw-PARTITION IN UNABHÄNGIGE MENGEN und p^*-cw-PARTITION IN CLIQUEN, haben wir in Abschnitt 11.4 bzw. 11.5 bereits betrachtet. Zwei weitere Graphenpobleme sind die beiden folgenden:

<table>
<tr><td colspan="2" align="center">p^*-cw-HAMILTON-KREIS</td></tr>
<tr><td>Gegeben:</td><td>Ein Graph $G = (V,E)$.</td></tr>
<tr><td>Parameter:</td><td>Cliquenweite(G).</td></tr>
<tr><td>Frage:</td><td>Gibt es in G einen Hamilton-Kreis?</td></tr>
</table>

<table>
<tr><td colspan="2" align="center">p^*-cw-KANTENDOMINIERENDE MENGEN</td></tr>
<tr><td>Gegeben:</td><td>Ein Graph $G = (V,E)$ und eine Zahl $s \in \mathbb{N}$.</td></tr>
<tr><td>Parameter:</td><td>Cliquenweite(G).</td></tr>
<tr><td>Frage:</td><td>Gibt es in G eine kantendominierende Menge E' (d. h., jede Kante aus E gehört entweder zu E' oder ist zu mindestens einer Kante aus E' inzident) der Größe höchstens s?</td></tr>
</table>

Satz 11.56 (Fomin, Golovach, Lokshtanov und Saurabh [FGLS09]). *Die Probleme*

- p^*-*cw*-HAMILTON-KREIS *und*
- p^*-*cw*-KANTENDOMINIERENDE MENGEN

sind $\mathrm{W}[1]$-*schwer.*

Die Probleme p^*-cw-HAMILTON-KREIS und p^*-cw-KANTENDOMINIERENDE MENGEN können jedoch wie die beiden Probleme aus Abschnitt 11.4 und 11.5 mittels XP-Algorithmen gelöst werden, siehe [EGW01, KR03].

11.7 Literaturhinweise

Das Konzept der Cliquenweite wurde bereits im Jahre 1994 von Courcelle und Olariu [CO00] eingeführt. Ähnliche Parameter sind die von Wanke [Wan94] eingeführte

NLC-Weite, die von Oum und Seymour [OS06] definierte Rangweite und die modulare Weite, die auf Rao [Rao08] zurückgeht. Die boolesche Weite wurde erstmals von Bui-Xuan, Telle und Vatshelle in [BXTV09] definiert.

Auf Graphklassen mit beschränkter Cliquenweite eingeschränkte Algorithmen findet man zum Beispiel in den Arbeiten [EGW01, KR03, GK03, GW06]. Brandstädt et al. [BELL06] untersuchten alle Graphklassen, die sich durch den Ausschluss verbotener induzierter Teilgraphen mit höchstens vier Knoten definieren lassen, bezüglich ihrer Cliquenweite. Weiterhin wurden bereits alle Graphklassen, die sich durch den Ausschluss aller Erweiterungen des P_4 um einen Knoten definieren lassen, bezüglich ihrer Cliquenweite klassifiziert [BDLM05]. Die Cliquenweite von Graphen mit beschränktem Knotengrad wurde von Lozin und Rautenbach [LR04] betrachtet. Einen sehr umfangreichen Überblick über die Cliquenweite spezieller Graphklassen liefert die Arbeit von Kaminski, Lozin und Milanic [KLM09].

Analog zur Einschränkung der Baumweite in der Wegweite betrachtet man in der Literatur auch Einschränkungen der Cliquenweite und NLC-Weite, die durch den Zusatz „sequentiell" oder „linear" gekennzeichnet werden [FRRS06, GW05]. Erste Exponentialzeit-Algorithmen zur Bestimmung der sequentiellen Cliquenweite, sequentiellen NLC-Weite und NLC-Weite findet man in der Arbeit von Müller und Urner [MU10].

Eine interessante Übersichtsarbeit zur Cliquenweite und zu ähnlichen Graphparametern ist die Schrift von Hlinený, Oum, Seese und Gottlob [HOSG08].

Tabellenverzeichnis

F. Gurski et al., *Exakte Algorithmen für schwere Graphenprobleme*, eXamen.press,
DOI 10.1007/978-3-642-04500-4, © Springer-Verlag Berlin Heidelberg 2010

Abbildungsverzeichnis

Literaturverzeichnis

[ACG$^+$03] G. Ausiello, P. Crescenzi, G. Gambosi, V. Kann, M. Marchetti-Spaccamela, and M. Protasi. *Complexity and Approximation.* Springer-Verlag, second edition, 2003.

[ACP87] S. Arnborg, D. Corneil, and A. Proskurowski. Complexity of finding embeddings in a k-tree. *SIAM Journal of Algebraic and Discrete Methods*, 8(2):277–284, 1987.

[Ada79] D. Adams. *The Hitchhiker's Guide to the Galaxy.* Pan Books, 1979.

[AH77a] K. Appel and W. Haken. Every planar map is 4-colorable – 1: Discharging. *Illinois J. Math*, 21:429–490, 1977.

[AH77b] K. Appel and W. Haken. Every planar map is 4-colorable – 2: Reducibility. *Illinois J. Math*, 21:491–567, 1977.

[AK97] N. Alon and N. Kahale. A spectral technique for coloring random 3-colorable graphs. *SIAM Journal on Computing*, 26(6):1733–1748, 1997.

[ALS91] S. Arnborg, J. Lagergren, and D. Seese. Easy problems for tree-decomposable graphs. *Journal of Algorithms*, 12(2):308–340, 1991.

[AP89] S. Arnborg and A. Proskurowski. Linear time algorithms for NP-hard problems restricted to partial k-trees. *Discrete Applied Mathematics*, 23:11–24, 1989.

[Arn85] S. Arnborg. Efficient algorithms for combinatorial problems on graphs with bounded decomposability – A survey. *BIT*, 25:2–23, 1985.

[Bac94] P. Bachmann. *Analytische Zahlentheorie*, volume 2. Teubner, 1894.

[BC93] D. Bovet and P. Crescenzi. *Introduction to the Theory of Complexity.* Prentice Hall, 1993.

[BDG90] J. Balcázar, J. Díaz, and J. Gabarró. *Structural Complexity II.* EATCS Monographs on Theoretical Computer Science. Springer-Verlag, 1990.

[BDG95] J. Balcázar, J. Díaz, and J. Gabarró. *Structural Complexity I.* EATCS Monographs on Theoretical Computer Science. Springer-Verlag, second edition, 1995.

[BDLM05] A. Brandstädt, F. Dragan, H. Le, and R. Mosca. New graph classes of bounded clique width. *Theory of Computing Systems*, 38(5):623–645, 2005.

[BE95] R. Beigel and D. Eppstein. 3-coloring in time $\mathcal{O}(1.3446^n)$: A no-MIS algorithm. In *Proceedings of the 36th IEEE Symposium on Foundations of Computer Science*, pages 444–452. IEEE Computer Society Press, October 1995.

[BE05] R. Beigel and D. Eppstein. 3-coloring in time $\mathcal{O}(1.3289^n)$. *Journal of Algorithms*, 54(2):168–204, 2005.

[Bel57] R. Bellman, editor. *Dynamic Programming.* Cambridge University Press, 1957.

[BELL06]   A. Brandstädt, J. Engelfriet, H. Le, and V. Lozin. Clique-width for four-vertex forbidden subgraphs. *Theory of Computing Systems*, 39(4):561–590, 2006.

[BH06]   A. Björklund and T. Husfeldt. Inclusion-exclusion algorithms for counting set partitions. In *Proceedings of the 47th IEEE Symposium on Foundations of Computer Science*, pages 575–582. IEEE Computer Society Press, October 2006.

[BJG09]   J. Bang-Jensen and G. Gutin. *Digraphs. Theory, Algorithms and Applications.* Springer-Verlag, 2009.

[BK97]   A. Blum and D. Karger. An $\tilde{\mathcal{O}}(n^{3/14})$-coloring algorithm for 3-colorable graphs. *Information Processing Letters*, 61(1):49–53, 1997.

[BK08]   H. Bodlaender and A. Koster. Combinatorial optimization on graphs of bounded tree-width. *Computer Journal*, 51(3):255–269, 2008.

[BLS99]   A. Brandstädt, V. Le, and J. Spinrad. *Graph Classes: A Survey.* SIAM Monographs on Discrete Mathematics and Applications. Society for Industrial and Applied Mathematics, 1999.

[BM93]   H. Bodlaender and R. Möhring. The pathwidth and treewidth of cographs. *SIAM Journal on Discrete Mathematics*, 6(2):181–188, 1993.

[Bod86]   H. Bodlaender. Classes of graphs with bounded treewidth. Technical Report RUU-CS-86-22, Universiteit Utrecht, 1986.

[Bod88]   H. Bodlaender. Planar graphs with bounded treewidth. Technical Report RUU-CS-88-14, Universiteit Utrecht, 1988.

[Bod96]   H. Bodlaender. A linear-time algorithm for finding tree-decompositions of small treewidth. *SIAM Journal on Computing*, 25(6):1305–1317, 1996.

[Bod98]   H. Bodlaender. A partial k-arboretum of graphs with bounded treewidth. *Theoretical Computer Science*, 209:1–45, 1998.

[Büc60]   J. Büchi. Weak second-order arithmetic and finite automata. *Zeitschrift für Mathematische Logik und Grundlagen der Mathematik*, 6:66–92, 1960.

[BXTV09]   B. Bui-Xuan, J. Telle, and M. Vatshelle. Boolean-width of graphs. In *Proceedings of the 4th International Workshop on Parameterized and Exact Computation*, pages 61–74. Springer-Verlag *Lecture Notes in Computer Science #5917*, September 2009.

[Bys02]   J. Byskov. Chromatic number in time $\mathcal{O}(2.4023^n)$ using maximal independent sets. Technical Report RS-02-45, Center for Basic Research in Computer Science (BRICS), December 2002.

[Cai96]   L. Cai. Fixed-parameter tractability of graph modification problems for hereditary properties. *Information Processing Letters*, 58:171–176, 1996.

[Cai08]   L. Cai. Parameterized complexity of cardinality constrained optimization problems. *Computer Journal*, 51(1):102–121, 2008.

[CHL$^+$00]   D. Corneil, M. Habib, J. Lanlignel, B. Reed, and U. Rotics. Polynomial time recognition of clique-width at most three graphs. In *Proceedings of the 9th Latin American Symposium on Theoretical Informatics*, pages 126–134. Springer-Verlag *Lecture Notes in Computer Science #1776*, April 2000.

[Chl02]   J. Chlebikova. Partial k-trees with maximum chromatic number. *Discrete Mathematics*, 259(1–3):269–276, 2002.

[CKX06]   J. Chen, I. Kanj, and G. Xia. Improved parameterized upper bounds for vertex cover. In *Proceedings of the 31st International Symposium on Mathematical Foundations of Computer Science*, pages 238–249. Springer-Verlag *Lecture Notes in Computer Science #4162*, August/September 2006.

[CLRS09]   T. Cormen, C. Leiserson, R. Rivest, and C. Stein. *Introduction to Algorithms.* MIT Press and McGraw-Hill, third edition, 2009.

[CLSB81]   D. Corneil, H. Lerchs, and L. Stewart-Burlingham. Complement reducible graphs. *Discrete Applied Mathematics*, 3:163–174, 1981.

[CM87]   J. Cai and G. Meyer. Graph minimal uncolorability is D^P-complete. *SIAM Journal on Computing*, 16(2):259–277, 1987.

[CM08]   J. Chen and J. Meng. On parameterized intractability: Hardness and completeness. *Computer Journal*, 51(1):39–59, 2008.

[CMR00]   B. Courcelle, J. Makowsky, and U. Rotics. Linear time solvable optimization problems on graphs of bounded clique-width. *Theory of Computing Systems*, 33(2):125–150, 2000.

[CO00]   B. Courcelle and S. Olariu. Upper bounds to the clique width of graphs. *Discrete Applied Mathematics*, 101:77–114, 2000.

[Cob64]   A. Cobham. The intrinsic computational difficulty of functions. In *Proceedings of the 1964 International Congress for Logic Methodology and Philosophy of Science*, pages 24–30. North Holland, 1964.

[Coo71]   S. Cook. The complexity of theorem-proving procedures. In *Proceedings of the 3rd ACM Symposium on Theory of Computing*, pages 151–158. ACM Press, 1971.

[Cou]   B. Courcelle. *Graph Structure and Monadic Second-Order Logic*. Encyclopedia of Mathematics and its Applications. Cambridge University Press. To appear.

[Cou92]   B. Courcelle. The monadic second-order logic of graphs III: Tree-decompositions, minor and complexity issues. *Informatique Théorique et Applications*, 26:257–286, 1992.

[CPS85]   D. Corneil, Y. Perl, and L. Stewart. A linear recognition algorithm for cographs. *SIAM Journal on Computing*, 14(4):926–934, 1985.

[CR05]   D. Corneil and U. Rotics. On the relationship between clique-width and tree-width. *SIAM Journal on Computing*, 4:825–847, 2005.

[CRST06]   M. Chudnovsky, N. Robertson, P. Seymour, and R. Thomas. The strong perfect graph theorem. *Annals of Mathematics*, 164:51–229, 2006.

[DF92]   R. Downey and M. Fellows. Fixed parameter tractability and completeness. *Congressus Numerantium*, 87:161–187, 1992.

[DF95]   R. Downey and M. Fellows. Fixed-parameter tractability and completeness I: Basic results. *SIAM Journal on Computing*, 24(4):873–921, 1995.

[DF99]   R. Downey and M. Fellows. *Parameterized Complexity*. Springer-Verlag, 1999.

[Die06]   R. Diestel. *Graphentheorie*. Springer-Verlag, 2006.

[Edm65]   J. Edmonds. Paths, trees and flowers. *Canadian Journal of Mathematics*, 17:449–467, 1965.

[EGW01]   W. Espelage, F. Gurski, and E. Wanke. How to solve NP-hard graph problems on clique-width bounded graphs in polynomial time. In *Proceedings of the 27th International Workshop on Graph-Theoretic Concepts in Computer Science*, pages 117–128. Springer-Verlag *Lecture Notes in Computer Science #2204*, June 2001.

[EGW03]   W. Espelage, F. Gurski, and E. Wanke. Deciding clique-width for graphs of bounded tree-width. *Journal of Graph Algorithms and Applications*, 7(2):141–180, 2003.

[Epp01]   D. Eppstein. Improved algorithms for 3-coloring, 3-edge-coloring, and constraint satisfaction. In *Proceedings of the 12th Annual ACM-SIAM Symposium on Discrete Algorithms*, pages 329–337. Society for Industrial and Applied Mathematics, January 2001.

[Epp03]   D. Eppstein. Small maximal independent sets and faster exact graph coloring. *Journal of Graph Algorithms and Applications*, 7(2):131–140, 2003.

[Epp04]   D. Eppstein. Quasiconvex analysis of backtracking algorithms. In *Proceedings of the 15th Annual ACM-SIAM Symposium on Discrete Algorithms*, pages 788–797. Society for Industrial and Applied Mathematics, January 2004.

[Fag74]   R. Fagin. Generalized first-order spectra and polynomial-time recognizable sets. In R. Karp, editor, *Complexity of Computation*, volume 7, pages 43–73. Proceedings of the SIAM-AMS Symposium in Applied Mathematics, 1974.

[FG06]   J. Flum and M. Grohe. *Parameterized Complexity Theory*. EATCS Texts in Theoretical Computer Science. Springer-Verlag, 2006.

[FGK05]   F. Fomin, F. Grandoni, and D. Kratsch. Measure and conquer: Domination – A case study. In *Proceedings of the 32nd International Colloquium on Automata, Languages, and Programming*, pages 191–203, July 2005.

[FGLS09]   F. Fomin, P. Golovach, D. Lokshtanov, and S. Saurabh. Clique-width: On the price of generality. In *Proceedings of the 20th Annual ACM-SIAM Symposium on Discrete Algorithms*, pages 825–834. Society for Industrial and Applied Mathematics, January 2009.

[FGPS05]   F. Fomin, F. Grandoni, A. Pyatkin, and A. Stepanov. Bounding the number of minimal dominating sets: A measure and conquer approach. In *Proceedings of the 16th International Symposium on Algorithms and Computation*, pages 573–582, December 2005.

[FGPS08]   F. Fomin, F. Grandoni, A. Pyatkin, and A. Stepanov. Combinatorial bounds via measure and conquer: Bounding minimal dominating sets and applications. *ACM Transactions on Algorithms*, 5(1), 2008.

[FKTV08]   F. Fomin, D. Kratsch, I. Todinca, and Y. Villanger. Exact algorithms for tree-width and minimum fill-in. *SIAM Journal on Computing*, 38(3):1058–1079, 2008.

[FRRS06]   M. Fellows, F. Rosamond, U. Rotics, and S. Szeider. Clique-width minimization is NP-hard. In *Proceedings of the 38th ACM Symposium on Theory of Computing*, pages 354–362. ACM Press, May 2006.

[Gal59]   T. Gallai. Über extreme Punkt- und Kantenmengen. *Ann. Univ. Sci. Budapest, Eotvos Sect. Math.*, 2:133–138, 1959.

[GJ79]   M. Garey and D. Johnson. *Computers and Intractability: A Guide to the Theory of NP-Completeness*. W. H. Freeman and Company, 1979.

[GK03]   M. Gerber and D. Kobler. Algorithms for vertex-partitioning problems on graphs with fixed clique-width. *Theoretical Computer Science*, 299(1–3):719–734, 2003.

[GK04]   V. Guruswami and S. Khanna. On the hardness of 4-coloring a 3-colorable graph. *SIAM Journal on Discrete Mathematics*, 18(1):30–40, 2004.

[GNT08]   J. Gramm, A. Nickelsen, and T. Tantau. Fixed-parameter algorithms in phylogenetics. *Computer Journal*, 51(1):79–101, 2008.

[GR00]   M. Golumbic and U. Rotics. On the clique-width of some perfect graph classes. *International Journal of Foundations of Computer Science*, 11(3):423–443, 2000.

[GRW06]   A. Große, J. Rothe, and G. Wechsung. On computing the smallest four-coloring of planar graphs and non-self-reducible sets in P. *Information Processing Letters*, 99(6):215–221, 2006.

[GT83]   H. Gabow and R. Tarjan. A linear-time algorithm for a special case of disjoint set union. In *Proceedings of the 15th ACM Symposium on Theory of Computing*, pages 246–251, April 1983.

[Gup66]   R. Gupta. The chromatic index and the degree of a graph. *Notices of the AMS*, 13:719, 1966.

[GW00]   F. Gurski and E. Wanke. The tree-width of clique-width bounded graphs without $K_{n,n}$. In *Proceedings of the 26th International Workshop on Graph-Theoretic Concepts in Computer Science*, pages 196–205. Springer-Verlag *Lecture Notes in Computer Science #1938*, June 2000.

[GW05]   F. Gurski and E. Wanke. On the relationship between NLC-width and linear NLC-width. *Theoretical Computer Science*, 347(1–2):76–89, 2005.

[GW06]   F. Gurski and E. Wanke. Vertex disjoint paths on clique-width bounded graphs. *Theoretical Computer Science*, 359(1–3):188–199, 2006.

[GY08]   G. Gutin and A. Yeo. Some parameterized problems on digraphs. *Computer Journal*, 51(3):363–371, 2008.

[Hag00]   T. Hagerup. Dynamic algorithms for graphs of bounded treewidth. *Algorithmica*, 27(3):292–315, 2000.

[Hal76]   R. Halin. S-functions for graphs. *Journal of Geometry*, 8:171–176, 1976.

[HK62]   M. Held and R. Karp. A dynamic programming approach to sequencing problems. *SIAM Journal*, 10:196–210, 1962.

[HLS65]   J. Hartmanis, P. Lewis, and R. Stearns. Classification of computations by time and memory requirements. In *Proceedings of the IFIP World Computer Congress 65*, pages 31–35. International Federation for Information Processing, Spartan Books, 1965.

[HMU02]   J. Hopcroft, R. Motwani, and J. Ullman. *Einführung in die Automatentheorie, Formale Sprachen und Komplexitätstheorie*. Pearson Studium, second edition, 2002.

[Hol81]   I. Holyer. The NP-completeness of edge-coloring. *SIAM Journal on Computing*, 10(4):718–720, 1981.

[HOSG08]   P. Hlinený, S. Oum, D. Seese, and G. Gottlob. Width parameters beyond treewidth and their applications. *Computer Journal*, 51(3):326–362, 2008.

[HS65]   J. Hartmanis and R. Stearns. On the computational complexity of algorithms. *Transactions of the American Mathematical Society*, 117:285–306, 1965.

[Imm98]   N. Immerman. *Descriptive Complexity*. Graduate Texts in Computer Science. Springer-Verlag, 1998.

[INZ03]   T. Ito, T. Nishizeki, and X. Zhou. Algorithms for multicolorings of partial k-trees. *IEICE Transactions on Information and Systems*, E86-D:191–200, 2003.

[JPY88]   D. Johnson, C. Papadimitriou, and M. Yannakakis. On generating all maximal independent sets. *Information Processing Letters*, 27(3):119–123, 1988.

[Jun78]   H. Jung. On a class of posets and the corresponding comparability graphs. *Journal of Combinatorial Theory, Series B*, 24:125–133, 1978.

[Jun08]   D. Jungnickel. *Graphs, Networks and Algorithms*. Springer-Verlag, 2008.

[Kar72]   R. Karp. Reducibilities among combinatorial problems. In R. Miller and J. Thatcher, editors, *Complexity of Computer Computations*, pages 85–103, 1972.

[KLM09]   M. Kaminski, V. Lozin, and M. Milanic. Recent developments on graphs of bounded clique-width. *Discrete Applied Mathematics*, 157(12):2747–2761, 2009.

[Klo94]   T. Kloks. *Treewidth: Computations and Approximations*. Springer-Verlag *Lecture Notes in Computer Science #842*, 1994.

[KLS00]   S. Khanna, N. Linial, and S. Safra. On the hardness of approximating the chromatic number. *Combinatorica*, 20(3):393–415, 2000.

[Knu97]   D. Knuth. *The Art of Computer Programming: Fundamental Algorithms*, volume 1 of *Computer Science and Information*. Addison-Wesley, third edition, 1997.

[Knu98a]   D. Knuth. *The Art of Computer Programming: Seminumerical Algorithms*, volume 2 of *Computer Science and Information*. Addison-Wesley, third edition, 1998.

[Knu98b]   D. Knuth. *The Art of Computer Programming: Sorting and Searching*, volume 3 of *Computer Science and Information*. Addison-Wesley, second edition, 1998.

[KR03]   D. Kobler and U. Rotics. Edge dominating set and colorings on graphs with fixed clique-width. *Discrete Applied Mathematics*, 126(2–3):197–221, 2003.

[Kre88]   M. Krentel. The complexity of optimization problems. *Journal of Computer and System Sciences*, 36:490–509, 1988.

[KV91]   S. Khuller and V. Vazirani. Planar graph coloring is not self-reducible, assuming $P \neq NP$. *Theoretical Computer Science*, 88(1):183–189, 1991.

[KZN00]   M. Kashem, X. Zhou, and T. Nishizeki. Algorithms for generalized vertex-rankings of partial k-trees. *Theoretical Computer Science*, 240(2):407–427, 2000.

[Lan09]   E. Landau. *Handbuch der Lehre von der Verteilung der Primzahlen*. Teubner, 1909.

[Law76]   E. Lawler. A note on the complexity of the chromatic number problem. *Information Processing Letters*, 5(3):66–67, 1976.

[Ler71]   H. Lerchs. On cliques and kernels. Technical report, Department of Computer Science, University of Toronto, 1971.

[Lev73]   L. Levin. Universal sorting problems. *Problemy Peredaci Informacii*, 9:115–116, 1973. In Russian. English translation in *Problems of Information Transmission*, 9:265–266, 1973.

[LR04]   V. Lozin and D. Rautenbach. On the band-, tree-, and clique-width of graphs with bounded vertex degree. *SIAM Journal on Discrete Mathematics*, 18(1):195–206, 2004.

[LSH65]   P. Lewis, R. Stearns, and J. Hartmanis. Memory bounds for recognition of context-free and context-sensitive languages. In *Proceedings of the 6th IEEE Symposium on Switching Circuit Theory and Logical Design*, pages 191–202. IEEE Computer Society Press, October 1965.

[Mar08]   D. Marx. Parameterized complexity and approximation algorithms. *Computer Journal*, 51(1):60–78, 2008.

[Men27]   K. Menger. Zur allgemeinen Kurventheorie. *Fundamenta Mathematicae*, 10:96–115, 1927.

[MM65]   J. Moon and L. Moser. On cliques in graphs. *Israel Journal of Mathematics*, 3:23–28, 1965.

[MS72]   A. Meyer and L. Stockmeyer. The equivalence problem for regular expressions with squaring requires exponential space. In *Proceedings of the 13th IEEE Symposium on Switching and Automata Theory*, pages 125–129. IEEE Computer Society Press, October 1972.

[MU10]   H. Müller and R. Urner. On a disparity between relative cliquewidth and relative NLC-width. *Discrete Applied Mathematics*, 158(7):828–840, 2010.

[MV80]   S. Micali and V. Vazirani. An $\mathcal{O}(\sqrt{|V|} \cdot |E|)$ algorithm for finding maximum matching in general graphs. In *Proceedings of the 21st IEEE Symposium on Foundations of Computer Science*, pages 17–27. IEEE Computer Society Press, October 1980.

[Nie06]   R. Niedermeier. *Invitation to Fixed-Parameter Algorithms*. Oxford University Press, 2006.

[OS06]   S. Oum and P. Seymour. Approximating clique-width and branch-width. *Journal of Combinatorial Theory, Series B*, 96(4):514–528, 2006.

[Oum08]   S. Oum. Approximating rank-width and clique-width quickly. *ACM Transactions on Algorithms*, 5(1):1–20, 2008.

[Pap84]   C. Papadimitriou. On the complexity of unique solutions. *Journal of the ACM*, 31(2):392–400, 1984.

[Pap94]   C. Papadimitriou. *Computational Complexity*. Addison-Wesley, 1994.

[PU59]   M. Paull and S. Unger. Minimizing the number of states in incompletely specified state machines. *IRE Transactions on Electronic Computers*, EC-8:356–367, 1959.

[PW89]   A. Petford and D. Welsh. A randomised 3-colouring algorithm. *Discrete Mathematics*, 74(1–2):253–261, 1989.

[Rao08]   M. Rao. Clique-width of graphs defined by one-vertex extensions. *Discrete Mathematics*, 308(24):6157–6165, 2008.

[Rob86]   J. Robson. Algorithms for maximum independent sets. *Journal of Algorithms*, 7(3):425–440, 1986.

[Rob01]   J. Robson. Finding a maximum independent set in time $\mathscr{O}(2^{n/4})$. Technical Report TR 1251-01, LaBRI, Université Bordeaux I, 2001. Available on-line at http://dept-info.labri.fr/~robson/mis/techrep.html.

[Ros67]   A. Rosenberg. Real-time definable languages. *Journal of the ACM*, 14:645–662, 1967.

[Ros74]   D. Rose. On simple characterizations of k-trees. *Discrete Mathematics*, 7:317–322, 1974.

[Rot00]   J. Rothe. Heuristics versus completeness for graph coloring. *Chicago Journal of Theoretical Computer Science*, vol. 2000, article 1:1–16, February 2000.

[Rot03]   J. Rothe. Exact complexity of Exact-Four-Colorability. *Information Processing Letters*, 87(1):7–12, 2003.

[Rot05]   J. Rothe. *Complexity Theory and Cryptology. An Introduction to Cryptocomplexity*. EATCS Texts in Theoretical Computer Science. Springer-Verlag, 2005.

[Rot08]   J. Rothe. *Komplexitätstheorie und Kryptologie. Eine Einführung in Kryptokomplexität*. eXamen.Press. Springer-Verlag, 2008.

[RR05]   T. Riege and J. Rothe. An exact 2.9416^n algorithm for the three domatic number problem. In *Proceedings of the 30th International Symposium on Mathematical Foundations of Computer Science*, pages 733–744. Springer-Verlag *Lecture Notes in Computer Science #3618*, August 2005.

[RR06]   T. Riege and J. Rothe. Improving deterministic and randomized exponential-time algorithms for the satisfiability, the colorability, and the domatic number problem. *Journal of Universal Computer Science*, 12(6):725–745, 2006.

[RRSY07]   T. Riege, J. Rothe, H. Spakowski, and M. Yamamoto. An improved exact algorithm for the domatic number problem. *Information Processing Letters*, 101(3):101–106, 2007.

[RS83]   N. Robertson and P. Seymour. Graph minors I. Excluding a forest. *Journal of Combinatorial Theory, Series B*, 35:39–61, 1983.

[RS86]   N. Robertson and P. Seymour. Graph minors II. Algorithmic aspects of tree width. *Journal of Algorithms*, 7:309–322, 1986.

[RS91]   N. Robertson and P. Seymour. Graph minors X. Obstructions to tree-decompositions. *Journal of Combinatorial Theory, Series B*, 52:153–190, 1991.

[RV76]   R. Rivest and J. Vuillemin. On recognizing graph properties from adjacency matrices. *Theoretical Computer Science*, 3(3):371–384, 1976.

[Sav70]   W. Savitch. Relationships between nondeterministic and deterministic tape complexities. *Journal of Computer and System Sciences*, 4(2):177–192, 1970.

[Sch78]   T. Schaefer. The complexity of satisfiability problems. In *Proceedings of the 10th ACM Symposium on Theory of Computing*, pages 216–226. ACM Press, May 1978.

[Sch93]   I. Schiermeyer. Deciding 3-colourability in less than $\mathcal{O}(1.415^n)$ steps. In *Proceedings of the 19th International Workshop on Graph-Theoretic Concepts in Computer Science*, pages 177–182. Springer-Verlag *Lecture Notes in Computer Science #790*, June 1993.

[Sch96]   I. Schiermeyer. Fast exact colouring algorithms. In *Tatra Mountains Mathematical Publications*, volume 9, pages 15–30, 1996.

[Sch99]   U. Schöning. A probabilistic algorithm for k-SAT and constraint satisfaction problems. In *Proceedings of the 40th IEEE Symposium on Foundations of Computer Science*, pages 410–414. IEEE Computer Society Press, October 1999.

[Sch02]   U. Schöning. A probabilistic algorithm for k-SAT based on limited local search and restart. *Algorithmica*, 32(4):615–623, 2002.

[Sch05]   U. Schöning. Algorithmics in exponential time. In *Proceedings of the 22nd Annual Symposium on Theoretical Aspects of Computer Science*, pages 36–43. Springer-Verlag *Lecture Notes in Computer Science #3404*, February 2005.

[SHL65]   R. Stearns, J. Hartmanis, and P. Lewis. Hierarchies of memory limited computations. In *Proceedings of the 6th IEEE Symposium on Switching Circuit Theory and Logical Design*, pages 179–190. IEEE Computer Society Press, October 1965.

[ST08]   C. Sloper and J. Telle. An overview of techniques for designing parameterized algorithms. *Computer Journal*, 51(1):122–136, 2008.

[Ste90]   R. Stearns. Juris Hartmanis: The beginnings of computational complexity. In A. Selman, editor, *Complexity Theory Retrospective*, pages 1–18. Springer-Verlag, 1990.

[Sto73]   L. Stockmeyer. Planar 3-colorability is NP-complete. *SIGACT News*, 5(3):19–25, 1973.

[Sto77]   L. Stockmeyer. The polynomial-time hierarchy. *Theoretical Computer Science*, 3(1):1–22, 1977.

[SU02a]   M. Schaefer and C. Umans. Completeness in the polynomial-time hierarchy: Part I: A compendium. *SIGACT News*, 33(3):32–49, September 2002.

[SU02b]   M. Schaefer and C. Umans. Completeness in the polynomial-time hierarchy: Part II. *SIGACT News*, 33(4):22–36, December 2002.

[Sum74]   P. Sumner. Dacey graphs. *Journal of the Australian Mathematical Society*, 18:492–502, 1974.

[TT77]   R. Tarjan and A. Trojanowski. Finding a maximum independent set. *SIAM Journal on Computing*, 6(3):537–546, 1977.

[Uma01]   C. Umans. The minimum equivalent DNF problem and shortest implicants. *Journal of Computer and System Sciences*, 63(4):597–611, 2001.

[Viz64]   V. Vizing. On an estimate of the chromatic class of a p-graph. *Metody Diskret. Analiz.*, 3:9–17, 1964.

[Vla95]   R. Vlasie. Systematic generation of very hard cases for 3-colorability. In *Proceedings of the 7th IEEE International Conference on Tools with Artificial Intelligence*, pages 114–119. IEEE, August/September 1995.

[Wag87]   K. Wagner. More complicated questions about maxima and minima, and some closures of NP. *Theoretical Computer Science*, 51:53–80, 1987.

[Wan94]   E. Wanke. k-NLC graphs and polynomial algorithms. *Discrete Applied Mathematics*, 54:251–266, 1994.

[Whi32]   H. Whitney. Congruent graphs and the connectivity of graphs. *American Journal of Mathematics*, 54:150–168, 1932.

[Woe03]   G. Woeginger. Exact algorithms for NP-hard problems. In M. Jünger, G. Reinelt, and G. Rinaldi, editors, *Combinatorical Optimization: "Eureka, you shrink!"*, pages 185–207. Springer-Verlag *Lecture Notes in Computer Science #2570*, 2003.

[Wra77]   C. Wrathall. Complete sets and the polynomial-time hierarchy. *Theoretical Computer Science*, 3:23–33, 1977.

[Yam05]   M. Yamamoto. An improved $\tilde{\mathcal{O}}(1.234^m)$-time deterministic algorithm for SAT. In *Proceedings of the 16th International Symposium on Algorithms and Computation*, pages 644–653. Springer-Verlag *Lecture Notes in Computer Science #3827*, December 2005.

[ZFN00]   X. Zhou, K. Fuse, and T. Nishizeki. A linear time algorithm for finding $[g, f]$-colorings of partial k-trees. *Algorithmica*, 27(3):227–243, 2000.

Sach- und Autorenverzeichnis